石油高职高专教材

钻井设备使用与维护

王志伟　索长生　主编

苗崇良　主审

石油工业出版社

内 容 提 要

本书主要介绍了石油钻井机械设备的组成、原理及使用与维护方面的基本知识和技能。全书共分为九个模块,主要包括钻井工程与钻井机械、石油钻机的旋转系统设备、循环系统设备、起升系统设备、动力驱动设备、传动与控制系统设备、辅助设备、井口工具及海洋钻井设备等内容。

本书可作为石油高职钻井专业应用教材和钻井员工培训教材。

图书在版编目(CIP)数据

钻井设备使用与维护/王志伟,索长生,苗崇良主编 . —北京:石油工业出版社,2017.8

高职高专教材

ISBN 978-7-5183-2062-2

Ⅰ. ①钻… Ⅱ. ①王…②索…③苗… Ⅲ. ①钻井设备-设备管理-高等职业教育-教材 Ⅳ. ①TE92

中国版本图书馆 CIP 数据核字(2017)第 184844 号

出版发行:石油工业出版社

　　　　(北京安定门外安华里 2 区 1 号楼　100011)

　　网　　址:www.petropub.com

　　编辑部:(010)64251613

　　图书营销中心:(010)64523633

经　　销:全国新华书店

印　　刷:北京中石油彩色印刷有限责任公司

2017 年 8 月第 1 版　2017 年 8 月第 1 次印刷

787×1092 毫米　开本:1/16　印张:20.25

字数:454 千字

定价:70.00 元

前　言

为满足钻井专业人才培养和员工培训的需要,按照高职钻井专业教学改革的要求,我们编写了《钻井设备使用与维护》。

本书是以钻井专业人才培养目标的要求和石油石化行业钻井职业技能标准为依据编写的,编写过程中收集了大量钻井现场技术资料及岗位员工、技能专家和行业专家的意见,参考了大量先进的钻井文献,充分考虑了现代教学方法和教学手段的应用,精选整合了教学内容,是一本更适合现代教学改革需要的钻井专业教材。本书可作为石油高职钻井专业应用教材和钻井员工培训教材。

本书具有以下特点:一是按照"项目导向、任务驱动"的方式,把钻井工作的内容和工作所需的理论知识相结合,构建教材的内容体系,既突出了操作技能,又保留了生产所需的理论知识,更适合岗位需求;二是紧密联系钻井生产实际,介绍了钻井生产的新设备、新工艺和新技术,更适合生产需要;三是既能满足高职教学要求,又能满足员工培训的需要,提高了教材的适用性和实用性。

本书由王志伟、索长生主编,由辽河石油职业技术学院苗崇良主审。全书共分为九个模块,模块一由辽河石油职业技术学院索长生编写;模块二、模块三、模块六及模块九由辽河石油职业技术学院王志伟编写;模块四、模块七由辽河石油职业技术学院孙晓明编写;模块五由辽河石油职业技术学院王希尧编写;模块八由辽河石油职业技术学院张明琪编写。

由于编写水平有限和掌握各种资料的局限性,书中难免存在不足,恳请您多提宝贵意见。

编者

2016 年 12 月

目　　录

模块一　钻井工程与钻井机械

【模块导读】　本模块主要介绍了石油工程及其钻井机械的概念以及内涵;石油钻井机械设备与石油工程相互依存,相互促进的关系;石油钻井机械设备的基本原理、组成和工作特征及类型;石油钻机拆卸与搬迁的一般程序及要求。

【学习目标】　了解石油钻井工程中的一般工艺过程、要解决的主要问题及其方法与措施;掌握转盘钻机、顶驱钻机、井下动力钻具三种基本旋转钻井法的机械设备组成及工作特点;掌握钻机拆卸与搬迁的一般程序及要求。

项目一　石油钻井及其机械工程

【项目描述】　钻井工程是一个依靠现代钻井机械设备实现钻井目的牵涉多学科技术应用的系统工程,而钻井机械设备是为了解决钻井工程中提出的问题和要求而不断发展和创新的。学习理解钻井原理及为解决相关问题与要求而采取的方法与措施是非常重要的。

【学习目标】　人类钻井已经历了顿钻钻井时代,随着旋转钻井技术的不断发展与创新,也许在21世纪还会迎来划时代意义的、革命性的激光钻机时代。但掌握现阶段旋转钻井技术,无疑极具现实意义。

任务一　钻井基本模型及钻井机械设备

人们早已告别了古老的顿钻法(图1-1)钻井时代,进入了现代旋转法(图1-2)钻井新时

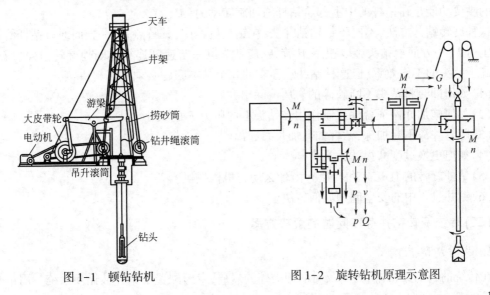

图1-1　顿钻钻机　　　　　　　　　　图1-2　旋转钻机原理示意图

期。它较古老的顿钻法钻井具有无可比拟的优势,具有如下明显优点:

(1)变间歇性的冲击式钻进为连续性的旋转钻进,大大提高了工作效率。

(2)使用了现代动力,使人们从繁重的体力劳动中极大地解放出来。

(3)人类钻井深度和能力空前提高。

(4)钻井的机械化与自动化程度和水平空前提高。

传统的旋转法钻井技术,即"转盘钻机"钻井技术至今仍在使用。随着科学技术的进步,旋转钻井法新发展出了井下动力钻具旋转钻井法和顶驱动力旋转钻井法,与传统的转盘动力旋转钻井法构成了现代旋转钻井技术的三大基本形式。

一、旋转法钻井的问题及解决方案

(一)传统旋转钻井存在的问题

旋转钻井法的基本力学模型:图1-3(a)是旋转钻井法的力学模型。

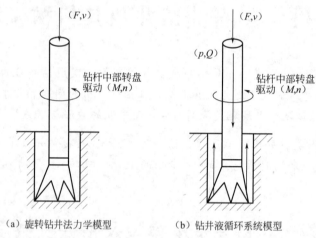

(a)旋转钻井法力学模型　　　(b)钻井液循环系统模型

图1-3　钻井基本模型

钻头的主要功能是破碎岩石;钻杆的主要功能是传递动力(M、n)及施加压力F给钻头;转盘的主要功能是在钻杆的中上部给钻杆施加旋转动力(M,n)。

这种旋转钻井方法,不同于顿钻钻井法,在钻进过程中,其特点是:一方面通过钻杆给钻头施加压力F,一方面给钻头施以扭矩M旋转,使钻头以一定速度连续不断地旋转破碎岩石,大大提高了钻头的工作效率,但这种钻井法存在的几个基本问题必须加以解决:

(1)如何即时将钻头不断破碎的岩屑清除出井底?

(2)如何施加并保证合理控制作用在钻头上的压力F的大小?

(3)随着井深不断加深,钻杆如何加长并起出?

(4)如何更换过度磨损的钻头?

(5)钻杆旋转的力矩M和转速n由什么动力机构提供?

(6)钻井过程中的安全问题如何解决?

(二)传统旋转钻井存在问题的解决方案

1. 及时清除岩屑

在传统的石油钻机中,为了及时清理破碎的岩屑,专门配置了钻井液循环系统。用钻井泵给出高压钻井液(p,Q),通过空心钻杆,经钻头的水眼喷出冲洗井底,携带岩屑从钻杆与井壁之间形成的环形空间返回地面,再经固控设备处理清除固相颗粒后,由钻井泵吸入、排出后送到井底进行循环利用,其钻井模型如图1-3(b)所示。

2. 施加并控制钻头上的压力F

合理的钻头压力可以有效地提高钻井速度。作用在钻头上的压力F的大小通常是靠控制钻杆的自重来加以保证的。在打表层井眼时,使用的钻杆长度短,自身重量轻,往往需要在钻头上面加接加重钻杆和钻铤;当井钻的较深时,随着钻杆加长,自重也变得很大,要把非常重的钻杆自重完全加载在钻头上,就会加快钻头磨损,甚至使钻头损坏,同时造成钻杆弯曲,不能保证钻井质量,为此现代钻机通过起升系统大钩,向上提起一部分钻杆的自重,使作用在钻头上的力处于合理范围。此时作用在钻头上的压力F大小取决于起升系统提升力T及钻杆柱自重W的大小,在不考虑钻井液浮力等因素影响时,他们之间的关系是:

$$F=W-T \qquad (1-1)$$

3. 随着井深不断加深,加长、起出钻杆

为了适应井深的增加和起下钻杆方便,钻机专门配制了一定长度、不同规格的钻杆,将每根钻杆做成空心圆柱体,两头分别制有外螺纹和内螺纹,以便通过操作井口工具及设备上扣,将钻杆连接起来加长钻杆柱以适应井深的增加,或卸扣以便起出井下钻柱。为方便上扣、卸扣、起下钻具和控制作用在钻头上的压力F的大小,钻机配备了起升系统和各种井口工具与设备。

新型的钻井设备采用连续柔管法来解决井深与杆长关系问题,即无须进行钻杆的上扣和卸扣,节省了大量非钻进时间,提高了工作效率。

4. 更换过度磨损的钻头

在钻井过程中钻头磨损后需要更换,更换钻头同样需要借助于钻机的起升系统和井口工具及设备,将井下钻柱及钻头一一起出。换上新钻头后,再将钻杆一一下入井底。

5. 维持钻杆旋转的动力机构

在钻进过程中,钻头以一定的压力、扭矩和转速旋转破碎岩石,钻机为此专门配备了一套旋转系统,其核心设备是转盘,它是通过方卡瓦卡住位于钻杆柱最上方的方钻杆(外形是方形或正六边形,内部中空),把动力经钻杆传递给钻头,以便连续不断地破碎岩石。

针对此问题目前还有两个解决方法:一是将动力设备直接安装在钻柱底端的钻头上(图1-4),即井下动力钻具钻井法;二是将动力设备安装在钻柱的顶端(图1-5),即顶部驱动钻井法。

6. 钻井过程中的安全问题

长期实践表明,随着井深的不断加深,井底压力也不断加大,尤其是钻至油气层时,若操作控制不当,极易发生井涌、井喷安全事故,造成重大的经济损失,甚至发生人身意外事故。为防止和控制井下意外事故的发生,现代钻机在井口处还专门配置安装了防喷设备。

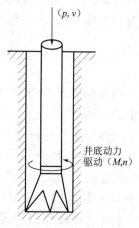
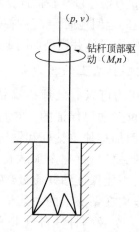

图 1-4　井下动力钻具模型　　　　图 1-5　顶驱钻井装置模型

综上所述,要解决钻井的基本问题,钻机起码应具有如下的基本能力和解决方案:

(1)旋转钻进的能力;配置旋转系统设备。

(2)循环清洗井底岩屑的能力;配置循环系统设备。

(3)起下操作和上、卸扣的能力;配置起升系统设备及井口工具。

(4)足够的动力;配置动力系统设备。

(5)传递、分配和控制动力及运动的能力;配置传动与控制系统设备。

(6)确保钻井生产安全的能力;配置安装井控防喷器等设备。

这就要求旋转钻井法的钻机应具有三大工作系统:旋转系统设备、循环系统设备和起升系统设备。而这三大工作系统的启动、运行、停止等工作事项均需要配置动力系统设备(为三大工作系统提供动力)、传动系统设备(把动力设备给出的动力传递并分配给各工作系统设备)、控制系统设备(控制整个钻井系统的动力及工作设备等的启动、停止、力和力矩的大小、运动速度和运动方向),为了安全生产和适应野外工作环境的变化,还应为钻井系统配备井口防喷器、钻井底座以及其他辅助设备。从而形成了传统钻机的八大系统和设备。

三大工作系统在钻进过程中,通常旋转系统和循环系统是同时工作的,而此时起升系统主要起控制钻压和辅助送给钻具的作用;在起下钻具操作过程中,通常只有起升系统工作。

二、现代转盘钻机整体结构

图 1-6 展现了现代转盘钻机的八大系统和设备组成结构示意图,图 1-7 为转盘钻机系统设备组成的平面布置示意图。

现代石油钻机通常是把动力设备(如柴油机)给出的动力(M,n)经传动与控制系统设备分别传递分配到转盘(M,n)(它带动钻杆柱及钻头破碎岩石)、钻井泵(泵又把动力以一定泵压 p 和流量 Q 的形式输出高能量的钻井液,循环钻井液、携带岩屑)和绞车(M,n),而绞车又把动力传给游动系统的大钩(p,v)控制或升降钻柱。随着井深的增加和井底地层岩石性质的变化,各工作机的载荷也发生不同的变化,使得钻机的传动与控制系统比较复杂。

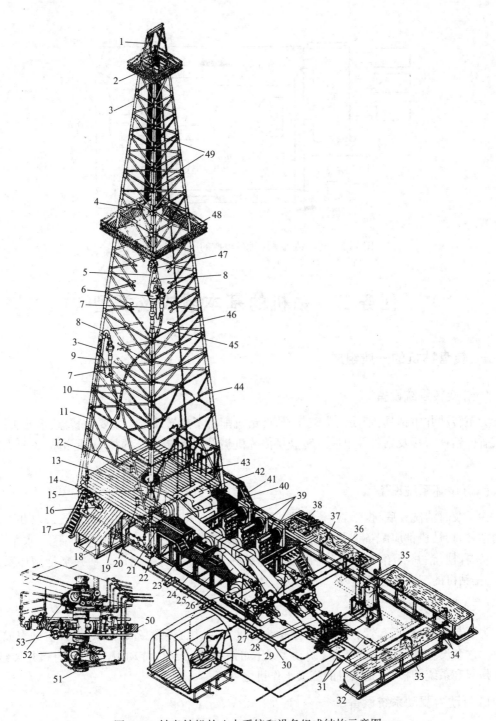

图 1-6 转盘钻机的八大系统和设备组成结构示意图

1—人字架；2—天车；3—井架；4—游车；5—水龙头提环；6—水龙头；7—保险链；8—鹅颈管；9—立管；10—水龙带；11—井架大腿；12—小鼠洞；13—钻台；14—转盘传动；15，16—填充钻井液管；17—扶梯；18—坡板；19—底座；20—大鼠洞；21—水刹车；22—缓冲室；23—绞车底座；24—并车厢；25—发动机平台；26—泵传动；27—钻井泵；28—钻井液管线；29—钻井液配置系统；30—供水管；31—吸入管；32—钻井液池；33—固定钻井液枪；34—连接软管；35—空气包；36—沉砂池；37—钻井液枪；38—振动筛；39—动力机组；40—绞车传动装置；41—钻井液槽；42—钻井绞车；43—转盘；44—井架横梁；45—方钻杆；46—斜撑；47—大钩；48—二层平台；49—游绳；50—钻井液喷出口；51—井口装置；52—防喷器；53—方向阀门

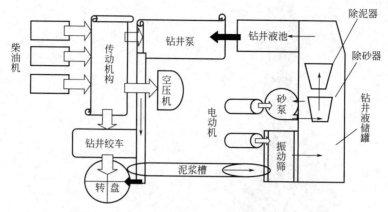

图 1-7　转盘钻机系统设备组成的平面布置示意图

任务二　钻机的基本组成及类型

一、转盘钻机的一般组成

(一)旋转系统设备

为了转动井中钻具,带动钻头破碎岩石,钻机配备了旋转系统。主要由转盘、水龙头、方钻杆、钻杆、钻杆短接及钻头等组成。转盘是传统机械钻机旋转系统的核心,是钻机的三大工作机之一。

(二)循环系统设备

为了及时清洗井底、携带岩屑、保护井壁,同时为了满足喷射钻井的要求或采取井下动力驱动钻井时,钻机都应配备钻井液循环系统。该系统主要由钻井泵、地面高压管汇、水龙带、水龙头、钻杆柱、钻井液净化设备(固控设备)和钻井液调配装置等组成。钻井泵是循环系统的核心,是钻机的三大工作机之一。

(三)起升系统设备

为了起下钻具、下套管、控制钻压及钻头送进等,钻机必须配备起升系统,以协助完成钻井作业。这套设备主要由钻井绞车、游动系统(如钢丝绳、天车、游动滑车)、大钩和井架组成。绞车是起升系统的核心,是钻机的三大工作机之一。

(四)动力驱动系统设备

动力驱动系统设备是指为各工作机组(三大工作机组及其他辅助工作设备)提供能量的设备,通常包括柴油机及其柴油发电机组,交流、直流电动机及其整流、变频、保护、控制设备等。

(五)传动系统设备

传动系统设备是指连接动力机与工作机,实现从驱动设备到工作机组的能量传递、分配及运动方式转换的设备。包括减速、并车、倒车及变速机构等。

钻机中常用的机械传动副主要包括链条、三角胶带、齿轮和万向轴等。此外,不少钻机还采用了液力传动、液压传动、电传动等传动形式。

(六)控制系统和监测显示仪表

为了指挥、控制各机组的协调工作,整套钻机配备有各种控制装置。常用的控制方式有机械控制、电控制、气控制、液控制和电、气、液综合控制。机械驱动钻机普遍采用集中统一气控制。现代钻机还配备各种钻井仪表及随钻测量系统,监测显示地面有关系统设备的工作状况,测量井下参数,实现井眼轨迹控制。

(七)钻机底座

钻机底座主要包括钻台底座和机房底座,用于安装钻井设备,方便钻井设备的移运。

钻台底座用于安装井架、转盘,放置立根盒及必要的井口工具和司钻控制台,多数还要安装绞车。钻台底座应能容纳必要的井口装置,因此,必须有足够的高度、面积和刚性。

机房底座主要用于安装动力机组及传动系统设备,因此,也要有足够的面积和刚性以保证机房设备能够迅速安装找正、平稳工作且移运方便。丛式井钻机底座必须满足丛式钻井的特殊要求。

(八)辅助设备

成套钻机还必须具有供气设备、辅助发电设备、井口防喷设备、钻鼠洞设备及辅助起重设备,在寒冷地带钻井时还必须配备保温设备。

二、井下动力钻机

井下动力钻机的力学模型见图1-6,钻井时要解决的基本问题与转盘钻机一样。但其设备组成状况及驱动方式则发生了一些变化:

(1)驱动钻头的动力不是在地面钻台上的转盘,而是直接安装在钻杆柱下端、钻头上部的井下动力钻具;钻杆不是运动件,只需起钻井液的通道作用,不需要钻杆传递动力。

(2)驱动钻头的动力不再是转盘机械扭矩,而是钻井泵给出的高压动力液驱动井下动力钻具旋转而产生的液力扭矩。

(3)井下动力钻机的系统设备组成与转盘钻机相比无太大不同,可以用转盘钻机改造成井下动力钻机。

三、顶驱钻机

顶驱钻机的力学模型见图1-5。顶驱钻机的系统设备组成与转盘钻机相比,主要是旋转系统发生了较大的变化,把旋转动力安置在钻杆的顶部,并与循环系统设备中的水龙头组合设计形成顶驱装置。

四、旋转钻井机械设备的组成特点

作为一部现代石油钻井机械,不管其属于哪种类型,都要满足石油钻井工程需求,适应钻井工艺不断创新发展,同时随着新技术、新材料、新工艺的应用,特别是计算机及其智能技术的研发和应用,钻机的组成及结构、功能均会有新的变化。旋转钻井法作为传统的、经典的且不断创新发展的钻井技术及方法,具有超强的生命力。

旋转钻井法包括地面驱动转盘旋转钻井法和顶部驱动钻井法及井下动力钻具旋转钻井法。这三种旋转钻井法所使用的钻井设备就是俗称的转盘钻机、顶驱钻机和井下动力钻机。从机械设备组成情况来看，这三种钻机均满足一般机器设备组成的基本模式：动力（系统设备）机+传动与控制（系统设备）+工作（系统设备）机+辅助设备及工具。

更具体地说，这三种不同驱动形式的旋转钻机，都具有旋转系统设备、循环系统设备、起升系统设备、动力系统设备、传动系统设备、控制系统设备、辅助系统设备及其底座等八大系统。只是它们各系统的具体组成结构有所不同（表1-1）。

表1-1　转盘法、顶驱法、井下动力钻具法钻机的组成特点

钻机组成	转盘法	顶驱法	井下动力钻具法	备　　注
动力系统	柴油机或电动机	电动机或液压电动机	柴油机或电动机和钻井泵	柴油机、发电机、电动机等
传动系统	机械传动或电传动	机电传动或液压传动	机电及液力传动	机电液气四大基本方式
控制系统	机电气液控制	机电气液控制	机电气液控制	机电液气四大基本方式
旋转系统	转盘及钻具	顶驱装置与钻具	井下动力钻具	旋转着力位置不同
循环系统	泵与水龙头等	泵与顶驱装置等	泵与水龙头等	循环系统设备基本不变
起升系统	绞车游动系统井架	绞车游动系统井架	绞车游动系统井架	起升系统设备组成不变
辅助系统	防喷器等	防喷器等	防喷器等	安全设备不变
底座系统	底座	底座	底座	钻台与机房底座
备注	八大系统	八大系统	八大系统	

五、钻机的类型

旋转钻井技术是二十世纪初发展起来的。随着科学技术的不断进步和应用，现代石油钻机的品种、类型日趋多样化，钻机的性能也在不断提高以满足钻井工艺的新要求。

世界各大石油公司、钻机制造厂家按照各自的特点，对石油钻机的分类不尽相同。一般来说，可按以下方法对石油钻机进行分类。

（一）按钻井方法分类

按钻井方法的不同可把钻机分为：冲击钻机（也称为顿钻钻机，最初用来打水井。1859年，美国人德雷克把它引入石油钻井）、旋转钻机（其代表是转盘旋转钻机，也称为常规钻机，是目前世界各国通用的钻机）。

（二）按旋转动力作用于钻杆的位置分类

按驱动钻头旋转动力来源的不同可把钻机分为：转盘驱动旋转钻机、井底驱动旋转钻机、顶部驱动旋转钻机。

（三）按驱动设备类型分类

按驱动设备类型的不同可把钻机分为：机械钻机和电动钻机。机械钻机模式为：柴油机+传动与控制机构设备+工作机，柴油机驱动钻机又可分为柴油机驱动的机械传动钻机和柴油机驱动的液力传动钻机；电动钻机模式为柴油机+发电机+电动机+传动与控制机构设备+工作机，电动钻机又可分为直流电驱动钻机和交流电驱动钻机。

直流电驱动钻机包括：直流电—直流电驱动钻机（DC—DC）和交流电—直流电驱动钻机

（AC—SCR—DC）。DC—DC模式为柴油机+直流发电机+直流电动机+传动与控制机构设备+工作机,AC—SCR—DC模式为柴油机+交流发电机+硅整流+直流电动机+传动与控制机构设备+工作机。

交流电驱动钻机包括:交流发电机—交流电动机驱动钻机（AC—AC）和正在发展中的交流变频电驱动钻机,即交流发电机—变频调速器—交流电动机驱动钻机（AC—VFD—AC）。AC—AC模式为柴油机+交流发电机+交流电动机+传动与控制机构设备+工作机,AC—VFD—AC模式为柴油机+交流发电机+变频电动机+传动与控制机构设备+工作机

（四）按工作机分组驱动形式分类

按工作机分组的不同可把钻机分为:统一驱动钻机(图1-8)、单独驱动钻机(图1-9)、分组驱动钻机(图1-10)。

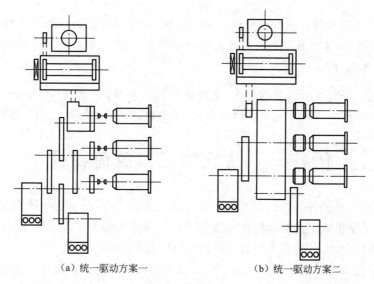

（a）统一驱动方案一　　　　（b）统一驱动方案二

图1-8　统一驱动钻机

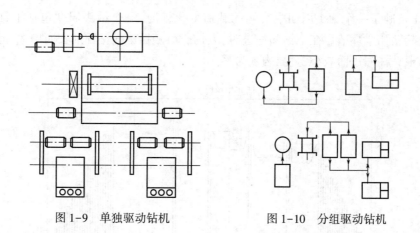

图1-9　单独驱动钻机　　　　图1-10　分组驱动钻机

（五）按主传动副类型分类

按主传动副类型的不同可把钻机分为:胶带钻机、链条钻机、齿轮钻机。

(六)按钻井深度分类

按钻井深度的不同可把钻机分为:浅井钻机(钻井深度不大于1500m)、中深井钻机(钻井深度为1500~3000m)、深井钻机(钻井深度为3000~5000m)、超深井钻机(钻井深度大于5000m)。

(七)按使用地区和用途分类

按使用地区和用途的不同可把钻机分为:海洋钻机、浅海钻机(适用与0~5m水深或沼泽地区)、常规钻机、丛式井钻机、沙漠钻机、直升机吊运钻机、小井眼钻机、连续柔管钻机等。

项目二 钻机的一般工作特性及标准

【项目描述】 钻机作为一种大型联合工作机组,具有自身的工作性能和特性。不同的钻机其组成有所不同,其工作性能也有所差异。钻机的工作情况主要表现为钻机的三大工作机(绞车、转盘、钻井泵)的工作过程。

【学习目标】 在钻机的工作过程中,表现出各种工作特性。这些特性都与钻井深度密切相关。了解钻机各基本参数与主参数的关系,对于钻机的设计、选择、使用和维护至关重要。

任务一 钻机的工作载荷特性

在钻井过程中,钻机各工作机在一定参数范围内运转,各机件承受的载荷变化有着一定的规律,这就构成了钻机的工作载荷特性—载荷谱。了解钻机的工作载荷特性,有助于加强对钻机的原理及结构的全面认识,便于更好地使用、操作、维护钻机。

钻机的工作载荷特性主要是指三大工作系统工作时所表现出来的载荷变化情况。

一、起升系统的载荷谱

图1-11反映了一个钻头周期中大钩的载荷变化情况,一个钻头周期包括下钻、钻进、接单根、洗井、起钻几个环节。在下钻和钻进时,大钩载荷随接单根钻柱加长而增大,起钻时大钩载荷随卸单根钻柱缩短而减小,直至钩载为零。

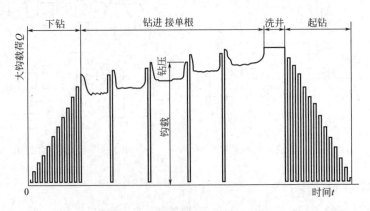

图1-11 一个钻头周期中大钩的载荷变化示意图

二、转盘载荷谱

图1-12反映了用刮刀钻头钻井时转盘扭矩瞬时变化情况,其特点是转盘受力情况很不稳定,经常处在扭矩振动载荷之下;若换牙轮钻头钻井则转盘扭矩和振动均有所减小;转盘的平均扭矩随着井深增加和钻压变化的总体变化趋势是由小到大。

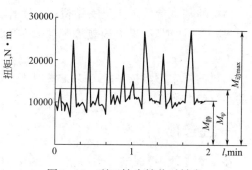

图1-12 刮刀钻头钻井时转盘
扭矩瞬时变化示意图

三、钻井泵的载荷谱

图1-13反映了钻井泵动力端的曲柄扭矩在每转中的波动变化情况,其特点是三缸单作用泵(b)比双缸双作用泵(a)的曲柄扭矩波动小且更平稳。所以现场多用三缸单作用往复泵作钻井泵使用。

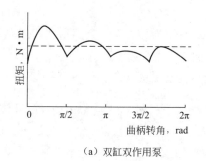

（a）双缸双作用泵

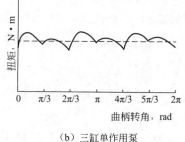

（b）三缸单作用泵

图1-13 钻井泵的曲柄扭矩示意图

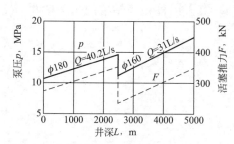

图1-14 900型钻井泵钻进时泵压变化

图1-14反映了900型钻井泵采用ϕ114mm钻杆钻进时泵压的变化情况,其特点是:钻井泵的泵压基本随井深的增加而升高。每一级缸套工作时,泵的流量是一定的,当泵压随井深增大逐渐达到极限时,必须换小一级缸套工作,此时泵的流量有所减小。如图中将ϕ180mm缸套换成ϕ160mm缸套时,泵的流量由$Q=40.2$L/s降到$Q=31$L/s,但ϕ160mm缸套工作时泵压的极限则由$p=15$MPa提高到$p=18$MPa,以适应井深对泵压的要求。

绞车、转盘和钻井泵这三大工作机在钻井过程中并不是同时工作的。在钻进过程中,转盘和钻井泵是同时工作的,而绞车只是通过钻机的起升系统辅助控制钻头的钻压,它本身此时并不消耗动力。在起下钻过程中,转盘和钻井泵通常都不工作,只有绞车通过钻机的起升系统起下钻具,转盘起辅助承挂钻柱重量的作用,转盘本身此时也不消耗动力。

钻机的载荷特性只是定性地描述了钻机三大工作系统工作时的大致情况。为了更好地、准确地反映钻机的工作实际,需要建立一套科学的基本参数。了解钻机的基本参数意义,有助于对钻机深刻认识和理解,也有助于对钻机的操作与使用。

任务二　钻机的基本参数

钻机的基本参数是指反映钻机基本工作性能的技术指标,也称为特性参数。如名义钻井深度、最大钻柱重量、最大钩载等。基本参数是设计、制造、选择、使用、维修和改造钻机的主要技术依据。

钻机的基本参数按系统分类主要由主参数、起升系统参数、旋转系统参数、循环系统参数、驱动系统参数等构成。

一、主参数

在基本参数中,选定一个最主要的参数作为主参数。主参数应具备以下特征:能最直接地反映钻机的钻井能力和主要性能;对其他参数具有影响和决定作用;可用来标定钻机型号并作为设计、选用钻机的主要技术依据。

我国钻机标准采用名义钻井深度 L(名义钻深范围上限)作为主参数。因为钻机的最大钻井深度影响和决定着其他参数的大小。

俄罗斯和罗马尼亚钻机标准采用最大钩载 Q_h 作为主参数,美国钻机没有统一的国家标准,但各大公司生产的钻机基本上以名义钻深范围为主参数。

(一)名义钻井深度 L

名义钻井深度 L 是钻机在标准规定的钻井绳数下,使用 $\phi127mm$(5in)钻杆柱可钻达的最大井深。(1in = 2.54cm)

(二)名义钻深范围 $L_{min} \sim L_{max}$

名义钻深范围 $L_{min} \sim L_{max}$ 是钻机可经济利用的最小钻井深度 L_{min} 与最大钻井深度 L_{max} 之间的范围。名义钻深范围下限 L_{min} 与前一级的 L_{max} 有重叠,其上限即该级钻机的名义钻井深度($L_{max} = L$)。

二、系统基本参数

(一)起升系统参数

1. 最大钩载 Q_{hmax}

最大钩载 Q_{hmax} 是钻机在标准规定的最大绳数下,进行下套管或解卡等特殊作业时,大钩上不允许超过的最大载荷。

Q_{hmax} 决定了钻机下套管和处理事故的能力,是核算起升系统零部件静强度及计算转盘、水龙头主轴承静载荷的主要技术依据。

2. 最大钻柱质量 Q_{stmax}

最大钻柱质量 Q_{stmax} 是钻机在标准规定的钻井绳数下,正常钻进或进行起下作业时,大钩所允许承受的钻柱在空气中的最大质量。

$$Q_{stmax} = q_{st} \cdot L \tag{1-2}$$

式中　q_{st}——每米钻柱质量，kg；

　　　　L——名义钻井深度，m。

标准规定：$\phi127mm(5in)$钻杆，接 $80\sim100m$ 的 7in 钻铤，平均取 $q_{st}=36kg/m$。化整即为系列钻机的 Q_{stmax} 值。Q_{stmax} 是计算钻机起升系统零部件疲劳强度和转盘、水龙头主轴承动载荷的主要技术依据。

Q_{hmax}/Q_{stmax} 称为钩载储备系数，用 K_h 来表示。一般 $K_h=1.8\sim2.08$。钩载储备系数越大，表明该钻机下套管、处理事故能力越强；但钩载储备系数过大会导致起升系统零部件过于笨重，不利于搬运。

3. 起升系统钻井绳数 Z 和最大绳数 Z_{max}

起升系统绳数 Z 是指正常钻井时游动系统采用的有效提升绳数。最大绳数 Z_{max} 是指钻机配备的游动系统轮系所能提供的最大有效绳数，用于下套管或解卡等重载作业。

另外，起升系统参数还包括：绞车各挡起升速度 $v_1,v_2,\cdots,v_k$；绞车挡数 K；绞车最大快绳拉力 p_e；钢丝绳直径 D_w；绞车额定输入功率 N_{de}；井架有效高度 H_m；钻台高度 H_{df} 等。

4. 旋转系统参数

旋转系统参数包括：转盘开口直径 D_r；转盘各挡转速 $n_1,n_2,\cdots,n_k$；转盘挡数 K_r；转盘额定输入功率 N_{re} 等。

5. 循环系统参数

循环系统参数包括：钻井泵额定压力 p_e；钻井泵额定流量 Q_e；钻井泵额定输入功率 N_{pe} 等。

6. 驱动系统参数

驱动系统参数包括：单机额定功率 N；总装机功率 N_t 等。

钻机的总装机功率，与三大工作系统单独工作时所需要的功率有关，而每个工作系统所需功率均与设计井深有关。井深及其结构不同将直接影响钻机各系统的工作载荷大小及其变化，也就影响到钻机各系统工作参数。所以，我国钻机标准采用名义钻井深度 L（名义钻深范围上限）作为主参数。

任务三　石油钻机标准系列及其产品型号

一、石油钻机标准系列

实行产品的系列化、标准化是现代工业化生产的必经之路。有利于产品更科学地满足社会化大生产的要求；有利于产品的质量提高和推广应用；有利于产品的使用、维护保养和维修；有利于规模化生产，降低生产成本，提高经济效益。

为了规范钻机的设计、制造与设备供应以达到生产、使用的经济合理，有利于开展国际技术交流与合作，根据油气钻井的实际需要选定主参数，将主参数系列化，即将钻机分级，再据此拟定其他基本参数，形成钻机标准系列。

石油钻机基本参数见表 1-2。

表 1-2　石油钻机基本参数

钻机级别型号	15	20	32	45	60	80
名义钻井范围（φ127mm 钻杆），m	900～1500	1300～2000	1900～3200	3000～4500	4200～6000	5000～8000
最大钩载，kN（tf）	900（90）	1350（135）	2250（225）	3150（315）	4500（450）	5850（585）
最大钻柱重量，kN（tf）	500（05）	700（70）	1150（115）	1600（160）	2200（220）	2800（280）
绞车最大输入功率，kW（hp）	260～33（350～450）	400～510（550～750）	740（1000）	1100（1500）	1470（2000）	2210（3000）
提升系统绳数　钻井绳数	8	8	8	10	10	12
提升系统绳数　最大绳数	8	8	10	12	12	14
钢丝绳直径，mm	26	28.5	32.5	34.5	38	41.5
可配置每台钻井泵功率 kW（hp）	260～590（350～800）		590、740、960（800、1000、1300）		960、1180（1300、1600）	1180（1600）
转盘开口直径，mm	445		520、700		700、950	950、1260
钻台高度，m	1.5、3		6、7.5		6、7.5、9	7.5、9
井架	各级钻机均采用可提升28m立柱的井架，对15、20两级钻机也可以采用提升19m的可伸缩式井架					

注：1tf＝9.80665×10³N；1hp＝745.6999W。

现在我国石油工业也得到了快速发展，石油机械设备有了长足进步。所采用的技术标准更具时代先进性。如 SY/T 6724—2008《石油钻机和修井机基本配置》把钻机分为 9 级，名义钻井深度和钻深范围按 φ114.3mm（4.5in）钻杆柱（$q_{st}＝30kg/m$）确定。表 1-3 给出了新的钻机型号级别及钻深范围和最大钩载两项基本参数。钻机级别代号用双参数表示，如 10/600，前者乘以 100 为钻机名义钻深范围上限数值，后者是以 kN 为单位计的最大钩载。在驱动传动特点的表示方法上增加了：Y—液压钻机；DJ—交流电动钻机；DZ—直流电动钻机；DB—交流变频电动钻机。

表 1-3　钻机修订标准的部分基本参数

钻机型号级别	10/600	15/900	20/1350	30/1700	40/2250	50/3150	70/4500	90/6750	120/9000
名义钻探范围，m	500～1000	800～1500	1200～2000	1600～3000	2500～4000	3500～5000	4500～7000	6000～9000	7500～12000
最大钩载，kN（tf）	60	90	135	170	225	315	450	675	900

注：1tf＝9.80665×10³N。

二、石油钻机产品型号

（一）钻机的驱动形式

钻机的驱动形式是指：钻机的动力形式＋钻机的传动方式。大致可分为：

（1）机械驱动钻机。以柴油机为动力，通过液力变矩器、链条、齿轮三角胶带等不同组合的传动方式驱动的钻机。

（2）电驱动钻机。用电动机驱动的钻机。

（二）钻机产品的型号

钻机产品的型号就是产品的名称，通常应表示该产品的代号、主要性能、特征和产品改进代级等含义,常用一些字母和数字来表示。

我国钻机型号的含义如下:

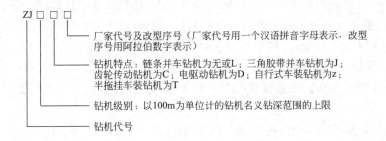

一、安装、拆卸钻机的基本要求

项目三　钻机搬迁与安装一般要求

【项目描述】　钻机的工作环境特点(野外、不固定)使得钻机必须具有易于拆卸、搬迁和安装的良好移运性。

【学习目标】　石油钻机有各种类型,其组成也不尽相同,所以钻机的搬迁与安装程序及要求也不一样。但不同类型钻机搬迁与安装过程中的通用内容是必须了解掌握的。

钻机的移运性是其固有的属性。钻机作为一种工程机械,必须具有良好的越野性、易拆迁性、易安装性、环境适应性以及安全性,以适应野外工作需要。为保证钻机工作的平稳可靠,对常规钻机搬迁、安装、调试均有严格的技术要求、规范和标准。

一、安装、拆卸钻机的基本要求

(1)上岗人员应按规定穿戴好劳动防护用品。

(2)高处作业应系好安全带,工具应拴好保险绳,零配件应装在工具袋内,工具、零配件不得上抛下扔。

(3)高处作业的正下方及其附近不应有人作业、停留和通过。

(4)采用专用起重机吊装、拆卸设备时的指挥信号应符合国家标准的规定。

(5)不应采用(液、气)动绞车和起重机等起重设备吊人上下,起重设备不应超载荷工作。

(6)抽穿钢丝绳、绞车上下钻台等作业应有专人指挥,明确指挥信号和口令。

(7)绞车滚筒用钢丝绳应符合标准规定,无打扭、接头、电弧烧伤、退火、挤压扁等缺陷。每捻距断丝不超过 12 丝。

(8)所有受力钢丝绳应用与绳径相符的绳卡卡固,方向一致且数量达到要求,绳卡的鞍座在主绳段上。

(9)起重吊装设备时不应用手直接推拉,应用游绳牵引。

(10)遇有六级以上(含六级)大风、雷电或暴雨、雾、雪、沙暴等能见度小于 30m 情况时,应停止设备吊装拆卸及高处作业。

(11)冬季气温低于 0℃ 的地区,油、气、水放喷管线及节流、压井、钻井液管汇以及钻井泵安全阀应采取包扎、下沟覆土或锅炉供暖等保温措施。

(12)不应在井架任何部位放置工具及零配件。

(13)井架上的各承载滑车应为开口链环型或有防脱措施的开口吊钩型。

(14)各处钢斜梯宜与水平面成 40~50°,固定可靠;踏板呈水平位置;两侧扶手齐全牢固。

(15)吊装、搬运盛放液体的容器时,应将容器内液体放净,并清除残余物。

(16)搬迁车辆进入井场后,吊车不应在架空电力线路下面工作,吊车停放位置(包括起重吊杆、钢丝绳和重物)与架空线路的距离应符合标准规定。

(17)各种车辆穿越裸露在地面上的油、气、水管线及电缆时,应采取保护措施,防止损坏管线及电缆。

(18)在井场内施工作业时,应详细了解井场内地下管线及电缆分布情况,防止损坏油、气、水管线及电缆。

(19)井场值班房、发电房、油罐区距井口不少于 30m,发电房与油罐区相距不少于 20m。锅炉房距井口不少于 50m。

二、钻台、机房、井控设备、钻井泵及净化设备等的安装与拆卸

(一)穿抽钢丝绳

(1)穿钢丝绳前应检查游车的滑轮转动及松旷情况,并将游车固定于井架大门前的井架底座上。A 型井架穿钢丝绳前应将游车放置于规定位置。

(2)穿钢丝绳前钢丝绳应与棕绳连接牢固。

(3)钢丝绳应放在专用的架子上,边穿边转动。

(4)用人力拉棕绳引绳上井架时,上下工作人员应密切配合,防止棕绳与井架摩擦发生意外。

(5)不应用拖拉机穿钢丝绳。

(6)绞车滚筒用钢丝绳死绳端缠绕固定器,应按规定的圈槽排满,用压板加双螺母紧固,并加 2 只绳卡卡牢。

(7)开槽的绞车滚筒初始缠绳不应少于 $1\frac{3}{4}$ 层,不开槽的绞车滚筒初始缠绳不应少于 $1\frac{1}{8}$ 层。

(8)抽钢丝绳应用棕绳牵引或专用装置,不应让其自由下落。

(二)绞车上、下钻台

(1)起吊绞车应用 2 根等长且直径为 26mm 钢丝绳套,牵引绳套应用直径为 19mm 的钢丝绳,两端各卡 3 只绳卡。

(2)绞车上、下钻台用的导向滑轮,公称载荷应不小于 200kN,转动应灵活,并用直径不小于 19mm 的钢丝绳固定于井架底座,钢丝绳缠绕底座 4 圈后用 3 只绳卡卡牢。

(3)拖拉机应工作正常,刹车、牵引架、牵引钩安全可靠。

(4)天车、游车的滑轮转动灵活。

(5)井架大门上方的钻杆固定牢固。

(6)游车穿大销子后,加穿保险销。

(7)在牵引钢丝绳的两侧各 10m 内,不应有人停留或工作。

(8)拖拉机工作时两侧的门应打开。

(9)总指挥员应站在井架梯子上指挥,不应站在钻台上指挥。

（10）上起游车时，大门前的拖拉机应绷拉游车。游车的护罩必须齐全完好。

（11）绞车就位后，应先将钢丝绳卡牢，再松开活绳头，活绳端用专用压板加 2 只绳卡固定牢固。

（三）绞车、辅助刹车的安装

（1）绞车宜采用 2 根直径为 127mm 的钢管压杠，8 只直径为 36mm 的提环螺栓加方木固定，四角用直径为 19mm 的钢丝绳双根和花篮螺栓固定；或用 U 形螺栓固定。

（2）绞车安全装置安装应符合标准规定。

（3）绞车安装后其他技术要求应符合标准规定。

（4）绞车护罩、转盘链条护罩、传动链条护罩齐全完好，固定牢固。

（5）辅助刹车安装牢固，不渗不漏；水刹车离合器摘挂灵活；电磁涡流刹车的电气部分应由持证电工安装。

（四）塔形井架用绞车的拆卸

（1）绞车下钻台前应将相连的链条、护罩、管线、绳索及绞车固定件拆除。

（2）绞车下钻台应符合上述绞车上、下钻台规定。

（3）绞车落到地面后用拖拉机拉游车，拉绳应拴牢。游车下放到地面后用绳索将游车固定于井架底座上。

（五）转盘的安装

转盘四角用直径为 19mm 的钢丝绳双根及花篮螺栓与井架底座拉紧，或按说明书规定安装。

（六）大钩及吊环的安装

（1）大钩钩身、钩口锁销应操作灵活，大钩耳环保险销齐全，安全可靠。

（2）大钩的其他技术要求应符合标准规定。

（3）吊环无变形、裂纹，保险绳用直径为 13mm 钢丝绳绕三圈，卡三只绳卡。

（七）水龙头及风动旋扣短节的安装

（1）鹅颈管法兰盘密封面平整光滑。

（2）提环销锁紧块完好紧固。

（3）各活动部位转动灵活，无渗漏。

（4）风动旋扣短节的风动马达固定应牢固，旋扣短节的外壳用直径为 13mm 的钢丝绳与水龙头外壳接牢。

（八）小绞车的安装

（1）电（液、气）动绞车的安装应牢固、平稳，刹车可靠，吊绳用直径为 16mm 的钢丝绳，配两片反向吊钩。

（2）电动绞车应有防水和防触电等措施。

（九）大钳

（1）大钳的钳尾销应齐全牢固，小销应穿开口销。

（2）B 型大钳的吊绳用直径为 13mm 钢丝绳，悬挂内、外钳的滑车其公称载荷应不小于

30kN。滑车固定用直径为 13mm 的钢丝绳绕两圈卡牢。大钳尾绳用直径为 22mm 的钢丝绳固定于井架大腿上;内钳尾绳长 7m,外钳尾绳长 8m,两端各卡 3 只绳卡。

(3)液气大钳的吊绳用直径为 16mm 的钢丝绳,两端各卡 3 只绳卡。

(4)液气大钳移送气缸固定牢固,各连接销应穿开口销。

(5)悬挂液气大钳的滑车其公称载荷应不小于 50kN。

(十)防碰天车

(1)气动防碰天车的引绳用直径为 6.4mm 的钢丝绳,上端固定,下端用开口销连接,松紧适当,不与井架、电缆摩擦。

(2)机械防碰天车灵敏、制动快。重砣用直径为 13mm 的钢丝绳悬吊于钻台下,距地面不应小于 2m。

(3)防碰天车挡绳距天车滑轮应不小于 6m。

(十一)其他钻台设备的安装

(1)大门绷绳用滑车的公称载荷应不小于 50kN,用直径为 19mm 的钢丝绳绕两圈将其卡固于井架前大门的人字架横拉筋上;大门绷绳坑距井口中心不小于 30m,坑深 2m、宽 0.8m、长 1m。

(2)悬挂防喷盒的滑车其公称载荷应不小于 10kN。滑车固定用直径为 13mm 的钢丝绳绕两圈卡牢。

(十二)机房设备的安装

(1)安装基础应符合标准规定。

(2)动力输出连接应符合标准规定。

(3)各底座连接螺栓与柴油机、联动机固定板应加双螺母拧紧;万向轴两端连接螺栓必须加弹簧垫拧紧;联动机顶杠应灵活好用并锁紧螺母拧紧。

(4)所有管路应清洁、畅通,排列整齐。各连接处应密封,无渗漏。

(5)压缩空气应净化处理。

(6)燃油供应系统按标准执行。

(7)油罐至机房、发电房的油管线埋地深度应不小于 200mm,或用钢管护套穿越道路。

(8)柴油机周围 1.5m、水箱前 2m 范围内不应安装其他装置或堆放物品。

(9)柴油机的各种仪表完好、灵敏、准确,油温、水温、机油压力符合要求;机体无渗漏。

(10)压风机、空气干燥装置的安全阀、压力表灵敏可靠。

(11)截止阀、单向阀、四通阀灵活好用。

(12)所有护罩齐全、牢固。

(十三)机房设备的拆卸

(1)拆卸前应先切断电源,拆下全部油、气、水管路并分类存放。

(2)吊装不带底座的 Z12V—190B 型柴油机单机时,要通过机体前后端面上的起重吊挂,用起重吊杠和钢丝绳吊装,不应在其他部位吊装。搬运时柴油机与其支架要用螺栓紧固。吊装带底座的 Z12V—190B 型柴油机配套机组时,要通过底座前后起重吊环用钢丝绳吊装,不应通过机体上的部位吊装。

(3)起吊柴油机的钢丝绳长度要适宜,吊钩的位置要高出排气管总管上平面 1m 以上。吊装时钢丝绳不应与柴油机零件直接接触。

(4)搬运时应将与柴油机相连接的外排气管、万向轴等附加装置全部拆除,传动皮带应用棕绳绑扎牢固,并将柴油机上所有油、水、气进出口用塑料布或其他合适的材料密封。

(十四)钻井泵的安装与拆卸

(1)钻井泵就位时应用两根等长的直径不小于 19mm 的钢丝绳吊装。

(2)钻井泵找平、找正后,泵与联动机之间用顶杠顶好并锁紧,转动部位应采用全封闭护罩,固定牢固无破损。

(3)钻井泵的安全阀应垂直安装,并戴好护帽。

(4)钻井泵安全阀杆灵活无阻卡。剪销式安全阀销钉应按钻井泵缸套额定压力穿在规定的位置上;应将弹簧式安全阀的开启压力调至钻井泵缸套额定压力的 105%~110% 范围内。

(5)钻井泵安全阀泄压管宜采用直径为 75mm 的无缝钢管制作,其出口应通往钻井液池或钻井液罐,出口弯管角度应大于 120°,两端应采取保险措施。

(6)预压式空气包应配压力表,空气包应充装氮气或空气,严禁充装氧气或可燃气体,充装压力为钻井泵工作压力的 30%。

(7)拉杆箱内不得有阻碍物。

(8)钻井泵内的钻井液应放净,冬季应将吸入阀、排出阀取出。

(十五)钻井液地面高低压管汇的安装

(1)高低压阀门组应安装在水泥基础上。

(2)地面高压管线应安装在水泥基础上,基础间隔 4~5m,用地脚螺栓卡牢。

(3)高压软管的两端用直径不小于 16mm 的钢丝绳缠绕后与相连接的硬管线接头卡固,或使用专用软管卡卡固。

(4)高低压阀门手轮齐全,开关灵活,无渗漏。

(十六)钻井液立管及水龙带的安装

(1)立管应上吊下垫,不应将弯头直接挂在井架拉筋上。用花篮螺栓及直径为 19mm 的钢丝绳套绕两圈将立管吊挂在井架横拉筋上,弯管要正对井口;立管下部座于水泥基础上。

(2)立管中间用 4 只直径为 20mm 的 U 形螺栓紧固,立管与井架间应垫方木或专用立管固定胶块。

(3)"A"形井架的立管在各段井架对接的同时对接并上紧活接头,水龙带在立井架前与立管连接好,用棕绳捆绑在井架上。

(4)立管压力表宜安装在离钻台面 1.2m 高处,表盘方向以便于司钻观察为宜。压力表清洁、完好。

(5)水龙带应用直径为 13mm 的钢丝绳缠绕作保险绳,绳扣间距一般为 0.8m,两端固定牢固,一端固定在水龙头支架上,一端固定在立管弯管上。安装保险钢丝绳的自由度不得妨碍水龙带的运动。或采用安全管卡防脱,其卡紧力以不损伤水龙带为宜。

(十七)钻井液净化设备的安装与拆卸

(1)钻井液罐的安装应以井口为基准,或以 2 号钻井泵为基准,确保钻井液罐、高架槽有 1:100 的坡度。

(2)高架槽应有支架支撑,支架应摆在稳固平整的地面上。

（3）振动筛至钻台及钻井液罐应安装 0.8m 宽的人行通道,靠钻井液池一侧应安装 1.05～1.20m 高的护栏,人行通道和护栏应坚固不摇晃。

（4）振动筛、除砂器、除泥器及离心机等电气设备应由持证电工安装,电动机的接线牢固,绝缘可靠。

（5）安装在钻井液罐上的除泥器、除砂器、离心机及混合漏斗应固定可靠,传动部位护罩齐全、完好。振动筛找平、找正后,应用压板固定。

（6）上、下钻井液罐的梯子不少于 3 个。

（7）钻井液罐吊装应使用直径不小于 22mm 的钢丝绳。

（8）钻井液罐的过道、支撑应绑扎牢固。

（9）钻井液罐上的振动筛、除砂器、除泥器、除气器、离心机、混合漏斗、配药罐及照明灯具等均应拆除。

（十八）井控装置的安装

（1）液压防喷器远程控制台距井口应不小于 25m。

（2）放喷管线与油罐距离应大于 3m。

（3）放喷管线出口距井口应不小于 75m。

（4）安装防喷器的井,下技术套管（或表层套管）时应准确计算联入,确保放喷管线不高于井架船形底座 150mm。

（5）防喷器安装应与天车、井口对正,中心偏移不大于 10mm,四角用花篮螺栓固定。

（6）安装防喷器底法兰的套管接箍应是原套管接箍,不应在套管本体上重新焊接接箍。

（7）放喷管线不应架空,而应固定在水泥基础上,基础间隔 10m;转弯处应加基础固定。

（8）放喷管线弯管角度不小于 120°,一律采用预制铸钢弯管,平滑过渡。

（9）放喷管线应用直径 127mm 的钻杆连接,出口处留有直径 127mm 的钻杆螺纹。

（10）放喷、节流、压井管汇内无异物,各阀门灵活好用并经过试压合格。

（11）液压控制管汇确保接头清洁,外螺纹接头涂好密封脂。

（十九）移动式发电房的安装

（1）移动式发电房应符合国家标准中的有关规定。

（2）发电房应用耐火等级不低于四级的材料建造,内外清洁无油污。

（3）发电机组固定可靠,运转平稳,仪表齐全、灵敏、准确,工作正常。

（4）发电机外壳应接地,接地电阻应不大于 4Ω。

（二十）井场电气线路的安装

（1）井场主电路宜采用 YCW 型防油橡套电缆,照明电路宜采用 YZ 型电缆。

（2）钻台、机房、净化系统、井控装置的电器设备、照明灯具应分设开关控制。开关距井口距离要求:探井、高压油气井不小于 30m,低压开发井不小于 15m。远程控制台、探照灯应设专线。

（3）井场至水源处的电源线路应架设在专用电杆上,高度不低于 3m,并设漏电断路器控制;机房、泵房、钻井液罐上的照明灯具应高于底座面（罐面）2.5m;电缆线应有防止与金属摩擦的措施。

（4）配电房输出的主电路电缆应由井场后部绕过,敷设在距地面 200mm 高的金属电缆桥架内;过路地段应套有电缆保护钢管;钻井液罐及振动筛内侧应焊接电缆桥架和电缆穿线钢管。井场电路架空时,应分路架设在专用电杆上,高度不低于3m;距柴油机、井架绷绳不小于2.5m;供电线路不应通过油罐上空。

(5)电缆敷设位置应考虑避免电缆受到腐蚀和机械损伤。

(6)电缆应绝缘良好。

(7)电缆与电气设备应用防爆接插件连接。

(8)电气设备均应保护接地(接零),其接地电阻值不大于4Ω。

(9)钻台、井架、机泵房、钻井液循环系统的电气设备及照明灯具应符合防爆要求。

(二十一)野营房电气线路的安装

(1)野营房电器系统的安装应符合标准规定。

(2)进户线应加绝缘护套管。

(二十二)锅炉的安装

锅炉的安装应符合《蒸汽锅炉安全技术监察规程》或《热水锅炉安全技术监察规程》中有关规定。

模块二　石油钻机旋转系统

【模块导读】 旋转系统是钻机的三大工作系统之一,是驱动钻头旋转破碎岩石的工作系统。依据其驱动钻头的方式不同,钻机的旋转系统具有转盘钻机旋转系统、井下动力钻机旋转系统和顶驱钻机旋转系统三种形式,本模块将分别详细介绍。

【学习目标】 重点了解掌握传统的转盘钻机旋转系统、井下动力钻具旋转系统和顶驱钻机旋转系统三种形式的基本组成、工作特点。能识别传统的转盘钻机旋转系统、井下动力钻具旋转系统和顶驱钻机旋转系统,掌握其典型设备的结构、原理及安装使用与维护方法。

项目一　转盘钻机的旋转系统

【项目描述】 转盘钻机是旋转钻井法中常用的经典钻机。其旋转系统至今仍然在石油钻机中占有十分重要的地位。

【学习目标】 了解掌握转盘钻机旋转系统的组成、作用、工作特点、安装、使用与维护方法。

任务一　转盘驱动的基本知识

转盘钻机的旋转系统是一种经典的旋转工作系统,包括转盘、水龙头、钻杆柱、钻头等。其主要作用是利用转盘驱动使钻杆和钻头旋转破碎岩石钻进,加长井深。转盘是钻机的三大工作机之一。

转盘问世于 1900 年,由美国人发明。1901 年美国人在得克萨斯州用转盘钻机成功地钻出了世界上第一口高产油井。自此,转盘钻机开始跨入取代绳式和杆式冲击钻的历史进程。现代钻机的转盘结构,在 20 世纪 80 年代已基本定型。国内外厂家生产的转盘,结构组成大同小异。基本参数系列化,主参数为通孔直径(已标准化)。

图 2-1　ZP-375 型转盘

现代钻机转盘的主要结构类似,只是在轴承布置方案、传动副类型及部件具体结构上有所差异,图 2-1 是 ZP-375 型转盘的外形图。

一、转盘的功能及其在钻机中的安装位置

转盘是转盘钻机旋转系统中的核心设备,具有如下基本功能:

(1)必须具备通过最大钻头的能力。这就要求转盘的开口直径应略大于最大钻头直径。

最大钻头直径等于井深表层井口直径,这是由钻井工程井身结构中的最大井眼直径所决定的。

(2)在钻机钻进工作过程中,转盘能将发动机提供的水平旋转运动变为转台的垂直旋转运动,将发动机输送过来的动力转变为用来驱动钻具的转速和扭矩。以便带动钻头破碎岩石,钻出井眼。

(3)由于钻杆柱是由钻杆一根一根用螺纹连接起来的,所以在起下钻时,须能承担钻柱的全部重量,协助完成上卸扣工作。

(4)在修井作业时,协助处理井下事故,如倒扣、造扣、套铣、磨铣等工作。

(5)在使用井底旋转钻具时,转盘承受上部钻具的反扭矩。

由于要考虑钻井过程中的安全问题,防止井喷事故发生,通常要在井口上安装一套井控装置(防喷器),这就要求转盘不能直接安装在地基上,必须安装在钻台上。转盘在钻机系统中的布置见图2-2和图2-3。

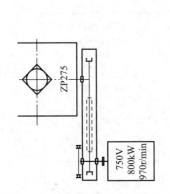

图2-2　链条单独驱动型转盘

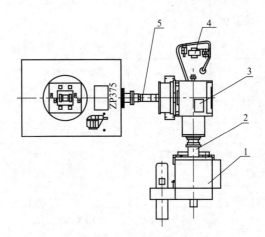

图2-3　万向轴传动型独立电驱动转盘

1—三相交流异步变频电动机;2—联轴器;
3—螺伞减速器;4—润滑系统;5—万向轴

二、钻井工艺对转盘的要求及转盘的技术参数

(一)钻井工艺对转盘的要求

(1)转盘能输出足够大的扭矩和必要的转速,以转动钻柱带动钻头破碎岩石,并能满足打捞、对扣、倒扣、造扣或磨铣等特殊作业的要求。

(2)转盘必须具有抗震、抗冲击和抗腐蚀的能力。尤其是主轴承应有足够的强度和寿命,并要求其承载能力大于钻机的最大钩载。由图2-4可知,钻头所承受的载荷是非均匀性的,是随机波动的。这种载荷将通过钻杆传导到转盘。

(3)转盘能正反转,要有可靠制动机构。

(4)必须有良好的密封、润滑,以防止转盘外界的钻井液、污物进入转盘内部,损坏主辅轴承。

(二)转盘的技术参数

为满足钻井工艺对转盘提出的要求,设计者和制造商对不同级别的钻机所配备的转盘设

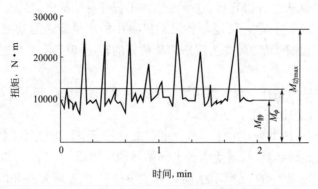

图 2-4　钻进时钻头上载荷变化状况

定了相应的工作能力技术参数。技术参数是表征设备结构特征与工作性能的参数。常见转盘的技术参数见表 2-1。

表 2-1　常见转盘的技术参数

钻机代号	ZJ20K	ZJ50/3150L ZJ40/2250CJD	ZJ45J	ZJ70/4500DZ ZJ50/3150DB-1	ZJ90/6750
转盘代号	ZP175	ZP275	ZP205	ZP375	ZP475
通孔直径,mm	444.5	698.5	520.7	952.5	1206.5
最大静负荷,kN	2250	4500	4413	5850	
最高转速,r/min	300	250	350	300	300
齿轮传动比	3.58	3.667	3.22	3.56	
主轴承,mm	53×710×109	800×1060×155 800×950×120	800×1060×155	1050×1270×220	
辅助轴承,mm	500×600×60	600×710×67	800×950×120	800×950×120	
质量,kg	3888	6163	6182	8026	

(1)通孔直径,指转盘转台中心孔的尺寸。它决定了第一次开钻时,可下入的最大钻头直径(最大钻头直径至少比它小 10mm)是转盘的主参数,它决定了转盘的其他几何尺寸和承载能力。

(2)中心距,指转台中心至水平轴链轮第一排轮齿中心的距离。

(3)最大静载荷,指转盘上能承受的最大重量应与钻机的最大钩载相匹配。该载荷为转盘主轴承的计算载荷,决定了主轴承的规格。

(4)最大工作扭矩,指转盘在最低转速时允许承受的最大扭矩,它决定了输入功率和传动零件的几何尺寸。

(5)最高转速,指转盘在轻载荷下所允许使用的最高转速。一般规定为 300r/min。为满足钻井工艺的需要转盘也能提供多种转速。一般最低工作转速为 50~60r/min,而用于处理事故时的转速为 25~30r/min。

(6)转盘功率,指转盘水平轴输入功率,其计算式如下:

$$N_{盘}=\frac{\pi M_n n}{30\eta} \qquad\qquad (2-1)$$

式中　$N_{盘}$——转盘功率,kW;

　　　M_n——转盘的最大工作扭矩,kN·m;

　　　n——转盘的最低工作转速,r/min;

　　　η——转盘的效率 $\eta=0.95\sim0.97$。

对于统一驱动的钻机需要为转盘配备的发动机功率为:

$$N_{发盘}=\frac{N_{盘}}{\eta_{发盘}} \tag{2-2}$$

式中　$N_{发盘}$——为转盘配备的发动机功率,kW;

　　　$\eta_{发盘}$——发动机到转盘输入轴的全部传动效率。

为转盘配备的柴油机功率应以其持续功率来计算转盘的一些主要技术参数在其转盘代号上得到反映。转盘代号标注内容如下:

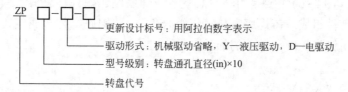

更新设计标号:用阿拉伯数字表示

驱动形式:机械驱动省略,Y—液压驱动,D—电驱动

型号级别:转盘通孔直径(in)×10

转盘代号

新国标中将 D 改为:DJ—AC—AC 交流电驱动;DZ—AC—SCR—DC 可控硅整流直流电驱动;DB—AC—DC—AC 交流变频驱动。

三、转盘的类型、结构与工作原理

(一)转盘的类型与工作原理

转盘是转盘钻机的三大工作机之一,主要由水平轴总成、转台体总成、主辅轴承、密封及壳体等几部分组成。ZP-375 和 ZP-275 型转盘等是我国石油天然气钻深井和超深井钻机中广泛使用的典型转盘结构。下面以 ZP—275 型转盘为例进行介绍。

我国在用转盘按其传动方式主要有链条传动型和万向轴传动型之分;按其动力驱动形式主要有统一驱动和独立驱动之分。转盘的规格型号有多种,已标准化,如表 2-1 所示。

转盘在钻机中的最主要功能就是将发动机提供的水平旋转运动变为转台的垂直旋转运动。将发动机输送过来的水平扭矩转变为用来驱动钻杆旋转的垂直扭矩。实现这个功能最简单的方法就是用圆锥齿轮传动,如图 2-5 所示。现场使用的转盘都是基于这一思路设计而成的,如 ZP-275 型转盘中的大锥齿轮和小锥齿轮组合的传动副,就构成了转盘的主体结构。

实际结构中是把图 2-5 形式倒过来利用的。由图 2-6可以看出,小锥齿轮的轴(水平轴)通过两个轴承安装在转盘底座上,而把大锥齿轮(实际上是一个大齿圈)和转台固联为一体变成一特殊形状的锥齿轮,再把这个特殊锥齿轮即转台,通过主轴承也安装在转盘的底座上,这样转台的中心孔(应能通过最大钻头)相当于大锥齿轮的轴孔。为使钻台能带动钻杆柱旋转,特在转台中心孔的上

图 2-5　圆锥齿轮传动

部加工成方形,下部保持圆形,另配制一套(两片)大方瓦,其外形结构上也呈上方下圆,内孔为倒锥台形,同时还须配制一个方补心的井口工具,其外形也呈下圆上方的圆锥形,使之与方卡瓦内孔通过锁紧机构相配合,而方补心的内孔也是方形,以便与钻杆柱最上面的方钻杆配合,并将整个转盘固定安装在钻台上。这样,发动机给出的动力从转盘的水平轴一端(375型和275型转盘通常是链轮)输入,经小齿轮带动大齿轮(即转台)转动,转台又通过与方瓦的方形结构、方瓦与方补心的锁紧机构、方补心与方钻杆的方形结构把动力传给钻杆柱,驱动钻头破碎岩石,钻出井眼。

为了使转盘能正常工作,转盘中心线应与井口中心线重合。这就要求转台在工作中不偏摆,为此特在转台的主轴承的下方再设计配置一辅助扶正轴承,同时考虑钻头载荷特性的影响,辅助轴承应选防跳轴承。

(二)转盘结构(以 ZP-275 型转盘结构为例)

ZP-275 转盘(图 2-6)主要是由转台装置、铸焊底座、输入轴总成、锁紧装置、方补心装置、上盖等零部件组成。铸焊底座是铸焊组合件,由铸钢底座与金属结构件组焊而成。铸焊底座也用作润滑锥齿轮副和轴承的油池。

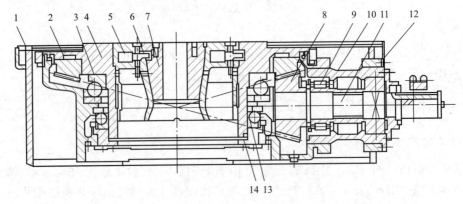

图 2-6　ZP-275 转盘

1—壳体;2—大锥齿轮;3—主轴承;4—转台;5—大方瓦;6—大方瓦与方补心锁紧机构;7—方补心;8—小锥齿轮;9—圆柱滚动轴承;10—套筒;11—快速轴(水平轴);12—双列向心球面滚子轴承;13—辅助轴承;14—调节螺母

1. 转台装置

转台装置即转台总成,主要由转台迷宫圈、转台、固定在转台上的大锥齿轮、主辅轴承、下座圈、大方瓦和方补心等组成。转台结构总成如图 2-7 所示。

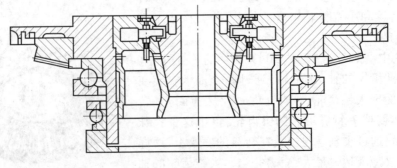

图 2-7　转台结构总成

1)转台迷宫圈

转台迷宫圈是安装在钻台边缘上的,具有两道环槽,与壳体上的两道环槽形成动密封,以防止钻井液等污物进入钻台内损害主轴承等。

2)转台

转台是一个铸钢件,它的通孔直径用于通过钻具和套管柱。为了旋转钻杆柱,在转台的上部内孔制成方座,主补心大方瓦就安装在方座内,方钻杆的方补心放在方瓦内。靠方瓦的四方驱动方钻杆的方补心,继而使钻杆住旋转。在转台的下部用螺栓固定下座圈。转台装置是坐在主、辅组合轴承上,并通过主轴承支撑在底座上。组合轴承的中圈以上起主轴承的作用,它承受钻杆柱和套管柱的全部载荷,中圈以下起辅助轴承的作用,它通过下座圈安装在转台的下部,用来承受来自井底的向上跳动,主、辅轴承的轴向间隙的调整是用转台和下座圈间的垫片来实现的。

大锥齿轮是通过紧配合安装在转台上的,如图2-8所示。

3)输入轴总成

输入轴总成主要包括小锥齿轮、水平轴、轴承、轴套以及轴密封圈、垫片、轴承盖、输入链轮(或法兰盘)等。

转台是用一对锥齿轮副来传动的,大锥齿轮安装在转台上,小锥齿轮装在水平轴的一端。水平轴则支撑于装在轴承座内的两个轴承上。这两个轴承一个是向心

图2-8　转台大锥齿轮

短圆柱滚子轴承,另一个是向心球面滚子轴承,在轴的另一端装有双排链轮或法兰,构成一个输入轴总成(也称水平轴总成)。靠近小锥齿轮的轴承是向心短圆柱滚子轴承,它只承受径向力。靠近动力输入端的轴承是双列调心球面滚子轴承,它主要承受径向力和不大的轴向力。在水平轴的另一端装有双排链轮或连接法兰(万向轴驱动)。小锥齿轮与水平轴装好后,与两个轴承一起装入轴承套中,再将轴承套连同其内的各件一起装入壳体。为了保证大小锥齿轮之间保持有合理的间隙,可通过轴承套与壳体之间的调整垫片调节控制。

为了调整一对锥齿轮副的啮合间隙,实际中可用调整主、辅组合轴承的中圈下面的垫片和轴承套法兰上的垫片来实现。

4)锁紧装置

在转盘的顶部装有制动转台向左和向右方向转动的锁紧装置。当转动转台时,左右掣子之一被操纵杆送入转台28个槽位中的任何一个主补心装置。

5)主、辅轴承

转盘的主辅轴承均采用推力向心球轴承,主轴承主要承受方钻杆下滑造成的轴向力和锥齿轮副啮合所产生的径向力。起下钻时,承受最大静载荷,故主轴承的承载力应大于额定钩载,其受力状况如图2-9和图2-10所示。辅助轴承的功用:一方面承受钻头、钻柱传来的径向载荷,另一方面防止转台摆动,起扶正转台的作用。主轴承的轴向间隙通过主轴承下圈和壳体之间的调节垫片调节,辅助轴承的轴向间隙通过辅轴承下圈和下座圈之间的垫片来调整。

6)主补心装置

主补心装置由两片大方瓦组成。其上部为方形,带有两个凸出部分,可放在转台的方形凹槽中。其内孔上部也有方形凹槽,用于安放与方钻杆配合使用的方补心。若从转台中取出主补心装置,需用两个补心提环装置来操作。

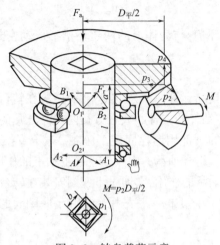

$M = p_2 D_{\Psi}/2$

图 2-9 转盘载荷示意

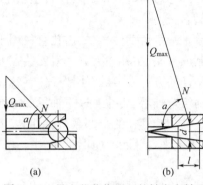

(a)   (b)

图 2-10 最大载荷作用下的转盘主轴承

7)滚子补心

滚子补心如图 2-11 所示,是与石油钻机转盘配套使用,适用于各种规格的方钻杆。在钻井作业中,滚子补心一方面坐于转盘的大方瓦(图 2-12)内,另一方面套在方钻杆上,将转盘的旋转扭矩传递给方钻杆,通过钻杆驱动钻头破碎岩石钻进。同时,旋转的方钻杆可沿其滚子向下滑,实现在旋转钻进中的进给目的。

图 2-11 滚子补心

图 2-12 大方瓦

该系列滚子补心有两种驱动形式,销驱动滚子补心和方驱动滚子补心,滚子补心的四方和四销及分布圆均符合 API SPEC 7K 规范的规定,所以,它们均可与符合 API 规范的系列转盘配套使用。

(1)滚子补心技术规范。

滚子补心技术规范见表 2-2。

表 2-2 滚子补心技术规范

图号及名称 内容	方驱动			销驱动		
	105. 52. 00 5¼in 滚子补心	105. 69. 00 6in 滚子补心	105. 70. 00 3½in 滚子补心	105. 51. 00 5¼in 滚子补心	105. 59. 00 4¼in 滚子补心	105. 62. 00 3½in 滚子补心
最大工作扭矩,N·m		33500			33500	
四方通孔,mm	136		92	136	110.5	92
六方通孔,mm	134.5	153.5		134.5	109.5	

图号及名称 内容	方驱动			销驱动		
	105.52.00 5¼in 滚子补心	105.69.00 6in 滚子补心	105.70.00 3½in 滚子补心	105.51.00 5¼in 滚子补心	105.59.00 4¼in 滚子补心	105.62.00 3½in 滚子补心
质量,kg	619	615	665	882	983	896
A,mm	342.9×342.9			654		
B,mm	φ622			813		
C,mm	750					
D×D,mm				622×622		
E,mm	φ83					

（2）滚子补心结构。

方（或销）驱动滚子补心主要有上盖、主体、平滚轮总成、V形滚轮总成、长螺栓、螺母和销驱动的销轴等组成。四个平滚轮总成组装成的四方孔适用于 3½~5¼in 的四方方钻杆；两个平滚轮总成和两个 V 形滚轮总成组成的六方通孔适用于 4¼~6in 的六方方钻杆。滚子补心的结构如图 2-13 所示。

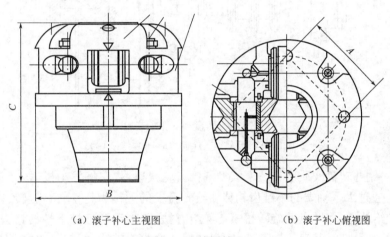

（a）滚子补心主视图　　　　　　　　（b）滚子补心俯视图

图 2-13　滚子补心

20in 补心（下套管用）是两半组成的，上部带有两个凸出部分放在转台的凹槽中，从转台中取出主补心装置（或 20in 补心）是用两个补心吊环装置操作。

（3）滚子补心安装与调整。

现场使用时，松开螺母，拿掉上盖及滚轮总成，先将上盖套在方钻杆上，再将主体套上，装入滚轮总成，使上盖复位，拧紧螺母，滚子补心的四方坐入（或四销插入）转盘，即可使用。拧紧螺母时，注意滚轮总成两端端盖与主体的间隙要调整相等，并且上盖凹下的"▽"号与主体凹下的"▲"号要对上，再拧紧螺母。上盖与主体间的间隙要均等，约等于 3mm。

8）壳体

壳体是转盘的底座，采用铸焊结构，由铸钢件和板材焊接而成。其主要是作为主辅轴承及输入轴总成的支撑，同时，也是润滑锥齿轮和轴承的油池。其内腔对着小锥齿轮下方的壳体上形成半圆形大油池，用以润滑主轴承，在水平轴下方壳体上形成小油池，用以润滑支承水平轴的两个轴承。

2. 转盘独立驱动装置

转盘独立驱动装置是由交流变频调速电动机、输入轴、链轮装置、链条箱及风道组成,全套装置装在转盘梁和左上座上。安装找正后,用螺栓固定并用定位块定位。搬迁时,交流变频调速电动机、输入轴、链轮装置、链条箱随电动机转盘梁整体运输,风道及风机随左上座一起运输。输入轴主要由左轴承座、链轮、右轴承座、惯性刹车离合器几部分组成,其结构和位置分别见图2-14、图2-2及图2-3。

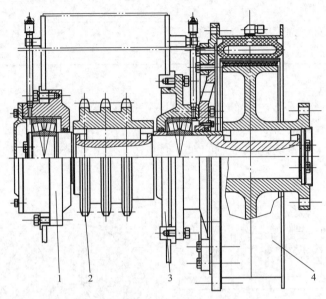

图2-14 转盘独立驱动装置
1—左轴承座;2—链轮;3—右轴承座;4—惯性刹车离合器

综上所述,钻井转盘实质上是一个大型圆锥齿轮减速器,它将发动机输入到其链轮(或法兰)上的动力,通过水平轴端的小锥齿轮传递给转台上的大锥齿轮使转台旋转,并借助转台通孔中的方瓦传给补心,将转盘的旋转扭矩传递给方钻杆,带动钻杆柱下端的钻头旋转,破碎岩石,并使旋转的方钻杆沿其滚子向下滑,实现钻杆柱的边旋转边送进,钻出井眼。起下钻或下套管时,钻杆柱或套管柱可用卡瓦或吊卡坐落在转台上。

任务二 转盘的安装与使用、故障与排除

一、转盘的安装与调整

以ZP-375型转盘为例,介绍转盘的安装与调整。

(一)输入轴总成的装配

在装配时,轴承的装配面、轴及轴承套的配合面必须清洗干净,并涂一层清洁的润滑油。靠小锥齿轮端的滚子轴承内圈在油槽中加热装配,温度应在65~95℃(149~203℉)。小锥齿轮在油槽中加热装配,温度应在260~300℃(500~572℉)范围内。

(二)转台装置

大齿圈在油槽中加热装配,温度在150~200℃(302~392℉)范围内。其端面必须紧贴在转台的台肩面上,其不贴合度不大于0.10mm。主、辅组合轴承上座圈在油槽中加热装配,温度应在150~175℃(302~347℉)范围内,其端面必须紧贴在转台的台肩面上,其不贴合度不大于0.05mm。转盘的主、辅组合轴承的轴向间隙是用垫片来调整的,主、辅轴承和下座圈一起装在转台上时先不用垫片,拧紧螺栓直到轴承无间隙,用塞尺测量转台和下座圈之间的间隙,再增加0.05mm就是垫片所需的总厚度。

事实上,由于调整较难,所以转台轴承的间隙可在0~0.05mm之间,且允许过盈量不超过0.05mm,螺栓用扭力扳手作预紧力安装,承受最大扭力为690N·m(500lb·ft)。

(三)转盘的装配

输入轴总成在装入转盘底座前,轴承套与转盘底座的配合面必须清洗干净,并涂一层清洁的润滑油。输入轴总成在装入转盘底座后,用轴承套法兰上的垫片调整,使得小锥齿轮的小端端面到转盘中心的距离符合打印在小齿轮端面的尺寸要求。转台装置在装入转盘底座之前,主、辅组合轴承与底座的接触面应清洗干净,并涂一层清洁的润滑油。将垫片放入底座,理论值为3mm,转台装置座入底座后,调整一对锥齿轮的齿侧间隙,调整方法是:在输入轴装链轮端的轴端固定一检查样板,半径为178mm。此时卡死转台,转动输入轴,检查样板摆动数值则为齿轮的齿侧间隙,应在0.34~0.58mm之间,否则可抽出或加入适当调整垫片,使之达到以上数值。最后用扭力扳手拧紧螺栓上的螺母,扳手最大扭力为690N·m(500lb·ft)。

(四)转盘驱动装置的安装

(1)链条箱与输入轴应先在车间组装好,其余部分在钻机总装时安装。

(2)链轮装置与转盘在车间装配好。

(3)先将链条箱吊装到转盘梁上的适当位置,再安装转盘,转盘找正定好位后,移动链条箱调整输入轴链轮与输出链轮的共面性,保证两链轮共面性允差≤1mm,并使两链轮齿根距离为设计值,而后将定位块按要求位置焊好。

(4)风机支座安装时,应先与风机电动机把合为一体,然后将风道(Ⅱ、Ⅲ)与风机把合好,对正左上座里的相应风道口,再将它们点焊在相应位置,继而焊牢。风道与底座的焊缝不允许有漏风现象。

(5)过渡节应提前与电动机组装好,再往底座上装,并作现场调整,使其与输入轴上法兰的平行度≤0.5mm,然后拧紧电动机底脚螺栓,并用定位块将电动机定位。

(6)在转盘梁上装有转盘独立驱动系统。转盘驱动装置出厂安装时已找正,与转盘梁成为一个橇,现场安装时,连转盘梁即可。(如ZJ50/3150DB钻机)

(五)转盘安装的一般过程与要求

(1)通常以井眼中心为基准,画出纵向和横向中心线及所有地面设备基础位置线;摆放基础,同一平面允许高差不大于3mm。

(2)按设备安装摆放图画出设备安装摆放位置线。

(3)安装时,(以ZJ70D为例)应做到"七字"(平、稳、正、全、牢、灵、通)标准和"五不漏"(不漏油、不漏气、不漏水、不漏电、不漏钻井液)要求。

(4)在基础验收合格后,按设备安装摆放图要求,安装好底座后,再进行转盘驱动装置和绞车传动的安装：

  ① 安装并找正绞车。底座梁上有一个三角箭头表明绞车滚筒中心的位置,绞车按此就位,并用卷尺核对绞车滚筒中心与井眼中心的相对位置,然后放下转盘链条箱找正,使转盘驱动轴与转盘输入轴同轴,两轴端法兰应平行,在相差90°的四点测量其尺寸误差应小于1mm,最后固定。

  ② 安装转盘扭矩传感器和转数传感器。

  ③ 安装万向轴,拧紧两端的连接螺栓,且要放松可靠。

  (5)转盘的开口中心与井眼中心对中,在任意方向允许差≤2mm。

  (6)转盘安装应采用仪器(如经纬仪、水平尺等)找平,转盘底面与水平面的误差不得超过规定标准。

二、转盘的使用及维护保养

(一)使用前的准备与检查

(1)新启用的转盘,应先在油池内加入L-CKC150闭式工业齿轮油,油面应达到油标尺最高位置。

(2)对锁紧装置上的销轴注入润滑脂。

(3)制动块和销子转动应灵活,制动可靠。

(4)主补心装置与转台、主补心装置与API 1 、2 、3 号补心是否锁紧。

(5)使用前应用手转动滚轮是否灵活,滑套用手上、下滑动是否灵活。

(二)转盘工作中的检查

(1)定期检查转盘的固定情况,检查是否平、正、稳和牢固。

(2)检查运转的声音是否正常,动力输入轴端的弹簧密封圈密封是否可靠。

(3)每班检查油池内油面是否符合要求(看油标尺),油位的高低必须以停车5min后检查的结果为准。检查油的清洁情况,如油脏要及时换油。检查油池和轴承温度是否正常,若不正常,立即查找原因。

(4)严禁使用转盘崩扣,防止损坏齿轮牙齿。

(5)钻进和起下钻过程中应避免猛整、猛顿,以防损坏零件。

(6)钻台和转盘面要保持清洁,油标尺和黄油嘴要上紧。

(7)方补心不能高于大方瓦面3mm,大方瓦与转台面要齐平。

(8)转盘在承受较大冲击载荷后(如卡钻、顿钻)应注意检查运转声音有无异常。

(9)定期检查输入轴轴端的万向轴连接法兰(或链轮)是否有轴向窜动,若有窜动应拧紧轴端压板螺钉。

(10)定期检查下座圈的连接螺栓是否松动。

(三)维护保养

(1)转盘在承受较大冲击载荷后(如卡钻、顿钻)应注意检查运转声音有无异常。

(2)定期检查输入轴轴端万向轴连接法兰(或链轮)是否有轴向窜动,若有窜动应拧紧轴端压板螺钉。

(3)输入轴上的弹簧密封圈是否密封可靠。

(4)定期检查下座圈的连接螺栓是否松动。

(5)转盘工作时观察音响是否正常,应无咬卡和撞击现象。

(6)检查转盘油池和轴承温度是否正常。

(7)在钻井作业中,要及时冲洗掉滚子补心上的钻井液,以免钻井液进入轴承内。

(8)当V形滚轮和平滚轮磨损到规定磨损量时,应当更换新滚轮。

(四) 转盘的润滑

(1)锥齿轮副的所有轴承是用油池内的油飞溅润滑。润滑油用 L-CKC150 闭式工业齿轮油,每两个月更换一次润滑油,每周检查一次油的洁净情况,发现油脏,应随时更换。

(2)锁紧装置上的销轴的润滑,每周润滑一次,采用锂基润滑脂1号(冬季)、2号(夏季)。

(3)补心滚轮轴承的润滑采用锂基润滑脂1号(冬季)、2号(夏季)润滑,每周润滑一次。

(4)防跳轴承每周润滑一次,用油枪注入锂基润滑脂1号(冬季)、2号(夏季)。

转盘润滑油的使用见表2-3。

表 2-3　转盘润滑油

润滑点名称	润滑油品种		润滑周期 h	注油量 kg	润滑须知
	夏季	冬季			
主轴承 锥齿轮	45 号工业机油	12 号工业机油	8	油标尺为标准	每2~3月清洗换油一次
水平轴 轴承	机油	机油	8	油标尺为标准	每3~4月或打完一口井或 修理后换油一次
防跳轴承	钙基黄油	钙基黄油加10%机油	150	0.5	—

注:润滑油温度不得超过70℃。

转盘轴承的润滑,因为综合因素较多,也可根据具体情况要求自行选择最佳润滑脂。转盘轴承用润滑脂见推荐表2-4。

表 2-4　转盘轴承润滑脂推荐表

支承结构	工作条件	润滑部位	润滑脂		
			名称	牌号	标准号
塑料隔离块 胶圈密封	低温、常温、潮湿 -40~+60℃	滚道	钙基润滑脂	-3 ZG-4 -5	GB 491—65
		齿轮	石墨钙基润滑脂	ZG-S	SY 1405—65
金属隔离块 迷宫式密封	高温、 潮湿				
	40~140℃	滚道	锂基润滑脂	ZL-$\frac{1}{2}$	Q/SY 1002—65
			MoS_2 复合钙基润滑脂	3 号	—
		齿轮	4 号高温润滑脂	ZN6-4	GB 491—65
	80~180℃	滚道	MoS_2 复合钙润滑脂	2 号	—
		齿轮	4 号高温润滑脂	ZN6-4	GB 491—65
	高温、耐海水腐蚀 -50℃	滚道	2 号铝基润滑脂	ZU-2	SY 1408—59
		齿轮	—		

（五）运输、保管

（1）吊转盘时，只能吊住四个下角，不允许直接在地面上拖运，转盘单个整体发运。

（2）转盘长期封存时，应置于干燥通风处防止生锈，对使用过的转盘，应将油池内的机油及沉淀物清理干净，在轴承、齿轮及加工面涂上防锈油后，方可封存。

三、转盘的故障判断及排除

转盘的故障判断及排除方法见表2-5。

表 2-5　转盘的常见故障及排除方法

序号	故障现象	可能产生的原因	排除方法
1	转盘壳体发热 （温度超过70℃）	油池缺油； 油池润滑油污染； 转台迷宫圈磨损，漏钻井液	及时加注润滑油； 清洗更换润滑油； 调整、检修
2	转盘局部壳体发热	转盘中心偏移井口； 转盘偏斜； 转台迷宫圈偏磨	调整、校正； 调整、校正； 调整、检修
3	转台轴向移动	主轴承、防跳轴承间隙大； 转台迷宫圈故障； 输入轴承损坏	调整间隙； 检修排除； 检修、更换
4	圆锥齿轮巨响	圆锥齿轮磨损、断齿； 主轴承、防跳轴承间隙大； 转台迷宫圈故障	检修更换齿轮； 调整间隙； 检修排除
5	油池严重漏油	转台迷宫圈故障、损坏； 输入轴密封圈损坏； 转盘倾斜，润滑油倾出	检修排除，更换配件； 检修、更换； 调整、校正
6	卡瓦黏方瓦	大方瓦变形； 卡瓦背磨损	更换大方瓦； 更换卡瓦

项目二　井下动力钻机的旋转系统

【项目描述】　井下动力钻机是在原转盘钻机的基础上，将动力直接安装在井下钻头的上方改造而来。不需要用钻杆来传递扭矩，而转盘钻机其他组成部分基本没有变化。井下动力钻机旋转系统主要由井下动力钻具和钻头组成。

【学习目标】　了解涡轮钻具、螺杆钻具的结构组成及其工作原理，掌握它们的一般应用方法。

任务一　井下动力钻具类型及特点

井下动力钻机的旋转系统主要包括井下涡轮钻具（或井下螺杆钻具、井下电动钻具）及钻头等。钻杆不参与旋转。井下动力钻机与转盘钻机在结构组成上，除旋转系统设备变化较大外,其他系统设备基本不变。实际上若采用井下动力钻具钻井时,尤其是钻定向井、水平井等作业时,只需在转盘钻机的基础上将井下动力钻具安装在钻杆柱下端的钻头上部即可,这时转盘主要在起下操作时承载钻柱重量和钻进时承担反扭矩作用。

如图2-15是井下电动钻井示意图。把电动机做成细长结构,电缆装在钻杆里,依靠钻杆接头里的特别接头连通。钻进时加压和清除岩屑的方法与转盘钻机相同。钻杆不动和操作方便是其优点,但电动机结构复杂,工作条件恶劣、电缆特殊、电路故障检查、换钻头不便等成为其应用不广的主要原因。

涡轮钻具(图2-16)和螺杆钻具是靠液力来驱动的井下动力钻具,把它接在钻杆柱下端的钻头上,与转盘钻机的循环系统合二为一,构成一个新的具有钻进能力的循环系统,此时钻杆也是不转动的。近年螺杆钻具发展较快,现场应用较广泛。

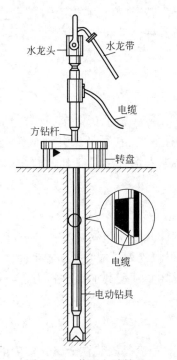

图2-15　井下电动钻具

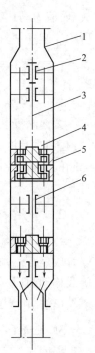

图2-16　井下涡轮钻具示意图
1—外壳;2—止推轴承;3—主轴;
4—转子;5—定子;6—中轴承

井下动力钻具法是将旋转动力直接与井下钻具相连接,驱动钻头破岩石,钻出井眼的方法,具有如下特点:

(1)克服转盘钻机动力传递路线过长的缺点(从地面到井底),直接把动力设计安装在钻头上,极大提高了机械传动效率。

(2)减轻了钻杆的工作负担,不旋转,不直接参加传递运动和力,不与井壁摩擦,提高了钻杆使用寿命。

(3)简化了转盘钻机的地面动力传动与控制系统(旋转系统设备)。

(4)采用井下动力钻具法,可以比较方便地实现有斜井、定向井、水平井等要求的钻井工艺。

任务二　井下螺杆钻具

螺杆钻具是应用较为广泛的井下动力钻具。它是利用高压钻井液作为动力液来驱动螺杆钻具中的螺杆旋转,带动接在螺杆下端的钻头旋转破碎岩石钻进。

一、螺杆钻具的类型及结构

(一)螺杆钻具的组成及类型

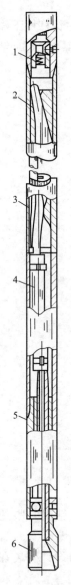

螺杆钻具由一个液力马达、旁通阀、万向轴、主轴、轴端轴承及钻头组成,而液力马达结构简单,主要由转子(螺杆)和定子(衬套)组成,如图2-17所示。螺杆钻具可分为单线单螺杆钻具和多线单螺杆钻具两大类。

(二)螺杆钻具结构

1. 旁通阀

旁通阀安装在钻具的顶部,其作用是在下钻时,允许钻井液充入钻杆柱;起钻时允许钻井液从钻杆柱放空,在循环钻井液或钻进工作时,关闭旁通阀的旁通孔,使钻井液全部进入螺杆钻具工作,而停泵时旁通阀又自动打开。

2. 转子(螺杆)

转子是螺杆钻具的旋转构件。螺杆的截面是一个半径为 R 的圆。它可以看成是有一系列的圆,沿一根轨迹为以偏心距 e 为半径,t 为螺距的柱面螺旋线移动而成,外形很像钢丝绳的一股,其加工材料为合金钢,表面镀铬,其下端(输出端)接钻头。

3. 定子(衬套)

如图2-18和图2-19所示,衬套是安装在金属壳体内的橡胶制成品,又称定子。其截面可以看成是由两个半径为 R 的半圆和两条长为 $4e$ 的线段组成。若两个半圆的圆心绕其形心 O 以 T 为导程做柱面螺旋运动则断面的轮廓形成了衬套的内腔。

为了使衬套和螺杆正确啮合,单螺杆机械中,必须使衬套的螺距与螺杆的螺距相等,即 $t_{衬}=t_{螺}=t$。对于单线螺杆钻具,螺杆为弹头,衬套为双头,所以衬套的导程 T 为螺杆螺距 t 的两倍,即 $T=2t$。螺杆的轴线相对于衬套的轴线是偏心安装的,偏心距为 e。螺杆上端可以自由旋转,下端通过万向轴连到主轴上。

4. 万向轴

由于螺杆在工作时其轴线不是定轴转动(行星运动),而钻头是要定轴转动工作的,因此,需要一种过渡机构。万向轴的作用就是将螺杆的非定轴转动转换为主轴的定轴转动。确保钻头的运转平稳。

图2-17　单线单螺杆钻具

1—旁通阀;2—转子(螺杆);3—定子(衬套);4—万向轴;5—主轴;6—钻杆接头

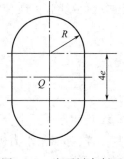

图 2-18　定子衬套断面

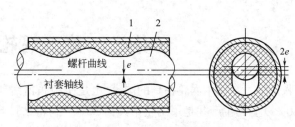

图 2-19　衬套与螺杆

1—橡胶衬套;2—螺杆

5. 主轴

主轴为一空心圆柱体结构,上连万向轴,下接钻头,钻井液可由主轴中心孔到达钻头水眼。为使螺杆钻具正常工作,减小钻头工作时其载荷对螺杆的影响,在主轴的输出端安装有一大型止推球轴承,用以承受钻进时的钻压。其上端为小型止推球轴承,用以承受钻头离开井底而空转时的钻头重量。在两止推球轴承之间有一径向橡胶轴承,保证主轴的平稳运动。

(三) 井下螺杆钻具的工作原理

当高压钻井液从钻杆中心进入螺杆钻具时,它从螺杆与衬套的螺旋通道往下挤压,在螺杆—衬套副的任意断面,工作室 I 与高压 p_1 相通,工作室 II 和低压 p_2 相通,于是,此处的螺杆在压力差 (p_1-p_2) 的作用下产生作用力 F,力的作用点为螺杆断面的圆心,方向沿衬套断面的长轴方向,由于螺杆本身的轴线与此处螺杆断面的中心有一偏心距 e,于是由压力差产生的力 F 对螺杆轴线 O_2 产生一力矩,使得螺杆在衬套内绕轴线 O_2 旋转产生工作扭矩。螺杆在衬套内的运动是由两方面叠加而成的,一方面,螺杆绕其自身转动,另一方面螺杆的轴线又绕衬套的轴线转动,而且转向与自转相反。

多线螺杆钻具与单线螺杆钻具相比,转速更低,扭矩更大。图 2-20 是多线单螺杆钻具结构示意图。

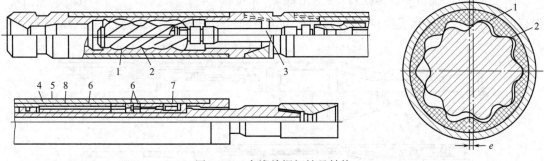

图 2-20　多线单螺杆钻具结构

1—定子衬套;2—螺杆;3—万向轴;4—主轴;5—支撑节外壳;6—多排径向止推球轴承;7—径向橡胶—金属轴承;8—端面密封

(四) 井下螺杆钻具的特点

油田现场用的螺杆钻具都是单螺杆钻具,是靠在结构上的螺杆—衬套副所形成的高压与低压两个工作室来实现工作的,它属于容积式水力机械,结构简单,过载能力强,在小尺寸时,能得到大的扭矩和功率；可以在小流量下工作，转速较低，且不受井底载荷影响，更适合牙轮钻头的工作。

任务三　井下涡轮钻具

苏联是第一个使用涡轮钻具的国家，也是使用涡轮钻具最多的国家，已生产了万余台涡轮钻具，其80%以上的生产井是用涡轮钻具钻成的。涡轮钻具与螺杆钻具一样，都属于水力机械，但涡轮钻具是靠液体对涡轮转子的冲击而使其旋转，其作用原理如同水轮机一样，是一种液力式水利机械。如图2-21所示，地面的涡轮尺寸可以做得很大，单级涡轮可以产生很大的扭矩。

涡轮钻具下接钻头，上接钻杆柱。工作时，钻井泵将高压钻井液经钻杆柱内腔泵入涡轮钻具中，驱动转子并通过主轴带动钻头旋转，实现破岩钻进。

涡轮钻具钻井的地面设备与转盘钻相同。但钻杆柱是不转动的，节约了功率，磨损小，事故少，特别适用于定向井和水平井。

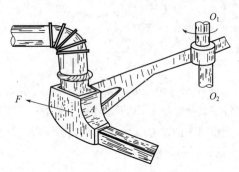

图2-21　涡轮钻具工作原理示意图

涡轮钻具转速偏高，不易配用牙轮钻头，若采用聚晶金刚石切削块钻头（PDC钻头）及在PDC钻头基础上发展起来的、热稳定性更好的巴拉斯钻头（BDC钻头），可在高速旋转和高温下钻井。因此，PDC和BDC钻头的出现，以及近年来钻测技术的发展，为涡轮钻具的应用开辟了广阔的前景。

由于空间的限制，井下单级涡轮产生的扭矩较小，难以用来驱动钻头破碎岩石。图2-22是涡轮钻具示意图，常以多级涡轮结构形式出现，一般在25~300之间。涡轮钻具可分为三大类：直井涡轮钻具、造斜涡轮钻具和特殊涡轮钻具（如取心涡轮、钻鼠洞涡轮），它们的结构基本相同。

一、涡轮钻具的结构

图2-22是一种单式涡轮钻具，主要由外壳、止推轴承、主轴、转子、定子、中轴承等组成。它是由一百多级涡轮构成的，每级涡轮都是由定子和转子组成，具体结构如图2-23所示。所

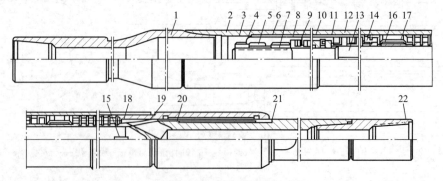

图2-22　单式涡轮钻具

1—大小头；2—外壳；3—防松螺母；4—锁紧垫圈；5—帽罩；6—支撑套筒；7—转子螺母；8—支撑盘；
9—支撑环；10—止推轴承；11—调节环；12—定子；13—轴；14—转子；15—销；16—中轴承套；
17—中轴承；18—撑套；19—下部短接；20—下部轴承套；21—键；22—轴接头

有的转子用转子螺母固紧在一根长轴上,定子都装在固定不动的外壳内,转子和定子是相互间隔组装在一起的,转子和定子的叶片形状相同,但弯曲方向相反。

(1)止推轴承(图2-24),其作用是承受主轴所受到的轴向载荷。它安装在涡轮的上部,由与主轴一起转动的支撑盘和支撑环以及位于它们之间表面挂有橡胶的止推轴承所组成。为减轻橡胶—金属止推轴承上的载荷及磨损,可多装几套结构相同的轴承。

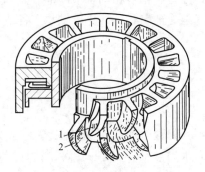

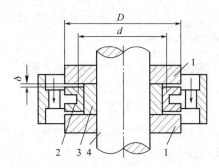

图2-23　涡轮钻具的定子与转子
1—定子叶片;2—转子叶片

图2-24　涡轮钻具止推轴承
1—支撑盘;2—止推轴承;3—支撑环;4—轴

(2)转子,是固定在主轴上的,其上有一圈弯曲的叶片。当高压钻井液冲击转子时,会产生一个使主轴转动的扭矩。主轴上安装的转子越多,主轴所获得的扭矩就越大。众多转子须是一个方向安装在主轴上。转子通常是由铸钢制成的。

(3)定子,是由下部短接压紧在外壳内,其上也有与转子一样多的叶片,不过定子叶片的弯曲方向相反,在工作时主要起导流的作用,使从上一级转子出来的液体经它导流后以最佳的方向冲击下一级转折的叶片上,以便获得更大扭矩。定子也由铸钢制成。

(4)主轴,在涡轮钻具中,主轴是一根串接所有转动零件(转子、支撑盘、支撑环)的圆轴,上端是左螺纹,用以防松,下端有标准的锥形螺纹与钻头相连。其中下部有三个斜孔,钻井液由此进入钻头。主轴通常是用铬钼钢锻成的。

(5)外壳,在涡轮钻具中,它将所有不转的零件(定子、止推轴承、中轴承等)通过下部短接(即主轴下部的径向轴承)压紧在外壳内。在转子与定子等零部件的安装过程中,要注意式转子与定子之间保有合理的间隙。

(6)中轴承,又称扶正轴承。因主轴细而长,高速旋转时易产生径向力而摆动,故在主轴中部的涡轮之间安装此中轴承,主要起扶正作用。

二、涡轮钻具的工作原理及特点

(一) 涡轮钻具的工作原理

当钻井动力液——高压钻井液从钻杆中空进入涡轮钻具时,首先经过止推轴承再进入第一级涡轮,经定子整流和导流,使高能动力液以规范流态和最佳射角冲击转子叶片,使转子获得最大的单级涡轮扭矩,当高能动力液进入下一级涡轮时,重复上述过程;钻具里安装的涡轮级数越多,主轴上获得的扭矩就越大,钻头破碎岩石的能力就越加强。简单地说涡轮钻具是靠定子给出的高速液流冲击转子叶片,推动转子绕中心轴旋转,由于转子是通过滑键主轴连接而主轴下端通过螺纹与钻头连接,所以转子将驱动钻头旋转破碎岩石。同时,高能动力液经过涡轮钻具最后一级涡轮的转子后,将通过钻头的水眼冲洗井底,携带岩屑环形空间返回地面,实现正常钻进。

（二）涡轮钻具的特点

通常涡轮钻具的转速较高，一般为 $500\sim600r/min$ ；高速涡轮钻具的转速达到 $800r/min$ 以上，低速大扭矩涡轮钻具的转速也在 $300r/min$ 左右，但其水利损失大，效率低。

多达上百级的涡轮钻具是很长的，给制造、安装、运输和保管使用带来了诸多不便。为此，设计者采取了多节式涡轮钻具形式。多节式涡轮钻具分为涡轮节和轴承节两部分。涡轮节中装有蜗轮的定子、转子和径向扶正轴承，轴承节中装有承受轴向载荷的止推轴承。各节均采用统一的螺纹方式连接。

三、涡轮钻具的安装维护与使用

（一）涡轮钻具的安装

钻深井时常采用多节式涡轮钻具。涡轮节装在上部，数量取决于钻井工艺，一般为 $2\sim3$ 节；轴承短节装在下部，用以承受钻压和涡轮轴的轴向水力载荷，一般一套涡轮钻具配几个涡轮短节；各节均采用螺纹连接。

（二）涡轮钻具的维护与维修

涡轮钻具在使用过程中常见的易损件是止推轴承，通常只需更换轴承短节即可。

（三）涡轮钻具与钻头的匹配使用

由于涡轮钻具的涡轮转速太高，不适合牙轮钻头的工作。但若能配合聚晶金刚石复合片（PDC）钻头或热稳定聚晶金刚石（TSP）钻头使用，可获得较理想的效果。

项目三　顶驱钻机的旋转系统

【项目导读】 顶驱钻机的旋转系统与转盘钻机有所不同，其旋转系统是由顶驱装置、钻杆、钻头等组成。顶驱装置取代转盘而形成一种新型的旋转钻井技术。

【学习目标】 学习了解掌握顶驱钻机的结构组成特点及工作原理。掌握顶驱钻机的拆卸、搬迁、安装、调试、操作、维护与保养是十分重要的。

任务一　顶驱装置的结构组成及其参数

一、顶驱钻机的发展及特点

顶驱钻井装置就是将钻头的旋转动力设备安置在钻杆柱顶部的一种钻井驱动装置。采用电动机驱动或液马达驱动两种驱动形式。世界上首台顶驱钻井装置诞生在美国，由美国 Varco 公司于 1982 年研制成功。我国从 20 世纪 80 年代末开始研制顶驱钻井装置，1997 年 12 月我国第一台顶驱 DQ-60D（AC-SCR-DC 驱动）由北京石油机械厂研制成功。

这种顶驱钻井装置不仅仅是把钻头的驱动动力（电动机或液马达）简单地移至钻杆柱的顶部，还同时将水龙头和钻杆上卸扣装置有机地结合在一起。变转盘钻机的固定动力驱动方式为顶驱钻机的悬持移动动力驱动方式,使传统的钻井操作方式发生了一系列变化,也使传统的转盘钻机组成结构发生了较大变化,形成了鲜明的顶驱钻井装置优势特征:取消了方钻杆,直接采用立根(28m)钻进;较转盘钻机的接单根钻进,节省了 2/3 的钻柱连接时间;可以实行倒划眼起钻和划眼下钻,同时可在任意高度立即循环钻井液极大减少了钻井事故;由于顶驱系统内设有内部防喷器(IBOP),在钻进或起钻时如遇井涌迹象可在数秒内完成旋扣和紧扣,恢复循环,并能安全可靠地控制钻柱内压力;在进行钻水平井、丛式井、斜井时,采用立根(28m)钻进,除了节省接单根时间,还减少了测量次数,且容易控制井底马达的造斜方位,提高了钻井效率;由于顶驱系统还配置了钻杆上卸扣装置实现了上卸扣操作的机械化,省时且安全;采用TDS 以 28m 立根进行取心钻进,改善了取心条件,减少了岩心污染,提高了取心的收获率和岩心质量。简单地说,顶驱钻井装置可归结如下几点:

(1)接立根钻进及按立根上卸扣操作方式,极大地节省了时间。

(2)正、倒划眼方式起下钻,减少钻井事故。

(3)内设防喷器,迅速提高了设备的安全处置能力。

(4)对于非直井钻进,更易于控制井底马达的造斜方位,提高了定向钻井速度。

(5)机械化上卸扣,极大地减轻劳动强度。

(6)立根方式钻进取心提高了取心质量。

顶驱钻井装置兼顾了转盘钻机和井下动力钻具的主要优点,显现出了较强的综合优势,使其得以迅速推广发展,其结构组成有着鲜明的特点。

顶驱钻机与传统的转盘钻机相比,主要是把钻杆的旋转动力移至钻杆的顶部,并与水龙头有机地组合为一体,利用顶驱装置与固定于井架上的导轨的滑动联系来承担钻进时的反扭矩,其他并没有大的变化。起升系统与循环系统的组成与转盘钻机几乎是一样的。此时安装于钻台上的转盘主要在起下钻时承担钻柱重量的作用。

二、顶驱钻井装置的结构

顶驱装置主要由钻井马达—水龙头总成、钻杆上卸扣装置、导轨—导向滑车总成、平衡系统、控制系统等组成。

(一)钻井马达—水龙头总成

钻井马达—水龙头总成主要有钻井马达、齿轮箱总成、整体水龙头、钻井马达冷却系统等组成。是顶驱装置的主体。

1. 钻井马达总成

钻井马达是顶部驱动钻井装置的动力源。现有顶驱钻机的马达有电马达(电动机)和液马达之分。而电马达有 AC—SCR—DC 和 AC—VF—AC 两种驱动形式。图 2-25 所示为我国天意公司生产的天意 DQ40AⅢ-A 交流变频顶驱钻井装置。

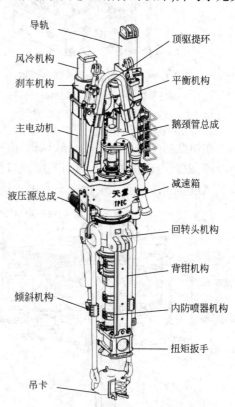

图 2-25　天意 DQ40AⅢ-A
交流变频顶驱钻井装置

导轨
风冷机构
刹车机构
主电动机
液压源总成
倾斜机构
吊卡

顶驱提环
平衡机构
鹅颈管总成
减速箱
回转头机构
背钳机构
内防喷器机构
扭矩扳手

如图 2-26 所示是 DQ40AⅢ-A 交流变频顶驱系统的电动机总成,它是一种双伸轴式电动机。安装在减速箱上方,其下伸出轴端的小齿轮与减速箱内的中间传动轴齿轮啮合,并通过该中间轴上的齿轮与主轴上的大齿轮啮合把动力传给主轴。

电动机的上伸出轴端装有一套惯性刹车,惯性刹车的作用是钻进时承受井底钻具产生的反扭矩;在接单根和起钻时,可利用惯性刹车释放钻柱的反扭矩;在井下遇卡时,电动机如果停止转动,钻具将会立即反弹,此刻需要刹住钻柱,以防倒转脱扣;定向钻井时将钻柱刹住,进行定向和造斜。

如图 2-27 所示,惯性刹车的结构为盘式刹车机构:其刹车盘装在电动机的上伸出轴端,刹车钳安装于电动机总成(图 2-26)的壳体上。刹车时靠液压油缸推动活塞及摩擦片夹紧刹车盘而制动,不刹车时则依靠弹簧复位。

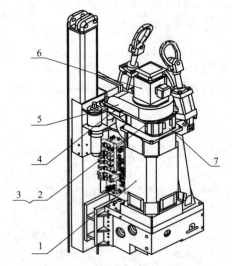

图 2-26 顶驱钻机主电动机总成
1—主电动机;2—螺栓;3—弹垫;4—风道;
5—电动机座;6—风机;7—液压盘刹

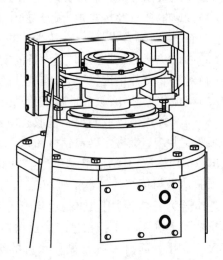

图 2-27 主电动机的惯性刹车

在惯性刹车的上方安装一鼓风机,由一电动机驱动。而风机的作用是给主电动机进行强制冷却,以防电动机过热。风机的吸风口位于电动机的上方,出风口位于电动机的下方,冷却风经风道强制冷却盘式惯性刹车和电动机后由出风口排出。

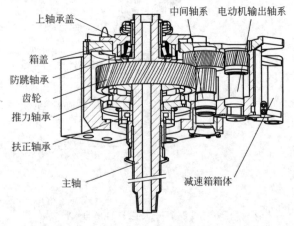

上轴承盖　中间轴系　电动机输出轴系
箱盖
防跳轴承
齿轮
推力轴承
扶正轴承
主轴　　　　　　减速箱箱体

图 2-28 减速箱总成

2. 减速箱总成

DQ40AⅢ-A 交流变频顶驱钻井装置的减速箱(图 2-28)主要由主电动机输出轴及轴端小齿轮、中间传动轴及轴上的大齿轮和小齿轮、主轴及轴上的大齿轮、各轴上的轴承、减速箱体等部件组成。

减速箱是一个两级齿轮减速装置,如图 2-28 所示。减速箱主要是由电动机输出轴系(一轴系)、中间轴系(二轴系)和主轴轴系(三轴系)以及减速箱体总成等组成。电动机总成安装在一轴系上方,中间轴系上有大小斜齿轮各一个,大齿轮安装在主轴上,通过两级斜齿轮传动将电动机的动力传递给主轴。主轴通过其轴肩及推力轴承和承压盘安坐于箱体上,并在其下方设有扶正轴承,在大齿轮的上方设有防跳轴承;主轴是中空的(相当于普通水龙头的中心管),下端制有螺扣便于与钻杆相连,上端与水龙头冲管相接。

减速箱采用两级斜齿传动,传动比为12.7∶1。通过马达驱动润滑油泵,润滑油通过主止推轴承、上轴承,在经齿轮间隙、水冷或风冷的热交换器连续循环,并对齿轮进行强制润滑。油泵、油热交换器和油滤清器安装于传动箱外壳上。

3. 减速箱体总成

减速箱体是顶驱装置中很重要的零部件。除了要承担安装变速齿轮外,还要承担如下主要任务:

(1)在箱体的上方。

① 安装水龙头的冲管总成,实现与循环系统设备有机连接;

② 安装电动机总成,形成顶驱动力;

③ 安装提环设备,实现与起升系统设备连接。

(2)在箱体的下方。安装回转头总成,以便在此基础上安装上卸扣装置、内置防喷器、倾斜机构等。如图2-29所示是减速箱体总成结构图。

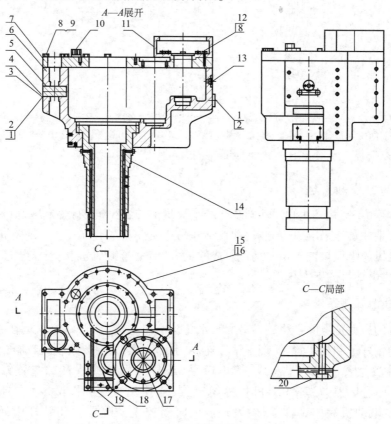

图 2-29 减速器箱体总成

1—头部带孔螺栓;2—弹性垫圈;3—销轴挡板;4—直通式压注油杯;5—提环销轴;6—箱体;7—箱盖;8—头部带孔螺栓;
9—弹性垫圈;10—空气滤清器;11—电动机过渡法兰;12—头部带孔螺栓;13—旋入式圆形油标 A 型;14—内套;
15—内六角螺塞;16—内螺纹圆锥销;17—内螺纹圆柱销;18—内六角螺栓;19—内六角螺塞

4. 水龙头总成

如图 2-30 所示,顶驱装置水龙头的密封总成与常规水龙头基本相同,安装于减速箱主轴的上方。主止推轴承位于大齿圈上方的变速箱内部。主轴经锻制而成,上部台阶坐于主止推轴承上,以支承钻柱负荷。水龙头密封总成由标准冲管、组合密封填料、联管螺母组成。联管螺母使密封总成作为一个整体运动,使水龙头密封总成能承受 42MPa 的工作压力。密封填料盒为快速装卸式,与普通水龙头相同,只要松开上、下压紧密封填料(左旋螺纹),即可很快拆装,顺利更换冲管和密封填料。

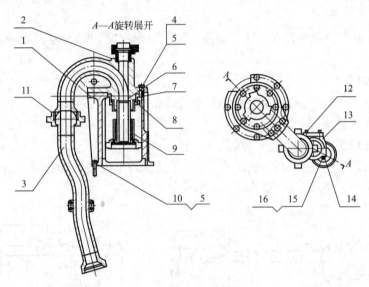

图 2-30 水龙头总成

1—鹅颈管支架;2—鹅颈管;3—左侧 S 管总成;4—六角头头部带孔螺栓;5—弹簧垫圈;6—耐蚀套;7—活塞用 Y 形密封圈;8—O 形圈;9—冲管密封填料总成;10—六角头头部带孔螺栓;11—活接头密封;12—内六角圆柱头螺钉;13—S 管卡座;14—S 管卡箍;15—标准型弹簧垫圈;16—六角头头部带孔螺栓

5. 钻井马达冷却系统

在钻井过程中,钻井马达和惯性刹车会产生大量的热,必须进行强制冷却,以便延长其使用寿命。顶驱钻井马达采取风冷方式,即在钻井马达惯性刹车上方安装一鼓风机,用一台电动机驱动。鼓风机的吸风口位于钻井马达总成的上方,借助于鼓风机和空气进气管道实现对马达的冷却,经主电动机的下方排出。

(二) 钻杆上卸扣装置

顶驱钻机的最大特点除了将旋转动力与水龙头有机地组合于一体外,更在于巧妙地配置了一套新颖的钻杆上卸扣装置,实现了钻柱连接、上卸扣操作的机械化与自动化。

上卸扣装置主要由旋转头总成、扭矩扳手(或称为保护接头和卸扣背钳)、内防喷器和启动器、吊环连接器、吊环倾斜机构等组成,其作用主要是:用于小鼠洞抓、放单根;在任意高度用主电动机完成钻柱连接;发现溢流时遥控内防喷器关闭钻柱内通道等机械化作业。

1. 旋转头总成

为了钻杆上卸扣装置能够便捷有效地完成其工作职能,设置一旋转头总成安装于钻井马达—水龙头总成上,即安装于固定在减速箱下方的外伸内套上,使水龙头主轴经外伸内套穿过旋转头。旋转头可以相对于减速箱体外伸内套转动。旋转头总成主要由回转头、回转头动力装置、锁紧装置、内套总成(图2-31)、悬挂体总成及回转头液压控制系统等组成。

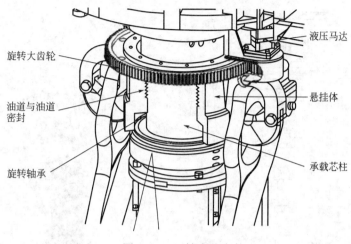

图2-31　回转头总成

旋转头的旋转动力由固定于减速箱体上的双向液压马达提供,而液压马达则是由液压泵来驱动的。液压马达输出轴上的小齿轮与旋转头上的大齿轮啮合,从而可以带动悬挂于旋转头上的吊环吊卡实现双向转动。旋转头转速 8～10r/min,液压马达最高工作压力为14MPa。

为了使旋转头的旋转动作能够定位,特设置了回转头锁紧装置。该锁紧装置是由一活塞插销液缸与回转头大齿轮周圈上的24个销孔组成,活塞插销液缸与液马达共用一个底座固定于减速箱的箱体上。当控制插销下行插入大齿轮上的任何一个销孔时,则悬挂体被制动,吊环吊卡也就不能转动,这时可以承受背钳的反扭矩。当液压控制插销上行脱开大齿轮销孔后,吊环吊卡又恢复自由转动。

回转头液压锁紧与吊环回转操作互锁,即回转头油缸锁紧后,吊环回转操作自动无效背钳操作须在回转头锁紧确认后进行。

2. 背钳

背钳又称扭矩扳手,如图2-32所示,其作用主要是夹持钻杆母接头与保护接头螺纹,且与主轴的旋转配合进行上卸扣作业。扭矩扳手由夹紧系统、悬挂系统、扶正系统和液压系统组成,悬挂于回转头上。背钳通径 200mm,背钳夹持范围 $2\frac{7}{8}\sim5\frac{1}{2}$in,最大卸扣扭矩 39kN·m。

夹紧系统是背钳的核心组成部件,它是由前后钳牙座及嵌体、活塞及液压缸、前后端盖组成,负责夹持钻杆。

悬挂系统由支架、托座、弹簧缓冲装置组成,其作用是通过销轴将背钳悬挂在回旋头上,并使背钳可以减震和浮动。

扶正系统由前后扶正环、扶正弹簧、扶正销及前后导向环组成。

液压系统由液缸及控制阀件等组成。

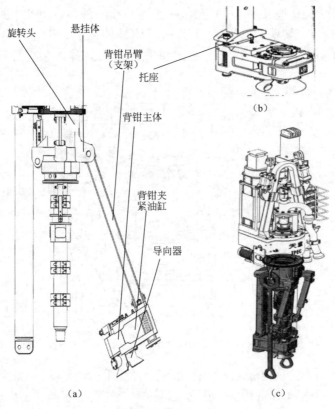

旋转头　　　　悬挂体

背钳吊臂
（支架）

托座

背钳主体

背钳夹
紧油缸

导向器

（a）　　　　　　　　　　　　（b）

（c）

图 2-32　背钳总成

主轴/驱动杆

吊环连接器

分开式套头
联顶接箍总成

内防喷器
启动器壳体

曲柄总成

滚柱总成

启动器窗孔

上部内防喷器阀

扭矩管

下部内防喷器阀

安全接头

钻杆

防喷器
动器液缸

内防喷器
启动器柄

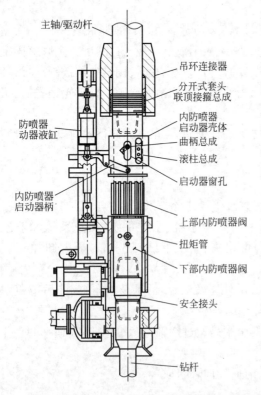

图 2-33　内防喷器与启动器

3. 内防喷器和启动器

为了防止钻井过程中从钻柱内孔发生井喷，顶驱钻机在上卸扣装置中设置了内防喷器，如图 2-33所示。该防喷器由上下两个内防喷器组成，上部为远控内防喷器，下部为手动内防喷器。带花键的远控上部内防喷器和手动下部内防喷器属于全尺寸、内开口、球形安全阀式的井控内防喷系统。上、下内防喷器形式相同，接在钻柱中，可随时将顶部驱动钻井装置同钻柱相连使用。内防喷器的另一功用是：当上卸扣时，背钳同远控上部内防喷器的花键啮合来传递扭矩。在井控作业中，下部内防喷器可以卸开留在钻柱中。顶部驱动钻井装置还可以接入一个转换接头，连接在钻柱和下部内防喷器中间。背钳支架上安装有两个双作用油缸，通过司钻控制台上的电开关和电磁阀控制液缸的动作。液缸推动位于上部内防喷器一侧的圆环。同液缸相连接的阀启动器臂（即启动手柄）与圆环相啮合，远控开启或关闭上部内防喷器。

4. 倾斜机构

为便于快捷抓放小鼠洞或二层平台上的钻杆,确保上卸扣装置的高效工作,顶驱钻机还设置了一倾斜机构,如图 2-34 所示,它是由两个油缸和两个吊环构成。吊环成对地悬挂于回转头的两侧,而两个油缸的一端分别固定于回转头上,另一端通过滑套分别与吊环相连,形成双摇杆机构。吊环长 2740mm,3170kN,倾斜臂倾斜角度前倾 30°,后倾 55°。前倾为了抓取小鼠洞内的钻杆,向后是为了便于顶驱装置在钻进时最大限度地达到立根钻深。

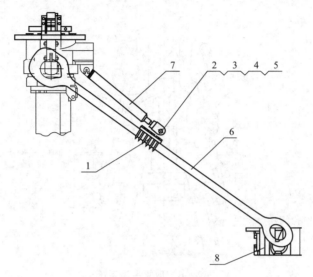

图 2-34 倾斜机构

1—吊环卡子;2—倾斜油缸下销轴;3—圆螺母用止动垫圈;4—小圆螺母;
5—直通式压注油杯;6—吊环;7—倾斜油缸;8—吊卡

(三)顶驱整体提环

顶驱整体提环如图 2-35 所示,与常规钻机水龙头提环的结构没什么大的区别。它上与大钩相连,下与水龙头减速箱体相连,其作用主要是承担钻柱重量,且将钻柱重量传递给起升系统大钩,并提供安装液压平衡系统油缸场地。

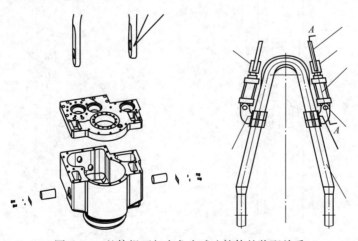

图 2-35 整体提环与水龙头减速箱体的装配关系

(四)平衡系统

由于顶驱装置很重,大钩的弹簧难以起到减震缓冲作用,为此特设置一液压式平衡系统,如图2-36所示。该平衡系统由平衡液缸、连接环、梨形环、耳座组成。两个平衡液缸的缸套与固定在整体提环上的耳座铰链,平衡液缸的活塞杆通过连接环、梨形环分别悬挂于大钩两侧的耳钩上,整体顶驱提环则悬挂于大钩的主钩上,形成顶驱装置与大钩特有的悬挂系统,它不同于常规钻机中的大钩与水龙头的悬挂系统。

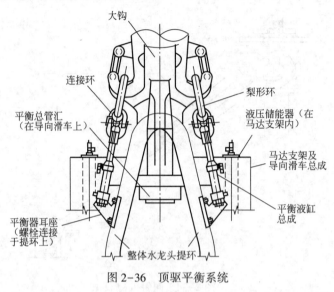

图2-36 顶驱平衡系统

(五)导轨与导轨滑车总成

1. 导轨

导轨是固定安装在井架上的用以控制顶驱装置上下运动和承受其工作时反扭矩的专用设备。单导轨由七节组成,每节之间采用双销连接,如图2-37所示。导轨最上端与天车底梁上安装的耳板用U形环连接,如图2-38所示。导轨的下端与井架的扭矩梁连接,如图2-39所示。

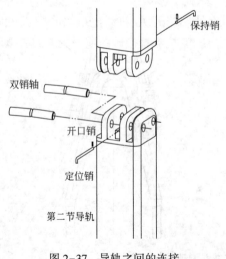

图2-37 导轨之间的连接

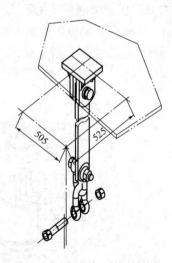

图2-38 导轨与耳板的连接

2. 导轨滑车

导轨滑车是一个联系顶驱减速箱与导轨之间的中间联系专用设备,其主要作用是将扭矩传给导轨。它一方面与顶驱减速箱固定连接,一方面与导轨确保滑动连接,使之随顶驱沿导轨上下滑动。导轨与导轨滑车总成如图2-40所示。

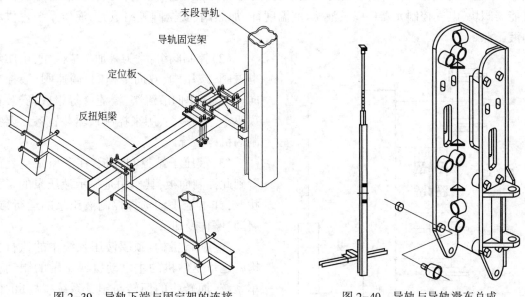

图2-39　导轨下端与固定架的连接　　　　图2-40　导轨与导轨滑车总成

(六)顶驱动力及其控制系统

1. 顶驱动力系统

顶驱动力常采用AC-VFD-AC交流变频(或AC-SCR-DC)的电驱动力系统和液压动力源两套动力系统,其控制方式也分为电传动控制和液压控制两大系统。

1)电驱动力系统

电驱动力系统通常作为顶驱钻机的主动力,用来驱动主轴旋转钻进及上卸扣作业。

顶驱动力交流变频电驱动力系统主要由CAT3512B 1900kV·A柴油发电机组为主动力,发出600V/50Hz/3P交流电源到电控房(VFD),经空气开关、进线电抗器到整流单元后,以直流电经母线分别送到两个逆变器,变频后再经出线电抗器直接送到顶驱装置的主电动机上,分别驱动顶驱装置上的两台交流变频电动机,用以驱动主轴旋转和上卸扣作业。

有的顶驱钻机是采用AC-SCR-DC方式驱动的,此时其动力系统通常是由AC发电机组发出交流电经AC母线进入可控硅整流柜整流,变为直流电直接驱动顶驱装置的直流电动机。

2)顶驱的液压动力源

液压动力源主要用于顶驱钻机辅助驱动,主要包括对顶驱钻机的主电动机或主轴的制动刹车系统、回转头的回转与锁紧系统、吊环的倾斜机构、内防喷器控制系统、背钳系统,以及顶驱装置的平衡系统进行驱动等。

2. 顶驱控制系统

1)顶驱的电传动控制系统

以AC-VFD-AC交流变频顶驱钻机为例,顶驱的电传动控制系统通常包括动力系统、电控房(VFD)、交流变频驱动系统、PLC/MCC 系统、本体子站、液压源控制子站、司钻操作台和二层台辅助操作台等。

2)顶驱的液压控制系统

顶驱的液压控制系统由液压源、液压阀组、执行机构及辅助设备组成。

(1)液压源(液压站):主要由防爆电动机、油泵、油箱、三滤(空气、吸油、回油过滤器)器、蓄能器阀块、电气控制元器件以及液位计、温度计、加热阀、安全阀等组成,为液压系统提供动力液压源。

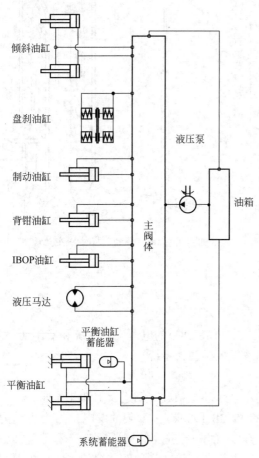

图 2-41　DQ40-LHTY1 顶驱
钻机液压系统原理图

(2)控制阀组:常为叠加集成阀组,由防爆电磁阀、减压阀、双向平衡阀、调速阀、液控单向阀、双向单向节流阀、溢流阀等组成,安装在顶驱本体阀座上,用来控制顶驱装置各需要控制的机构系统。

(3)液压子站控制面板:在液压站里就能看到此控制面板,其作用是显示液压泵的工作状况,并本地手动选择控制液压泵的运行,或启动、停止冷却泵。

(4)执行机构:顶驱液压系统中的执行机构就是顶驱钻机的主电动机或主轴的制动刹车系统、回转头的回转与锁紧系统、吊环的倾斜机构、内防喷器控制系统、背钳系统,以及顶驱装置的平衡系统等机构中的液压油缸或马达。通过控制这些机构中的油缸或马达启动、运行、停止,使上述机构准确执行各自的工作指令。

顶驱控制系统主要由司钻仪表控制台、控制面板、动力回流等组成。控制系统为司钻提供了一个控制台,通过控制台实现对顶驱装置自身的控制。司钻仪表控制台由扭矩表、转速表、各种开关和指示灯组成。

3)顶驱装置的液压控制系统工作原理图

如图 2-41 所示是 DQ40-LHTY1 顶驱钻机液压系统原理图。

三、国产顶驱钻机代号

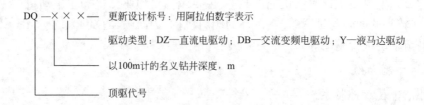

任务二 顶驱装置的安装与调试

顶驱钻井装置的安装是正确使用与维护顶驱钻机的重要一环,主要包括电控系统、液压系统、顶驱导轨及主体三大系统的安装。电控系统的安装主要包括柴油发电机组、VFD 房及各子站的安装和接线;液压系统的安装主要包括液压站、液压子站的安装和接线;导轨和顶驱主体的安装主要是在井场对各段导轨及反转扭矩梁等的安装。

顶驱装置安装的基本过程如下:安装计划—井场布置—起升系统设备安装—电控系统设备安装—液压系统设备安装—导轨及主体系统设备的安装。

安装计划、井场布置属于安装前的准备工作。起升系统设备的安装与转盘钻机起升系统的安装方法差不多。发电及电控系统设备与液压系统设备的安装基本上是在地面上按井场布置方案安装就绪,导轨及主体系统设备的安装较为复杂一些。

以 DQ40-LHTY1 顶驱的安装为例说明其大致安装步骤。

一、DQ40-LHTY1 顶驱现场布置方案

如图 2-42 所示是 DQ40-LHTY1 顶驱现场布置方案。

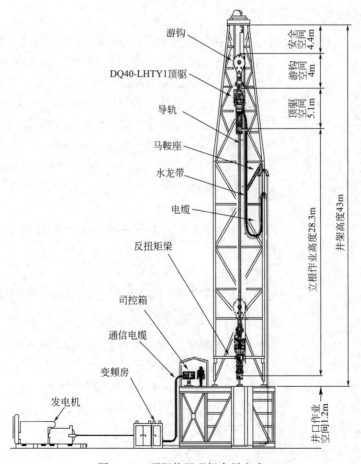

图 2-42 顶驱装置现场布局方案

二、安装准备

对于使用 DQ40AⅡ型顶驱处理立柱的井架高度应不低于43m,应注意选择合适的井架或选用一体化油钩以保证足够的安全空间。

(一)安装组织

顶驱装置第一次安装前,应当指定主要的安装技术负责人和安全负责人,召开专门会议讨论确定安装技术方案,确保所有参与安装的人员对安装方案和相应的安全措施有清晰的了解。

安装现场发生的任何技术变更,必须得到技术负责人和安全负责人的确认。顶驱安装与拆卸前要考虑安装条件是否具备,包括天气、设备、人员等。严禁在不熟知顶驱安装、拆卸程序的情况下盲目安装与拆卸。安装过程要确保人员安全,高空作业必须佩戴防坠落装置,并将防坠落装置可靠固定。

(二)设备清点

顶驱装置安装前,应当按装箱单仔细清点全部设备,确认设备及其附件已经到位并保持完好,油品、工具等辅助材料已经具备,避免安装过程中由于准备不充分导致停顿。

三、顶驱安装步骤

(一)安装耳板支座及连接板

如图 2-43 所示,顶驱装置第一次在井架上安装时,需要在井架顶部安装导轨连接耳板支座。井架升起之前,先把连接板挂在支座下面。用 M48mm 螺栓连接,用 6mm×120mm 别针固定。将导轨连接板连接在耳板支座(耳板支座已焊接在井架顶部的天车底梁上),它将承担导轨的全部重量,由于钻井时产生震动及顶驱沿导轨运行时产生摩擦等原因,焊缝所承受的载荷大于导轨的实际重量。将上连接总成中的调节板和 U 形环安装在导轨顶部连接总成上,并穿上别针。

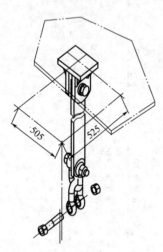

图 2-43　耳板及连接板
安装示意图

注意事项:

(1)耳板支座应由专业人员按照安装图纸的要求进行焊接安装。

(2)焊缝可承受载荷 40t。

(3)对焊缝进行无损探伤,无气孔、夹渣、裂纹等缺陷。

(二)安放变频房(电控房)

电控变频房安放的位置如图 2-44 所示。

注意事项:

(1)按顶驱装置的总体布置,把电控房安放位置的地面垫平。

(2)按房体吊装要求从运输车辆上吊起电控房放在规划位置上。

(3)将电控变频房出线一侧朝向井架,便于摆放电缆。

(4)确保电控变频房与热源保持一定距离。

(5)保证电控变频房四周出入空间。

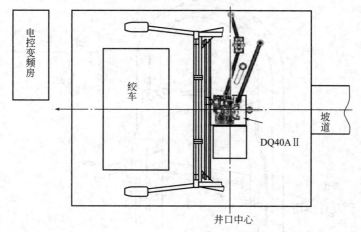

图 2-44　电控变频房安放的位置

(三)安装电缆

如图 2-45 所示是电缆接线图。

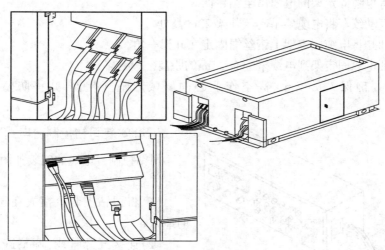

图 2-45　电缆接线图

注意事项:

(1)使用吊车将电缆架吊至电控变频房接线端,并垫高底部。

(2)用吊车吊起有快接的一端,展开至电控房,动力电缆按 A、B、C 相位接好,控制电缆按相应标志接好。用吊车将另一端吊至井架底部。

(3)将带电缆固定架电缆至钻台面,上提绞车,利用气动绞车将电缆吊起至井架 22m 高处,用小吊环将电缆固定架上钢丝绳固定在井架一角,要保证电缆固定架到电缆末端有 25m。

(4)将接地桩(1.5~1.8m 镀铜钢棒)按要求钉入地面(地桩必须与地表下的水分接触)。将地桩与接地电缆的一端连接,地桩与电缆线芯连接可靠。电缆的另一端与电控房房体可靠连接固定。

(四)安装电缆架

如图 2-46 所示是电缆架安装示意图。

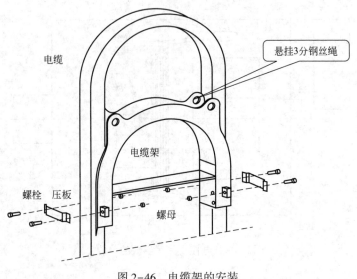

图 2-46 电缆架的安装

注意事项：

(1)将带有电缆固定架的电缆吊至钻台面。

(2)利用气动绞车将电缆架吊起至井架 22m 高处。

(3)利用卸扣将电缆固定架上钢丝绳固定在井架一角。

(4)要保证电缆固定架到电缆末端有 25m 的距离。

安装过程要确保人员安全,高空作业必须佩戴防坠落装置,并将防坠落装置可靠固定。

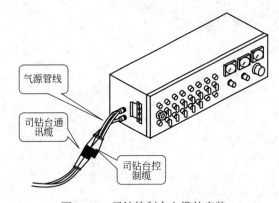

图 2-47 司钻控制台电缆的安装

(五)安装司钻控制台电缆

司钻控制台电缆的安装如图 2-47 所示。

注意事项:

(1)将司钻控制台摆放在司钻易于操作的地方。

(2)连接气源管线,调整进气压力;气源压力不高于 0.8MPa。

(3)压缩空气应当洁净干燥,气源处理元件应当工作正常,避免空气中的水分影响电气系统正常工作。

(4)要求司钻控制台通信缆 70m。

(5)要求司钻控制台 BUS 总线 70m。

(六)顶驱主体、导轨及其附件安装步骤

(1)将顶驱主体与运输架移送至钻台前面坡道。

(2)将起吊钢丝绳一端固定在顶驱的提环上,另一端与起升系统的大钩固定。

(3)将稳定绳固定一端在运输架上,另一端系于张紧装置。

(4)利用起升系统将顶驱和运输架移到大钩正下方的钻台上,并卸掉稳定绳,如图 2-48 所示。

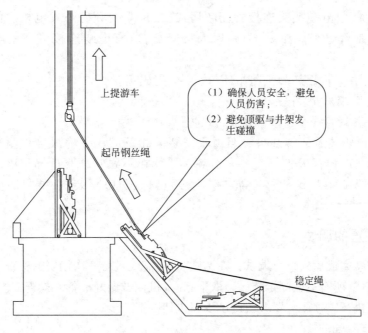

图 2-48　顶驱主体的安装

（5）大钩开口方向正对绞车，缓慢下放游车、大钩，卸掉起吊钢丝绳，直接将大钩与提环相连，并锁紧大钩。

（6）缓慢上提游车大钩，绷紧提环，但不要吊起。拆除顶驱主体与运输架上下相连销轴。

（7）用气动绞车将第一节导轨吊起与顶驱本体导轨对接。穿好销轴，并用安全锁销将销轴固定，安装第一节导轨。

（8）上提顶驱，将顶驱主体与运输架分离，并将运输架吊离钻台面。

（9）将第三节导轨吊至钻台面，下放游车将顶驱本体的导轨下端与第三节导轨上端对接，穿入第一个销轴。上提游车使两节导轨呈一直线，穿入第二个销轴，安装定位销和开口销。

（10）按上面方法，依次安装其余导轨。

（11）上提游车，将第一节导轨和连接板相接。确保别针已安装可靠。注意避免发生碰撞，高空作业必须佩戴防坠落装置，并将防坠落装置可靠固定。

（12）拆卸顶驱与导轨间连接销，需缓慢活动顶驱以确保人员安全，防止销轴坠落。

（13）根据井架安装反扭矩梁；安装导轨固定梁，并确保顶驱主轴正对井口中心；上紧所有螺栓并加装安全绳，如图 2-49 所示。

（14）按由下至上的次序将悬挂的电缆接头与顶驱本体连接；将从井架悬垂下来的电缆与事先铺于电缆槽中的电缆对应连接；将另一

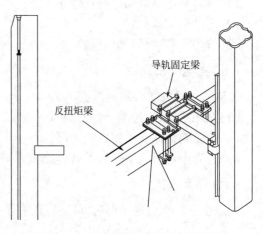

图 2-49　反扭矩梁与导轨固定梁的安装

端事先铺于电缆槽中电缆接头连接到变频房;连接顶驱变频房与发电机房间的进线和地线;连接司钻控制台电缆。注意,为确保人员安全,所有电缆连接应在主电源未送电前进行。

(15)借助气动绞车安装吊环,将吊环与倾斜装置固定。

(16)借助气动绞车安装吊卡。

(17)连接钻井液管线及连接钻井液管线防脱锁链。

注意事项:顶驱装置的拆卸可参照顶驱安装的相反顺序来完成。顶驱拆卸前要考虑拆卸条件是否具备,包括天气、设备、人员等。严禁在不熟知顶驱拆卸程序的情况下盲目拆卸,拆卸过程要确保人员安全。高空作业必须佩戴防坠落装置,并将防坠落装置可靠固定。

四、顶驱装置的调试

顶驱装置安装完成后须进行调试。在调试前,还需要进行一次彻底的检查,确认各项安装工作已经正确完成,所有运输固定体已经取下,为开机调试做好准备。检查工作应当由顶驱安装的技术负责人进行。顶驱装置开机调试步骤包括以下六步。

(一)导轨滑车调试

在导轨全长范围内,缓慢上提下放顶驱装置,观察顶驱滑动是否正常、观察顶驱电缆是否正常。

(二)电控系统送电

检测制冷系统,给电控系统送电,检查 PLC/MCC 系统工作正常,检查动力系统仪表、指示灯、监控系统工作正常。

(三)液压系统调试

检测油箱,确保液压油面在下观察口中上部,打开液压泵,观测压力是否正常。然后按顶驱液压的功能逐项测试各项动作,看是否能实现所有液压功能。

(四)主电动机冷却风机调试

按以下程序调试主电动机冷却风机,确认风机工作正常:

(1)确认主电动机操作钮在停止位置;

(2)手动启动风机;

(3)检查风机风量,风压报警。

(五)主电动机调试

主电动机开启前必须确保:

(1)液压系统、电控系统及冷却风机正常;

(2)齿轮箱油面在观察口中上部;

(3)启动电动机,低速运转,观察旋转方向,正常后方可高速运转。

(六)正常运行

通过以上工作确定无误后,可进行正常作业。

任务三 顶驱装置的使用与维护

一、司钻控制台操作

(一)司钻控制台面板

如图 2-50 所示为司钻控制台面板默认位置。注意在启动系统、进行操作之前应保证开关和手轮处于此默认位置。

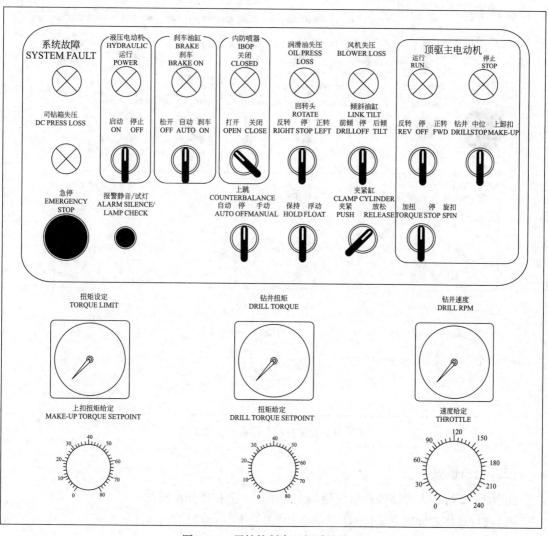

图 2-50 司钻控制台面板默认位置

(二)钻井模式

如图 2-51 所示为司钻控制台面板的钻井模式。钻井操作步骤如下：
(1)启动系统,进行操作之前应确认开关和手轮处于默认位置;
(2)主电动机【旋转方向】开关选择"正转";

(3)主电动机【工作状态】开关选择"钻井";

(4)缓慢旋转【钻井扭矩限定】手轮,设定为需要的钻井扭矩;

(5)缓慢旋转【钻井转速限定】手轮,设定为需要的钻井转速。

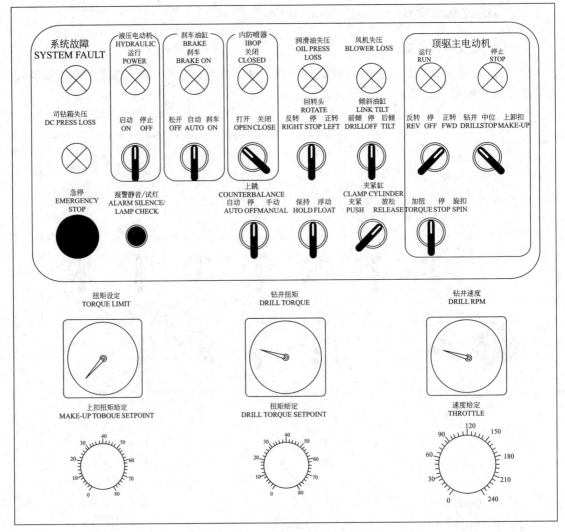

图 2-51　司钻控制台面板的钻井模式

(三) 上扣模式

如图 2-52 所示为司钻控制台面板的上扣模式。上扣操作步骤如下:

(1)进行操作之前应确认【液压电动机】开关处于"启动"位置;

(2)主电动机【旋转方向】开关选择"正转";

(3)主电动机【工作状态】开关选择"上卸扣";

(4)缓慢旋转【上扣扭矩限定】手轮,设定为需要的上扣扭矩;

(5)操作开关打到【旋扣】位,开始旋扣,同时下放油车、对扣;

(6)旋扣完成后选择【背钳夹紧】,同时操作开关打到【加扣】位;

(7)达到上扣扭矩值后双手离开操作开关,背钳松开。

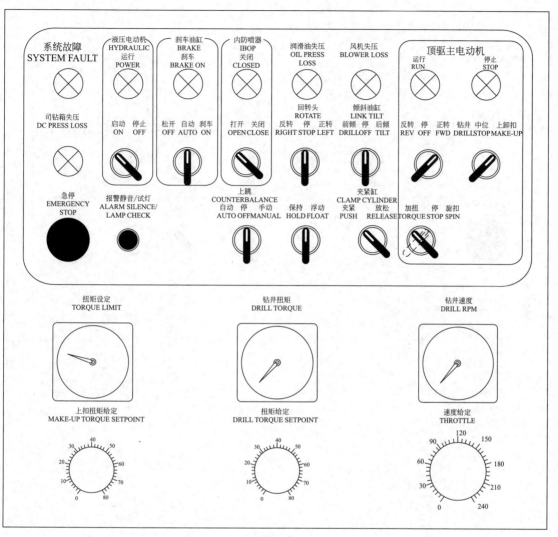

图 2-52　司钻控制台面板的上扣模式

(四)卸扣模式

如图 2-53 所示为司钻控制台面板的卸扣模式。卸扣操作步骤如下:

(1)进行操作之前应确认【液压电动机】开关处于"启动"位置;

(2)主电动机【旋转方向】开关选择"反转";

(3)主电动机【工作状态】开关选择"上卸扣";

(4)选择【背钳夹紧】,背钳夹紧后操作开关打到【加扭】位;

(5)扣卸开后放松背钳,选择【旋扣】位,并上提游车;

(6)螺纹完全脱离后将上述开关置于【停】。

(五)其他操作

1. 吊环操作

液压系统启动后,操作司钻台【旋转头】开关可控制吊环实现顺时针或逆时针旋转;司钻

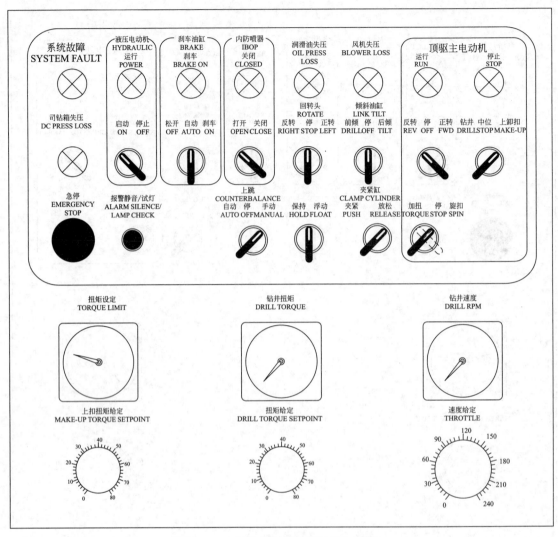

图 2-53　司钻控制台面板的卸扣模式

台【吊环倾斜】开关可实现吊环前倾和后倾控制;【浮动】开关可以操作吊环回到中位。

2. 急停操作

发生井喷等紧急情况需要立即停止系统运行,按下【急停】开关,进入井控状态,系统动作顺序如下:

(1)启动液压泵;

(2)停止驱动装置;

(3)关闭 IBOP。

紧急情况排除之后,确认系统无故障报警之后,复位【急停】开关;按下电控房【复位】开关,系统解除井控状态。

3. 内防喷器

内防喷器开关默认处于"打开"位。当需要关闭时,将开关打到"关闭"位,内防喷器关闭。关闭内防喷器前请确定钻井液泵已经关闭。

4. 报警静音/试灯

长按报警静音/试灯 3s 后,测试所有指示灯。如果有不亮的指示灯应立即更换。

当系统报警后,司钻箱内发出蜂鸣声;按下【报警静音/试灯】可消除蜂鸣声。

二、顶驱装置的检查

(一)天车耳板的检查

(1)每月肉眼检查焊缝是否存在裂纹;

(2)每月检查开口销是否遗失;

(3)每月检查卸扣是否磨损;

(4)每月检查连接板是否磨损。

(二)导轨的检查

(1)每周检查导轨销轴是否处于正确位置;

(2)每周检查定位销、开口销是否松动、遗失;

(3)每月检查接头焊缝是否产生裂纹;

(4)每年进行一次接头磁粉探伤检查。

(三)导轨固定架的检查

(1)每天检查井口中心钻具是否处于井口中心;

(2)每周检查连接件是否松动、遗失;

(3)每月检查接头焊缝是否产生裂纹。

(四)滑动架的检查

(1)每月检查耐磨板磨损情况;

(2)每月检查固定螺栓是否松动、丢失。

(五)主电动机和齿轮箱的检查

主电动机和齿轮箱需每年检查。当提环销子孔磨损内径大于 102.5mm 时更换;销子磨损外径小于 83.5mm 时更换。提环为整体式水龙头提环,在顶驱中是非常重要的承载部件。顶驱和钻具的总体重量都由提环负担。提环通过提环销与齿轮箱相连,上面连接游车大钩。每5 年对齿轮箱体、盖板进行磁粉探伤检查。

(六)鹅颈管、冲管的检查

鹅颈管是钻井液的通道,安装在冲管支架上。鹅颈管下端与冲管相连,上端打开活接头后可以进行打捞和测井等工作。每天检查冲管总成是否泄漏,发生泄漏时应更换冲管和密封填料。

(七)上止推轴承端盖密封的检查

1. 耐蚀套检查步骤

(1)拆下冲管总成;

(2)检查耐蚀套是否腐蚀,如果腐蚀立即更换;

(3)同时更换耐蚀套密封。

2. 端盖密封检查步骤

(1)取下圆螺母、止动垫圈和防尘罩;

(2)取下上端盖;

(3)检查端盖密封磨损情况。

(八)盘式刹车的检查

每月检查步骤:

(1)打开护罩检查;

(2)刹车片磨损严重时应更换;

(3)发生不对称磨损时应调节安装螺栓,如图 2-54 所示;

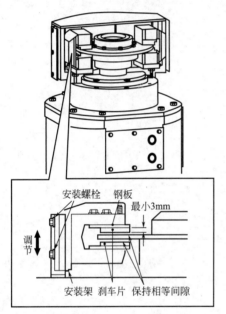

图 2-54 盘式刹车的检查

(4)同时检查液压管线是否泄漏。

(九)风机电动机的检查

要求每月检查风机电动机。

(1)检查各处螺栓是否松动;

(2)检查风机电缆是否损坏;

(3)检查出风口风量是否正常。

(十)交流主电动机的检查

要求每周检查交流主电动机。

(1)检查螺栓是否松动;

(2)检查电缆是否破损;

(3)检查百叶窗是否损坏;

(4)检查过滤网是否堵塞。

(十一)齿轮箱总成的无损探伤检查

每年(或设备运转 3000h 后),应该对顶驱上的重要承载部件作一次无损探伤。无损探伤方式包括:肉眼观察、着色检测、磁粉探伤、超声波探伤、X 射线探伤等对金相组织没有损伤的方式。重要承载部件包括:提环、吊环、吊卡、主轴下部、承载芯柱、上下内防喷器、保护接头。

(十二)管子处理器的检查

管子处理器由旋转头、吊环倾斜装置、防喷器、背钳、吊环、吊卡等组成。利用管子处理器可以极大提高钻井作业的自动化程度。管子处理器可实现对钻具抓取和排放、上卸扣。发生意外情况可随时关闭遥控上内防喷器或在任意高度与钻具对接进行循环。起下钻时,钻具重量经吊环、悬挂体、承载芯柱传递到齿轮箱体,避免主轴轴承受力,可有效提高主轴轴承寿命。每天要检查螺栓是否松动,液压管线和接头是否破损、泄漏,旋转是否正常。

(十三)吊环倾斜机构的检查

吊环倾斜装置由倾斜油缸推动吊环吊卡做两个方向的运动,可实现前倾、后倾、浮动。前倾可伸向鼠洞或二层台抓放钻杆;浮动的作用是使吊卡回到中位;后倾的作用是使吊卡远离钻台面,充分利用钻柱进行钻进。前倾角度为30°,后倾角度为55°。每周用螺纹脂润滑吊环眼;检查液压管线和接头是否破损、泄漏;检查液缸销磨损状况。

（十四）齿轮箱润滑

通过马达驱动润滑油泵,润滑油通过主止推轴承、上轴承,在经齿轮间隙、水冷或风冷的热交换器连续循环,并对齿轮进行强制润滑。油泵、油热交换器和油滤清器安装于传动箱外壳上。

（十五）内防喷器的检查

每周检查曲柄损坏情况;检查液压管线和接头是否破损、泄漏;检查上、下内防喷器工作是否正常。

（十六）背钳的维护

背钳分为钳体大端和钳体小端,安装时将背钳的两部分钳体用销轴连接。背钳强度高,而且背钳不随旋转头旋转,减少密封通道,更加安全可靠。背钳更换部件步骤:

（1）将一侧的销轴拆下;

（2）拆下扭矩套固定螺栓;

（3）打开整个背钳;

（4）借助气动绞车向后倾摆钳体;

（5）更换部件。

（十七）液压系统的检测与维修注意事项

（1）无特殊需要在维修前应关闭主动力源。

（2）为避免高压油伤害或其他危险,应佩戴护目镜。

（3）顶驱运行时,严禁进行调试、维护保养。

（4）在卸开液压管线前,先释放蓄能器中的压力。将系统卸荷阀（NCEB HCN）顺时针转动,即可泄压,避免高压油伤人。

（5）打开液压系统前,彻底清洁工作区域。及时封堵已卸开的管线,避免尘土进入液压系统。

（6）应及时更换已磨损或损坏的液压系统零部件。

（7）不要试图用手去检查液压油的泄漏。因为从小孔中泄漏的液压油很可能难以用肉眼观察到,一旦渗入皮肤将引起严重伤害。在液压部件周围工作时,应使用木片或卡片来检查泄漏并佩戴护目镜。在维修液压系统前应确认系统压力已经完全释放。

三、蓄能器的维护

蓄能器分系统蓄能器和 IBOP 蓄能器,它们的设定值分别为 5.6MPa 和 6.3MPa。如压力过高时适当减压,压力过低时按设定值充入氮气,其步骤为:

（1）断开通往蓄能器的液压管线并排空所有液压油;

（2）在液压系统停机状态下测量各个蓄能器的压力;

（3）对比调定值,如压力低应充入氮气。

四、系统压力调节步骤

(1)间隙启动液压泵电动机以确保其转向正确(每3~5s启动一次,当面对电动机风扇时其转向应为顺时针)。

(2)启动液压泵电动机。注意可能有空化现象的噪声,检查是否有泄漏。

(3)调节卸压阀(QCDB LAN),顺时针转动到最大压力。调节系统安全阀(RVCALAN),观察MP1点读数。将系统安全阀(RVCA LAN)的压力设定为16MPa。

(4)逆时针调整卸压阀(QCDB LAN)直至MP1端口的压力开始下降。同时观察MP2点,直至MP2点压力读数为14MPa。

注意事项:

(1)确保电动机转向正确。

(2)确认泵壳内充满清洁的液压油。

(3)在调节同时确定调节螺栓和压力变化之间是一种线性关系。

五、液压系统的故障检测及排除

液压系统的故障检测及排除方法见表2-6。

表2-6   液压系统的故障检测及排除方法

故　　障	原　　因	解决方法
液压系统过热	RVCA LAN 设定值不正确; QCDB LAN 未工作; 系统卸荷阀 NFCD HFN 未关闭; 系统蓄能器压力过低	测压并调整力; 调节或更换 QCDB LAN; 调节该阀或更换; 向系统蓄能器充压
液压元件无法操作	液压泵没有工作; 液压泵内泄; 管件损坏	更换液压泵; 更换液压泵; 更换管件
液压元件无法操作	泵的运转方向错误; 液压管线接错; 液压油箱液面过低; 吸油遇阻	液压电动机接线换向; 调整管线; 补充液压油; 拆卸并清洗液压管线
刹车油缸无动作	液压泵未工作; 系统泄荷阀未关闭; 刹车油缸内泄; 接头或管线泄漏; 换向阀阀芯发卡; 电磁阀无动作	开启液压泵; 关闭泄荷阀; 更换刹车油缸密封; 更换管线或接头; 更换或清洗电磁阀; 检查电路
回转头不转动	液压泵未工作; 系统泄荷阀未关闭; 回转马达内泄; 接头或管线泄漏; RDDA LAN 设定压力过低; 安全阀 RDDA LAN 损坏; 换向阀阀芯发卡; 电磁阀无动作	开启液压泵; 关闭泄荷阀; 更换马达或密封; 更换管线或接头; 调高压力; 更换安全阀 RDDA LAN; 更换或清洗电磁阀; 检查电路

故　障	原　因	解决方法
内防喷器无动作	液压泵未工作； 系统泄荷阀未关闭； 油缸内泄； 接头或管线泄漏； 换向阀阀芯发卡； 电磁阀无动作	开启液压泵； 关闭泄荷阀； 更换油缸或密封； 更换管线或接头； 更换或清洗电磁阀； 检查电路
背钳无动作	液压泵未工作； 系统泄荷阀未关闭； 油缸内泄； 接头或管线泄漏； 换向阀阀芯发卡； 电磁阀无动作	开启液压泵； 关闭泄荷阀； 更换油缸或密封； 更换管线或接头； 更换或清洗电磁阀； 检查电路
夹紧后不放松	换向阀阀芯发卡； 电磁阀无动作	更换或清洗电磁阀； 检查电路连接
倾斜油缸无动作	液压泵未工作； 系统泄荷阀未关闭； 倾斜油缸内泄； 接头或管线泄漏； CBCA LHN 设定压力过低； CBCA LHN 损坏	开启液压泵； 关闭泄荷阀； 更换倾斜油缸或密封； 更换管线或接头； 将压力升高； 更换
不能保持前倾或后倾状态	CBCA LHN 设定压力过低或损坏	将压力升高或更换 CBCA LHN
倾斜电磁阀无动作	换向阀阀芯发卡； 电磁阀未带电	更换电磁阀或清洗电磁阀； 检查电路连接
无平衡动作	液压泵未工作； 系统泄荷阀未关闭； 平衡油缸损坏、内泄； 接头或管线泄漏； 减压阀 PVDA； 液控单向阀 CVCV	开启液压泵； 关闭泄荷阀； 更换平衡油缸或密封； 更换管线或接头； LAN 损坏； XEN 损坏
无上跳动作	换向阀阀芯发卡； RBAC 访控 LDN 压力设定过低； RBAC 访控 LDN 损坏； 电磁阀不能启动； 蓄能器预充压力过低； 平衡油缸损坏、内泻； 换向阀阀芯发卡	更换或清洗电磁阀； LDN 压力重新设定； LDN 损坏； 检查电路； 向蓄能器充压； 更换平衡油缸或密封； 更换或清洗电磁阀

模块三　石油钻机循环系统

【模块导读】　钻机循环系统是钻机的三大工作系统之一,其主要作用:一是清洗井底,将钻头破碎的岩屑从井底携带到井口,提高钻机的机械钻速;二是加大钻头水马力,采用喷射钻井法钻井,有效提高钻井速度;三是驱动井下动力钻具钻井,改变用转盘驱动钻具旋转的钻井方式;四是将循环到井口的含有固相颗粒的钻井液经固控设备处理后再进行重复使用。钻机循环系统主要由钻井泵、钻井液池、钻井液槽(罐)、地面高压管汇、水龙头、水龙带、固控设备及钻井液调配设备等组成。

【学习目标】　理解掌握循环系统的作用、设备组成及结构原理;掌握循环系统设备的安装使用、维护保养的基本方法与技能。

项目一　钻井泵

【项目描述】　钻井液被称为钻机的"血液",钻井泵则被称为钻机循环系统的"心脏",是循环系统中的关键核心设备,其工作能力大小直接影响钻机的工作性能。

【学习目标】　了解钻井泵的结构原理、性能参数、工作性能;掌握钻井泵安装使用、维护保养的技能与方法。

任务一　钻井泵的基础知识

一、钻井泵的作用及类型

如图 3-1 所示是现代钻机中常见的卧式三缸钻井泵。钻井泵是循环系统中的核心工作设备,是钻机三大工作机之一,其主要作用是为钻机钻井时提供具有足够压力和流量的钻井液。从能量的角度讲,泵是一种能量转换装置,它是将外界输入的机械能转换成输出的液能。

钻井泵是一种容积式往复泵。往复泵有多种类型,如图 3-2 所示。

不同往复泵具有不同的工作性能。钻井常用的是三缸单作用往复泵,其结构的最大特点是在一根曲轴上安装了三个单缸单作用泵,每个单作用泵安装时相差 120° 的相位角,其泵的流量是三个单缸泵流量之和。

往复泵是一种发展较早的水力机械,这种

图 3-1　钻井泵外形图

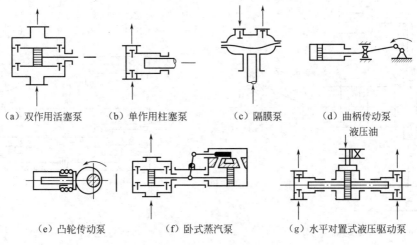

（a）双作用活塞泵　　（b）单作用柱塞泵　　　（c）隔膜泵　　　（d）曲柄传动泵

（e）凸轮传动泵　　　　　（f）卧式蒸汽泵　　　　（g）水平对置式液压驱动泵

图 3-2　往复泵类型示意图

泵适用于输送要求压力较高、流量较小的各种介质（如水、油、钻井液等），特别是在排出压力大于 15MPa、流量小于 30L/s 的工况下，与其他类型的泵（如叶片泵、离心泵等）相比，它具有较高的工作效率和良好的运行性能。因此，钻机循环系统采用往复泵为整套钻机提供高压钻井液。

二、往复泵的基本组成和工作原理

往复泵是一种容积式泵，容积式泵的形成须满足三个条件：

（1）有一个密闭的容积；

（2）这个容积能够发生大小的变化；

（3）这个容积有两个互不相通的外接口。

如图 3-3（a）所示是单缸往复泵装置的基本组成示意图。它由两个基本部分组成：液力部分或称液力端，包括活塞、液缸、泵阀等部件，主要作用是进行能量形式的转换，即把机械能转化成液体能；动力部分或称动力端，包括曲柄、连杆、十字头、活塞杆等部件，主要作用是进行运动形式的转换，即把驱动机的旋转运动转换为活塞的往复直线运动。它依靠活塞在泵缸中往复运动，使泵缸内工作容积发生周期性变化来吸排液体。图 3-3（b）则表示三缸钻井泵的缸套布置示意图，它实质是把三个单缸往复泵通过曲柄组装在同一根曲轴上，且这三个单缸往复泵各自曲柄的相位角相差 120°。

当动力机通过皮带、齿轮等传动件带动曲柄以角速度按图示方向从左边水平位置开始旋转时，活塞向右边，即泵的动力端移动，由于缸内容积的扩大，液缸内形成一定的真空度，吸入罐中的液体在液面压力的作用下，经吸入管推开吸入阀，进入液缸，直到曲柄转到右边水平位置，即活塞移到右死点为止，这一过程为液缸的吸入过程。曲柄继续转动，活塞开始向左，即液力端移动，由于缸内容积的缩小，液体受到挤压，压力升高，吸入阀关闭，排出阀被推开，液体经排出阀和排出管进入排出罐，曲柄再次转到左边水平位置，这一过程为液缸的排除过程。对于单缸单作用泵，曲柄每转一周，活塞往复一次，泵的液缸完成一次吸入过程和一次排出过程。随着曲柄不断地连续运转，吸入和排出过程也就不断地交替进行，实现泵的正常工作。

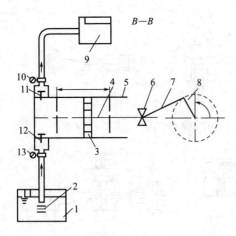

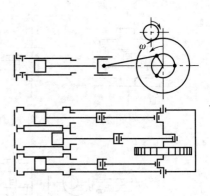

（a）单缸往复泵基本组成　　　　　　　（b）三缸钻井泵缸套布置示意图

图3-3　往复泵工作原理图

1—吸入池；2—底阀；3—活塞；4—活塞杆；5—液缸；6—十字头；7—连杆；8—曲柄；
9—排出池；10—压力表；11—排出阀；12—吸入阀；13—真空表

三、钻井泵的性能与技术参数

钻井泵工作时表现出自身的特性，它的流量、压头（即扬程）、功率、效率、冲数及泵压等性质与其结构密切相关。

（一）钻井泵的流量

钻井泵的流量，对于钻井工艺过程来讲是一个很重要的参数。它的大小，直接影响到清洗井底岩屑的效果。为正确了解和计算钻井泵的流量，有必要了解往复泵的运动规律。

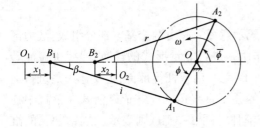

图3-4　钻井泵活塞运动示意图

1. 往复泵的运动规律

如图3-4所示是钻井泵活塞运动示意图。为了定性地分析，可忽略曲柄和连杆比的影响，往复泵活塞的位移 z、速度 u 和加速度 a 可近似地用下式表示：

$$z \approx r(1 \mp \cos\phi) \qquad (3-1)$$

$$u \approx \pm r\omega\sin\phi \qquad (3-2)$$

$$a \approx \pm r\omega^2\cos\phi \qquad (3-3)$$

式中　r——曲柄的长度，m；

　　　ω——曲柄的角速度，1/s；

　　　ϕ——曲柄的转角，活塞由液力端向动力端运动时，$\phi = 0 \sim \pi$；活塞由动力端向液力端运动时，$\phi = \pi \sim 2\pi$。

上述各式表明：往复泵活塞运动速度和加速度分别近似地按正弦和余弦规律变化。当求活塞由液力端向动力端运动的位移、速度和加速度时，取公式上面的正、负号，曲柄转角在 0~

π 范围内取值；当求活塞由动力端向液力端运动的位移、速度和加速度时，取公式中下面的正、负号，曲柄转角在 π~2π 范围内取值，当 $\phi=0$、π、2π 时，活塞处于死点位置。

2. 往复泵的流量

单位时间内泵排出液体的量称为往复泵的流量。流量通常用单位时间内所输送的液体体积来表示，称为体积流量，用 Q 表示，单位有 L/s、m³/min、m³/h 等。有时也以单位时间内，所输送的液体质量表示往复泵的流量，称为质量流量，用 Q_m 表示，单位为 kg/s、t/h 等。

1）理论平均流量

往复泵在单位时间内，理论上应输送的液体体积，称为往复泵的理论平均流量。理论上等于活塞工作面在吸入（或排出）行程中，单位时间内在液缸中扫过的体积。

对于单作用泵，计算公式为：

$$Q_{th}=iFSn \tag{3-4}$$

对于双作用往复泵，活塞往复运动一次，液缸的有杆和无杆工作室各输送一次液体，液体的体积为 $(2F-f)S$，则双作用泵的理论平均流量为：

$$Q_{th}=i(2F-f)Sn \tag{3-5}$$

式中　Q_{th}——理论平均流量，m³/min；

　　　S——冲程，m；

　　　i——液缸数；

　　　F——活塞面积，m²；

　　　n——曲柄转数，r/min；

　　　f——活塞杆截面积，m²。

2）实际平均流量

在往复泵实际工作时，由于吸入阀和排出阀一般不能及时关闭；泵阀、活塞和其他密封处可能有高压液体的漏失；泵缸中或液体内含有气体，而降低吸入充满度等原因，导致了往复泵的实际平均流量要低于理论平均流量。设实际平均流量为 Q，则有：

$$Q=\mu Q_{th} \tag{3-6}$$

式中，μ 为流量系数，反应泵内泄漏损失的大小，一般 $\mu=0.85~0.95$，对于大型且吸入条件较好的新泵，μ 可以取大值。

3）瞬时流量

由于活塞运动是非匀速的，所以泵在每一时刻的流量也是变化的。这里引入瞬时流量 Q_{cm} 的概念来描述这一现象，对于单缸单作用泵其瞬时流量可表示为：

$$Q_{cm}=Fu \tag{3-7}$$

$$即\ Q_{cm}\approx\pm Fr\omega\sin\phi \tag{3-8}$$

对于单缸双作用泵，其工作时有无杆工作腔和有杆工作腔两个工作室，则有：

无杆工作腔　　　　　$Q_{cm}\approx\pm Fr\omega\sin\phi$ 　　　　　　(3-9)

有杆工作腔　　　　　$Q_{cm}\approx\pm(F-f)r\omega\sin\phi$ 　　　　　(3-10)

当 $\phi=0$、π、2π 时，活塞处于死点位置，流量都为零；为简单起见，当泵排出液量时，公式前

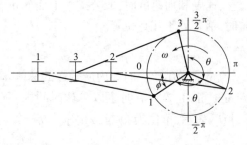

图 3-5　三缸单作用泵的曲柄间相互关系

取"+";泵吸入液量时,公式前取"-"。

由于单缸往复泵的流量极不均匀,都存在瞬时断流现象,工业上常用的往复泵大都是多缸泵,又由于偶数型多缸泵的流量波动比同类型的相邻奇数型多缸泵的流量波动要大,所以工业上以奇数多缸泵见广,尤其是以多缸单作用泵为主。石油矿场上常用的有三缸单作用活塞往复泵和五缸单作用柱塞往复泵等。三缸单作用泵的曲柄间相互关系可用图 3-5 来表示。

4) 流量不均度

由于单缸往复泵的流量是按正弦规律变化的,所以对于不同形式的多缸泵往复,其泵的流量的瞬时波动变化,将视它们的缸的个数和曲柄间相位角的不同而有所不同。如图 3-5 所示为三缸单作用泵的曲柄间相互关系,如图 3-6 所示为多缸往复泵的流量曲线。它表明了不同往复泵其流量瞬时波动相差是很大的。为了评估往复泵流量不均匀性,这里引入流量不均度概念,即:

$$\delta_Q = (Q_{max} - Q_{min})/Q_{th} \tag{3-11}$$

式中　δ_Q——往复泵的流量不均度;

　　　Q_{max}——往复泵的最大瞬时流量;

　　　Q_{min}——往复泵的最小瞬时流量;

　　　Q_{th}——往复泵的理论平均流量。

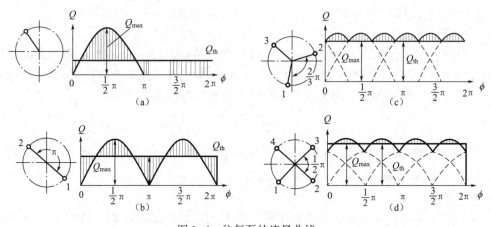

图 3-6　往复泵的流量曲线

由此可以知晓图 3-6 中单缸、双缸、三缸和四缸单作用泵的流量不均度分别为:3.14;1.57;0.14;0.325。

由此可见三缸单作用泵的流量不均度最小,说明该泵的最大与最小瞬时流量相差不大,接近泵的理论平均流量,工作时其流量稳定、较均匀、波动小,最有利于实际工况,应用很广。由图 3-6 中的曲线可以看出:当往复泵缸数增加时,流量趋于均匀,而单数缸效果更为显著。从使用的角度来看,流量不均度越小越好。因为流量越均匀,管线中液流越接近稳定流,压力波动也越小,这有助于减小管线振动,使泵工作平稳。但是,不能只通过增加往复泵的液缸数来达到这个目的,因为缸数越多,泵的结构就会越复杂,造价就越高,维修也就越困难。所以,综合性价比最好的目前还是三缸单作用往复泵。

5)往复泵流量不均匀的危害及解决方案

由于瞬时流量的波动,引起吸入和排出管路内液体的不均匀流动,从而使循环系统管路产生了加速度和惯性力,增加了泵的吸入和排出阻力。吸入阻力的增加将降低泵的吸入性能,排出阻力增加将使泵及管路承受额外负荷,还会引起管路压力脉动及管路振动,破坏泵的稳定运行。可以采取以下措施解决往复泵的流量不均匀性:

(1)合理布置曲柄的位置。由往复泵的流量曲线可知:单缸泵的流量脉动与活塞的加速度有相同的波形,因此,可以将多缸泵各缸的曲柄错开一定的角度,使叠加后的流量趋于均匀。由前所述,缸数增多,则脉动减小,但比较而言,奇数缸比偶数缸效果好,可取各缸曲柄的相位差为 $2\pi/i$(双作用泵为 π/i)

(2)采用多缸泵或无脉动泵。由泵的流量曲线图 3-6 知道,可以采取增加缸数的方法来减小流量的波动。此法不利因素是缸数增加将导致制造和维护困难。为此可采用双缸凸轮式往复泵来实现无脉动工作。其特点是利用凸轮形状保证活塞在相当长的行程内做匀速运动,从而使泵获得均匀的流量;只在排出行程开始和终了的很短时间里做等加速和等加速运动,使整个排出行程对应的转角大于 180°,两凸轮的相位差使加速段与减速段重合而实现无脉动工作。

(3)缩短管路长度、增大内经、减小往复次数(即降低曲柄角速度)均可降低惯性能头。

(4)设置空气包。为减小泵的流量波动,常在往复泵的吸入口或排出口设置空气包。空气包种类及结构如图 3-7 所示。设置排出空气包的目的,是使空气包后的排出管路中的流量均匀。

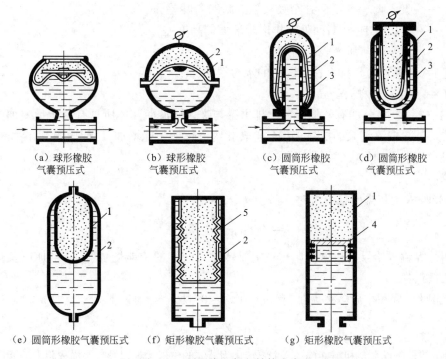

（a）球形橡胶   （b）球形橡胶   （c）圆筒形橡胶   （d）圆筒形橡胶
　气囊预压式　　　气囊预压式　　　气囊预压式　　　　气囊预压式

（e）圆筒形橡胶气囊预压式　（f）矩形橡胶气囊预压式　（g）矩形橡胶气囊预压式

图 3-7　预压式空气包结构方案

1—气室;2—外壳;3—多孔衬管;4—金属活塞环;5—金属波纹管

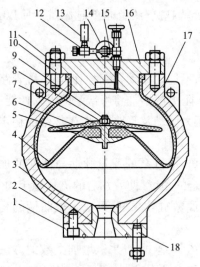

图 3-8　带稳定器的球形空气包
1—间隔快；2—内六角螺钉；3—密封圈；4—气囊；
5—铁芯；6—胶版；7—压板；8—垫片；9,11,19—螺母；
10,18—双头螺栓；12—截止阀；13—压力表；
14—吊环螺钉；15—O形密封圈；
16—压盖；17—壳体；18—顶丝

如图 3-8 所示,是常见排出空气包的结构图。包内气囊预先充有一定压力(预压 p_0)的气体。当泵的瞬时流量大于平均流量时,泵的排出压力升高,大于空气包内气囊中的预压 p_0,气体被压缩,一部分液体(超过平均流量的部分)进入包体内储存;当瞬时流量小于平均流量时,排出压力降低,小于空气包内压力时,空气包就向排出管排出一部分液体(理论上空气包排出的液量应等于其吸入的液量),从而使空气包后排出管路的流量趋于均匀。

设置吸入空气包的目的,是使流入吸入管线和泵缸内的流量均匀。

(二)往复泵的压头(扬程)

往复泵的扬程是单位质量的液体经过泵后增加的能量,用 J/kg 或 m 液柱表示。经过泵后液体能量增加值,即扬程为:

$$H=Z+(p_B-p_A)/\rho g+(c_B^2-c_A^2)/2g+\sum h \quad (3-12)$$

式中　p_B、p_A——吸入罐、排出罐液面上的压力,Pa;

c_B、c_A——吸入罐、排出罐液面上液体的流速,m/s;

Z——吸入罐与排出罐液面的总高度差,m($Z=Z_1+Z_0+Z_2$);

Z_1——吸入管 S-S 断面处至吸入罐液面的高度差,m;

Z_2——排出管 D-D 断面处至排出罐液面的高度差,m;

Z_0——真空表与压力表的高度差,m;

$\sum h$——吸入管与排出管段内总的水力损失,m;

H——泵的有效扬程,m。

式(3-12)表明:泵的有效扬程等于排出罐与吸入罐液面液体所具有的能量差加上沿程的水力损失。外界输入给泵的机械能(M、n)转化为液体的位能增加、压能增加、动能增加以及克服沿程阻力的能量损失。

讨论:

(1)当吸入罐和排出罐很大时,有 $c_B\approx0$、$c_A\approx0$,则:

$$H=Z+(p_B-p_A)/\rho g+\sum h \quad (3-13)$$

表明外界输入给泵的机械能(M、n)主要转化为液体的位能增加、压能增加以及克服沿程阻力的能量损失。

(2)当吸入罐和排出罐很大时,有 $c_B\approx0$、$c_A\approx0$,且 $p_B=p_A$ 时,则:

$$H=Z+\sum h \quad (3-14)$$

表明外界输入给泵的机械能(M,n)主要转化为液体的位能增加以及克服沿程阻力的能量损失。

(3)当吸入罐和排出罐很大时,有 $c_B\approx0$、$c_A\approx0$,且 $p_B=p_A$、$Z=0$ 时,则:

$$H = \sum h \tag{3-15}$$

表明外界输入给泵的机械能(M, n)全部转化为克服沿程阻力的能量损失。这种情况在钻井循环过程中得到体现。

上述讨论表明,要计算泵的有效扬程都要求出沿程阻力的能量损失$\sum h$,由水力学知道这是很麻烦的,因为管路系统一般比较复杂,计算烦琐且不准确。简便的方法是应用式(3-16)直接计算泵的有效扬程:

$$H = p_D/\rho g + p_S/\rho g + Z_0 \tag{3-16}$$

由式(3-13)可知:往复泵的有效扬程,主要取决于泵的排出口处压力表与吸入口处真空表间的高度差Z_0(一般为定值),吸入口处真空表的读数p_S,以及排出口处压力表的读数p_D。

在实际计算中,考虑到钻井泵的排出压力一般较高,而真空度p_S及高度差Z_0相对很小,可以略去不计,因此,通常用表压力代表泵的有效扬程,即$H \approx p_D/\rho g$。

(三)往复泵的功率

设泵的有效扬程为H,体积流量为Q,则单位时间内液体由泵所获得的总能量即为泵的输出功率N_0,可以写为:

$$N_0 = \rho g Q H / 1000 \tag{3-17}$$

式中　N_0——输出功率,kW;

　　　ρ——被输送液体的密度,kg/m^3;

　　　Q——泵的实际平均流量,m^3/s。

泵的输出功率表明了泵的实际工作效果,因此也称为泵的有效功率。泵将能量传递给液体,是由于外界机械能传输的结果。假定驱动机输入到泵轴上的功率为N_i(又称为泵的输入功率),由于泵内存在功率损失,$N_i > N_o$,N_o与N_i的比值为泵的总效率,用η表示,即:

$$\eta = N_o/N_i \tag{3-18}$$

往复泵一般都是经过离合器、变速箱或变矩器、链条和皮带等传动件与驱动机相连,计算泵所应配备的功率时,应考虑传动装置的效率。因此,一台机泵组所需的动力机功率为:

$$N_p = N_i/\eta_{tr} = N_o/(\eta\eta_{tr}) \tag{3-19}$$

式中　η_{tr}——自驱动机输出轴到泵输入轴的全部传动装置的总效率。

考虑到工作过程中可能的超载,应留有一定功率储备,所选的动力机功率一般比N_p大10%左右,则:

$$N_p = 1.1 \times N_i/\eta_{tr} = 1.1 \times N_o/(\eta\eta_{tr}) \tag{3-20}$$

(四)往复泵的效率

往复泵在工作过程中会产生机械损失、容积损失和水力损失,这些损失的存在会使往复泵的效率降低。

1. 机械损失

机械损失是指克服泵内齿轮、轴承、活塞、密封和十字头等机械摩擦所消耗的功率,用ΔN_m表示。机械损失功率的存在使往复泵的轴功率不能全部被液体所获得,往复泵机械损失

功率的程度由机械效率 η_m 来衡量,即:

$$\eta_m = (N_i - \Delta N_m)/N_i \qquad (3-21)$$

2. 容积损失

往复泵工作时有一部分高压液体会从活塞与缸套间的间隙、缸套密封、阀盖密封及拉杆密封等处漏失,造成一定的能量损失,使泵实际输送液体的体积总要比理论输出的体积小,设单位时间内漏失的液体体积为 ΔQ_v,用容积效率 η_v 来衡量泵泄漏的程度,即:

$$\eta_v = Q/(Q + \Delta Q_v) \qquad (3-22)$$

3. 水力损失

液体在泵内流动时要克服沿程和局部阻力,消耗一定的能量,若各项水力损失之和用 h_h 表示,则水力损失的程度由水力效率 η_h 来衡量,即:

$$\eta_h = H/(H + h_h) \qquad (3-23)$$

则泵的总效率为:

$$\eta = N_o/N_i = \eta_m \eta_v \eta_h \qquad (3-24)$$

泵的总效率可由试验测定,一般情况下 $\eta = 0.75 \sim 0.90$。

(五) 钻井泵的压力

钻井泵的压力通常指的是泵出口处的压力,用 p 表示,单位 MPa,可由压力表测定。

(六) 钻井泵的冲数与冲程

钻井泵的冲数,即泵缸活塞在单位时间内往复运动的次数,用 n 表示,数值上等于曲柄的转速。一般不得超过泵在出厂时所规定的最大冲数,这是因为它要受到发动机功率和泵本身机械强度的限制。钻井泵的冲程即活塞往复运动时左右两个端点间的距离,用 S 表示,数值上等于曲柄半径 r 的两倍,即 $S = 2r$。

例 1:已知某三缸单作用钻井泵的活塞直径 $D = 160$mm,活塞冲程长度为 $s = 305$mm,冲数 $n = 120$ 冲/min,流量系数为 0.940,试求泵的理论平均流量和实际平均流量。

解:

因 $F = \pi D^2/4 = 3.14 \times 0.16 \times 10^{-3} = 0.02011$（$m^2$）,则:

理论平均流量 $Q_{理} = 3nFs = 3 \times 120 \times 0.02011 \times 0.305 \div 60 = 0.03680$（$m^3/s$）。

实际平均流量 $Q_{实} = \alpha Q_{理} = 0.940 \times 0.03680 = 0.03459$（$m^3/s$）。

例 2:已知某钻井泵的实际平均流量为 $26 \times 10^{-3}\, m^3/s$,排出口表压力为 13.72MPa（140 个大气压）吸入口真空度为 0.0294MPa（0.3 大气压）,两表高差为 1.2m,泵的机械效率和转化效率为 0.9,传动效率为 0.95,钻井泵的密度为 1200kg/m^3。试求泵的有效功率、输入功率及发动机功率。

解:

因排出口表压力 $p_D = 13.72$MPa,吸入口真空度 $p_S = 0.0294$MPa,钻井泵的密度 $\rho = 1200$kg/m^3,两表高差 $Z_0 = 1.2$m,实际平均流量 $Q = 26 \times 10^{-3}\, m^3/s$,则:

泵的有效压头 $H = p_D/\rho g + p_S/\rho g + Z_0 = 13.72 \times 10^6 \div 1200 \div 9.8 + 0.0294 \times 10^6 \div 1200 \div 9.8 + 1.2 = 1170$（m）。

泵的有效功率 $N = \rho g H Q = 1200 \times 9.8 \times 1170 \times 26 \times 10^{-3} = 358$（kW）。

输入功率 $N_i = N/(\eta_{转} \eta_m) = 358 \div (0.9 \times 0.9) = 441.97 \approx 442$（kW）。

发动机功率 $N_{发} = 1.1 N_i/\eta_{tr} = 1.1 \times 442 \div 0.95 = 511.76 \approx 512$（kW）。

任务二　钻井泵的结构特点与特性

石油矿场上用的泵品种较多。钻井泵通常是一种三缸单作用往复泵，有不同型号规格，已经标准化，其代号意义如下：

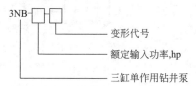

一、钻井泵的典型结构

如图3-9所示，三缸单作用钻井泵由动力端和液力端组成。动力端主要由主动轴（传动轴）、被动轴（主轴或曲轴）、连杆、十字头等组成；液力端主要由缸套、活塞及活塞杆、吸入阀、排出阀、吸入管汇、排出空气包、安全阀等组成。

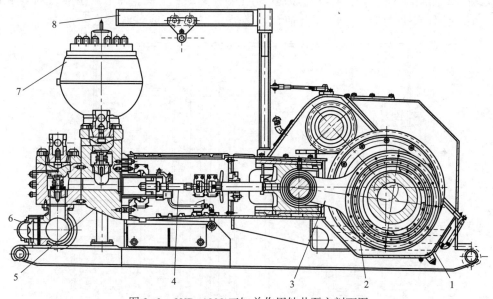

图3-9　3NB-1000三缸单作用钻井泵主剖面图

1—机座；2—主动轴总成；3—从动轴总成；4—缸套活塞总成；5—缸体；6—吸入管汇；7—排出空气包；8—起重架

（一）传动轴总成

如图3-10所示是三缸单作用泵传动轴总成。传动轴是泵的动力输入轴，它两端对称外伸，可以在任意一端安装大皮带轮或链轮外接动力，则另一端通常可以安装用来分别驱动灌注泵和喷淋泵的三角皮带轮，齿轮轴中间有一人字轴齿轮与曲轴上的大齿轮啮合，带动曲轴上的曲柄连杆机构运动。国产传动轴多采用35CrMo锻钢件制造，齿轮大多采用高度变位渐开线人字齿轮。

（二）曲轴总成

曲轴是钻井泵中最重要的零件之一，如图3-11所示。其上安装有大人字齿轮和三根连杆大头，大齿轮圈通过螺栓与曲轴上的轮毂紧固为一体；三个连杆轴承的内圈热套在曲轴上，连杆大头

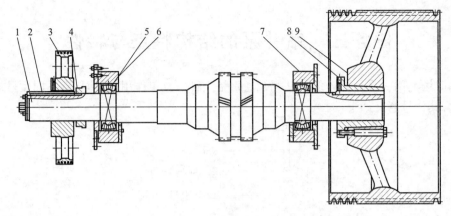

图 3-10　三缸单作用泵传动轴总成
1—齿轮轴;2—键;3—驱动灌注泵的三角皮带轮;4—驱动喷淋泵的三角皮带轮;
5—轴承;6—左轴承座;7—右轴承座;8—轴套;9—大皮带轮

热套在轴承的外圈上。曲轴有两种结构形式,一种是碳钢或合金钢铸造的整体式空心结构形式;另一种是锻造直轴加偏心轮结构,即改铸造为锻造,化整体为组装件便于保证毛坯质量,加工和修理也比较方便,国外有的采用锻焊结构。曲轴的常用材料有 35CrMo 或 42CrMoA,调质处理。

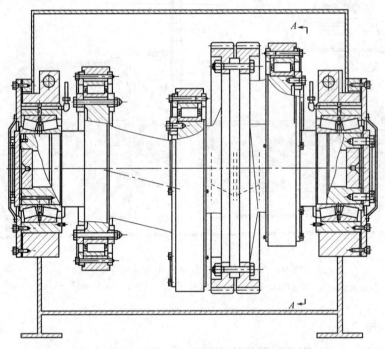

图 3-11　3NB-1000 三缸单作用钻井泵整体式曲轴总成

(三)十字头总成

十字头是传递活塞力的重要部件,同时又对活塞在缸套内做往复直线运动起导向作用,使介杆、活塞等不受曲柄切力的影响,减少介杆和活塞的磨损。曲轴通过连杆和十字头销带动十字头体,十字头体又通过介杆带动活塞。连杆小头与十字头销之间装有圆柱滚子或滚针轴承,十字头上装有滑履。连杆常用 $20Mn_2$ 或 35CrMo 铸造而成;十字头由 QT60-2 球墨铸铁或

35CrMo 钢铸造而成。

(四)泵头

泵头是一种专为泵的液力端配套的结构形式,它安装在缸套的前端,主要是把吸入阀、吸入管汇、排出阀和排出管汇等有机地组合在一起。如图 3-12 所示是 L 形泵头,其主要特点是:余隙流道长,自吸能力较差,但吸入泵头与排出泵头可以分块制造,有利于检修。图 3-13 是 I 形泵头,其主要特点是余隙流道较短,有利于自吸能力提高,但检修较困难。图 3-14 是 T 形泵头,其主要特点是吸入阀采用水平布置,排出阀则是垂直布置,综合了 L 形和 I 形泵头的特点,既可以分块制造,便于拆装检修,又使泵头结构紧凑,取消了吸入室,内部余隙容积减小,利于自吸,但也有不足之处,更换吸入阀时较麻烦。

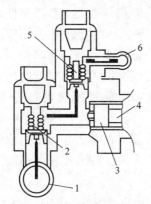

图 3-12 L 形泵头示意图

1—吸入管汇;2—吸入阀;3—活塞;
4—活塞杆;5—排出阀;6—排出管汇

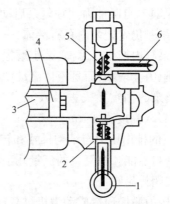

图 3-13 I 形泵头示意图

1—吸入管汇;2—吸入阀;3—活塞;
4—活塞杆;5—排出阀;6—排出管汇

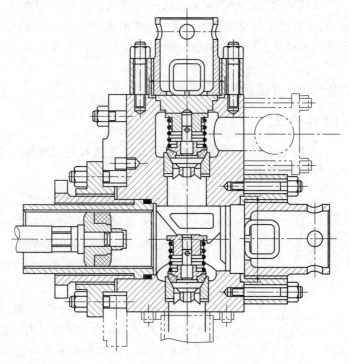

图 3-14 T 形液力端结构图

(五)喷淋装置

钻井泵通常配置有喷淋装置,位于钻井泵水力端的一侧,主要由喷淋泵、水箱、固定架、钢管和喷淋管等组成,其作用是在钻井泵工作时,对缸套、活塞进行冲洗和冷却。喷淋泵是由钻井泵传动轴一端的专用于驱动喷淋泵的小三角带轮经胶带驱动的。其吸入池是位于机架下方的水箱,冷却水经喷淋泵排出口软管与位于钻井泵液缸上方的喷淋管相连;排出管线上设有调节阀,用来喷淋水流速度,以不溅到十字头拉杆为宜。

二、钻井泵的特点

(1)和其他形式的泵相比,往复泵的瞬时流量不均匀。

(2)往复泵具有自吸能力。往复泵启动前不像离心泵那样需要先行灌泵便能自行吸入液体。但实际使用时仍希望泵内存有液体,一方面可以实现液体的立即吸入和排出;另一方面可以避免活塞在泵缸内产生于摩擦,减小磨损。往复泵的自吸能力与转速有关,如果转速提高,不仅液体流动阻力会增加,而且液体流动中的惯性损失也会加大。当泵缸内压力低于液体气化压力时,造成泵的抽空而失去吸入能力。因此,往复泵的转速不能太高,一般泵的转速为80~200r/min,吸入高度为4~6m。

(3)往复泵的排出压力与结构尺寸和转速无关。往复泵的最大排出压力取决于泵本身的动力、强度和密封性能。往复泵的流量几乎与排出压力无关,因此,往复泵不能用关闭出口阀调节流量,若关闭排出阀,

会因排出压力激增而造成动力机过载或泵的损坏,所以往复泵一般都设有安全阀,当泵压超过一定限度时,会自动打开,泄压。

(4)往复泵的泵阀运动滞后于活塞运动。往复泵大多是自动阀,靠阀上下的压差开启,靠自重和弹簧力关闭。泵阀运动落后于活塞运动的原因是阀盘升起后在阀盘下面充满液体,要使阀关闭,必须将阀盘下面的液体排出或倒回缸内,排出这部分液体需要一定的时间。因此,阀的关闭要落后于活塞到达止点的时间,活塞速度越快,滞后现象越严重,这是阻碍往复泵转速提高的原因之一。

(5)往复泵适用于高压、小流量和高黏度的液体。

三、往复泵的工作特性

往复泵应用广泛,在石油矿场、石油运输和石油化工等领域应用普遍。泵与管路是要联合工作的,而它们工作时都表现出各自的特性。

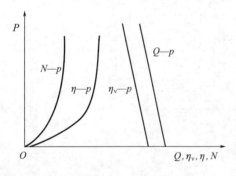

图 3-15 往复泵的性能特性曲线

(一)往复泵的特性曲线

往复泵的特性曲线是表示泵的流量、功率、效率等参数与压力之间变化关系的曲线。

图 3-15 所示为往复泵工作时的性能特性曲线,该图表明了:

(1)由 $Q—p$ 曲线分析可知,随着外界阻力增大,泵压升高,泵的实际流量有所减小,说明泵内漏失有所增加。但理论上泵的流量与压力无关。

(2)随着泵压升高,泵功率开始也随之增加,但

达到一定值后不再增加,说明泵功率的增加受制于它所配备的功率。

(3)随着泵压升高,泵效率开始也随之增加,但达到一定值后不再增加,说明泵效率的增加总是要小于1的。不过泵的容积效率则是随着泵压升高降低的,这也是因为泵内漏失加大而造成的。

(二)管路特性曲线

管路工作时,系统是要消耗能量的。由水力学知,吸入管路及排出管路中的流动阻力损失为:

$$\sum h = kQ^2 \tag{3-25}$$

说明:(1)管路消耗的总能量与泵的流量的平方成正比。

(2)对于固定管路系统系数 k 是一个常量。但对于非固定管路系统(如钻井过程中,井深在不断加深,意味着循环管路在不断加长)则系数 k 是一个变量,且管路越长,消耗的能量越多,系数 k 值就越大。

由式(3-25)可知,对于每一固定管路,其管路特性曲线是一条二次曲线;若管路变长,而流量不变,则可得到一族管路特性曲线,如图 3-16 所示。如图 3-17 中的曲线 L_1、L_2、L_3、L_4;图中曲线 Q_1 和 Q_2 是往复泵的特性曲线,将泵和管路特性曲线合成在一张图上,能更清晰地表明泵—管装置联合工作时的特征。

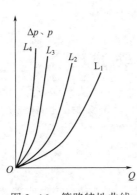

图 3-16　管路特性曲线

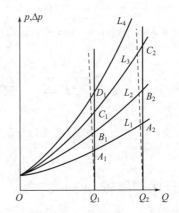

图 3-17　往复泵与管路联合工作特性曲线

(三)往复泵的工况点

泵和管路联合工作,必须满足两个条件:

(1)泵输出的液体量等于管路传送的液体量。

(2)泵所提供的能量完全用于克服管路的流动阻力损失和提高液体的静压能。

前者遵循质量守恒定律,后者遵循能量守恒定律。也就是说泵和管路联合工作时,必存在一个满足上述两个条件的工作点,这个点称为工况点。如图 3-17 所示,在泵和管路联合工作的特性曲线图上,泵的特性曲线 p—Q 与管路特性曲线 L 的交点(如 A_1、B_1、C_1、D_1 和 A_2、B_2、C_2)就是工况点。这个工况点的泵和管路工作参数完全满足上述两个定律,即:$Q_泵 = Q_管$;$H_泵 = H_管$。

钻井泵常用的是一种活塞式往复泵,在钻井过程中,总希望泵能提供足够大的流量和压头,但这要受到发动机的功率和泵本身的强度条件限制。每台泵所配备的功率是一定的,每级缸套的活塞及活塞杆的强度条件也是一定的。由 $N=\rho gQH/1000$ 可知,通过更换缸套的办法来实现减小泵的流量,提高泵的扬程,以期满足井深不断增加而需要泵提供足够扬程的诉求,但扬程的提高,意味着泵的压力提高,将受制于每级缸套的活塞与活塞杆的强度以及循环系统管线(如水龙带等)强度条件;实际上,泵的工作压力应小于某个临界值,即临界压力。通常泵压是达不到最大的允许压力的。当泵压接近临界压力时,就应该换小一级的缸套,由此而得到图 3-18 中机械传动钻井泵的临界特性曲线。图中 1、2、3、4、5 分别是对应的各级缸套工作时临界压力工况点,由 1、2、3、4、5 连接起来的曲线就是钻井泵工作时的最大等功率曲线。若泵能在最大等功率曲线上工作,说明泵的功率利用率最好,经济性最佳。实际上这种理想状态不可能实现的,能使泵工作在最大等功率曲线内侧附近位置就很不错了。通常采用分级换缸套的办法来做到这一点。图 3-18 中的 1′、2′、3′、4′、5′的连线形成的是最小功率曲线。通过换缸套,使泵工作在最大等功率曲线和最小功率曲线之间,按照折线 1-1′-2-2′-3-3′-4-4′-5-5′工作。不允许泵在临界点以上工作。

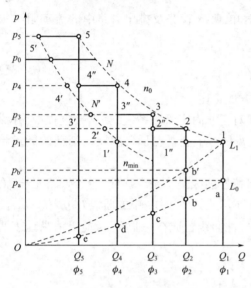

图 3-18　机械传动钻井泵的临界特性曲线

任务三　钻井泵的安装使用

泵的安装一般具有自己的独立机座,除应满足一般机电设备安装的技术规范和要求外,由于往复泵的结构特征,致使其在使用过程中,有着特殊的要求。

一、钻井泵的安装

前述钻井泵是一种往复泵,是容积式泵,具有自吸能力。而这种自吸能力取决于泵与吸入管路的密封性和所能产生的真空度。当泵缸内的压力过低,低于要吸入液体的气化压力 p_t 时,液体的一部分就会变成气体,形成气泡,当气泡破灭时,周围的水立即来填补这个空间,从而产生"水击现象"。严重的水击现象,将导致设备表面受到局部高压冲击而产生金属剥落,使之产生凹凸不平的坑,并形成尖端放电,导致电化学腐蚀,而促成气蚀现象发生,这对泵的正常工作非常有害,要避免这种现象发生。

泵的安装高度越高,液体从吸入池进入到泵缸内所需要的能量就越大,通常吸入池液面上作用有一个大气压 p_a,只有当泵内形成足够低的压力 p_o,才能在吸入管两端形成足够大的压差 $\Delta p(=p_a-p_o)$,使液体能克服吸入管沿程的阻力而被举高并吸入泵内。若这个足够低的液体的气化是在一定条件下发生的,不同液体的气化条件也不同。由表 3-1 可知不同液体的气化条件。不产生气化的条件是 $p_o \geq p_t$,用压头来表示,即 $p_{omin}/\rho g \geq p_t/\rho g$,则保证正常吸入的条件是:

$$p_a/\rho g-(Z_o+u^2/2g+\sum h_{吸})\geqslant p_t/\rho g \tag{3-26}$$

所以,往复泵的最大允许安装高度为

$$Z_o\leqslant p_a/\rho g-(p_t/\rho g+u^2/2g+\sum h_{吸}) \tag{3-27}$$

式中　$\sum h_{吸}$——吸入管的阻力损失,m;

　　　　ρ——输送液体的密度,kg/m³;

　　　　g——重力加速度,m/s²;

　　　　p_a——大气压,kg/m²;

　　　　p_t——液体的气化压力,kg/m²;

　　　　Z_o——排出池与吸入池的高差,m;

　　　　u——吸入池内液流速度,m/s。

表 3-1　液体的气化压力

液体	开始气化压力,m 水柱										
	0℃	10℃	20℃	30℃	40℃	50℃	60℃	70℃	80℃	90℃	100℃
水	0.02	0.12	0.24	0.43	0.57	1.25	2.02	3.17	4.82	7.41	10.33
轻原油	0.35	—	0.8	—	1.4	2.6	3.8	—	8.7	—	15.4
汽油	0.66	0.815	1.09	1.69	2.31	3.26	—	—	—	—	—
钻井液(水基)	—	0.18	0.32	0.55	0.90	1.46					

为了保证钻井泵的正常吸入条件常采取如下措施:

(1)降低泵的安装高度,使钻井泵的吸入口尽可能低于吸入罐液面的高度。

(2)缩短吸入管线长度,除了考虑工作人员日常检查维护钻井泵的空间和安全通道外,应使吸入罐与钻井泵近一些。

(3)在吸入阀附近的吸入管线上安装吸入空气包。

(4)在条件允许情况下可以提高钻井液池的高度。

(5)特殊情况时,采用离心泵作为灌注泵灌注,确保正常吸入。

(6)水击现象不仅仅因"气泡"而产生。当泵的冲数过高过快时,由于液体的吸入速度慢,不能及时充满泵缸,也容易造成水击现象。因此在泵的安装使用过程中,还应做到:一方面降低钻井泵的转速,即降低钻井泵的冲数;另一方面采取加大吸入管管径的办法以降低惯性压头。

二、空气包的使用

安装空气包是减小泵排量波动的有效手段之一。现代钻井泵广泛采用预压式空气包,空气包内的橡皮囊中预先充有一定压力($p_{预}$)的氮气。预压 $p_{预}$ 与空气包的体积成反比,预压 $p_{预}$ 越小,空气包的体积就越大;预压 $p_{预}$ 越大,空气包的体积就越小。例如,某钻井泵开钻时的最小泵压为 $p_{泵min}=3.9228MPa$(40 个大气压),完钻前最高泵压为 $p_{泵max}=14.7105MPa$(150 个大气压),为了使空气包在开钻时就起作用,预压 $p_{预}$ 应小于最小泵压 $p_{泵min}$。但预压也不应过小,预压过小,空气包的体积就大,否则在高压下,气体的体积就很小,空气包不起作用。根据经验,预压的控制范围为

$$0.2p_{\text{泵min}} \leqslant p_{\text{预}} \leqslant 0.8p_{\text{泵max}}$$

所以对于此例来说,应选用 $p_{\text{预}} = (2.9421 \sim 3.1382)$ MPa(30~32 个大气压)。当空气包橡皮囊内的压力小于原预压的 70% 时,就要适时地补气。

三、安全阀的安装与使用

安全阀是钻井泵运行时不可或缺的设备,它安装在往复泵的排出口管线上。在钻井过程中,容易发生卡钻事故。这种事故的发生往往会造成憋泵,钻井泵的压力会非常高,对泵的运行以及排出管路设备的工作造成危险或危害,因此要安装安全阀,使泵与管路设备工作在安全的环境中。

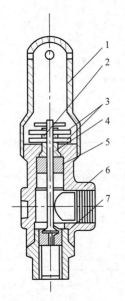

图 3-19　销钉剪切式
安全销

1—阀帽;2—活塞杆;3—安全销钉;4—活塞杆;5—密封;6—阀体;7—活塞

泵的安全阀有多种结构类型,如图 3-19 所示是直接销钉剪切式安全阀;图 3-20 是杠杆剪切式安全阀;图 3-21 是膜片式安全阀。它们一个共同的工作特点是,当泵的出口压力逐渐升高到安全阀的剪切销钉或膜片所允许的压力时,就会推动活塞上移切断销钉或直接冲破膜片,使高压液体由安全阀排出口进入泵的吸入罐,达到泄压确保安全的目的。

我国钻井泵大都使用杠杆剪切式销钉安全阀。安全阀是靠改变剪切销的位置来改变泵的卸放压力。随着钻井深度不断增加,钻井泵的泵压也在增加,泵的卸放压力也应协同调整,以满足正常钻井和安全的需要。通常在安全阀的剪销板下面有一铭牌,上面有与各个剪销孔对应的刻线,刻线旁标出该销孔对应的钻井泵允许的最高排出压力,更换缸套时,必须相应地改变销钉的位置。一般,铭牌上给出的调压值,要比该级缸套所允许的最高排出压力低。一至六级缸套所允许的调压分别为 10.3MPa、15.2MPa、20.0MPa、25.5MPa、31.7MPa、39.7MPa。

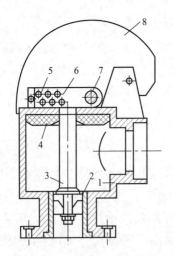

图 3-20　杠杆剪切式安全阀

1—阀体;2—衬套;3—阀杆阀芯总成;4—缓冲垫;
5—剪切销;6—剪切杠杆;7—销轴;8—护罩

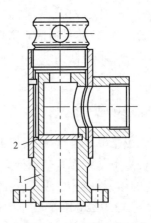

图 3-21　膜片式安全阀

1—阀体;2—膜片

四、钻井泵的操作与使用

钻机一般都配有两台钻井泵以适应钻井对流量的需要。

(一) 启动前的准备工作

(1)动力端加入润滑油:新泵应检查动力端机架油池是否清洁,然后加入合格的润滑油至最高油位。旧泵检查油池润滑油是否够用。

(2)小齿轮轴承槽、十字头油槽内加润滑油:新泵应打开泵的上视孔盖,往小齿轮轴承槽、十字头油槽内加上足够的润滑油。

(3)检查缸套规格;检查阀盖、卡箍总成上的螺栓是否上紧。

(4)为避免在泵进口压力低时出现气塞现象,尽可能配备灌注系统。

(5)将喷淋泵水箱加满干净的水,并打开排出管线上的排水阀。

(6)空气包内充氮气等惰性气体或空气,绝对不能充易燃易爆气体,如氢气,充气最大压力为4.5MPa。充气完毕后,关闭角式截止阀,装上排气阀,以保护压力表。

(7)根据泵内所装入的缸套及泵铭牌上所标定的压力,在安全阀销孔处插入相应压力级别的剪切安全销。

(二) 开泵前的检查

1. 动力端的检查

(1)润滑油的检查。检查泵内机油油质、液量是否符合要求,以确保运转时各部位都能润滑良好。

(2)各连接部位的检查。各螺纹链接处是否齐全、紧固,介杆与十字头的连接螺栓是否松动。

(3)磨损情况的检查。检查人字齿轮使用磨损情况是否出现斑点即点蚀;检查十字头的间隙是否过大,十字头轴销是否松动,各轴承的磨损、固定情况是否合乎要求。

2. 液力端的检查

(1)高压管汇各阀门是否与所要使用的泵相符,各阀开、关是否是应处的位置。

(2)缸盖、缸盖法兰、拉杆密封填料盒是否已上紧。

(3)喷管喷射角度及冷却水供水量,以喷到活塞上后不溅到介杆上为佳。

(4)排出空气包的压力一般为泵最高工作压力的20%~30%为宜。

(5)安全阀抗剪销的位置与标识是否与泵的缸套规格相匹配。

(6)在冬天开泵时,应使用蒸汽对安全阀进行预热。

(三) 钻井泵的开泵操作

1. 一般情况下开泵

钻机的两台钻井泵开启使用应根据钻井工艺过程的具体情况而定。一次开钻时,需要的钻井液流量大,常开双泵;随着二次开钻、三次开钻……井深不断增加,泵的流量需求减小,而泵压需要增加,常采取倒单泵工作和更换小一级的缸套操作来适应这种需求,同时也需要倒好高压管汇的主阀门,如图3-22和图3-23所示。

(1)通常井径≥12¼in时开双泵钻井:则全开1号、2号高压阀门,关闭3号、4号阀门。

(2)开1号泵钻井:全开1号高压阀门,关2号、3号阀门,开4号、5号阀门。

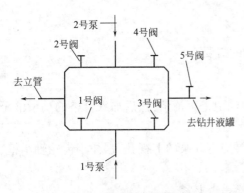

图 3-22 钻井泵地面高压管汇示意图

（3）开 2 号泵钻井：全开 2 号高压阀门，关 1 号、4 号阀门，开 3 号、5 号阀门。

倒泵注意事项：

（1）倒泵时要先开低压泵，再关高压泵；

（2）泵在工作时禁止开、关各阀门；

（3）先停泵，后再开回水阀门。

倒泵要有专人指挥，司钻和副司钻通过手语指令配合工作，副司钻倒好阀后通过手语告知司钻：举一个手指，开 1 号泵；举两个手指，开 2 号泵；两手一手举一个手指，开双泵。

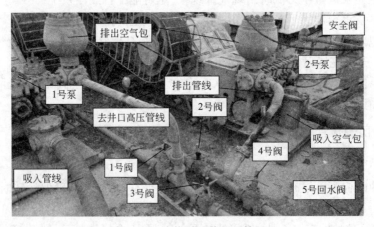

图 3-23 钻井泵及其地面管汇

2. 司钻的泵操作

（1）当司钻接到信号后，鸣笛。在环视泵周围及吸入罐上的泄压管线处等高压区范围无人时且其他人员就位正常后，才能用两次启动法开泵。

（2）开泵时，正视泵压表，观察泵压是否正常，流量由小到大，小流量顶通正常后，且钻井液工报告钻井液从井口返出后，再逐渐增大流量至设计值。

（3）开泵后泵压未正常，钻井液井口返出不正常，司钻的手应不离气开关。

（4）若因为故障需要停泵时，要先通知司钻。司钻刹住钻柱，当钻压回到 20~30kN 时停转盘，停泵。然后一次启动法挂绞车低速上提钻具，打开回水阀门，将气开关固定，防止误操作。

（5）下钻中途需要循环钻井液时，先转动钻具，后开泵，开泵正常后最少循环一周，钻井液密度均匀后，再停泵下钻。

3. 特殊情况下开泵

在钻井过程中，常常会遇到各种特殊情况，如双泵钻进、接单根（或立根）、钻遇漏层或油气层及憋泵等情况时，要由经验丰富的司钻或队长操作气开关，并精心组织，坚守岗位。

1）对开双泵钻进，接单/立根时的开泵操作

钻完单或立根后，刹住钻柱，钻压回到 20~30kN 停转盘或顶驱，先停一个泵。一次启动法挂绞车低速上提钻具，当方钻杆或第三个钻杆单根的外接头刚露出转盘面时，摘绞车动力，钻

具借惯性上行至内接头下端距转盘面 0.5m 刹住钻柱,内外钳工扣吊卡,司钻下放钻具完全将其坐在吊卡上,再停第二台泵。单/立根接好后先开一台泵,待泵压正常且钻井液从井口返出正常后,再开第二台泵。做到早开泵,晚停泵,以防钻屑沉积,避免井下情况复杂。

2)对井下有漏层或钻开油气层的井的开泵操作

为了不让开泵时的压力波动对漏层和油气层造成重大影响,开泵位置应避开漏层和油气层,并注意井口钻井液返出情况以便调整。

3)开泵后常见问题的处理

(1)钻井液只进不出时的问题处理:表层套管下入较少的井眼,下钻后开泵发现钻井液只进不出,井眼内钻井液是满的,泵压又无多大变化,应停止开泵,也不要试开,立即起钻,灌好钻井液,起钻完,再采取适当措施处理。

(2)憋泵现象的处理:在钻进过程中,有时会发现停泵后再次启动泵时,会出现憋泵现象。此时应立即停泵,其他人员要离开泵房和高压管汇附近。上下活动和转动钻具,选择畅通井段改小排量开泵,正常后逐渐加大排量,恢复正常钻进。

(3)对井下停钻时间较长、井下情况复杂,钻井液性能不佳的井下钻、开泵要慎重,一定要分段循环,并及时调整钻井液性能。

(四)小循环与大循环操作

在钻井过程中,有时由于某些特殊工艺需要,如调节钻井液性能,为了使在钻井液中加入的处理剂能充分均匀分散在钻井液体系中,以确保钻井液黏、切、pH 值等性能的一致性,就需要进行小循环和大循环的操作。一般先进行小循环,再进行大循环。

1. 小循环操作

开动钻井泵,将钻井液从吸入罐中吸入,经地面高压管汇的回水管,直接回排到吸入罐,不进入井眼,只在地面进行循环的方式称为小循环。

1)利用 1 号泵进行小循环

(1)全开 3 号回水阀门,关 1 号、2 号高压阀门,关 4 号回水阀,打开 5 号阀门。

(2)倒好阀门后,与司钻联系,司钻接到信息后鸣笛,并环视 1 号泵安全区及吸入罐上 1 号泵泄压管线出口附近,若情况正常,用二次启动法启动 1 号泵,进行小循环。

2)利用 2 号泵进行小循环

(1)全开 4 号回水阀门,关 1 号、2 号高压阀门,关 3 号回水阀,打开 5 号阀门。

(2)倒好阀门后,与司钻联系,司钻接到信息后鸣笛,并环视 2 号泵安全区及吸入罐上 2 号泵泄压管线出口附近,若情况正常,用二次启动法启动 2 号泵,进行小循环。

2. 大循环

大循环钻井液的循环路径与钻进过程中的钻井液循环路径是一样的,只是此时钻机的旋转系统不工作,仅有循环系统设备工作,即钻井泵将钻井液从吸入罐吸入,提高动能和压能后从泵排出口排出,获得能量的钻井液经地面高压管汇(1 号或 2 号高压阀门全开,3 号、4 号、5 号回水阀关闭),进入水龙带、钻具内孔,从钻头水眼喷出,并沿环空上返,经地面钻井液高架钻井液槽进入振动筛和 1 号沉淀罐,进行一级固相处理,经砂泵吸入和排出后供给除砂器,进行二级固相处理,再经砂泵吸入和排出,供给除泥器,进行三级固相处理,最后进入吸入罐,再次被钻井泵吸入和排出,这样周而复始进行循环,从而将钻头破碎的钻屑从井底携带到地面,并清除掉,确保钻井作业顺利进行,这样的循环称为大循环。

任务四　钻井泵的常用配件及维护保养

在钻井过程中随着井况的变化,钻井泵的相关设备配件将做相应的配套更换与维护,以便适应新井况下工作的需要。

一、活塞与缸套的结构、使用与维护

图3-24与图3-25展示了三缸单作用泵的缸套及活塞的结构组成。活塞由阀芯、皮碗、压板等组成,常采用自动封严结构,在液体的作用下自动张开,贴紧缸套内壁。活塞皮碗唇口略大于缸套内径。它一般选用耐磨耐油橡胶做主体材料,其上嵌接高聚物树脂;以挂胶帆布为骨架,整体成型,模压定型,加工处理后与橡胶高压硫化成一体。目前高压硫化活塞在18～20MPa下工作,寿命达179～324h;在28～32MPa下工作,寿命达112h;所以,应根据泵的实际工作压力,以及输送的钻井液性质等情况,及时更换皮碗,确保泵效。

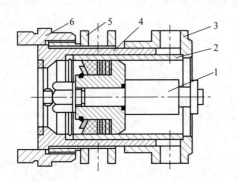

图3-24　单作用活塞—缸套总成
1—活塞总成;2—缸套;3—缸套压帽;4—缸套座;
5—缸套座压帽;6—连接法兰

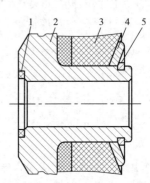

图3-25　单作用泵活塞
1—密封圈;2—活塞阀芯;3—活塞皮碗;
4—压板;5—卡簧

通常只要将卡簧卸下,取出压板,便可跟换皮碗。注意,安装皮碗时,使皮碗的唇口应朝向压力端,即单作用泵的无杆腔。

(一)更换钻井泵活塞

(1)准备好活塞总成和手工具。

(2)停泵放回水,倒好地面管汇阀门,关闭泵上水管阀门,卸掉吸入阀缸盖,取出缸盖密封圈、缸盖堵头。放净泵缸内的钻井液,取出定位盘、插板总成及吸入阀总成。

(3)人力盘泵,使中心拉杆/介杆退至缸套室的后部,卸下喷淋总成,再卸下活塞杆与介杆之间的卡箍。

(4)以缸套室底部的撬杠座为支点,用撬杠撬出活塞杆。

(5)用特制的活塞杆螺母扳手旋下活塞杆白锁螺母,取下旧活塞,在新活塞的密封圈槽处涂抹润滑脂,将密封圈装在新活塞上,一起装到活塞杆上,最后再上好白锁螺母。

(6)在缸套内表面和活塞外表面涂润滑脂,将新活塞装入缸套端部的锥面坡口,再用硬木或专用工具把活塞杆打入缸套,使活塞杆在缸套后面保持对中。要注意接近中心拉杆时活塞杆端部的凸台不得损坏,要支住活塞杆,使其凸台进入定位孔内,使活塞杆对正中心拉杆,卡好卡箍。

(7)装好喷淋总成及吸入阀总成,装好插板总成,装上缸盖堵头,旋上并拧紧缸盖。

(8)打开上水管阀门。

泵的缸套结构相对简单,现有单一金属和双金属两种。双金属缸套有镶装式和熔铸式两种结构形式。镶装式外套材质的机械性能不低于 ZG35 正火状态的机械性能;内衬为高铬耐磨铸铁,内外套之间有足够的过盈量保证结合力;内衬硬度 HRC≥60。熔铸式外套材质的机械性能不低于 ZG35 正火状态的机械性能;利用离心浇铸法加高铬耐磨铸铁内衬;毛坯进行退火处理,机械粗加工后进行淬火加低温回火处理,然后进行精加工。目前,国产双金属缸套的平均寿命可达 700h。金属陶瓷缸套是高技术产品,其寿命可达双金属缸套的2~3倍。

(二)更换钻井泵缸套

(1)把新缸套清洗干净,涂一层润滑脂,活塞表面洗净。

(2)关闭泵的上水管阀门,卸掉缸盖,取出缸盖堵头,放净液缸中的钻井液,取出插板总成及吸入阀总成。

(3)卸下活塞拉杆与介杆的卡箍,人力盘泵使介杆靠近动力端死点,卸下喷淋总成,拉出活塞缸套总成。

(4)卸下两半缸套锁紧环,用吊具从缸套上部吊住缸套,用榔头砸松并卸开压紧缸套的缸套压盖,用撬杠拔出旧缸套。

(5)用清水把阀箱内外清洗干净,把缸套密封圈装到耐磨盘的沉孔内。在缸套压盖内表面涂抹润滑脂,然后从后部套到缸套上。将两半缸套锁紧环装在缸套槽内,用 O 形密封圈把两半缸套锁紧环箍住。

(6)用吊具从缸套上部吊住缸套,在缸套压盖螺纹上涂抹润滑油,使缸套压盖的螺纹起点在 7 点钟位置,把缸套装在缸套法兰内,旋紧缸套压盖,使缸套座到位为止,用锤头把缸套压盖敲紧。

(7)把新活塞总成从泵头端推入缸套内,人力盘泵使介杆接触活塞拉杆,此时需将活塞杆支住,盘泵使介杆上的定位孔对准活塞杆上的凸台,并进入定位孔。用卡箍夹住活塞杆和中心拉杆端部法兰上,上紧螺栓,上紧扭矩为330m。

(8)装上吸入阀总成、插板总成、缸盖堵头,旋上缸盖并用撬杠上紧。

(9)装好喷淋装置,打开上水管阀门,更换完毕。

二、介杆与密封装置的结构

钻井泵的介杆,一端与十字头相连,处于润滑机油中,另一端与活塞杆相连,经常受到漏失钻井液、污水等的冲刷或污染。为了防止各类污染液体窜入动力端机油箱而破坏机油的润滑性能,避免机油外漏,必须采用介杆密封装置将动力端与液力端严格地隔离。

目前较常用的介杆密封形式主要有两种:

(1)跟随式介杆密封装置。如图 3-26 所示,波纹密封套的一端用压板紧固在中间隔板上,另一端用卡子固紧在介杆上。

(2)全浮动式介杆密封。如图 3-27 所示为全浮动式介杆密封装置结构图,包括连接盘、定位板、O 形密封圈、左右浮动套、球形密封盒、K 形自封式介杆密封等。

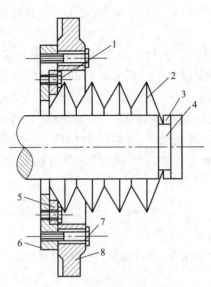

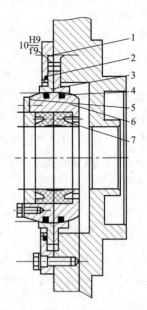

图 3-26 跟随式介杆密封装置
1—螺钉;2—波纹密封套;3—卡子;4—介杆;
5—压板;6—连接板;7—螺栓;8—中间隔板

图 3-27 全浮动式介杆密封装置总成
1—连接盘;2,4—O 形密封圈;3—左右浮动套;
5—定位板;6—球形密封盒;7—K 形自封密封

球形密封盒可以在浮动套内任意转动调整。与此同时,左右两个浮动套与连接盘和壳体形成端面间隙配合,可以随着球形密封盒的浮动在连接盘与壳体之间上下浮动,自动调整径向偏移量;浮动套与连接盘及球形密封盒之间,安装有 O 形密封圈,具有多重保险的密封作用。

K 形自封式介杆密封包括骨架和帘布增强橡胶两部分。骨架与帘布增强橡胶高压硫化在一起,使密封被压紧时不产生轴向变形;密封内圈的两唇部与介杆有一定的过盈,使其两端密封;密封的两唇部加一层耐磨橡胶,具有耐磨耐热性能。

此外,十字头与介杆之间采用活络连接,使活塞可以与十字头同时转动,也减轻了活塞—缸套、介杆—密封等的偏磨。此处应按规定定期检查及维护保养。

三、泵阀的结构

泵阀是往复泵控制液体单向流动的液压闭锁机构,是往复泵的心脏部分。泵阀一般由阀阀体、胶皮垫和弹簧等组成。目前,常用的泵阀有三种:

(1)球阀:如图 3-28 所示,主要用于深井抽油泵和部分柱塞泵。

(2)平板阀:如图 3-29 所示,主要用于柱塞泵和部分活塞泵。泵阀采用 3Crl3 不锈钢,表面渗碳处理,或采用 45 号钢喷涂,耐腐蚀、抗磨损;板阀采用新型聚甲醛工程塑料,综合性能好,质量轻、硬度高、耐磨、耐腐蚀,与金属表面相配合后密封可靠;弹簧采用圆柱螺旋形式,材料为 60Si2MnA,经过强化喷丸处理,寿命长。

(3)盘状锥阀:主要用于大功率的活塞泵及部分柱塞泵。盘状锥阀的阀体和阀座支承,密封锥面与水平面间的斜角一般为 45°~55°阀座与液缸壁接触面的锥度一般为 1∶5 至 1∶8。若锥度过小,则泵阀下沉严重,且不易自液缸中取出;锥度过大,则接触面间需加装自封式密封圈。

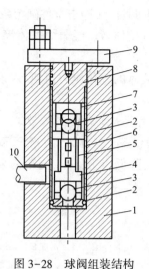

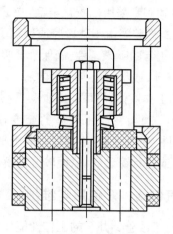

图 3-28　球阀组装结构
1—泵头；2—阀座；3—阀球；4—下阀套；5—压套；6—阀筒；
7—上阀套；8—连接盖；9—压盖；10—柱塞

图 3-29　平板阀结构

锥面盘阀有两种结构形式，一种是双锥面通孔阀，如图 3-30 所示。其阀座的内孔是通的，由阀体和胶皮垫等组成的阀盘上、下运动时，由上部导向杆和下部导向翼导向。这种阀结构简单，阀座有效过流面积较大，液流经过阀座的水力损失小，但阀盘与阀座接触面上的应力较大，阀盘易变形，影响泵的工作寿命。另一种是双锥面带筋阀，如图 3-31 所示。主要特点是阀座内孔带有加强筋，阀盘上、下部都靠导向杆导向，增加了阀盘与阀座的接触面强度，但阀座孔内的有效通流面积减小，水力损失加大。

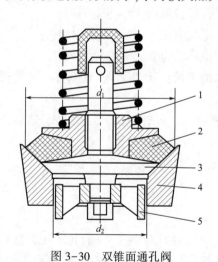

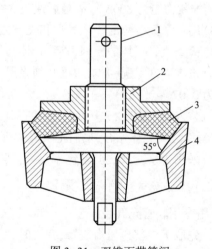

图 3-30　双锥面通孔阀
1—压紧螺母；2—橡皮垫；3—阀体；4—阀座；5—导向翼

图 3-31　双锥面带筋阀
1—阀体；2—压紧螺母；3—橡皮垫；4—阀座

钻井泵工作时，阀盘和阀座的表面一方面受到含有磨砺性颗粒液流的冲刷，产生磨砺性磨损；另一方面还要受到阀盘打开与关闭时上下运动冲击的磨损。为提高泵阀的使用寿命，要注意如下问题：

（1）合理确定液体流经阀隙时的速度，即阀的结构尺寸要与泵的结构尺寸及性能参数相对应，保证阀隙流速不要过大。

（2）控制泵的冲次，对于阀盘和阀座上有橡皮垫的锥阀，按无冲击条件确定泵的冲次。

（3）阀体和阀座采用优质合金钢40Cr、40CrNiMoA等整体锻造经表面整体淬火，表面硬度达 HRC60~62，橡胶圈由丁腈橡胶或聚氨酯等制成。

（4）保证正常的吸入条件，确保最低吸入压力大于液体的气化压力，且吸入系统不应吸入空气或其他气体，或尽可能少含气体。

（5）净化工作液体，尽可能减少磨砺磨损的影响，以免造成泵阀密封失效。

（6）为防止阀箱在高压液体的交变作用下发生裂纹，导致破坏，阀箱全部采用优质钢30CrMo等铸件，调质处理；各相贯处采用平滑圆弧过度，降低应力集中；阀箱内采用喷丸或高压强化处理，或进行镍磷镀，以便较好地解决阀箱开裂问题。

四、空气包结构及使用与维护

空气包对于改善钻井泵的工作性能发挥着重要作用，结构如图 3-7 和图 3-8 所示。空气包胶囊是最常见的易损件之一，在钻井过程中需经常更换。在正常情况下，钻井过程中空气包的上半部分应比下半部分的温度低，有较明显的温差。这是因为空气包下半部分在钻井过程中始终储存钻井液，而井下温度较高，导致钻井液的温度也较高。当空气包外壳整体温度都较高，几乎没有差别时，则表明空气包胶囊已损坏，需要更换。按如下方法操作：

（一）更换空气包气囊的操作

（1）停泵并打开回水阀门，确认泵已完全泄压。

（2）拆下盖上的所有双头螺栓。在拆卸时若双头螺栓从壳体上旋出，应首先卸下螺母，然后对螺栓及螺孔进行清洗，再用专门双头螺栓扳手或将两个螺母并紧用普通扳手将双头螺栓旋入，其拧紧力矩为800N·m，最后通过 3 个拆卸螺孔将盖顶出。

（3）用一个无棱角的棒从气囊和壳体之间插入，把气囊压扁，并从顶部取出。

（4）检查气囊损坏的原因，查看壳体与气囊相应损坏的位置是否有异物。

（5）检查底塞状况，要求边缘必须光滑。若底塞需更换应垂直装入，且应有一定的过盈量（一般为 0.076~0.152）。

（6）装入新气囊时，先压扁气囊并将其卷实成螺旋状，再从空气包上部放入，然后张开并调整气囊使之与壳体贴合，最后把气囊颈部内侧涂抹润滑脂并装好盖。

（7）采用十字交叉法上紧包盖螺母，其扭矩为 1625~2170N·m。

（二）排出空气包的充气操作

应用专用软管充气装置进行充气，方法如下：

（1）先取下空气包压力表罩，并逆时针旋转排气阀阀盖约1/4~1/2圈，排净压力区内的气压，取下排气阀阀盖。注意：不能仅凭压力表进行判断，因为残余压力较小，压力表无法显示，但此低压也会伤人。

（2）把软管连到氮气瓶开关盒及空气包充气阀上。

（3）先打开空气包充气阀。

（4）再缓慢打开氮气瓶阀，并用此阀调节流入空气包的氮气。

（5）当空气包压力表显示到了所需压力时，应先关闭气瓶阀，再关闭空气包阀。

（6）取下软管，盖上压力表罩，再安装上排气阀。

五、十字头的对中检查与调整

十字头进行对中检查与调整的目的是：使十字头务必沿机架孔水平轴线做直线运动，以确保活塞能在缸套内正确运动。检查与调整可按下述方法进行：

(1)从挡泥盘上取下填料盒，不要把挡泥盘也取下。

(2)先盘泵使十字头处于其行程最前端，用内卡尺或伸缩内径规，仔细测量中间拉杆与挡泥盘孔之间的上下距离，并做好记录。比较上、下部测量值，以判断中间拉杆相对于挡泥盘孔中心线的位置。

(3)再盘泵使十字头处于其行程最后端，在上述(2)相同的部位仔细测量中间拉杆与挡泥盘孔之间的距离，做好记录。与当十字头处于最前端位置的测量值进行比较，以判定十字头是否在水平线上运动。

(4)若挡泥盘孔下部中间拉杆的同心度(即活塞杆轴线与机架孔纵轴线的同轴性)超过0.38mm，就要在下导板下面加垫片，使中间拉杆向对正中心的方向移动。若十字头上部和上导板之间有足够的间隙，才可做上述调整。正常情况是，下导板负荷很重，其后部受力较大，其磨损相对严重，因此，允许将导板垫斜一点，但必须垫得结实。注意：在加垫进程中不要使十字头上面与导板间的间隙小于0.5mm，允许十字头有更大一些的间隙存在。导板间隙必须控制在0.25~0.40mm范围内。

(5)应将钢垫片剪得足够长，使之能完全穿过导板，并在其边部剪成突出状，且超出机架支撑处。装好上、下导板，导板螺栓的上紧力矩为205~270N·m。

(6)检验机架下部与下导板处配合的密封性，以用0.05mm塞尺不能塞入为宜。

钻井泵的易损件主要有活塞(柱塞)、缸套、密封及泵阀等。它们是钻井泵液力端主要的具有相对运动的零部件，要承受摩擦，或钻井液的腐蚀，或冲击碰撞，容易产生磨损或损坏，形成间隙过大，效率降低，甚至使泵不能正常工作，所以对于这些易损件的正确使用与维护应予以足够重视。

任务五　钻井泵常见故障判断与排除

钻井泵常见故障判断与排除见表3-2。

表3-2　钻井泵常见故障判断与排除

现　象	原　因	排除方法
上水不良	(1)上水管密封不良，液面低或吸空气； (2)上水管堵塞； (3)缸套活塞刺坏； (4)调整阀有阻卡或刺坏； (5)钻井液气侵	(1)拧紧上水管法兰螺栓或换垫片，补充钻井液； (2)疏通上水管； (3)更换缸套活塞； (4)更换调整阀； (5)处理钻井液
泵压下降或不稳	(1)吸入管线吸空气或水滤子堵塞； (2)阀箱部件被刺坏； (3)空气包压力不正常； (4)缸盖有刺漏	(1)清理水滤子，换管线； (2)维修阀箱部件； (3)更换胶囊或补充空气包气体； (4)更换缸盖
冷却液减少或增加	(1)活塞、缸套损坏； (2)缸套活接头损坏	(1)更换； (2)更换

现　象	原　因	排除方法
排出钻井液不均匀	(1)活塞或阀严重磨损或已损坏； (2)泵缸内进空气,压力波动大； (3)空气包充气压力不足或胶塞损坏	(1)更换已坏活塞,检查阀是否损坏或卡死； (2)低压循环排气； (3)更换胶塞或充气
缸内有剧烈的敲击声	(1)活塞螺帽松掉； (2)缸套卡箍松,缸套和活塞一起移动； (3)上水不良产生水击	(1)上紧活塞； (2)拧紧缸套卡箍； (3)检查并排除上水不良的原因
液缸报警	(1)压盖和调节螺母未上紧,漏钻井液； (2)密封圈损坏	(1)拧紧压盖和调节螺母； (2)更换密封圈
排出空气包充不进气体或充气后很快泄漏	(1)充气接头堵死； (2)空气包内胶囊已坏； (3)截止阀密封不严	(1)清除接头内的杂物； (2)更换胶囊； (3)修理、更换截止阀
轴承温度过高	(1)油道堵塞； (2)润滑油太脏； (3)滚动轴承磨损及损坏	(1)清理油道； (2)更换新油； (3)更换轴承
动力端有敲击声	(1)介杆与活塞杆卡箍松动； (2)油槽的螺栓松动； (3)板或十字头已损坏,间隙过大； (4)十字头销轴轴承磨损； (5)主动轴、被动轴或连杆大头轴承磨损	(1)拧紧卡箍； (2)拧紧螺栓； (3)调整导板与滑板间隙为 0.26～0.38mm 或更换导板十字头； (4)更换轴承； (5)更换轴承

项目二　钻井固控设备

【项目描述】　钻井液固相控制的方法有稀释、替换、沉淀和机械处理等。现代钻井过程中主要通过机械方式清除固相。在钻井液固相控制中,机械处理是最有效的办法,但在具体使用过程中往往是和其他方法并用,以获得更理想的效果。钻井液固控系统是指根据钻井作业的需要,用钻井液固相控制设备组成一整套钻井液固相控制流程,以达到清除钻井液中有害固相的目的,或回收有用的固相(如重晶石)。如图3-33所示,钻井液固控设备主要包括振动筛、除气器、除砂器、除泥器、离心机及砂泵、搅拌器、配浆装置及钻井液罐等机械设备。

【学习目标】　主要了解掌握振动筛、除砂器、除泥器及离心机等的基本结构、工作原理；掌握它们的安装、使用、检查与维护及故障判断与排除方法。

任务一　钻井用振动筛

钻井液的固相控制根据钻井工艺要求,分为五级控制。一般采用的是三级固控,即振动筛控制、除砂器控制和除泥器控制。对于特殊井的钻井常采用加重钻井液,在进行固相控制时,常采用五级控制。即在原三级固控的基础上,再加上除气器控制和离心机控制。在钻机中配备钻井液固控系统设备的目的,主要就是清除钻井液中的有害固相钻屑与气体,确保钻井过程中的钻井液始终保持在优良状态,或回收重晶石,以降低钻井成本。

所谓的钻井液固控系统就是固控设备与循环罐按照工艺要求所组成的一个系统。如图3-32所示为钻井液固相控制系统流程示意图。振动筛通常作为第一级固控设备是不可或缺的。

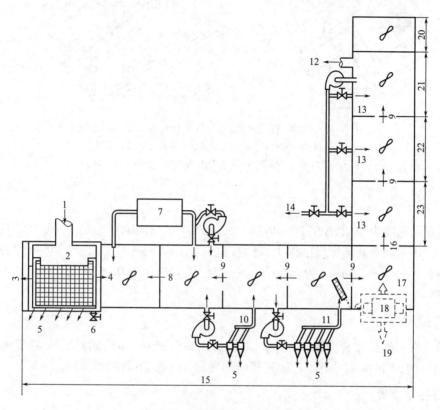

图3-32　钻井液固相控制系统流程示意图

1—钻井液槽;2—溢流均布箱;3—振动筛;4——次处理钻井液;5—处理固相底流;6—振动筛坡面调整;7—除气器;
8—搅拌器;9—钻井液流向;10—除砂器;11—除泥器;12—去钻井泵;13—小循环流;14—溢流;15—固相
处理路径;16—连接器;17—净液流;18—离心机;19—底流;20,21,22,23—小循环流路径

一、振动筛的基本组成及其参数

如图3-33所示,作为第一级固相控制设备的振动筛,是钻井液净化设备中最重要的设备,通常安装在位于罐组中第一个沉砂罐上面。它的作用是除掉从井口返回的钻井液中较粗的固相颗粒。其工作原理是通过电动机驱动激振器运动,导致筛架有规律地振动,使从进料口瀑出的钻井液经过振动筛的筛网时,液体将经筛孔流到钻井液罐里,而大于筛孔的固相颗粒将被振动的筛网分离并抛出振动筛而被清除。

(一)技术参数

处理量:振动筛的处理量是指单位时间内,振动筛按一定质量要求处理钻井液的能力。其影响因素有筛网的目数(单位面积上所具有的孔眼数目/m²)、筛面几何尺寸、筛箱结构(筛面坡度等)、振动频率与强度及颗粒的抛掷轨迹等。

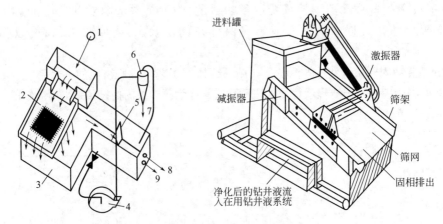

图 3-33 振动筛在固控设备系统中的位置及结构示意图

1—井口;2—振动筛;3—钻井液灌;4—砂泵;5—溢流隔板;

6—除砂器;7—排砂;8—净化钻井液至钻井泵;9—排污口

(二) 筛网

筛网材料通常为 1Cr18Ni9、1Cr18Ni9Ti、2Cr18Ni9、Cr18Ni10 的金属丝,筛网采用金属丝编织方孔。我国振动筛新国标现已淘汰"目数"概念,使用"网孔基本尺寸",并分为 13 类 26 种规格。网孔基本尺寸(mm)为: 2,1.6,1,0.56,0.425,0.3,0.25,0.2,0.16,0.14,0.112,0.1,0.075。

(三) 筛箱

筛箱通常安放在弹簧振子上。为上下敞开的矩形结构,筛箱的底面固定筛网。采用软(硬)勾边筛网,横向绷紧,螺栓拉紧,这样使绷紧安全可靠,不易损坏筛网。

(四) 振动装置

振动装置一般由两台激振电动机和偏心激振梁组成,且与筛箱安装在一起。电动机驱动偏心激振梁转动,从而使筛箱及筛网振动。

二、振动筛类型及特点

通常根据筛箱的运动轨迹将振动筛分为圆形轨迹筛、椭圆轨迹筛、直线轨迹筛、均衡椭圆轨迹筛四大类,也可将振动筛分为纵向绷紧筛和横向绷紧筛、单层筛和双层筛、水平筛和倾斜筛、惯性振动筛和惯性共振筛等。国内外石油钻井主要采用惯性振动筛,将其又分为单轴圆形轨迹振动筛和双轴直线轨迹、直线与椭圆复合的均衡椭圆轨迹振动筛。

(一) 单轴惯性圆形轨迹振动筛——圆筛

单轴惯性圆形轨迹振动筛早先于 20 世纪 80 年代从美国 Swaco 等公司引进。单轴惯性圆形轨迹振动筛是一种采用单轴偏心或单轴偏心块为激振器进行激振,使筛箱产生一种轨迹为圆形或近似于圆形的运动。从结构上分,单轴惯性圆形轨迹振动筛可分为简单型和自定心型两种。简单型单轴圆筛的结构特点是传动皮带轮与激振轴同心,皮带轮参振,引起皮带中心距发生周期性变化,使皮带反复伸长与缩短,影响使用寿命;我国自行研制的皮带轮偏心式自定心结构圆形振动筛,其特点是皮带轮轴孔与几何中心偏移一定距离,使其与单轴振幅相等,且偏心方向与偏心轴(或偏心块)方向相同。这样筛箱向上时,偏心轴的偏心则向下,补偿了由于筛箱的振动偏移致使皮带中心距发生周期性变化的影响,使皮带始终保持绷紧状态。

单轴惯性圆形轨迹振动筛做圆形振动筛箱的法向和切向加速度相等,筛箱可以水平安装,筛网上没有堆积现象,相应地可以增大处理量,由于当法向加速度为重力加速度的3~6倍时,固相颗粒抛掷角达70°~80°,使得钻屑在下落时惯性大,碰触筛面时易碎,从而增大了砂粒的透筛率,不利于钻井液的净化。实践表明,圆形轨迹振动筛的输砂速度小,透砂率高,若配用细目筛网时,则其钻井液处理量较小,且筛网寿命太低。

(二)直线轨迹振动筛

直线轨迹振动筛由具有同质量、同偏心距的两根带偏心块的对称主轴,通过齿轮传动做同步反向旋转,形成直线筛的激振器,使筛箱产生直线振动,如图3-34所示。直线振动筛的特点是:(1)钻屑在筛面上运动规则,排钻屑流畅,使得其处理钻井液的能力比圆形或椭圆振动筛大得多、好得多;(2)可以使用超细筛网,且筛网受力均匀,其寿命明显优于圆形或椭圆振动筛的筛网;(3)筛面可以水平安装,所以可以降低振动筛的整体安装高度。但是直线筛也有它的弱点,由于直线筛振动方向不变,作用在卡入筛网孔里的颗粒上的加速度矢量不变(即沿着振动方向),没有圆筛那种"搓揉"动作,使得卡入筛网孔里的颗粒不易脱落,而出现"筛糊"现象,使得筛网的有效过流面积减小,造成处理量下降,而且当筛网目数增大时,筛糊现象会更严重。

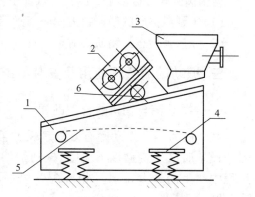

图3-34 箱式激振器直线轨迹振动筛
1—筛箱;2—箱式激振器;3—渡槽;
4—支撑弹簧;5—筛网;6—横梁

筛箱产生均衡直线振动的条件是:

(1)激振力应通过筛箱的质心;

(2)弹簧的规格、性能应一致,且应对称于筛箱重心布置;

(3)驱动振动筛的双电动机应是同型号、同批次、同厂家的电动机,以确保电动机的特性系数尽可能一致;

(4)若筛箱的刚度不够,将影响其自同步运转,所以筛箱应有足够的刚度。

(三)椭圆轨迹振动筛

椭圆轨迹振动筛有非均衡与均衡振动筛两种,其激振器类似于直线筛的激振器结构,但两轴的质量不相等,一轴质量较大,一轴质量较小,形成主副型激振方式。虽然两轴仍然同步反向运转,但筛箱的运动轨迹却是一个椭圆。

非均衡椭圆轨迹振动筛综合了直线筛和圆形筛的优点,是在筛箱质心的正上方安装有激振装置。使其筛箱上有一个旋转着的加速度矢量,横向振幅大于法向振幅,横向振幅与法向振幅的比值大于圆形振动的比值。但筛面上各处的椭圆运动轨迹的长轴和短轴不同,抛掷角的大小各方向也不一致,所以这种筛称为非均衡椭圆筛。其特点在于:筛面上物料极易分散,堵塞筛网的可能性小;它的平均水平输送速度也大于圆形振动的振动筛。但钻井液的处理效果仍然不太理想。因此,普通椭圆振动筛的筛箱必须倾斜一个角度(前低后高),利用重力强行排砂。这种振动筛处理钻井液的量不及直线筛大,这正是普通椭圆筛的主要缺点。

非均衡椭圆轨迹振动筛的结构特点是:

(1)主副激振器的激振合力中心与筛箱质心不重合;

(2)筛箱存在扭振现象。

均衡椭圆轨迹振动筛则是一种综合了直线振动筛和椭圆振动筛优点的新型振动筛。筛箱各处所有椭圆的运动轨迹的长轴和短轴相同,抛掷角的大小和方向完全一致,筛箱处于平动状态,因此而"均衡"。在筛箱的进口处、中点和出口处的输砂速度是一致的。均衡椭圆轨迹振动筛的优点在于:椭圆"长轴"强化了岩屑输送的能力,而"短轴"可促使筛箱具有"搓揉"动作,减少了岩屑在筛面上的"粘筛"现象。在一般情况下,均衡椭圆轨迹振动筛的处理量较直线筛大 20%~30%。

均衡椭圆轨迹振动筛的结构特点如下:

(1)主副激振器的激振合力中心与筛箱质心完全重合;

(2)隔振弹簧按筛箱质心对称布置。

三、振动筛的合理使用及安装与维护

(一)振动筛与钻机的合理匹配

由于任何一台振动筛有效处理钻井液的能力是不同的,因此在给钻机循环系统选配固控设备时必须遵循以下原则:振动筛的最大有效处理能力与钻井泵的最大流量及钻井过程中产生的最大钻屑量相匹配。以便更好地满足钻井工艺要求,提高钻机的机械钻速,即:

$$Q_s \geqslant Q_p + Q_c \qquad (3-28)$$

式中　　Q_s——振动筛处理量,L/s;

　　　　Q_p——钻井泵最大流量,L/s;

　　　　Q_c——钻进中的钻屑量,L/s。

(二)使用前的操作检查

(1)卸掉每个筛箱四个弹簧座上面固定筛箱的螺栓并保管好以备搬家再用,其作用在于防止启动后筛箱与底座会同时产生剧烈振动;检查并使筛箱平衡。

(2)检查地线,按电动机铭牌要求接通电源。

(3)查看筛孔尺寸及筛网绷紧程度是否符合要求。

(4)点动电动机,查看电动机转向,应使筛网上的泥砂向前运动,电动机转向正确。

(5)正式使用前先盘动 2~3 圈,再用二次启动法按防爆开关上的绿色按钮,启动电动机,试运转 10min 左右,观察有无异常声音和故障,发现异常声音立即停筛,确定无误后,再投入使用。

(三)使用中的检查与维护

(1)若钻井液对筛网的覆盖面积为 75%~80%,则振动筛的目数与所钻地层是匹配的。若覆盖面积为 35%左右,则筛网过于稀疏应选目数小的筛网。若钻井液覆盖面积在 95%以上,则筛网目数太小,应选大目数的筛网。

(2)当小排量钻井时,可考虑两台振动筛交替使用,以利延长设备使用寿命。

(3)中途停用时,应及时用水冲洗,并用毛刷清洗筛网杂物;完钻后彻底冲洗振动筛。

(4)起下钻时应关闭振动筛电源,采用钻井液短路操作法,使钻井液不能进入振动筛,并清洗筛网。清理积屑和泥饼时,切忌使用尖锐硬物以免损坏筛网。

(5)经常检查振动筛上所有的螺母、螺栓是否连接可靠。尤其是电动机固定螺栓和筛网固定螺栓是否有松动现象,并保证筛网螺栓上紧时用力均匀,要适当拉紧筛网。

(6)电动机每月加注二硫化钼锂基脂一次,注油时防止异物进入油孔。

(7)若从井底返出的钻井液中的固相较多、含有泥土或流量较大时,应增大筛箱向上的倾角,可通过筛箱两侧的手轮来调节筛箱的倾角。遇到新土层排砂不畅时,使筛箱向下倾斜。调节筛箱倾角,步骤如下(调节倾角前不必关闭振动筛):

① 从调节板上同时卸掉两侧插销。

② 用一侧的手轮调节筛箱角度,另一侧与之协调。

③ 当调至所需要的筛箱角度时,重新插好插销,且确保它们都插入适当,两侧都在同一位置。

任务二　水力旋流清洁器

水力旋流清洁器装置是用来清除钻井液中较小一点的固相颗粒的设备,可分为除砂器、除泥器两种,是继振动筛之后的第二级和第三级固控设备,除砂器装置和除泥器装置的工作原理是相同的,组成装置的设备也是相同的。通常都是由水力旋流器、总进液管(砂泵排出管)、分流管、溢流管、总出液管、砂泵、砂泵进液管、防爆电动机及钻井液罐等设备组成。在水力旋流器底流处加装底流处理振动筛就构成了水力旋流清洁器。旋流器底流处理振动筛是一种小型超细网目振动筛。除砂器装置是用来清除 $40\sim74\mu m$ 的固相颗粒,通常配置的旋流器个数少,如 2 个 $150\sim300mm(6\sim12in)$,属于第二级固控设备。除泥器装置用来清除 $20\sim30\mu m$ 的固相颗粒,常配置有多个旋流器($50\sim125mm$),有直式对称分布结构和圆周周向分布结构两种形式,属于第三级固控设备。除砂器和除泥器的区别在于其旋流器的规格尺寸大小不一样。除砂器大,除泥器小,其外形如图 3-35 所示。

图 3-35　水力旋流清洁器外形示例

一、旋流清洁器基础知识

(一)水力旋流器的概念及其型号

除砂器、除泥器与除砂器清洁器、除泥器清洁器的最大区别在于是否配有细目振动筛,其共性是它们的主要设备都是水力旋流器。在尺寸规格方面,除砂的旋流器大于除泥的旋流器;在功能方面,除砂除泥的清洁器配有细目振动筛,而除砂器、除泥器没有配振动筛。在水力旋流器下面配制一个细目(200 目)振动筛的就是清洁器,其代号如下:

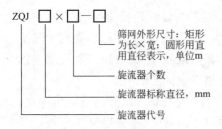
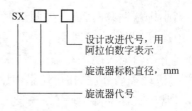

例如,ZQJ300×2—1.6×0.6 表示为配有 2 个标称直径为 300mm 的旋流器和筛网尺寸为 1.6×0.6 振动筛的除砂清洁器。

ZQJ125×8—1.6×0.6 表示为配有 8 个标称直径为 125mm 旋流器和筛网尺寸为 1.6×0.6 的振动筛的除泥清洁器。

SX250 表示标称直径为 250mm 的除砂器,SX125 表示标称直径为 125mm 的除泥器。

(二) 除砂器和除泥器的结构原理

1. 水力旋流器

如图 3-36 所示为水力旋流器结构图。上部是圆柱蜗壳,下部是圆锥蜗壳,在蜗壳内设有衬套,在旋流器上部圆柱蜗壳的侧面设有一个收缩型的沿内壁切向进入的钻井液入口,与进液管连接。顶部有钻井液出口,与溢流管连接。圆锥蜗壳底部有排砂口,其内径有 $\phi26mm$、$\phi28mm$ 和 $\phi30mm$ 不同规格尺寸用以更换,来调节并排出其底流钻井液固相。钻井液通过砂泵的工作,在旋流器进液管处形成一定进口压力,并以高速沿旋流器上部圆柱蜗壳的内壁切向进入,在旋流器圆柱蜗壳内形成极速的旋流,绕锥筒中心作高速旋转并向下移动,在离心力作用下,钻井液中的固、液相逐渐被分离,质量较大的固相被甩向周边,并在重力作用下沿旋流器锥壁下移,并因锥筒内径越向下越小,钻井液角速度和离心力随其下移越来越大,泥浆中更多固相被分离出来,并下移至排出口排出。从而在旋流器的锥壁及锥底部形成固相颗粒富集区,而在旋流器中心处,形成固相分离后的钻井液的富集区,并经排液(溢流)口排出。如图 3-37 所示为水力旋流器工作原理图。

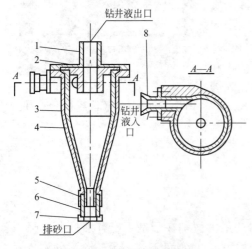

图 3-36 水力旋流器结构
1—盖;2—衬盖;3—壳体;4—衬套;
5—橡胶囊;6—压圈;7—腰形法兰

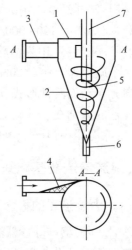

图 3-37 水力旋流器工作原理
1—旋流器;2—锥形壳体;3—进液管;4—导向块;
5—液流方向;6—排砂口;7—排液口

2. 细目振动筛

水力旋流器底流口排出物并非都是钻屑固相颗粒。由于底流排出口径大小不同,底流物仍有部分液相;特别是在使用加重钻井液钻井时,为了清除大于重晶石粒度剩余钻屑,回收底流中的重晶石,在旋流器排砂口下面配有一个细目振动筛,其目数通常在 120~200 目之间,分离粒度在 50~20μm。细目振动筛有矩形和圆形两种。在振动筛筛箱上有激振电动机,驱动振动筛工作。比筛孔大的钻屑不断被排除,而比筛孔小的重晶石重新回到钻井液罐。

3. 压力表

旋流器的进出口压差,即工作压力,是一个很重要的工艺参数。增加进出口压差,实质上就是增加了液体的旋流速度,使液体在旋流器中停留的时间减少,导致钻井液固液相分离过程不充分,并不很理想;若降低进出口压差,则导致旋流速度下降,离心力不够,也没有达到充分分离效果。因此水力旋流器必然存在一个最佳的工作压力域。经过试验,除砂和除泥清洁器的进料口压力通常在 0.25~0.35MPa 范围,API 标准为 0.2~0.4MPa。为了及时了解掌握旋流器的工作压力状况,在清洁器进料口附近安装一块压力表,用于显示进料口进液压力值。

(三)水力旋流器的技术参数

(1)处理量:单位时间内所处理的钻井液体积,单位为 m^3/h。

(2)给料压力:旋流器进口压力,一般在 0.2~0.4MPa 之间。

(3)可调激振力:细目振动筛振动电动机激振器的可调范围,一般在 0~10kN 范围。

(4)筛网面积:细目振动筛长×宽尺寸或直径,m^2,一般 $1.6×0.6m^2$ 的常用。

(5)分离粒度($D50$)/分离点:旋流器的分离效率为 50% 的固相颗粒的大小(以当量直径表示)。即该直径的颗粒有 50% 从底流口排出,仍有 50% 保留在液体中。旋流器的中分离粒度 $D50$ 不但与旋流器的结构尺寸有关,而且也与钻井液浓度、密度和进液压力有关。一般情况下旋流器的直径越大,分离的颗粒越大;反之越小。常把 152.4~304.8mm(2~6in)的旋流器称为除砂器,其分离点约为 40μm;把 50.8~152.4mm 的旋流器称为除泥器,其分离点约为 15μm;而直径为 50mm(2in)的微型旋流器其分离点约为 5~7μm。而振动筛分离点约为 74μm,离心机分离点为 2~7μm;高速离心机分离点为 2~5μm。

(6)底流口:旋流器底部出料口直径,mm。常用的有 φ26mm,φ28mm,φ30mm 几种。

二、除砂与除泥清洁器的选择与使用

(一)除砂与除泥清洁器的选择原则

(1)除砂器和除泥器的处理能力必须与钻井泵的最大排量匹配合理。

(2)砂泵扬程通常为 40m 水柱左右,砂泵的流量应与除砂器和除泥器所标定的处理量相等。

(二)除砂与除泥清洁器的使用

水力旋流器的工作点的调试,实质就是指通过对旋流器工作压力或底流口大小的调节来达到除砂除泥的最佳效果,其调节方式和作用主要有如下内容:

(1)旋流器工作压力的调节。所谓旋流器工作压力的调节就是调节水力旋流器的进口与出口之间的压差,可通过调节砂泵的工作性能参数来实现。

(2)旋流器底流口大小的调节。由于水力旋流器的工艺设计有"平衡"设计法和"淹没底流孔"设计法两种,故其底流口大小的调节也有所不同。

"平衡"设计的水力旋流器处于平衡底流孔状态工作时,底流孔既有空气进入,又有携带少量液体的固相排出,能排出全部下沉的固相颗粒,达到最高固相排除效果。当实际底流孔比平衡底流孔小得多时,则固相颗粒在锥筒底部易堆积,导致底流孔形成"干底";当实际底流孔比平衡底流孔大时,则在旋流器底部有一中空的柱状旋流排出,形成了"湿底"。调成湿底的旋流器比调成干底的旋流器,可得到优质的钻井液,特点是固相清除效果好,但跑漏的钻井液要多一点。

"淹没底流孔"设计的水力旋流器在采用改变底流孔大小进行调节时,始终会有一股液柱排出。通常有全开、半开、最小开几种调节方式,用以在旋流器的底流口和溢流口均造成一定的压降,起阻流作用。

上述调节方式对于除砂器和除泥器是有效的。对于旋流清洁器而言,应以获得最佳钻井液为调节目标,因其底流的大小还有细目振动筛来调节。

任务三 离心机

离心机是最后一级钻井液固控设备,具有十分重要的作用:在处理非加重钻井液时,可以除去 $2\mu m$ 以上的有害固相;在处理加重钻井液时,可以除去多余的胶体,控制钻井液的黏度,回收重晶石,处理底流,回收液相,减少淡水或油的浪费,同时在环保方面,用它来处理废弃钻井液也是理想的离心分离设备。

钻井现场常用的是以固液密度差作为分离基础的沉降式离心机,主要用来清除钻井液中 $2 \sim 10\mu m$ 的固相物质。

一、离心机的类型结构及工作原理

现场常见到的离心机主要有三种:转筒式离心机、沉淀式离心机和水力涡流式离心机。

(1)转筒式离心机如图3-38所示,主要由固定外壳、筛筒转子、驱动轴和液力密封等组成。其工作方式是:具有许多筛孔的筛筒转子在驱动轴的作用下快速地旋转,而待处理的钻井液和稀释水(通常液水比是1:0.7)从固定外壳一端的上方进料口进入,在离心力和筛网隔离的作用下,大于筛孔的固相(重晶石)被甩向并隔离在筛筒转子与固定壳体内壁之间,并被移送到固定外壳另一端下方的底流口排出,或用底流泵将重质钻井液从底流口抽吸出来,被分离固相后的轻质钻井液进入筛筒转子内,并从离心机转子的轴向中心孔流出。

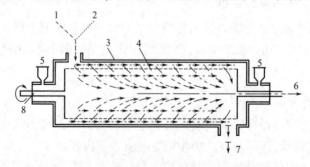

图3-38 转筒式离心机工作示意图

1—钻井液;2—稀释水;3—固定外壳;4—筛筒转子;5—润滑器;6—轻质钻井液;7—重晶石;8—驱动轴

（2）沉淀式离心机如图3-39所示，主要由锥形滚筒、固定输入管、螺旋输送器、叶片、进浆孔、变速器、固相排出口、胶—液体排出口等组成。其工作方式是：输送器通过变速器与锥形滚筒相连，使得滚筒与输送器的转速不同，常见的变速器变速比是，滚筒转速∶输送器转速＝80∶1，当稀释后的待处理钻井液从固定输入管经位于螺旋输送器中部的进浆口进入输送器螺旋式叶片槽内，慢速旋转的螺旋输送器与快速旋转的锥形滚筒，使得其间的液层被加速，并形成径向速度梯度，在离心力的作用下，钻井液中不同质量的介质将产生固液分离，重晶石和大的颗粒被甩向滚筒内壁，形成固相层，被螺旋输送器的叶片铲掉，并被送到锥形滚筒小头的底流固相排出口排出，而轻质的钻井液及悬浮的极细的固相则流向大头，经胶—液体排出口溢流排出。

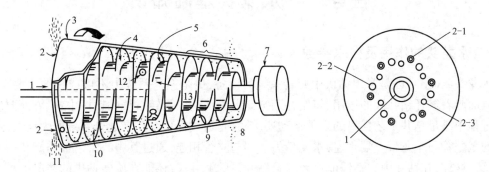

图3-39　沉淀式离心机的旋转总成
1—钻井液出口;2—溢流孔;3—锥形滚筒;4—叶片;5—螺旋输送器;6—干湿区过渡带;7—变速器;
8—固相排出口;9—泥饼;10—调节溢流孔可控制液面;11—胶—液体排出口;12—进浆孔;
13—进浆室;2-1—浅液层孔;2-2—中液层孔;2-3—深液层孔

二、离心机的安装调试

(一)安装

（1）吊装离心机就位：新型钻机的离心机大都是安装在船形底座上，用吊车将离心机和底座一起吊到3号罐后端罐面上的安装离心机的位置就位，调整好离心机的位置，确保排砂槽探出罐外20~30mm，以利于排砂。然后用压板螺栓和螺母将离心机底座安装在3号罐的安装槽上。

（2）安装排砂槽，并在其上接好供水管线。

（3）将砂泵或供液泵安装在除砂器、除泥器之后的适当位置，并将钻井液供液管线与进液管接头连接好；连接离心机壳体上的冲洗供水管线与分流管线。

（4）安装离心机的电源开关箱，不能将电源直接接在控制箱上，确保检修时的安全。

(二)调试

（1）查看离心机进液分流阀是否处于全开位置，并清除四周的杂物。

（2）用手盘动主机皮带轮，检查皮带松紧程度及滚筒是否与箱体及进液管摩擦，有无卡阻现象。

（3）启动辅机，同时通过冲洗接头向离心机内注入适量清水运转1min。较长时间停用（比如搬家后）后首次启动离心机时，也应做同样的工作。

（4）查检主辅机、供液泵的转动方向是否按箭头所指示的方向旋转，否则不排砂。

项目三 水龙头

【项目描述】 钻井用水龙头是一种特殊的设备,是人们常说的钻机八大件之一。在常规钻机钻井过程中,起着联系旋转、起升和循环三大工作系统的作用。

【学习目标】 了解掌握水龙头的作用、结构、使用与维护技能。

任务一 水龙头基础知识

一、水龙头的作用及技术参数

水龙头(swivel)即是常规钻机中旋转系统的设备,更是循环系统中不可或缺的重要设备。它一方面起着循环钻井液的作用,将钻井液毫无泄漏地注入旋转系统的钻杆中;一方面要确保在此过程中满足钻井工艺提出的上下运动要求,它是通过提环悬挂在起升系统的大钩上,通过上部的鹅颈管与水龙带一端相连,水龙带另一端与立管相连,通过其中心管下部与旋转的方钻杆连接。这样,在钻井中它不但能循环来自钻井泵的钻井液,还能在旋转钻进的情况下承受井中钻柱的重量,实现其上下运动、旋转运动、循环钻液、承载杆重等几种功能的有机协调。所以,水龙头是旋转钻机中提升、旋转、循环三大工作系统相交汇的一台关键设备。

(一)钻井工艺对水龙头的要求

(1)水龙头主轴承应具有足够的强度和寿命,其承载力应大于钻机的最大钩载。

(2)要有可靠的高压钻井液密封系统,寿命长,拆卸迅速、方便,能自动补偿工作中密封件的磨损。

(3)上端与水龙带连接处能适合水龙带在钻进过程中的伸缩弯曲。

(4)各承载件要有足够的强度和刚度,并且要求连接可靠,能承受高压。

(二)水龙头代号

水龙头的代号表示如下:

(三)水龙头的技术参数

我国油田上常用的各种类型水龙头的技术参数见表3-3和表3-4。

表3-3 水龙头的技术参数

基本参数	型　号					
	SL90	SL135	SL225	SL315	SL450	SL505
最大静载荷,kN	900	1350	2250	3150	4500	5050
主轴承额定负荷大于或等于,kN	600	900	1600	2100	3000	3900

基本参数	型 号					
	SL90	SL135	SL225	SL315	SL450	SL505
额颈管中心线与垂线夹角,(°)	15					
接头下端螺纹	4½FH 左旋或 4½REG 左旋		6⅝REG 左旋			
中心管通孔直径,mm	64		75			
钻井液管通孔直径,mm	57	64	75			
提环弯曲半径,mm	102	115				
提环弯曲处断面半径,mm	51	57	64	70	83	83
最大工作压力,MPa	25	35				

表 3-4 水龙头风马达

钻机型号	ZJ40/2250CJD	ZJ50/3150L
风马达型号	FMS-20	FMS-20
额定转速,r/min	2900	2800
额定功率,kW	14.7	14.7
额定气压,MPa	0.56~0.9	0.6
空气消耗量,m³/min	17	17
额定旋扣转速,r/min	92	92
最大旋扣扭矩,N·m	3000	3000

二、水龙头的结构组成

(一) 普通水龙头

普通水龙头的结构主要由"三管""三(或四)轴承""四密封"组成,"三管"即鹅颈管、冲管、中心管;"三轴承"即主轴承、上扶正轴承、下扶正轴承,对于"四轴承"结构,除上述三轴承外,还有一个防跳轴承;"四密封"即上、下钻井液密封、上、下机油密封。SL-135 型水龙头、SL-250 型水龙头和 SL-450 型水龙头在我国石油天然气钻井中应用广泛,而且结构特点很类似。下面以最具典型的 SL-450 型水龙头为例,介绍水龙头的结构组成及特点。

SL-450 型水龙头的结构如图 3-40 所示。该水龙头由固定部分、旋转部分和密封部分组成。固定部分由外壳、上下盖、鹅颈管、提环等组成;旋转部分由中心管、接头、主轴承、扶正(防跳)轴承和下扶正轴承组成;密封部分由上、下钻井液冲管密封盒组件和上、下机油密封盒组件四部分装置组成。

1. 固定部分

(1)提环用合金钢锻造并经热处理加工而成,通过提环销与外壳连接。

(2)外壳是一个中空铸钢承载零件,通过螺栓在其上部和下部分别与上盖和下盖连接,构成润滑和冷却水龙头主轴承与扶正轴承的密闭壳体和油池。外侧面装有三个橡胶缓冲器(bumper),以免在钻井过程中吊环撞击外壳。

(3)上盖又称支架,是支架式铸钢件。其上部加工成法兰,通过螺栓安装鹅颈管。其下部是圆形,通过螺栓与壳体上部连接,构成壳体上盖,在圆盖中心孔处装有扶正(防跳)轴承和两

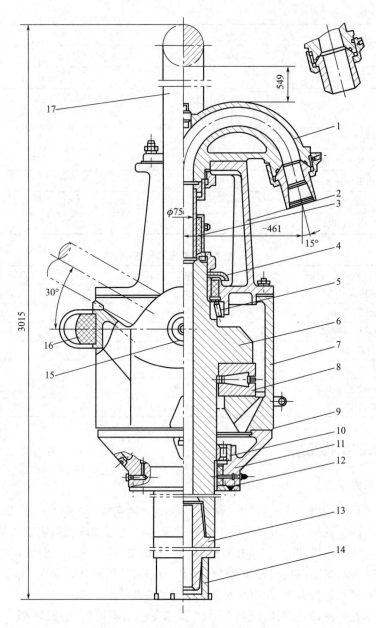

图 3-40　SL-450 型水龙头

1—鹅颈管;2—上盖;3—浮动冲管总成;4—钻井液伞;5—上辅助轴承;6—中心管;7—壳体;

8—主轴承;9—密封垫圈;10—下辅助轴承;11—下盖;12—压盖;13—方钻杆接头;

14—护丝;15—提环销;16—缓冲器;17—提环

个安装方向相反的自封式 U 形弹簧密封圈,即上机油密封圈,以防壳体内部的油液外漏和外界的钻井液及其他脏物侵入壳体内部。圆盖上还加工一螺纹孔,用来向壳体内添加油液和固定油标尺(oil gauge),油标尺的丝堵(呼吸器)上加工有一 90°的折角通孔,用来排除壳体内热气,降低润滑油温度。

（4）鹅颈管是一个鹅颈形中空式合金钢铸件,其下部的异型法兰上加工有左旋螺纹,通过上钻井液密封填料盒压盖与冲管总成连接。

(5)下盖是一个圆形铸钢件,通过螺栓与壳体连接,在其中心孔处安装下扶正轴承和三个自封式U形弹簧密封圈。为了更换壳体内的油液,在下盖上加工两个排油孔,且在较小的直角排油孔的杆形丝堵上带有磁性,可吸走壳体内的金属屑。

2. 旋转部分

(1)中心管是用合金钢锻造并经热处理加工而成,它是水龙头旋转部分的重要承载部件。它不仅要在旋转的情况下承受全部钻柱的重量,而且其内孔还要承受高压钻井液压力。中心管上端连接冲管总成,下端内螺纹与保护接头连接,保护接头再与方钻杆上端连接。中心管上、下端螺纹均为左旋,这样钻进时可防止转盘带动中心管向右旋转时松扣。

(2)主、辅轴承。主轴承为上下圈可拆卸的圆锥滚子轴承,承载能力大。因磙子的锥顶角与其旋转中心线相交,根据相交轴定理,磙子只做纯滚动,寿命长。下扶正轴承为短圆柱滚子轴承。上扶正(防跳)轴承是7字形圆锥滚子轴承,它即可以承受较大的轴向力,又可以承受较大的径向力,故它兼有扶正和防跳双重作用。上、下扶正轴承的作用是承受中心管转动时的径向摆动力,使中心管居中,保证密封效果。因此,上、下扶正轴承距离较远时扶正效果较好。上扶正轴承在上机油密封填料下,下扶正轴承在下机油密封填料上,分别由上盖和下盖用螺栓压紧

3. 密封部分

密封部分由上、下钻井液冲管密封盒组件和上、下机油密封组件四部分组成。

1)上下钻井液密封装置

该水龙头采用浮动式冲管结构和快速拆装的U形液压自封式冲管密封盒总成,如图3-41所示。

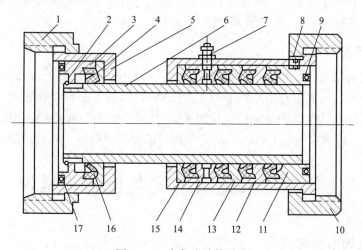

图3-41　水龙头冲管总成

1,10—上下密封盒压盖;2—挡圈;3—上密封套;4—钻井液密封圈;5—上密封盒;6—冲管;7—油环;8—螺钉;
9,17—密封圈;10—下密封盒压盖;11—下密封压套;12—下密封盒;13,14—隔环;15,16—上下隔环

浮动式冲管密封盒是将上、下冲管密封填料装于密封盒中,构成上下密封盒组件。密封填料分别套在冲管上、下端面处的外径上,通过密封盒压盖分别与鹅颈管和中心管组装为一体。上钻井液密封盒组件由上密封盒压盖、上密封盒、上密封金属压套、一个U形自封式密封、金属衬垫、弹簧圈和一个O形密封圈组成。金属压套上有花键,与冲管上部的花键相匹配,保证

中心管不转动,但能上下窜动。弹簧圈用于将压套、密封及衬垫固定在冲管上及上密封盒内。上密封盒组件通过上密封盒压盖上的左旋螺纹与鹅颈管上的异型法兰连接。下钻井液密封盒组件由下钻井液密封盒压盖、密封盒、四个U形自封式密封、四个金属隔环、一个下O形密封压套、O形密封圈和在密封盒上的一个黄油嘴组成。下密封盒组件通过下密封盒压盖上的左旋螺纹安装在中心管上,因此下钻井液密封盒组件是旋转的,而中心管不转,为了减少密封与冲管间的磨损,必须定期通过下密封盒上的黄油嘴注入润滑脂。密封盒中的U形密封要注意安装方向,上密封朝向鹅颈管,下密封朝向中心管。密封装置可快速拆卸,在钻井过程中可随时更换,更换时只需用16磅铁锤敲击密封盒压盖上的凸台,使其旋转。将上下密封盒旋下,即可将整个装置从上盖一侧取出,不需要拆卸鹅颈管和水龙带。

2)上、下机油密封装置

上部机油密封填料组件包括两个U形橡胶密封圈和橡胶伞,其功用是防止钻井液及脏物进入壳体内部,并防止油池内机油从中心管溢出。机油密封填料和橡胶伞都装在盖内,由上盖法兰压紧,只承受低压。

下部机油密封填料组件包括三个U形自封式橡胶密封圈和石棉板,用下盖压紧;它们的作用是在中心管旋转时,密封油池下端,防止漏油,只承受低压。

此外,在内接头与鹅颈管之间、鹅颈管与密封装置之间、密封装置与中心管之间,以及外壳与下盖之间均装有O形密封圈,以保证密封。

实际上,水龙头在实现其作用功能方面的结构组成是:中心管、主轴承、壳体、耳轴与提环等构成了水龙头的承力结构系统;鹅颈管、冲管总成、中心管及密封等构成了水龙头的钻井液通道结构系统;扶正轴承、防跳轴承、主轴承、中心管等构成了水龙头的旋转结构系统;机油密封盒及上盖等则构成了水龙头的辅助结构系统,由这四大结构系统共同完成其工作职能。其中最重要的零部件是中心管,身兼承力、通道和旋转三大职能。

(二)动力水龙头

与普通水龙头相比,两用水龙头只是多了一个风马达,风马达的下面是齿轮变速箱,通过变速箱下面的小齿轮与固定在中心管上的大齿轮啮合,驱动中心管快速转动,完成接单根时,快速上扣动作。风马达气源来自钻机气控制系统,其进口压力为0.6~0.8MPa,其转速40r/s,伸缩机构减速比24,额定扭矩1960N·m,完全可以满足接单根时上扣的需要。

任务二　水龙头的安装使用与维护

一、水龙头的拆卸与安装

(一)拆卸

(1)锤击上、下密封盒压盖(左扣)松开后,推动上、下密封盒压盖与钻井液管齐平,即可从一侧推出密封填料装置。

(2)将下密封盒与钻井液管分开,去掉油杯,再去掉下密封盒压盖,反转螺钉两三转,从下密封盒中取出下O形密封压套、隔环、下衬环和密封填料。

(3)从钻井液管顶部拿去弹簧圈,去掉钻井液管和上密封盒压盖,再从上密封盒中取出上密封压套、密封填料和上衬环。

(4)检查上密封压套和钻井液管的花键是否磨损,检查钻井液管偏磨和冲坏,如有损坏必须更换。

(二)安装

将经检查的合格零件和更新的零件重新安装:

(1)用润滑脂装满密封填料的唇部和上衬环、上密封压套的槽里,依次将上衬环、密封填料、上密封压套装入上密封盒中,并装入上密封盒压盖里。它们一起从钻井液管带花键那一端小心地装到钻井液管上,再把弹簧圈卡入钻井液管的沟槽里。

(2)先在钻井液密封填料的唇部、下衬环、隔环和下 O 形密封压套的 V 形槽内涂满润滑脂,按图 3-45 所示依次将下衬环、隔环、钻井液密封、下 O 形密封压套装入下密封盒中。必须注意,隔环的油孔应对准下密封盒的油杯孔。拧入螺钉,拧紧后再反转 1/4 转。下密封盒总成和下密封盒压盖从钻井液管另一端装入。

(3)在上、下密封压套上装入 O 形密封圈,在下密封填料盒上装上油杯,然后将密封装置装入水龙头,上紧上、下密封盒压盖。

二、水龙头的使用、维护和保养

(1)水龙头在搬运、运输过程中必须带护丝。

(2)检查中心管转动情况:中心管一人用 914mm 链钳转动自如,无阻卡现象。

(3)新水龙头在使用前必须试压,按高于钻进中最大工作压力 1~2MPa,试压 15min,压力不降为合格;否则需重装密封填料盒。

(4)水龙头壳体是否温度过高,油温不得超过 70℃。

(5)润滑。①水龙头体内的油位每班都要检查一次。检查油面是否在要求的位置上(油位不得低于油标尺尺杆最低刻度),润滑油每两个月更换一次,对新的或新修理过的水龙头,在使用满 200h 后应更换。换油应将脏油排净,用清洗油洗掉全部沉淀物,再注入清洁的 L-CKC150 闭式工业齿轮油。②提环销、密封填料装置、上部和下部弹簧密封圈、风动马达及传动系统采用锂基润滑油滑脂 1 号(冬季)、2 号(夏季)润滑,每班润滑一次。当润滑钻井液密封填料时应在没有泵压的情况下进行,以便使润滑脂能挤入密封填料装置内的各个部位,更好地润滑钻井液管和各个钻井液密封填料。③定期检查油雾器油面高度,油雾器应加注 L-AN15 号机械油。

模块四　石油钻机起升系统

【模块导读】　钻机的起升系统实质上是一台重型起重机,是钻机的核心组成部分之一。它主要由钻机井架、天车、游车大钩、游动系统、钢丝绳、绞车和辅助刹车等设备组成。在钻机中主要承担起下钻具、套管及在钻进过程中负责送钻和控制钻压的任务。

【学习目标】　了解掌握起升系统的结构组成和类型,理解并掌握起升系统设备的工作原理及特点,了解掌握起升系统设备的安装使用及保养,了解掌握起升系统设备的常见故障及排除方法。

项目一　钻机井架

【项目描述】　井架是钻机起升系统中承担载荷的重要组成部分,也是用于安放和悬挂游动系统、吊环、吊卡及动力大钳等并承受井中钻柱的重要平台,在起下钻作业时要存放钻杆或套管。所以,它是一种具有足够高度和空间的金属桁架结构,因此必须具有足够的承载能力(短期特殊载荷),足够的高度、空间,足够的强度、刚度和整体稳定性。

【学习目标】　掌握井架的基本组成、结构类型及代号;能进行常用型号井架的安装、起升、下放、校正、使用和维护保养。

任务一　井架基础知识

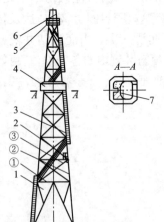

图 4-1　井架结构
1—主体(①横杆;②弦杆;③斜杆);
2—立管平台;3—工作梯;
4—二层平台;5—天车台;
6—人字架;7—指梁

一、井架的作用及基本要求

井架是钻机起升系统的重要组成部分。在钻井过程中,用于安放和悬挂游动系统、吊环、吊卡等,并承受钻柱或套管的重量;在起下钻作业时要存放钻杆或套管。所以,它是一种具有一定高度和空间的金属桁架结构。因此必须具有足够的承载能力(短期特殊载荷),足够的高度、空间,足够的强度、刚度和整体稳定性,也要便于拆卸移运和安装。

二、井架的基本组成

井架的基本组成如图 4-1 所示。

(1)井架主体:由横杆、斜杆和弦杆组成的桁架结构,它们是井架的主要承载构件。

(2)天车台:用来安放天车和天车架,并对天车进行检查维护保养的场地,天车台上有检修天车的过道,周围有护栏。

(3)二层台:由操作台和指梁组成,是起下钻作业时井架工工作的场所。

(4)立管平台:是拆装水龙带的操作台。

(5)工作梯:是井架工上下井架的通道,有盘旋式、直立式两种。

三、井架代号

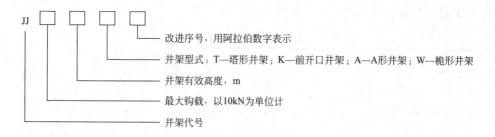

改进序号,用阿拉伯数字表示

井架型式:T—塔形井架;K—前开口井架;A—A形井架;W—桅形井架

井架有效高度,m

最大钩载,以10kN为单位计

井架代号

四、井架的结构类型

井架按其结构形式主要分为塔形井架、前开口井架、A形井架和桅形井架等。

塔形井架主体为塔形钢结构,采用螺栓连接,整体稳定性好,承载能力大。陆地中深井钻机已趋向淘汰此种类型井架,但由于它具有很宽的底座基础支持和很大的组合截面惯性矩,因此其整体稳定性最好。这一特点使塔形井架成为陆地超深井钻机井架和海洋钻机井架的最主要的一种结构形式。

前开口形井架主体为K形截面,大腿为片状桁架结构,各段间采用销子连接。井架低位安装,利用人字架依靠绞车动力整体起放。前开口井架拆装方便,整体稳定性强。主体内部开档大,为提升钻具提供了较大空间,是目前钻机主要采用的井架形式,如图4-2所示。

A形井架大腿截面有矩形或三角形等形式,各段间采用销子连接,井架低位安装,利用人字架依靠绞车动力整体起放。A形井架适用于中小型钻机使用,如图4-3所示。

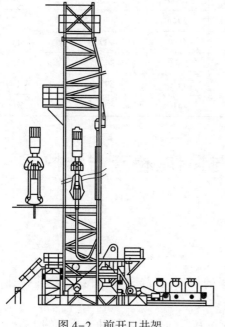

图4-2　前开口井架

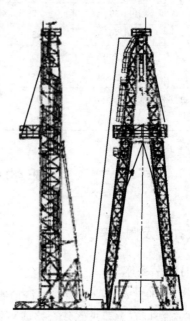

图4-3　A形井架

桅形井架主要作为车装钻机井架和修井机井架。工作时井架向井口方向倾斜,靠绷绳保持井架的稳定和承载能力。

五、井架的基本参数

井架的性能优劣是由其基本参数决定的,而井架的基本参数是设计、选择和使用井架的依据。表4-1是国产钻机井架的基本参数及尺寸。

表4-1 国产钻机井架的基本参数及尺寸

结构类型	型号	井架高度 m	最大钩载		5in钻杆立根容量,m	井架可承受最大风速,km/h
			tf	kN		
桅形井架	JJ30/18-w	18	30	294	—	80
	JJ50/18-w	18	50	490		80
	JJ30/24-w	24	30	294		80
	JJ50/29-w	29	50	490		80
	JJ100/30-w	30	100	980		80
闭式塔形井架	TJ₂-41	41	220	2160	3200	80
开式塔形井架	JJ90/39-K	39	90	880	1500	120
	JJ120/39-K	39	120	1180	2000	120
	JJ220/42-K	42	220	2160	3000	120
	JJ300/43-K	43	300	2940	4500	120
	JJ450/45-K	45	450	4410	6000	120
	JJ600/45-K	45	600	5880	8000	120
A形井架	JJ90/39-A	39	90	880	2500	120
	JJ90/39-A	39	120	1180	2000	120
	JJ90/39-A	42	220	2160	3200	120
	JJ90/39-A	43	300	2940	4500	120
	JJ90/39-A	45	450	4410	6000	120
	JJ90/39-A	45	600	5880	8000	120
塔形井架海洋闭式	JJ450/45-H	45	450	4410	6000	160
	JJ450/45-H	49	450	4410	6000	160

任务二 井架的安装与操作、检查与维护

一、井架及附件安装

(一)安装要求

(1)安装前需对井架各构件进行检查,对受损的构件、焊缝开裂、材料裂纹或锈蚀严重的构件应按制造厂有关要求修复合格或更换后才能安装。

(2)除非另有规定,结构件直线度偏差不得超过其横向支点之间轴向长度的1‰。

（3）各起升滑轮轴套及井架转动铰接部位应在其润滑点加注二硫化钼极压锂基润滑脂，滑轮用手转动应灵活，无卡阻和异常响声。因井架起升力很大，滑轮轴套与轴之间的比压很大，必须加注极压润滑脂，才能形成很好的油膜。

（4）人字架前腿上的调节丝杠应转动灵活，并加注锂基润滑脂。人字架横梁上的快绳导轮轴应光滑无锈蚀。导向滑轮应能在轴上自由转动和轴向滑动，并加注锂基润滑脂。

（5）井架体上所有穿销轴的孔内应涂润滑脂以利于销轴的打入和防止销轴锈蚀。

（6）井架体安装应遵循先下后上、先主体后附件的顺序。

（二）井架安装

（1）井架主体安装：将井架左、右下段的下支脚装入底座的支座上，用两个低支架支撑左、右下段的前部（注意低支架尽量支在靠近横梁的立柱下），穿入销轴，再装下连接架，穿入销轴和别针。

（2）安装人字架。人字架可采用地面组装，整体起吊就位，或先将人字架卧装，靠在装好的井架下段上，再整体翻转就位。

（3）安装左、右中下段，背横梁，斜拉杆。

（4）用吊车抬高井架，将低支架移至左、右中下段的前端，安装左、右中上段，背横梁，斜拉杆穿好销轴、别针。

（5）将低支架移至左、右中上段的前端，安装在左、右上段，背横梁，连接架，斜拉杆穿好销轴、别针。

（三）安装天车

支架主体卧装好后，再安装天车，用螺栓、螺母、开口销将天车和井架左右上段连接牢靠。

二、井架的起升

（一）井架起升前的准备工作

（1）将游车大钩支架吊入井架体中下段的下面，将游车大钩放在支架上。以上工序也可在井架安装前进行。

（2）穿游动系统钢丝绳。将固定在钢丝绳倒绳机的钻井绳从天车下面第一个滑轮导入游车第一个滑轮；再导入天车第二个滑轮……依次顺穿到从游车第六个滑轮导入天车的快绳轮，再从井架背后横梁上面，经起升人字架上的导向滑轮引向钻机绞车滚筒上。为穿绳方便可预先用细钢丝绳做引绳穿在天车与游车的滑轮上，通过引绳器与钢丝绳相接，拖动细钢丝绳将钢丝绳引入天车和游车的滑轮中。

（3）将起升滑轮挂在大钩上。

（4）将两根起升大绳从井架体上的起升耳板开始安装，用销轴、别针连接，穿好绳后应将每个滑轮上的挡绳杆装好，防止起升大绳跳槽。

（5）启动主柴油发电机组，为保证起升安全至少有两部柴油发电机组并车，调试好VFD控制系统向绞车电动机供电，检查绞车各挡运行情况，刹车是否可靠。

（6）起升井架时绞车滚筒上至少预缠一层半以上的钢丝绳。

（7）将死绳端在死绳固定器上固定好，压板螺栓上紧。

（8）确认大钩负荷指重表读数准确，计量无误。

(9)因起升井架是系统性很强的工作,井架起升应有专人统一指挥协调各个方面的工作,应清理现场,与起升无关的人员应远离井架和底座区域。操作人员应戴上安全头盔。

(10)正式起升前应对井架进行仔细检查:

① 检查所有构件之间连接销安装是否正确齐全,别针是否穿好。

② 检查所有螺栓、螺母是否上紧,防松垫圈是否带上。

③ 检查所有转动部位润滑是否良好。

④ 检查缓冲液缸工作是否正常(能自由伸缩)。

⑤ 检查起升大绳和游动系统钢丝绳是否完好。

⑥ 清理井架上一切与起升无关的东西。井架体上不准有扳手、榔头等工具及螺栓、螺母、别针等安装剩余的物品,以免起升时掉下来砸伤操作人员。

(二)井架起升

(1)起升井架时最大风速应小于 8.3m/s。

(2)起升井架时应采用绞车最低起升速度。

(3)当井架离开高支架约 200mm 时刹车,并进行检查。

(4)检查并确认起升大绳和游动系统钢丝绳穿绳正确无误,钢丝绳均在绳槽中,挡绳装置可靠。

(5)检查起升大绳灌锌的绳头,钢丝绳有无滑移现象,是否牢靠。

(6)检查死绳固定器,固定钢丝绳的压板是否压紧,死绳有无滑动。

(7)检查起升人字架前后腿支脚、支座、人字架横梁、井架大支脚、起升导向轮支座、起升滑轮、井架体立柱和斜横拉筋等有无变形、焊缝开裂等现象,如发现问题,必须及时维修或更换。

(8)按要求检查底座。

(9)按要求检查钻机绞车及动力系统、空气系统。

上述低位起升及检查应不小于两次,确认无异常时,方可正式起升井架。

(10)在正式起升中,当井架离开高支架升至与地面约 60°夹角时,启动缓冲装置,缓冲装置的操作步骤按缓冲装置控制箱面板所示程序进行。

图 4-4 井架起升现场示意图

(11)井架立直后,连接人字架与井架间的 U 形卡,该 U 形卡端部为双螺母。

(三)井架与人字架的连接

井架起升完成后在井架两侧安装 U 形卡、压块、螺母、开口销,将井架和人字架连接牢靠。确认无误后可放松起升大绳,按照底座说明书的相关步骤起升底座。

如图 4-4 所示是井架起升现场示意图。

三、井架校正

井架校正,应在底座起升后进行。井架顶部的天车、井口中心(包括正面、侧面)对钻台井口中心对正,偏差应小于 20mm,否则应对井架进行校正。校正天车中心与转盘中心的对中状况。井架校正后,井架支脚及与人字架连接处所有螺栓必须再紧一次。

（一）井架左右方向的调整

井架左右方向的调整通过井架支脚处千斤顶将井架一侧顶起,用增减支脚下的垫板数量来进行(松开连接处的螺栓,但螺母不得退掉,用千斤顶顶起井架调节座即可增减调节垫片进行调整)。每增减 2mm 垫片,井架顶部偏移约 10mm。

（二）井架前后方向的调整

井架前后方向的调整,通过人字架上端的顶丝来进行,初始状态顶丝头应伸出锁紧螺母端面 125mm。

四、井架下放及拆卸

（一）井架下放的程序

(1)井架下放应在底座下放后进行。按要求叠放地面猫道及游车大钩支架,将高支架摆放在原起升井架时的位置。

(2)拆掉套管台及有碍井架下放的构件或附件。

(3)在大钩上挂好起升滑轮,拉紧起升大绳。

（二）井架下放

(1)利用缓冲装置的液缸将井架推至偏离重心位置,靠井架自重下放井架。

(2)用绞车刹车和辅助刹车控制井架下放速度,尽可能缓慢、匀速。

(3)将井架下放到离高支架约 300mm 时缓慢刹住车,停稍许后,再慢慢放到高支架上,这样防止支架将井架立柱碰弯。

（三）井架拆卸

井架拆卸顺序与安装顺序相反,一般后安装的应先拆卸。

五、井架的使用

（一）井架在钻井作业时的注意事项

井架在钻井作业时应尽量避免骤加载荷,防止产生过大的冲击负荷,特别是在较大的大钩载荷情况下,如下技术套管、钻最大井深以及处理井下卡钻等事故时,应缓慢加载和卸载,尽量避免突然加载和紧急刹车,以确保井架安全。

（二）井架钩载范围

操作者在使用过程中应根据铭牌上钩载、风速及二层台立根排量,保证指重表的读数不超过曲线示意的钩载范围。注意,加速度、冲击、排放立根和风载将降低最大钩载。

项目二　钻机游动系统

【项目描述】　游动系统是石油钻机起升系统中的省力机构,主要由井架、天车、游车大钩和钢丝绳等设备组成。

天车(定滑轮组)、游动滑车(动滑轮组)是用钢丝绳联系起来的滑轮系统(又称复滑轮系统)。它可以极大地降低快绳拉力,从而减轻钻机绞车在起下钻、下套管、钻进、悬持钻具等钻井各个作业中的负荷和起升机组发动机应配套的功率。

【学习目标】 了解掌握游动系统的结构组成、运动及力学特征;了解掌握天车、游车大钩、钢丝绳的结构参数、使用及维护保养方法。

任务一 游动系统基础知识

一、游动系统结构及其特征

游动系统是复滑轮系统,它可以极大地降低快绳拉力,减轻绞车的负荷。从绞车滚筒到天车的钢丝绳称为活绳,从天车到地面(固定端)的钢丝绳称为死绳,其余穿过天车—游车的钢丝绳称为有效绳。当钢丝绳穿满游车轮后,有效绳数等于两倍的游车滑轮数,如图4-5所示。

由运动学和力学分析可以知道,游动系统有如下特性:

(1)游动系统的有效绳数 Z 等于游车滑轮数 n 的两倍;

(2)钢丝绳的速度 v 由快绳侧至死绳侧一次变慢,且快绳速度 v_f 与大钩速度 v_h 的关系为:

$$v_f = Z v_h$$

(3)当游动系统处于静止或匀速运动(但不考虑摩擦)时,各有效钢丝绳所受的拉力 F_i、快绳拉力 F_f 及死绳拉力 F_d 与大钩载荷 Q_s 的关系为:

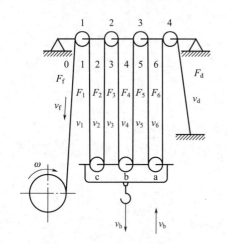

图4-5 游动系统运动和钢丝绳拉力分析

$$F_f = F_d = F_i = Q_s / Z$$

(4)当为实际工作状态时(考虑摩擦及钢绳的弯曲变形)如起升时则:快绳侧拉力依次大于死绳侧拉力即:

$$F_f > F_1 > F_2 > F_3 > \cdots > F_Z > F_d \text{且 } F_Z = \eta^Z F_f$$

如下钻时,则快绳侧拉力依次小于死绳侧拉力即:

$$F_f < F_1 < F_2 < F_3 < \cdots < F_Z < F_d \quad \text{且} \quad F_Z = F_f / \eta^Z$$

式中 η——一个绳轮的效率。

二、游动系统的命名及型号标注

(一)游动系统命名

游动系统结构是根据游动滑车和天车的滑轮数目命名的。如游动系统6×7,表示天车有7个滑轮,游动滑车有6个滑轮。如图4-5所示的游动系统结构是3×4。

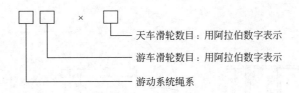

天车滑轮数目:用阿拉伯数字表示

游车滑轮数目:用阿拉伯数字表示

游动系统绳系

(二)天车、游车、大钩的型号

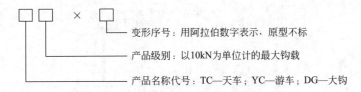

变形序号:用阿拉伯数字表示,原型不标

产品级别:以10kN为单位计的最大钩载

产品名称代号: TC—天车;YC—游车;DG—大钩

(三)游动系统设备参数

游动系统设备基本参数见表4-2。

表4-2　起升系统设备基本参数

设备级别	基本参数			
	最大钩载,kN	钻井钢丝绳直径,mm	游车滑轮数,个	天车滑轮数,个
60	600	22	3	4
90	900	26	4	5
135	1350	29	4	5
170	1700	32	5	6
225	2250	32	5	6
315	3150	35	6	7
450	4500	38	6	7
675/585	6750/5850	42	8/7	9/8
900	9000	52	8	9

任务二　天车

天车是安装在井架顶部的定滑轮组,它承受最大钩载和快绳、死绳的拉力,并把这些载荷传递到井架和底座上。在最大钩载一定的情况下游动系统绳数越多,快绳的拉力越小,从而可减轻钻机绞车在钻井各种作业(起下钻、下套管、钻进、悬挂钻具)中的负荷,并减少发动机组的配备功率。天车架采用优质结构钢板焊接而成,其设计和天车主轴、天车的轴承、滑轮的设计均符合 API 规范的要求。

TC315-10 天车是钻机的重要配套部件,如图4-6 所示。天车安装在钻机井架上,用以和游动滑车、绞车、大钩等一起完成起下钻和下套管作业。TC315-10 天车是钻机 ZJ40DB 的重要配套部件。

一、TC315-10 天车主要技术参数

TC315-10 天车主要技术参数见表4-3。

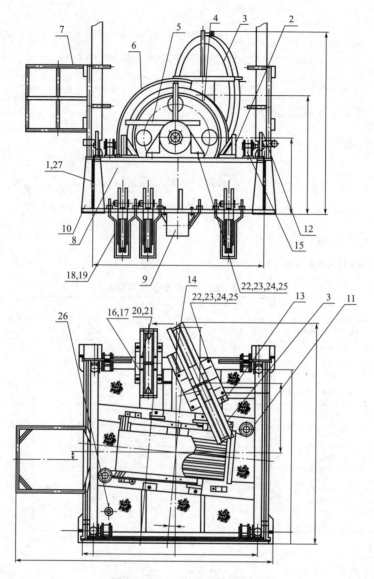

图 4-6 TC315-10 天车结构

1—铭牌；2—挡绳架；3—导向轮总成；4—主滑轮总成；5—挡绳架；6—护罩；7—围栏；8—天车架；9—防碰梁总成；10,11—支座；
12—起重架；13—挡绳架；14—登梯助力短节；15—避雷针座；16—辅助滑轮；17—辅助滑轮安全绳；18—捞砂轮总成；
19—挡绳架；20—螺栓；21—垫圈；22,26—螺栓；23—螺母；24—薄螺母；25—开口销；27—标牌用钉

表 4-3 TC315-10 天车主要技术参数

型号	TC315-10
大钩钩载，kN	3150
适用钢丝绳直径，mm	32
主滑轮外径，mm	1270
导向轮外径，mm	1524
主滑轮数，个	6
导向轮数，个	1

捞砂轮数,个	1
捞砂绳直径,mm	14.5
辅助滑轮外径,mm	400
辅助滑轮数,个	4
辅助滑轮适用的钢丝绳直径,mm	19
外形尺寸(长×宽×高),mm	3325×2775×2320
理论质量,kg	8540

二、TC315-10 天车结构

TC315-10 天车主要由天车架、主滑轮总成、导向轮总成、捞砂轮总成、辅助滑轮总成、天车起重架、顶驱吊耳、防碰装置及挡绳架、护罩、围栏等部件组成。

(1)天车架:天车架采用整体焊接结构,上部用螺栓分别与主滑轮轴座及导向轮轴座、捞砂轮总成连接,下部用螺栓与井架相连。

(2)主滑轮总成:主滑轮总成由主轴、支座、5 个滑轮、轴承等组成。每个滑轮内均装有一副内圈带油孔的轴承,轴端设有给每个滑轮加注润滑脂的黄油嘴,可方便地向轴承内加注润滑脂。在滑轮外缘装有挡绳架,可防止钢丝绳从滑轮槽内脱出,并给主滑轮总成安有护罩。

(3)导向轮总成:导向轮总成由轮轴、支座、滑轮、轴承等组成。轴端装有一个黄油嘴,可方便地向轴承内加注润滑脂。在支座上装有挡绳架,可防止钢丝绳脱出滑轮槽。

(4)捞砂轮总成:捞砂轮总成由轮轴、支座、滑轮、轴承等组成。轴端装有黄油嘴,可方便地向轴承内加注润滑脂。在支座上装有挡绳架,可防止钢丝绳脱出滑轮槽。

(5)辅助滑轮总成:天车上装有 4 组辅助滑轮,滑轮轴端均装有黄油嘴。辅助滑轮总成可分别用于两台气动绞车起吊重物、钻杆及悬吊液压大钳。

(6)天车起重架:天车起重架供维修天车用,天车架为桁架式结构。桁架式天车起重架最大起重量为 49kN,可起吊天车上最重的组件(主滑轮总成)。

(7)顶驱吊耳(安装在天车底梁上):天车架上设有顶驱导轨吊耳安装梁,安装的顶驱导轨吊耳适用于北石顶驱 DQ40BC。

(8)防碰装置:天车梁下部装有防碰装置,可在游车冲撞天车时起到缓冲作用。

(9)挡绳架:为了保护滑轮和防止钢丝绳跳槽,所有滑轮外缘均装有挡绳架,并在主滑轮两侧安装有卡绳板。

(10)护罩:为了防止油泥飞溅,在主滑轮总成上安装有护罩。

(11)围栏:天车台面有围栏,并设有一个入口,入口都有两扇安全门。

三、天车的维修及保养

(一)工作前的维护检查

为了使天车长期无故障工作,应及时正确地进行保养。天车安装前如果有不正常的情况必须排除。天车在工作前应进行以下检查:

(1)所有连接必须固定牢靠,不得有松动现象。

(2)各滑轮的转动应灵活,无阻滞现象。当转动一个滑轮时,其相邻滑轮不应随着转动。

（3）各滑轮轴承应定期加注润滑脂,并检查润滑脂嘴和油道是否通畅。各滑轮轴承每周加注 ZL-3 锂基润滑脂两次。

（4）各滑轮轴承在试运转时应无任何异常噪声,温度不得高于40℃。

（5）检查各挡绳架是否有碰坏、弯曲现象。

（二）运行中的维护检查

（1）根据润滑保养规定,按期加注润滑脂。

（2）当轴承发热温升超过环境温度40℃时,应查找原因,更换润滑脂。

（3）在长期使用中,特别是在润滑不好的情况下,滑轮的轴承因磨损导致间隙增大,轴承会发出噪声及滑轮抖动,抖动会降低钢丝绳的寿命,为了避免事故,应及时更换磨损了的轴承。

（4）滑轮有裂痕或轮缘缺损时,严禁继续使用,应及时更换。

（5）经常检查滑轮槽的磨损情况,滑轮槽的形状对钢丝绳寿命有很大影响,应定期用专用样板进行检验。

四、天车的安装

天车架与井架用螺栓连接。为了保证天车工作和运转正常,天车架底面应保持水平,且使天车中心与井架中心对正,然后用螺栓安装好。

任务三 游车大钩

一、游动滑车

游动滑车是钻机起升系统的组成部分,它与天车、大钩、水龙头、吊环等配套使用。在钻井过程中,主要用于悬吊和起下钻柱杆、更换钻头、下套管等作业。

YC315 游动滑车是钻机 ZJ40DB 的重要配套部件。

（一）YC315 游动滑车主要技术规范

YC315 游动滑车的主要技术规范见表4-4。

表4-4 YC315 游动滑车主要技术规范

型号	YC315
最大钩载,kN	3150
滑轮数,个	5
滑轮外径,mm	1270
钢丝绳外径,mm	32
外形尺寸(长×宽×高),mm	2659×1350×700
理论质量,kg	5045

（二）YC315 游动滑车结构

YC315 游动滑车主要由吊梁、滑轮、滑轮轴、左侧板组、右侧板组、侧护板、提环、提环销等组成,其结构如图4-7 所示。

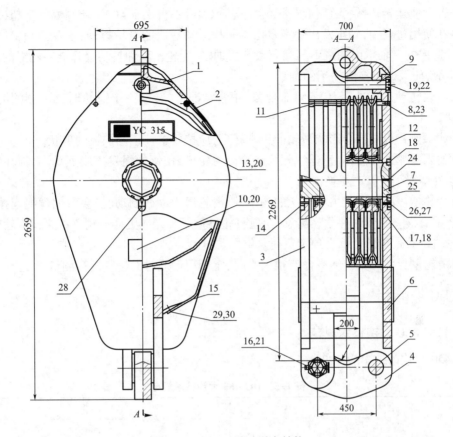

图 4-7 YC315 游动滑车结构

1—吊梁;2—侧护板;3—左侧板组;4—提环;5—提环销;6—右侧板组;7—轴;8—护罩销;9—吊梁销;10—铭牌;
11—隔套;12—滑轮;13—标牌;14—定位块;15—座板;16—开槽螺母;17—压板;18—圆螺母;
19—开槽螺母;20—螺钉;21—开口销;22—开口销;23—螺塞;24—黄油嘴;25—轴承;
26—内六角头螺钉;27—弹簧垫圈;28—开槽沉头螺钉;29—螺栓;30—弹簧垫圈

吊梁通过吊梁销连接在侧板组的上部,吊梁上有一吊装孔,用于游动滑车的整体起吊。

滑轮内双列圆锥滚子轴承支承在滑轮轴上,每个轴承都有单独的润滑油道,可通过安装在滑轮轴两端的油杯分别进行润滑,滑轮槽是按照 API 规范加工制造的。为最大限度地抵抗磨损,滑轮槽都进行了表面热处理。

为防止钻井液等污物进入游动滑车内部,在游动滑车两侧装有侧护板。侧护板通过护罩销及丝堵与侧板连接起来。为防止钢丝绳跳槽,在侧板组上还焊有下护板,保证钢丝绳安全工作。

提环由两个提环销牢固地连接在两侧板组上。提环与大钩连接部分的接触表面半径符合API规范。提环销的一端用开槽螺母及开口销固定着,当摘挂大钩时,可以拆掉游动滑车的任何一个或两个提环销。

(三)使用、维护与保养

游动滑车在工作期间应经常仔细检查以下各项:

(1)轴承在使用前及工作期间是否按规定加注好润滑脂,轴承应每周加注两次 ZL-3 锂基润滑脂。

（2）轴承应运转正常,无任何异常噪声。轴承温升不得大于40℃,最高温度不超过70℃。

（3）在使用过程中,轴承发出噪声及由不平稳运动造成的滑轮抖动,是双列圆锥滚子轴承间隙增大造成的。轴承因润滑不当会导致磨损加剧,滑轮不稳和抖动会降低钢丝绳的寿命,为了避免事故,应及时更换磨损了的轴承。

（4）滑轮转动是否灵活,有无阻滞现象,正常情况下,转动一个滑轮时其两侧的滑轮不应随着转动。

（5）如果侧护板变形会影响滑轮的正常转动,应按要求校正侧护板的形状。

（6）如果滑轮边缘破损,钢丝绳就可能跳出滑轮槽,使钢丝绳发生剧烈跳动,损坏钢丝绳,所以在这种情况下应及时更换滑轮。

（7）滑轮槽表面如果产生波纹状的沟槽,则滑轮组启动或制动时,会对钢丝绳起挫削作用而造成严重磨损。发现这种危险迹象时,应将轮槽重新车光或更换滑轮。在更换滑轮时,应落实新滑轮的材质是否满足承受预定负荷足够的强度。

（8）滑轮槽形状对钢丝绳寿命有很大影响,定期用量规对滑轮槽进行测量。

二、DG 450 大钩

（一）DG 450 大钩技术规范

DG 450 大钩的技术规范见表4-5。

表4-5　DG 450 大钩技术规范

最大钩载,kN		4500
弹簧工作行程,mm		200
弹簧负荷	行程开始时,kN	30.60
	行程终了时,kN	56.50
主钩口直径,mm		180
副钩口直径,mm		120
主钩口开口尺寸,mm		220
钩身旋转半径,mm		510
外形尺寸(长×宽×高),mm		2953×890×880
质量,kg		3496

（二）结构特点

DG 450 大钩的钩身、吊环、吊环座由特种合金钢铸造而成。筒体、钩杆是由合金锻钢制成,所以该大钩有较高的负荷能力,其结构如图4-8所示。

大钩吊环与吊环座用吊环销轴连接,筒体与钩身用左旋螺纹连接,并用止动块防止螺纹松动,钩身和筒体可沿钩杆上下运动,筒体和弹簧座内装有青铜衬套,以减少钩杆的磨损。

筒体内装有内、外弹簧,起钻时能使立根松扣后向上弹起。轴承采用推力滚子轴承。

DG450 大钩装配好后开有液流通道的弹簧座把钩身和筒体内的空腔分为两部分。当筒体内装有机油后,可借助缓冲机构消除钩身上下运动时产生的轴向冲击,防止卸扣时钻杆的反弹振动及随着发生对钻杆接头螺纹的损坏,机油也同时润滑轴承制动装置及其他零件。

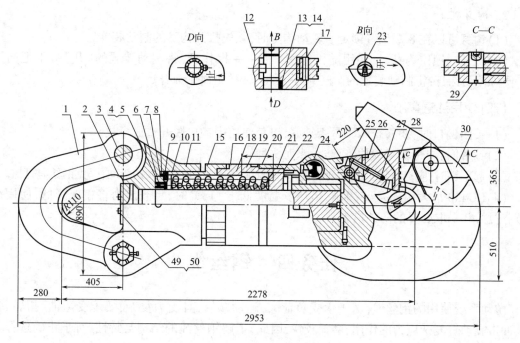

图 4-8　DG450 大钩结构图

1—吊环;2—钩杆;3—吊环销;4—螺栓;5—铁丝;6—弹簧密封圈;7—油封座;8—定位盘;9—弹簧;
10—上衬套;11—吊环座;12—螺母;13—螺钉;14—垫圈;15—上筒体;16—下筒体;17—销轴;
18—内弹簧;19—外弹簧;20—O 形密封圈;21—下衬套;22—弹簧座;23—定位块;24—制动
装置;25—掣子;26—顶杆;27—弹簧;28—安全销体;29—安全销销轴;30—钩身

　　筒体上部装有安全定位装置,该定位装置由安装在筒体上端的 6 个弹簧和由弹簧推动的定位盘组成。当提升空吊卡时,定位盘与吊环座的环形面相接触,借助弹簧在环形面之间产生的摩擦力,来阻止钩身的转动,这样可避免吊卡转位,便于钻井工操作吊卡。当悬挂有钻杆柱时,定位盘与吊环座脱开,不起定位作用。钩身可任意转动,就不会有转动游车的倾向。大钩的制动装置由制动轮轴、掣子、掣子轴、弹簧和壳体等零件组成。它可在八个匀称的任一位置把钩身锁住,当把掣子轴("止"端)的手把向下压时,制动轮就嵌入大钩锁环的凹槽内,使钩身不能转动;当把制动轮轴("开"端)的手把向下压时,制动轮就脱出锁环的凹槽并被掣子锁住,钩身就可任意转动。制动装置用操作杆操作,此杆也用来操作安全销体,以打开安全销体。

　　钩身与筒体通过螺纹连接,筒体里装有弹簧。当大钩承载时,钩身与筒体沿钩杆向下移动,弹簧被压缩,载荷通过弹簧作用在钩杆上;当大钩受到一定的载荷时,弹簧完全被压缩。此后增加的载荷,就直接作用在钩杆上。

(三)操作方法

1. 钩口操作

(1)安全销体与钩身以销轴连接,安全销体可绕销轴转动。

(2)使用随机专用工具——操作杆,将安全销体的掣子向下拉,便打开钩口。关闭钩口时,将安全销体往上推,安全销体将自动锁紧钩口。

2. 钩身操作

（1）钩身可以在8个位置锁定。转动钩身时，须先打开钩身的制动装置。

（2）打开或锁住钩身时，使用随机专用工具——操作杆，将制动装置的"开"端手把向下拉，便可转动钩身；将制动装置的"止"端手把向下拉，便锁住钩身。

(四) 使用注意事项

（1）关闭钩口时，要检查掣子是否锁好，以免使用中钩口脱开造成事故。

（2）钻井时，应将钩身锁住，以防止水龙头回转。

（3）起下钻时，应打开钩身的制动装置，使钩身能够转动，可防止大钩转动，以免钢丝绳打扭。

（4）DG450最大钩载为4500kN，当环境温度低于-18℃时，承载能力将相应降低，使用须特别注意，并采取必要的防护措施。

任务四　钢丝绳

游动系统使用的钢丝绳，由于承受负荷大，运动频繁，且受力复杂，要承受弯曲、扭转、挤压、冲击震动等复杂应力的作用，磨损较快，因此，了解钢丝绳的结构与特性，对于正确选择和使用钢丝绳具有重要意义。

一、钢丝绳的结构

钢丝绳是由若干根相同丝径（有的丝径不同）的钢丝围绕一根中心钢丝先搓捻成绳股，再由若干股围绕一根浸有润滑油的绳芯搓捻成钢丝绳，如图4-9所示。钢丝采用优质碳素钢制成，其丝径多为0.22~3.2mm，钢丝的作用是承担载荷。绳芯有油浸麻芯、油浸石棉芯、油浸棉纱芯和软金属芯等。绳芯的作用是润滑保护钢丝，增加柔性，减轻钢丝在工作时的相互摩擦，减少冲击，延长钢丝绳的使用寿命。

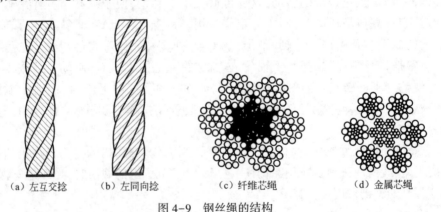

（a）左互交捻　　（b）左同向捻　　（c）纤维芯绳　　（d）金属芯绳

图4-9　钢丝绳的结构

目前，我国石油矿场广泛采用普通D型6股19丝不松散的左互交捻钢丝绳作为游动系统的大绳。

二、钢丝绳的类型

（1）按钢丝绳的捻制方向分类，图4-10所示：

右捻:钢丝捻成股和股捻成绳时,由右向左捻制的钢丝绳,以代号"Z"表示。

左捻:钢丝捻成股和股捻成绳时,由左向右捻制的钢丝绳,以代号"S"表示。

(2)按钢丝绳的捻制方法分类:

顺捻:也称同向捻,钢丝捻成股与股捻成绳的捻制方向相同。

逆捻:也称交互捻,钢丝捻成股与股捻成绳的捻制方向相反。

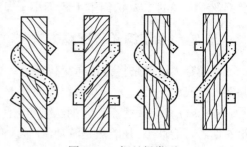

图 4-10　钢丝绳类型

三、钢丝绳的结构特点

(1)顺捻钢丝绳的特点是柔软,容易曲折,与滑轮槽和滚筒的接触面积大,因此应力比较分散,磨损比较轻微,各钢丝之间接触面大,钢丝绳密度大,与相同直径的钢丝绳比其抗拉强度大。但由于捻向相同,故而具有较大的反向力矩,吊升重物易打扭,给工作带来了困难。

(2)逆捻钢丝绳的特点是钢丝之间接触面积小,负荷比较均匀,使用时不易打扭,各股不易松散,用于吊升机械比较安全。但柔性较差,与同直径的顺捻钢丝绳相比其强度较小。

四、钢丝绳的合理使用与换新标准

(一)放置

(1)钢丝绳不用时应缠绕在木制滚筒上,不要在地面放置,避免砂子等脏物沾在钢丝绳上。

(2)新钢丝绳不能在地面拖拉,以防磨掉润滑油及磨蚀钢丝绳。

(二)合理使用

(1)往滚筒上缠绕钢丝绳时,一定要拉紧,以防扭曲打结,并尽可能地保持钢丝绳的张紧力,否则会损伤钢丝绳。

(2)钢丝绳在滚筒上要排列整齐,不能相互挤压,第一层钢丝绳如果排列不紧不整齐,会使第二层的钢丝绳楔入第一层内,这样会挤扁并严重磨损钢丝绳。

(3)钢丝绳应保持清洁,经常上油润滑,至少半月一次。

(4)起下操作要平稳,不能猛提猛放,以防钢丝绳突然加载或卸载造成冲击,使钢丝绳产生疲劳损伤。

(5)严禁用榔头或其他铁器工具敲击钢丝绳,影响钢丝绳的使用寿命。

(6)防止钢丝绳碰磨井架、天车及游车护罩,避免造成钢丝绳非正常磨损。

(三)切割

先用铁丝绑好切口两端各 20mm 处,绑绕长度为绳径的 2~3 倍,以防切口松散,再用扁铲剁断或用氧气割断。

(四)卡绳卡

使用钢丝绳卡时方法要正确,因为正确使用绳卡所形成绳结的强度,等于钢丝绳本身强度的 80%。正确的卡绳方法是绳卡面对钢丝绳的活端,U 形螺栓对钢丝绳的死端,拧紧程度为压扁钢丝绳绳径的1/3,两绳卡卡距不小于绳径的六倍,绳卡规格略小于钢丝绳直径。

五、游动系统钢丝绳穿绳方法

所谓穿大绳就是将钢丝绳交替穿过天车滑轮和游车滑轮,最后一端固定地面上(地滑车、井架大腿或游车上),另一端缠绕在滚筒上,组成起升系统。穿绳方法有顺穿和花穿。顺穿如图4-11(a)所示,其优点是穿钢丝绳的方法简单,在井口和第二层平台扣吊卡比较方便,各滑轮的偏磨可能性小;其缺点是游动滑车易打扭(指井下钻具负荷很小在起下钻的时候)。花穿如图4-11(b)所示,其优点是起下游动滑车、大钩时比较平稳,滚筒上的钢丝绳不易缠乱,大绳不易打扭;其缺点是穿钢丝绳方法比较复杂,游动滑车起高了时钢丝绳可能互相碰磨,滑轮的偏磨较严重。

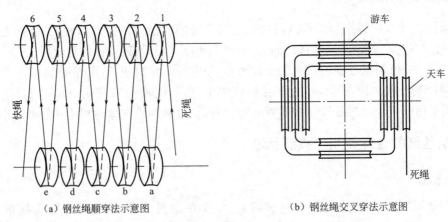

(a)钢丝绳顺穿法示意图   (b)钢丝绳交叉穿法示意图

图4-11　钢丝绳穿绳方法

六、穿大绳时要注意安全

(1)穿绳前必须对棕绳进行检查,严禁从天车台上往下扔工具等物。

(2)上井架操作人员必须戴保险带,随身使用的工具(扳手、撬杠等)要拴保险绳。夜间穿大绳,要有两个以上的探照灯照明,上下联系,专人指挥。

(3)非工作人员应远离井架。

(4)穿大绳工作结束后,要按照规定检查死绳固定情况,各绳卡是否卡紧。

(5)穿大绳时,应保证钢丝绳的所需长度,当游车大钩放在井口时,滚筒上的缠绳至少应留有九圈以上。

七、钢丝绳的使用安全技术要求

(1)待用的钢丝绳必须缠绕在滚筒上;倒出时必须绷紧,避免打结;弯曲的钢丝绳应用人力拉直,禁止用锤子或其他工具敲击。

(2)使用时勿使钢丝绳与井架任何部位相摩擦。

(3)切割钢丝绳时,应先用软铁丝绑好两端,再用气割或剁绳器切断。

(4)卡绳卡时,两绳卡之间的距离应不小于绳径的6倍。特殊绳头卡固,可根据情况调整距离。

(5)绞车大绳每周应检查一次润滑状态,如浸油麻芯被挤出时,应立即换用新的钢丝绳。

（6）大绳在绞车滚筒上必须始终排列整齐（最好使用钢丝绳排绳器）。

（7）大绳加载操作要平稳柔和，以减少钢丝绳所受的冲击载荷。

（8）倒大绳时，应使新绳从滚筒上旋转下放，不允许钢丝绳扭劲。

（9）井深超过2000m以后，每次下钻前，要检查大绳的断丝和磨损情况。

项目三　钻机绞车

【项目描述】　绞车是起升系统的重要设备，也是一部钻机的核心设备。在石油钻井过程中，不仅担负着起下钻具、下套管、控制钻压、处理事故、提取岩心筒、试油等各项作业，而且还担负着井架、底座的起放任务等。

【学习目标】　了解掌握绞车的结构及工作原理，掌握其安装、使用、保养维护以及故障排除方法。

任务一　钻机绞车基础知识

一、绞车的功用

（1）钻进时，悬挂钻具，送进钻头、钻柱，控制钻压。

（2）起下作业时，起下钻具和下套管。

（3）利用猫头机构紧、卸钻具和起吊重物。

（4）作为转盘的变速机构和中间传动机构。

（5）用来起放井架。

（6）利用绞车的捞砂滚筒进行提取岩心筒、试油等工作。

二、绞车的型号

我国钻井绞车已形成标准化、系列化产品

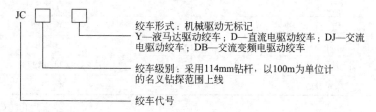

JC □ □

绞车形式：机械驱动无标记

Y—液马达驱动绞车；D—直流电驱动绞车；DJ—交流电驱动绞车；DB—交流变频电驱动绞车

绞车级别：采用114mm钻杆，以100m为单位计的名义钻探范围上线

绞车代号

三、绞车的组成

绞车实际上是一部重型起重机械，它由以下机构系统组成：

（1）支撑系统，是指焊接的框架式支架或密闭箱壳式座架，它是支撑滚筒、滚筒刹车机构等系统的骨架。

（2）传动系统，主要由变速箱、传动轴、链条、牙轮等组成。它将动力传给滚筒及变换滚筒的转速。

（3）控制系统，主要包括离合器、控制阀件、操作控制台。它操纵和控制绞车各系统按照操作者的意向准确运转。

（4）制动系统，即刹车系统，包括刹把、刹带及水刹车等。它在起下作业中起制动和控制下钻速度的作用。

（5）卷扬系统，主要包括主滚筒、捞砂滚筒和猫头等各种卷扬装置。它是通过游动系统完成起下作业的主机。

（6）润滑及冷却系统，主要由油池、油封、黄油嘴和刹车冷却装置组成，其作用是润滑绞车的各运转零件和冷却主滚筒的刹车毂。

四、JC70DB 绞车

JC70DB 绞车是一种由交流变频控制的单轴齿轮传动绞车，它主要由交流变频电动机、减速箱、液压盘刹、滚筒轴、绞车架、自动送钻装置、空气系统、润滑系统等单元部件组成。绞车动力由两台功率 800kW 型、转速 0~2800r/min 的交流变频电动机驱动。绞车为一挡无级变速，不需专门的换挡机构。绞车主刹车为液压盘式刹车，配双刹车盘。绞车取消了传统的辅助刹车机构，而使用主电动机能耗制动作为辅助刹车。绞车传动采用齿轮传动形式，齿轮及轴承润滑采用强制润滑方式。绞车配置了自动送钻装置。自动送钻装置由一台 42.5kW 的交流变频电动机提供动力，经一台立式齿轮减速机减速后驱动滚筒实现自动送钻功能。绞车的所有部件均安装在一个底座上，构成一个独立的运输单元。绞车的所有控制（电、气、液）均集中在司钻控制房内。

（一）主要技术参数

JC70DB 绞车的主要技术参数见表 4-6。

表 4-6 JC70DB 绞车主要技术参数

型号	JC70DB
额定功率，kW	1470
最大快绳拉力，kN	485
钢丝绳直径，mm	38
挡数	1 正 1 倒（无级调速）
滚筒转速，r/min	0~299.3
钩速，m/s	0~1.275
开槽滚筒尺寸（直径×长度），mm	770×1402
刹车盘尺寸（外径×厚度），mm	1520×76
外形尺寸，mm	7820×3420×2780
质量，kg	46638

（二）JC70DB 绞车传动流程

绞车由两台 800kW 型的交流变频电动机经联轴器将动力分别输入至左、右齿轮减速箱输入轴，经二级齿轮减速后传给滚筒轴。绞车整个变速过程完全由主电动机交流变频控制系统操作实现。绞车自动送钻由一台 42.5kW 的交流变频电动机驱动，经大传动比立式减速机和推盘离合器后，将动力传入右箱体输入轴端，再经齿轮箱一级减速后带动滚筒轴完成自动送钻过程。绞车传动流程如图 4-12 所示。

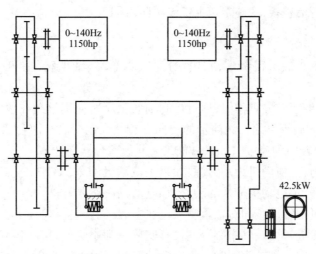

图 4-12　绞车传动流程图

（三）单台主电动机工作时钩载、钩速参数

一般情况下不推荐使用一台电动机独立工作，但在一些特殊情况下有可能用到一台电动机独立工作。表 4-7 给出当游动系统为 6×7 绳系时，只有一台电动机工作时绞车的钩载、钩速参数，以备必要时使用。

表 4-7　一台电动机工作时钩载、钩速参数表

绳系	钩载连续工况下，kN	最大钩载短时工况（1min），kN	最大钩速，m/s
12 绳系	0~1688	2250	1.275

（四）绞车在游动系统采用 5×6 绳系时钩载、钩速参数

JC70DB 绞车正常情况下满足 7000mm 的钻井作业。但是，当钻机遇到所钻的井比较浅时，可采用 5×6 的绳系进行钻井。表 4-8 给出当游动系统为 5×6 绳系时绞车的钩载、钩速参数。

表 4-8　游动系统为 5×6 绳系时绞车的钩载、钩速参数

绳系	钩载连续工况下，kN	最大钩载短时工况（1min），kN	最大钩速，m/s
10 绳系	0~2917	3750	1.53

（五）绞车结构

JC70DB 绞车按部件划分，主要包括绞车架、滚筒轴、左右齿轮减速箱、电动机（2 台）、自动送钻装置、液压盘式刹车、电气控制系统和润滑系统等。

1. 绞车架

JC70DB 绞车架为墙板式焊接结构，能准确定位并支撑电动机、滚筒轴、齿轮减速箱、自动送钻装置等。绞车架分为绞车架主体和底座两大部分，绞车架主体为型钢组焊框架式外封板结构，墙板内侧用槽钢等组焊成整体骨架。绞车底座主梁均采用了焊接工字钢结构。滚筒体下方用钢板封底，避免油污等滴漏，底座四周设有绞车起吊用的吊耳，底座右侧正后方设有油箱，用于储存左、右齿轮减速箱润滑机油等。另外，各气控管线和油水管线均在底座内部布置，

在需要检修处均设有活盖板,底座走道上铺设了防滑钢板等。

2. 滚筒轴

滚筒轴总成是绞车的关键部件,它由滚筒体、刹车盘、轴承座、轴和仪表装置、水葫芦等组成。

工作时,滚筒上缠有钻井钢丝绳,通过控制轴的正反转使钢丝绳在滚筒体上缠绳或放绳,以实现钻具起升或下放等目的。滚筒轴的转向和转速大小取决于两台 800kW 型主电动机或 42.5kW 小电动机的转向和速度。如果 ATD327 推盘离合器摘开,主电动机启动,则执行的是主电动机输送的动力,主电动机为动力源;如果主电动机停车,ATD327 推盘离合器挂合,小电动机启动,则执行的是小电动机输送的动力,小电动机为动力源。

滚筒轴总成通过左轴承座和右轴承座固定在主墙板上,左、右轴承座与主墙板各采用 8 条 M36 的螺栓紧固。滚筒轴两端轴中心分别设有安放冷却水管的过孔,仪表装置和水葫芦均通过螺栓与齿轮减速箱输出轴轴头固定。其主要功能是用于安装轴编码器来测取滚筒转动信息及供刹车盘冷却水的进出,滚筒轴和滚筒体上所设水管线均用于冷却液压盘刹装置的刹车盘。

滚筒体带有绳槽。绳槽为两半式结构,可保证直径 38mm 钢丝绳缠绕时排列整齐。滚筒体右侧设有绳窝,用于安装钢丝绳绳卡。

滚筒体缠绳的要求:为了保证安全及绞车滚筒正常工作,建议起井架前,在快绳绷紧的情况下,滚筒预缠绳一层半。井架起升后,将游车下放至钻台面时,调整快绳,使绞车滚筒上第一层应留有 10 圈的缠绳量。

(六)绞车在钻机上的安装

钻机底座在井场安装(低位)调节就位后就可以进行绞车在钻机上的安装。

先将绞车下方安装面及钻机底座安装绞车位置表面处清理干净,不允许有铁屑、螺栓、销子、砂石等杂物存在。

将绞车主体按要求整体挂绳吊装,要求吊装平整、平稳、安全,吊绳须有足够的强度,吊车等须有足够的起吊能力,在检查无任何不可靠因素存在的情况下将绞车缓缓吊起并放置在 ZJ70DB 钻机底座平面上,调节绞车安装位置,并根据钻机出厂前已配焊好的定位块定位后,用螺栓紧固到钻机底座上。

六、润滑系统

JC70DB 绞车润滑系统中油脂润滑部位主要包括滚筒体两侧支撑轴承、四副鼓齿联轴器、水气仪表装置和水葫芦轴承、盘刹装置的刹车钳总成等;送钻减速箱箱体齿轮和轴承为独立润滑体系;左、右减速箱所有轴承和齿轮均采用强制喷油润滑。

(一)机油润滑

绞车左、右齿轮箱内共有 5 副齿轮和 16 副轴承,齿轮和轴承润滑方式均采用机油润滑,为保证油路系统内部压力恒定,管路上设有压力表和节流阀以及压力传感器等,通常情况下,压力设置调定在 0.2~0.8MPa 范围。在系统压力超出该范围时,通过系统压力传感器和二次仪表控制主刹车系统使主刹车制动,以免压力过低而导致减速箱因缺油而损坏。

绞车底座油箱上设有油标,绞车在开始使用及使用过程中应注意油标的观察,油量低于下限时应及时补充润滑油,以防造成轴承烧坏等不良事故。

（二）润滑脂润滑

绞车主要润滑部位包括滚筒两侧滚筒轴支撑轴承、连接电动机与齿轮箱输入轴齿式联轴器、齿轮箱输出轴与滚筒轴齿式联轴器、滚筒轴两端仪表装置、水葫芦轴承等部位，以及液压盘刹、自动送钻装置、电动机等部件的润滑。

任务二　防碰天车

石油钻机防碰天车装置的作用是当游动系统的游车大钩上到限定位置时，通过限定装置的作用，紧急刹车，使游动系统停止上升，防止碰撞天车，确保安全。用于石油天然气钻机的防碰天车装置类型主要有重锤式防碰天车装置、过卷阀式防碰天车装置和数显式防碰天车装置三类。

过卷阀式防碰天车装置由过卷阀、气源管线及工作管线组成。过卷阀下端的触杆可以调节其长短，将锁紧螺母松开，顺时针转动触杆，触杆上移变短，逆时针转动触杆，触杆下移变长，调节后拧紧锁紧螺母。

一、安装

过卷阀安装在滚筒上部绞车的横梁上，横梁上有滑动槽，过卷阀可在滑动槽内左右移动，待调整好固定。起升井架前可将过卷阀安装在滚筒上部绞车横梁的滑动槽中，但要卸掉过卷阀触杆，起升完成后，再装上触杆。调整安装滚筒过卷阀防碰装置前，应将重锤式防碰装置防碰阀的手柄置于关闭位置，即抬起重锤，并插入备用拉销锁定，使该装置不起作用。

（1）调整过卷阀位置和触杆伸出长度：

① 首先将过卷阀用螺栓连接在绞车横梁滑动槽中，但不要固定死，使其能够左右移动。

② 挂绞车低速，使游车上升至防碰高度（天车梁底部至游车顶部约6m）摘动力并刹住游车。

③ 调节过卷阀触杆，保证此时缠在滚筒上的最后一圈钢丝绳正好能触碰过卷阀阀杆，使触杆由铅锤位置被碰歪即开启位置，以此确定过卷阀在横梁上的左右位置和触杆的上下位置，过卷阀位置应在缠绕的钢丝绳方向的前面。调整就位后拧紧过卷阀的固定螺栓和触杆上的锁紧螺母。

（2）反复试验防碰性能2~3次，观察防碰反应，检查系统的动作是否符合要求，如刹车是否动作、系统的动力是否摘离等。

（3）调试妥当后，取出天车防碰器的备用拉销，搬动天车防碰器手柄至关闭位置，并插入带防碰绳拉销锁定，使两种防碰装置均处于待工作状态。

二、工作原理

因操作失误，当游车系统上升至限定位置时，滚筒上钢丝绳超过的预设圈数将过卷阀触杆拨倒，过卷阀内的顶杆顶开阀门，使气源口和工作气口接通，压缩空气经过卷阀防碰释放按钮进入防碰过卷阀，经换向阀至司钻房中的压力开关，压力开关发出信号给电控系统PLC，PLC断开盘刹控制阀的信号，盘刹控制阀关闭排气，盘刹刹车，同时，系统自动使绞车的给定为零，从而使游动系统停止上升。防碰起作用后，若检查各个系统均完好，需要解除，应压下司钻房内操作台上的防碰释放按钮，使盘刹钳松开，操作绞车给定手柄，使游动系统缓慢下放，游动系统到达安全高度区域后，司钻按下紧急刹车，应再次检查各个系统，并拨动防碰过卷阀触杆，检查防碰过卷阀的通气和断气是否正常,若均正常,将防碰过卷阀的触杆复位,钻机可以正常作业使用。

三、检查与维护

(1)每班的检查。每班交班前,应先将过卷阀顶杆压一下,试验过卷阀是否正常工作。每次检查后,滚筒挂合前必须按防碰释放阀,同时操作盘刹钳(或刹气缸)使它们松开,然后微转滚筒并将过卷阀顶杆扳至垂直位置使系统进入正常状态。只有确认过卷阀能够正常工作,才能使用绞车。

(2)每次试验后或在使用中防碰装置起作用后,滚筒挂合前必须按一下防碰释放阀,使刹带松开,并将过卷阀顶杆扳至垂直位置,使系统处于防碰工作状态。

(3)滚筒上的钢丝绳必须排列整齐,防碰过卷阀装置才能正常工作。

(4)如果在工作中防碰装置经常起作用,要查明是操作不当还是系统调整不当,必须对症解决。

任务三 钻机绞车操作使用、检查与维护及故障与排除

一、绞车的使用安全技术要求

(1)下钻时,为节约时间,合理地利用绞车功率,应根据大钩负荷,按规定选择合理的起升速度和挡位。

(2)链条是绞车的主要传动件,更换链条时应整盘更换。

(3)挂合换挡离合器时,动作要平稳,严禁猛烈撞击。

(4)绞车传动轴未停止转动前不得改变传动方向。

(5)挂合气胎离合器时动作要平稳。

(6)在上提钻具的过程中需要刹车时,必须先摘开低速或高速气胎离合器。

(7)下钻过程中严禁用水或油浇刹车鼓,以免造成刹车鼓龟裂或刹车失灵。

(8)起下钻前应先检查防碰天车。

(9)绞车运转过程中护罩必须整齐、装牢,严禁在运转过程中从事加注润滑脂或润滑油等进入绞车内部或靠近运转部位的作业。

(10)刹把在40°~50°应能刹住,在负载条件下不得调节刹带。

(11)遇到游车下放速度过慢、刹带离不开刹车毂的情况时,应设法调节,但不允许用橇杠橇刹带。

(12)每班应检查一次活绳端固定情况。

二、绞车常见故障及排除方法

当设备出现故障时,首先须区分该故障属于电控、气控、液控或机械故障,再分别加以分析处理。

当气控系统出现故障时,不可随便拆开阀件。因为气控阀件的失灵原因很多,有时并不是阀件本身有毛病,而是由于气路管线堵塞或空气压力大小(气源压力低、管线漏气)等原因引起,所以必须分段检查。具体的检查方法是:先由控制阀、控制管线至遥控阀件,分段打开管线接头,检查通气情况,如控制气路畅通,再检查通气情况,如不畅通,则证明阀件有问题,应先换上备用阀件继续使用。与有关技术部门取得联系,得到许可后再打开故障阀件进行检查,查清故障原因。

总之,当气控系统出了问题,应耐心细致地查明原因并正确处理,严禁盲目拆修阀件。

气控阀件有个特点:在连续使用期间工作情况一直很好,但在停用几天后忽然失灵了。这种情况在二位三通气控阀上更易出现,是因为阀芯在停用期间会产生水锈,使阀件活动部位阻力增大,工作失灵而漏气。遇到这种情况,可用手将常闭二位三通气控阀端部的放气口堵死,如漏气消除,说明阀芯生锈了,只需将阀芯反复活动几次即可正常工作,如果继续漏气,则需打开阀件检查原因。

当钻机打完一口井以后或经过一定时间(最长不超过三个月)后,应对整个气控系统进行一次维护保养,全面检查易损件的情况,做到及时更换和清洗,避免阀件在不正常的状态下工作,见表4-9。

表4-9　绞车常见故障及排除方法

故障现象	故障原因	排除方法
温升超标	润滑系统压力低	调整系统压力使达到0.2~0.5MPa
	管路堵塞	查找与发热部分相关的管路,排除堵塞
	润滑油变质	清洗、换油
	旋转零部件卡阻滞涩	找出根源对症解决
	油面过低,油池油量少,影响散热	补充润滑油至规定值
噪声超标	轴承损坏	更换轴承
	连接件或紧固件松动	找出根源对症解决
	系统共振	改变操作转速,避开共振区
	异常声响,异物进入机内或机内的零件脱落造成碰撞	找出根源对症解决,此类隐患须彻底排除
从轴颈处漏油	腔内油蒸气压力过高	检查呼吸阀,消除异物
	油封损坏	更换油封
	润滑油太稀	根据季节选择适当的油品
从护罩处漏油	护罩变形	护罩整平
	密封不良	找出根源对症解决
润滑油压力过低	过滤器堵塞	清洗或更换
	油位偏低	补充润滑油至规定值
	油泵故障	检修油泵或故障
操作阀漏气不换向	操作阀弹簧坏	更换
	操作阀锈死,污物卡死	更换或清洗
	操作阀内壁有锈	用手堵住跑气口跑气可消除或使用一段时间即可
导气龙头漏气	电碳铜破裂,密封圈磨损	更换
导气龙头过热	未加润滑脂	及时加注润滑脂
快速放气阀放气不畅	阀门有污物,卡死	检查清洗
	气路未断气	检查气路,排除故障
推盘离合器不能摘开	气路未断气	检查气路,排除故障
	快速放气阀故障	检查更换快速放气阀

故障现象	故障原因	排除方法
气源压力过低	气路渗漏或断开	检查气路,排除故障
	离合器气囊破裂漏气	检查气囊,换新
	管路部分堵塞	检查气路,清除堵塞物
电磁阀不换向	阀门锈死,夹入污物	更换或清洗
	电磁线圈烧坏	更换电磁线圈
水葫芦轴端漏水	水气葫芦密封损坏	更换密封件
防碰失效	防碰阀上挡杆失效	调整挡杆
	防碰阀故障	更换防碰阀
	气路不通	检查气路,更换堵塞管线

项目四　钻机绞车的主刹车机构

【项目描述】　绞车的刹车机构包括主刹车机构和辅助刹车机构,主刹车用于各种刹车制动,辅助刹车仅用于下钻时将钻柱刹慢,吸收下钻能量,使钻柱匀速下放。

【学习目标】　掌握绞车的刹车原理以及使用维护方法。

任务一　带式刹车

一、带式刹车的结构组成

带式刹车机构主要由控制部分(刹把)、传动部分(刹带轴、刹把轴、曲拐、连杆)、制动部分(两根刹带、刹带块、刹带吊耳及机械换挡机构)、平衡梁和气刹车等组成。如图 4-13 所示是单杠杆刹车机构,如图 4-14 所示是双杠杆刹车机构,如图 4-15 所示是绞车刹带,如图 4-16 所示是绞车刹车机构平衡梁的安装及调整装置。

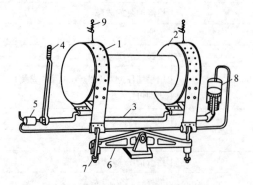

图 4-13　单杠杆刹车机构

1—刹带;2—刹车鼓;3—杠杆;4—刹把;5—司钻阀;
6—平衡梁;7—调节螺杆;8—刹车气缸;9—弹簧

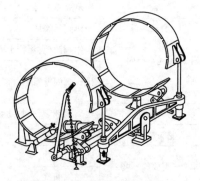

图 4-14　双杠杆刹车机构

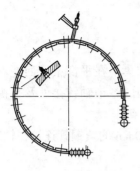

图 4-15　绞车刹带

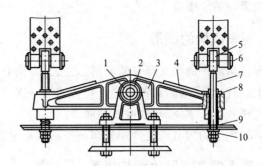

图 4-16　绞车平衡梁的安装及调整装置

1—轴；2—立柱；3—平衡梁；4—专用扳手；5—拉环；
6—小轴；7—螺杆；8—套筒；9—弹簧；10—调整螺母

两根刹带完全相同,一般为 6mm 厚的圆形钢带。钢带的两端分别铆接活端吊耳,钢带的内壁衬有用石棉改性树脂材料压制而成的刹车块,刹车块用沉头铜螺钉固定在钢带上。一般沉头铜螺钉沉入深度为 16mm,因此当刹车块磨损 16mm 时,必须更换。

二、刹把调节与刹带、刹车块的更换

(一) 刹把调节

在钻井过程中随着刹车块磨损量的增加,刹把终刹位置逐渐降低,当刹把终刹位置与钻台面夹角小于 30° 时,操作不便,因此,必须对刹带进行调节。调节时,先用平衡梁上的专用扳手松开锁紧螺母,调节拉杆的长度,直到刹紧刹车鼓时,刹把与钻台面的夹角为 45° 时为止,然后拧紧锁紧螺母。

两刹带应同步调整,使其均匀受力,刹住滚筒时平衡梁应处于水平位置,刹把终刹位置 45° 最佳;松刹时平衡梁两端调节套下端面与调节螺杆底座上端面之间的间隙为 7mm。

严禁游车在起升或下放时调整刹把;刹带调节螺母的转动方向切记不可调反;调节完必须试刹车后再摘开吊卡,以防刹车失灵造成顿钻。

(二) 更换刹带

更换刹带时,先卸下刹带拉簧、托轮和刹带吊耳,然后将刹带向内移到滚筒上,再往下将其取出。决不能用猫头绳硬将其拉出,以免造成刹带失圆。若刹带失圆或新刹带不满足圆度要求时,应对刹带进行整圆。

刹带整圆方法是:以刹带半圆为半径在钻台上画圆,将卸下的刹带与该圆比较,用大锤对刹带不圆处敲击整圆,直到刹带与所画半圆一致为止。调节或更换刹带后,都应调节刹带上方的拉簧,以及后面和下面的托轮位置。

(三) 更换刹车块

当刹车块磨损量达到其厚度的一半时,就要更换刹车块。更换时,最好单边交叉更换,以免由于新刹车块贴合度差而刹不住车。

刹带摩擦片应全部更换,其固定螺栓要齐全紧固;两刹带尽量避免同时更换,以防新刹车块贴合度差,造成刹车失灵。更换刹带前必须盖好井口,以防井下落物;上卸刹带时,不能将手放于刹带与刹车鼓之间活动刹带,以防挤伤手指;若刹带严重失圆或扭曲不能再使用,以防影响刹车效果而造成事故。

三、刹车机构的润滑

刹车机构除平衡梁支座上的润滑点外,其余所有润滑点均集中在平衡梁下面左右两块润滑孔板上,用锂基润滑脂对各润滑点每天注油一次。刹车机构的各销轴铰接处及平衡梁两端的球面支座处应经常浇 30 号机械油润滑。

滚筒轴承座的润滑点也分别分布在左右孔板上,用直径 10mm 的紫铜管连接在轴座上。

四、带式刹车常见故障与排除

(1)刹把压到最低位置仍刹不住滚筒。

原因:刹车块与刹车鼓之间有油;刹车块过度磨损,黄铜螺钉帽与刹车鼓接触;刹把终刹位置过低。

解决办法:擦净落油并查找原因;更换刹车块;调节刹把终刹位置,使其达标。

(2)刹把终刹位置合适,但操作刹把刹车不灵敏。

原因:刹车间隙过大,不均匀,刹车块和刹车鼓之间有脏物;刹把与曲拐轴连接键活动或脱落;刹带轴与曲柄连接键活动或脱落。

解决办法:调节刹带吊钩弹簧螺母及前后拖轮,使刹车间隙在 1.5~2mm 范围;擦净刹车鼓上的脏物;紧固刹把与曲拐轴、刹带轴与曲柄之间的连接键。

(3)刹车气缸刹车不灵。

原因:刹车气缸活塞杆与曲柄的夹角不合适,刹车气缸的气管线有泄漏,刹车气缸上的管线接头松动漏气;司钻台上的刹车开关有故障。

解决办法:调节刹车气缸的位置使活塞杆与曲柄之间夹角合适;更换泄漏的管线;拧紧刹车气缸管线接头;更换刹车气缸控制阀。

(4)吊钩空载时游车下放慢或放不下来。

原因:刹车间隙过小;刹车间隙不均匀,部分刹车块与刹车鼓接触;天车或游车滑轮轴承损坏卡死;防碰装置起作用后未按防碰释放阀。

解决办法:调节刹带吊钩弹簧螺母及刹带前后拖轮,保持合适刹车间隙;更换天车或游车;按下防碰释放阀,使游车下放。

任务二　液压盘式刹车

一、概述

(一)装置组成

PS 系列液压盘式刹车装置由三部分组成:制动执行机构、液压站及操作台,它们之间用液压管线连接,如图 4-17 所示。液压站是动力源,为执行机构提供必需的液压动力;操作台是动力控制环节;执行机构是制动执行部分,它由刹车钳、钳架、刹车盘三部分组成,其中刹车钳又分为常开式工作钳和常闭式安全钳两种形式。

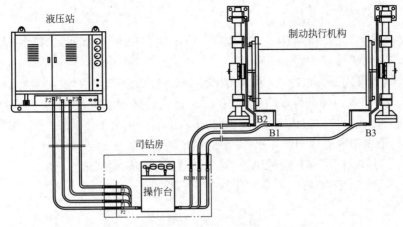

图 4-17　液压盘式刹车装置示意图

(二)功能

(1)工作制动:通过操作刹车阀的控制手柄,调节工作钳对制动盘的正压力,从而为主机提供大小可调的刹车力矩,满足送钻、起下钻等不同工况的要求。

(2)紧急制动:遇到紧急情况时,按下红色紧急制动按钮,工作钳、安全钳全部参与制动,实现紧急刹车。

(3)过卷(防碰)保护:当大钩提升重物上升到某位置,由于操作失误或其他原因,应该工作制动而未实施制动时,过卷阀或防碰阀会发出信号,工作钳和安全钳全部参与刹车,实施紧急制动,避免碰天车事故。

(4)驻车制动:当钻机不工作或司钻要离开操作台时,拉下驻车制动手柄,安全钳刹车,以防大钩滑落。

二、工作原理及结构特征

(一)制动执行机构

制动执行机构主要包括:工作钳、安全钳、刹车盘和钳架四部分,其结构及布置如图 4-18 所示。

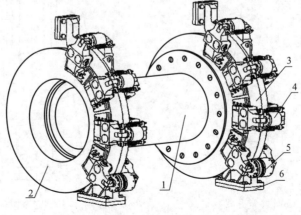

图 4-18　制动执行机构

1—滚筒;2—刹车盘;3—刹车钳架;4—工作钳;5—安全钳;6—支座

1. 刹车盘

刹车盘是刹车系统的核心部件之一,与刹车块组成刹车副。一般每台产品配备两个刹车盘,安装在绞车滚筒两端。

刹车盘按结构形式分为水冷式、风冷式和实心三种。

(1)水冷式刹车盘内部设有水冷通道,在刹车盘内径处设有进、出水口;外径处设有放水口,用来放尽通道内的水,以防止寒冷气候时刹车盘冻裂。正常工作时,放水口用螺塞封住;刹车系统工作时,给刹车盘通冷却循环水,以平衡刹车副摩擦产生的热量。

(2)风冷式刹车盘内部有自然通风道,靠自然通风道和表面散热。

(3)实心刹车盘靠表面散热,主要用于修井机和小型钻机。

2. 工作钳

工作钳主要由常开式单作用油缸、复位弹簧、杠杆及刹车块组成,其工作原理如4-19所示。

工作钳的工作原理是:当给常开式单作用油缸输入压力油 p 时,产生理论推力 F,大小为 $F = p \times A$,其中 A 为活塞面积。推力 F 推动油缸活塞,同时也作用到缸体后端盖,推动油缸缸体向后移动。当刹车块接触刹车盘时,通过杠杆将推力 F 传递到刹车块端,从而作用于刹车盘,产生正压力 N。在正压力 N 的作用下产生摩擦力,即制动力。因为制动力与油压 p 为正比例变化关系,当油压 p 达到一定值时,刹车盘处于全制动状态;随着油压 p 值变小,制动力也随之降低;当油压 $p = 0$ 时,在复位拉簧的作用下,杠杆回到原始位置,使刹车块脱离刹车盘,工作钳处于完全松刹状态。

3. 安全钳

安全钳主要由常闭式内置蝶形弹簧组的单作用油缸、杠杆机构和刹车块组成,其结构及工作原理如图4-20所示。安全钳的工作原理与工作钳相反。当常闭式单作用油缸内油压 $p = 0$ 时,内置的蝶形弹簧通过两个杠杆将力传递给刹车块而作用于刹车盘上,产生正压力 N,实现刹车;而当油缸内油压不为0,即有油压时,油压力克服蝶形弹簧力压缩蝶形弹簧,经杠杆实现松刹。通过调节调节螺母可以实现刹车块行程距离的调整。

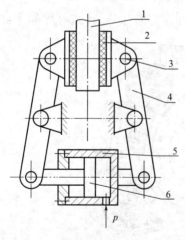

图 4-19 工作钳(常开式)
1—刹车盘;2—刹车块;3—销轴;
4—杠杆;5—油缸;6—活塞

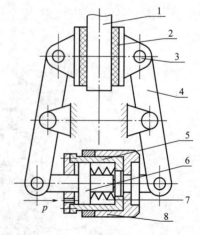

图 4-20 安全钳(常闭式)
1—刹车盘;2—刹车块;3—销轴;4—杠杆;5—油缸;
6—活塞;7—蝶形弹簧;8—调节螺母

4. 钳架

钳架是执行机构的基座,工作钳及安全钳均安装在该基座上。通常配备两个钳架,安装在绞车的底座上,位于滚筒两侧的前方。

刹车块由于磨损或其他原因失效时,必须更换,否则,容易发生溜钻、顿钻事故。

更换刹车块的准备工作:

(1)安全钳必须在给压状态下,调节调整螺母使刹车块间隙开到最大,然后卸掉油缸内的压力。

(2)工作钳必须在无压的状态下,调紧拉簧使活塞复位。

(3)把连接刹车块的8个螺柱拧下后,即可将旧刹车块取下。依次把需更换的旧刹车块全部拆下。取下刹车块时,先取最上部或最下部刹车钳的刹车块,沿圆周方向把刹车块依次取出;再依次按反方向把新刹车块装上连接好。新刹车块更换好后需重新调整刹车间隙。

(二)液压站

液压站包括油箱组件、泵组、控制块总成、加油组件、电控箱等。

1. 油箱组件

油箱组件包括油箱、吸油阀、放油阀、液位液温计、冷却器等元器件。其中,吸油阀门的功能为维修油泵时,关闭该阀,使油箱与油泵吸油口断开,防止液压油外泄。正常工作时,处于开启状态。放油阀门是为了更换液压油而设,正常工作时,处于关闭状态。液位液温计供观察油箱液面高低及油箱油温。冷却器为列管式水冷冷却器,用来平衡整个系统的发热,可根据系统的工作温度确定是否投入使用。需冷却时,将旁路截止阀关闭,冷却水接通;不需冷却时,则将旁路截止阀开启,冷却水关闭。

2. 泵组

泵组为液压系统的心脏。系统配备两台同样的柱塞泵,分别由防爆电动机驱动,一台工作,另一台备用,工作时可交替使用。

3. 控制块总成

控制块总成主要由油路块、蓄能器、截止阀、单向阀、安全阀和高压滤油器等元器件组成。

(1)蓄能器可降低液压回路的压力脉动,并在泵无法正常工作时提供一定的储存能量,保证工作钳仍可正常制动5~6次。

(2)截止阀用来释放蓄能器油压,在正常工作时,截止阀一定要关严。否则,系统压力将建立不起来。

(3)单向阀的作用是把两台泵的出油口隔开,使其形成三个相互独立而又相互联系的油路,保持蓄能器的油液不回流。

(4)安全阀是一个溢流阀,起安全保护作用。

(5)高压滤油器用来过滤系统高压油,保证液压系统的清洁。

4. 加油组件

加油组件由一台手摇泵、一台过滤器组成。油箱加油时,通过加油泵组完成,以保证油液的清洁度。

5. 电控柜

液压站的电控柜主要用来控制电动机和加热器的启动、停止,电控柜采用隔爆处理。

（三）操作台

操作台包括刹车阀组件、驻车阀组件、控制阀组、管路、压力表等。

1. 工作制动

工作制动是由刹把控制刹车阀实现的。刹车阀为手动比例减压阀，阀的输出压力随着拉动刹把而呈比例变化。对应刹把所处的不同位置，刹车阀的输出压力由 0 到最大系统压力变化。刹把拉动角度越大，工作钳油缸的压力就越大。刹把推到原始位置，阀输出压力为 0，工作钳松闸。

2. 驻车制动

驻车制动阀为手动换向阀，拉动手柄，驻车制动阀换向，使安全钳油缸卸压，弹簧力使安全钳实现驻车制动。

解除驻车制动时，必须先将刹把拉至"刹"位，使刹车阀的输出压力控制误操纵保护阀换向，再推动驻车制动阀手柄，将压力油输入到安全钳油缸，克服蝶形弹簧力，解除驻车制动。

3. 紧急制动

紧急制动是由紧急按钮阀控制的，该阀是一个手动换向气阀，控制气控换向阀。当按下紧急制动按钮时，切断气源，气控换向阀弹簧复位，实现安全钳制动；同时，液控换向阀因控制端失压而换向，压力油直接进入工作钳，实现工作钳制动，即所有制动钳制动，实现了紧急制动。

解除紧急制动时，同上述解除驻车制动一样，必须先将刹把拉至"刹"位，再拔出紧急制动按钮，才能解除紧急制动。

4. 过卷（防碰）保护

当大钩提升重物上升到某位置，出于操作失误或其他原因，应该工作制动而未实施制动时，天车附近处安装的气动行程阀（或绞车上安装的防碰阀）由于外力碰撞而动作，使气路接通。过卷（防碰）保护操作分常供气、常断气两种情况：

（1）常供气，即正常工作时，气控换向阀控制端通气源，这时，由过卷阀输出的气信号控制气控换向气阀换向，切断气源，实现紧急制动。

（2）常断气，即正常工作时，气控换向阀不通气，过卷阀输出的气信号直接控制气控换向阀换向，实现紧急制动。

5. 误操纵保护

需要解除驻车时，必须先把刹把拉至"刹"值，再推驻车手柄。若司钻操纵时，没有按照规程执行，先推驻车手柄，此时，驻车制动不但没有解除，反而工作钳也处于全制动状态，实现误操纵保护功能。误操纵保护强迫司钻必须按规程操作。

三、维护与保养

盘式刹车装置维护的重点在液压回路和制动钳油缸上。下面所提到的项目以及保养计划所列的内容，在使用中均应进行例行保养。

（一）刹车盘的保养

1. 液面

必须经常检查液面并及时补油。当系统中的液面减少到最低液面以下时，可能引起温升、不溶解空气积聚、泵因气穴而失效、电加热器外露而引起局部温度升高,使油液分解变质,从而引起系统故障。

液面下降,说明有渗油或漏油的地方,要及时检查维修。

2. 油温

液压油的工作温度,允许最高值为60℃,因为更高温度会加快油液的老化,并缩短密封件和软管的寿命。必须经常监测油箱中的油液温度。油温逐渐升高,表明液压油可能被污染或形成胶质,或柱塞泵磨损。油温突然升高是报警信号,应立即停机检查。

3. 压力表

经常观测液压站上压力表的压力值,特别是系统压力表,压力应当稳定于设定值,并定期校定压力表。

4. 滤油器

回油滤油器带有目测式堵塞指示器,指针在绿区时,滤芯正常;黄区时,轻微堵塞;红区时,严重堵塞,必须清洗滤油器壳体并更换滤芯。每天在工作温度达到正常值时,至少进行一次检查,或者每当交接班时,下一班司钻检查一次。

高压滤油器带有目测式堵塞指示器,红色柱塞顶出时表示已堵塞,必须清洗滤油器壳体并更换滤芯。每天在工作温度达到正常值时,至少进行一次检查,或者每天交接班时,下一班司钻检查一次。但若低于正常工作温度,在升温初始阶段,可能因为流动阻力较大而使红柱塞顶出,要注意区别红色柱塞的位置。

空气滤清器只用于当油箱液面升降时过滤进出油箱的空气。每隔一至三个月检查并清洗或更换一次滤芯。

5. 蓄能器组

必须经常检测蓄能器的充气压力。检测时,停机并卸掉蓄能器内的油压,拆下外护帽及内护帽,连好充氮工具,轻拧旋钮,测量压力(确定压力表在近期经过校验且状况良好)。若压力不足4MPa时,把该接头连到氮气瓶上,拧下旋钮即可充气。

卸压时,打开所有的截止阀,即能释放蓄能器的油压。正常工作时,截止阀一定要关严,否则,系统压力将建立不起来。

6. 泵组

检测泵组,必须保持两台泵组都处于良好的工作状态。

7. 防碰天车系统

过卷(防碰)阀应经常检测,确保其性能可靠。特别在冬季,压缩空气里可能含有水分,气路因天气寒冷而发生结冰堵塞现象,引起防碰失灵。防碰系统需每天试用一次,确保能够正常工作。

8. 工作钳

在交接班时需检测刹车块的厚度以及油缸的密封性能。随着刹车块的磨损(单边磨损1~1.5mm),需调节拉簧的拉力,使刹车块在松刹时能返回,且间隙适当。当刹车块厚度仅剩12mm时,必须更换。

9. 安全钳

需经常检测松刹间隙(至少一周一次)、刹车块的厚度以及油缸的密封性能。如果刹车盘与刹车块之间的间隙大于 1mm,必须调整,松刹间隙为 0.5mm 左右;当施行紧急刹车操作后,也必须重新检查调整松刹间隙。当刹车块厚度磨损到只有 12mm 时,必须更换。为了确保安全钳的使用可靠性,油缸内蝶形弹簧组每 12 个月至少更换一次。

10. 快速接头、液压管线

每天检查所有快速接头两次,确保连接良好。特别移动管线或意外碰到管线后,严格检查液压管线是否损坏,快速接头是否虚接,确保液压管线无损伤,快速接头连接良好。

11. 结构件

对于结构件的检查保养主要是指制动钳的杠杆、销轴、油缸、钳架、刹车盘、接头以及所有紧固件,应检查这些零件是否有损坏、变形、裂纹和其他可能存在的问题。检查所有紧固件是否松动,必要时应及时紧固。

(二) 刹车盘的检查

1. 磨损

刹车盘允许的最大磨损量为 10mm(单边 5mm),应定期检查测量每个刹车盘工作面的厚度。

2. 龟裂

刹车盘在制动过程中因滑动摩擦而产生大量热量使盘面膨胀,而冷却时又趋于收缩,这样冷热交替容易产生疲劳应力裂纹。随着使用时间的延长,如果最初的微小应力裂纹扩展较大时,应引起足够重视,并采取修补措施。例如,可以用工具沿裂纹处磨掉一些,以便检查裂纹深度,对裂纹进行焊接修补,最后用砂轮打磨平整。

3. 油污

工作盘面上不允许沾染或溅上油污,以免降低摩擦系数,降低刹车力,以致造成溜钻事故。但滚筒在运动过程中,钢丝绳上的油有时难免会飞溅到刹车盘的工作面上,因此要经常检查清除。

4. 循环水

对于水冷式刹车盘,在使用过程中,应经常检查冷却循环水,确保冷却循环水存在,并且管线畅通。冬季位于寒冷地带,钻机不工作时,务必将刹车盘中的冷却水排尽,避免盘内结冰将盘冻裂。

(三) 其他

(1)钳架、钳体的焊缝是否有裂纹、腐蚀等问题,如有必要则要维修或更换;半年至少检查一次。

(2)检查活动部件是否有粘连现象,特别是杠杆销轴处。因为刹车粉尘的堆积容易造成润滑不良等后果,一个月加注润滑油脂一次,保证润滑良好。

四、故障检修

表 4-10 给出了一些潜在的故障现象和可能引起故障的原因,供检修时参考。

表 4-10　故障现象和原因

故障现象	可能原因
系统压力不合适	泵的调压装置没有设置正确或失灵
	系统安全阀设置不正确或失灵
	蓄能器的截止阀未关严
	油箱液位太低
	液压油受污染,油脏
	泵的吸油、回油管路上截止阀没有打开
油温过高	安全阀压力设置太低,或阀失灵而旁流
	油箱液位太低
	液压油受污染,油脏
噪声过大或振动	油箱液位太低
	吸入和回油管接头松而使系统有气
	电动机和泵轴不对中
	电动机底座螺栓松动
液压操作不灵敏	供油压力过低
	系统压力过低
	供油滤芯被堵塞
	蓄能器漏失或预压力过低
	控制阀被堵塞或有缺陷
	压力油漏失
销轴粘连	润滑不良
	刹车粉尘堆积在销轴或轴孔处
	过度磨损或腐蚀
	零件损坏
主刹车钳释放缓慢	回油阻力大
	复位弹簧刚度太弱

任务三　伊顿刹车

美国伊顿公司生产的 WCB 系列水冷却盘式刹车,如图 4-21所示,是目前比较理想的辅助刹车,它特别适用于大转动惯量的制动以及快速散热。WCB 刹车可以安装在轴的中间,也可以安装在轴的末端。坚固的结构可以确保其长时间无故障运行。

一、伊顿刹车的技术参数

伊顿刹车的技术参数见表 4-11。

图 4-21　伊顿刹车

表 4-11　伊顿刹车的技术参数

型号	摩擦盘的最大转速,r/min		静摩擦盘拧紧扭矩,N·m	静摩擦盘尺寸,in		进出水口尺寸与螺纹代号
	最大磨合转速	摩擦盘最大转速		内径	外径	
8WCB	2150	3580	7	106	212.7	1/2-14NPT
14WCB	1260	2045	16	181	365.1	1/2-14NPT
18WCB	955	1600	28	279	463.5	1/2-14NPT
24WCB	715	1200	28	324	619.1	3/4-14NPT
36WCB	475	700	54	419	932.1	11/4-11NPT

二、伊顿刹车的结构组成

伊顿刹车主要由安装法兰组件(左定子)、气缸(右定子)、静摩擦盘、动摩擦盘、复位弹簧、活塞、齿轮转子组成,其结构如图 4-22 所示。

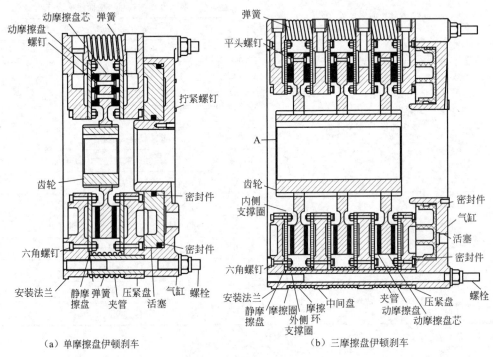

（a）单摩擦盘伊顿刹车　　　　　（b）三摩擦盘伊顿刹车

图 4-22　伊顿刹车的结构

(一)安装法兰组件

安装法兰组件由安装法兰盘、静摩擦盘、连接螺栓等组成,安装法兰组件构成该辅助刹车的定子。静摩擦盘通过螺栓固定在安装法兰盘上,二者皆是圆环件,在安装法兰盘顶部设置有冷却水出口。

(二)摩擦盘组件

摩擦盘组件由动摩擦盘、动摩擦盘芯、齿轮等组成。动摩擦盘通过螺栓固定在动摩擦盘芯上,每个动摩擦盘芯上固定两个动摩擦盘。动摩擦盘芯是圆盘件,其内径是内齿圈,与齿轮啮合,因此,摩擦盘组件构成该辅助刹车的转子。若有两个动摩擦就称为双摩擦盘的 WCB,依此类推。

(三)气缸总成

气缸总成由气缸、活塞、压紧盘组件、复位弹簧等组成。气缸的下部有锥螺纹进气孔,在气缸的环形空间中装有活塞,活塞可沿气缸内孔左右移动,从而推动压紧盘压紧摩擦盘。压紧盘组件由压紧盘、静摩擦盘、螺栓等组成,静摩擦盘通过螺栓固定在压紧盘上。在压紧盘的顶部设置有冷却水出口。压紧盘可沿螺栓上的夹管左右移动,其作用是推动摩擦盘,产生制动力矩。复位弹簧安装在安装法兰与压紧盘之间,其作用是使压紧盘复位,使静动摩擦盘脱离。

三、伊顿刹车的工作原理

当来自钻机气控制系统的压缩空气从气缸上的进气孔进入气缸后,推动活塞向左移动,活塞推动压紧盘移动,压紧盘克服弹簧力向左移动,将动摩擦盘压紧,从而产生制动力矩。当切断气缸进气孔处的压缩空气时,压紧盘在弹簧的作用下向右移动,推动活塞复位,同时动摩擦盘脱离两个静摩擦盘,使得盘式刹车处于非工作状态。

四、伊顿刹车的特点

(1)操作平稳,既可以匀速下放钻具和套管,又可以将其刹死,因此可用于紧急制动和夹持锁死大钩负荷。

(2)由于施加的气压与产生的刹车扭矩成线性正比,因此可为自动送钻提供最佳的控制。

(3)伊顿刹车摩擦材料面积大,允许磨损的容量大,抗磨损性能好,热容量高,各件寿命长。

五、伊顿刹车操作使用

(一)钻进中

(1)启动循环电泵,并检查刹车入口处水压是否小于 0.45MPa。

(2)接完单根下放钻具前先开泵,钻井液返出井口,泵压正常后司钻左手再合绞车低速上提钻具 0.2m 刹车,内外钳工摘开吊卡。

(3)司钻右手抬刹把,左手轻轻上抬刹车手动调压阀手柄,眼看指重表、泵压表,余光观看刹车压力值及钻具下行速度,控制钻具下行速度不要太快,确保钻头快到达井底时能操作刹把稳稳刹住下行的钻具。

(4)当方钻杆的外接头距转盘面 3~5m 时,缓慢上抬手动调压阀手柄,逐渐增大刹车力,当方钻杆接头距转盘面 1m 左右轻按刹把,方钻杆接头入转盘面后刹住钻柱,左手将伊顿刹车手柄拉回到初始位置。左手两次挂合转盘操作手柄启动转盘,右手轻抬刹把下放钻具,使钻头轻轻接触井底,并施加 20~30kN 钻压,恢复钻进。

(二)起下钻过程中

(1)当将立根与用吊卡坐在井口的井中钻柱对扣、液压大钳紧扣后,司钻左手采用"二次启动法",即连续挂合三次低速手柄,"一起、二带、三负荷",观察滚筒刚要转动时右手抬起刹把,滚筒顺时针旋转缠绳,游动系统低速上行,上提钻具 0.2m 按刹把刹车,内外钳工摘开吊卡。

(2)司钻右手抬刹把,左手轻轻上抬伊顿刹车手动调压阀手柄,眼看指重表,余光观看刹车压力值及钻具下行速度,控制钻具下行速度不要太快。

（3）当最上面立根的母接头距转盘面3～5m时，缓慢上抬手动调压阀手柄，逐渐增大刹车力，当钻杆母接头距转盘面1m左右右手轻按刹把，当内接头距转盘面0.5m刹住钻柱。

（4）左手将伊顿刹车手柄拉回到初始位置。内外钳工坐吊卡，司钻抬手柄将井中钻柱轻轻坐在吊卡上，准备接下一个立根。

六、伊顿刹车使用注意事项

（1）使用刹车前必须启动水泵，严禁在无水情况下使用刹车。

（2）注意监测刹车出水温度，没有装温度表的刹车，可用手感觉一下刹车出水处的大概温度，刹车过热时，立刻检查冷却水系统。

（3）刹车有异常响动时，检查有无相碰的地方。

项目五　钻机绞车的辅助刹车

【项目描述】　水刹车是深井钻进时，用来减缓钻具下降速度的一种水力阻尼装置。它与绞车装在同一旋转轴上，在向井内下放钻具时，其转子与绞车同轴转动，搅动存于水刹车内的水而使转速减慢。

【学习目标】　掌握水刹车和电磁涡流刹车的原理与使用。

任务一　水刹车

水刹车的用途是为了达到预期目的，下降钻具时利用水刹车产生阻力矩，以平衡由于钻具重力作用施于卷筒上的驱动力矩，使钻具以匀速下降。

在深井作业时，必须使用水刹车。当下钻具时，卷筒驱使水刹车的转子在水室内相对于定子和水做回转运动。此时液体在水室内流动有两种状态：一种为惯性液流，液体随转子运动时，由于惯性作用，产生逆转子回转方向的液流；另外一种为环流，液体转子回转，由于离心力作用使液体沿叶片间通道由轴心向外加速流动，到达外缘时，以较高的速度流向定子叶片间内，并由外缘向轴心流动，然后又进入转子轴心。叶片具有一定的倾斜度，目的在于加速环流。由于液体的惯性液流和环流对转子产生的摩擦力矩与环流力矩，其作用方向与回转方向相反，通常称为阻力矩（M）。于是，水刹车的阻力矩与下降钻具重力作用于卷筒上的驱动力矩平衡时，钻具以匀速或接近匀速下降。此时，钻具在重力作用下所做的功，通过转子在水室内的运动，转变为液体的热能，由循环水带出机体外部。就是说，水刹车的工作原理是对钻具下降速度的调节，不是对下降的钻具进行直接制动。

使用水刹车时的安全技术要求主要有：

（1）水刹车内无水时严禁使用，以防烧坏胶木圈。

（2）转子叶片有方向性，安装时不能装反。

（3）悬重达到300kN时应使用水刹车。

（4）冷却循环水的温度不能超过75℃，否则会因过热而产生水蒸气，减弱制动效果。

（5）水刹车工作正常时，排水孔只允许有少量的水流出。

（6）水刹车用的循环水必须干净，防止污染或含盐水对水刹车内部产生腐蚀。

（7）冬季使用完水刹车时，待水冷却后再放掉；放水时要放净，以防冻坏水刹车。

任务二　电磁涡流刹车

电磁涡流刹车是一种无直接机械摩擦损耗的刹车装置。它利用电磁感应原理产生一个与滚筒旋转方向相反的作用力来实现刹车制动。DWS70型涡流刹车就是这样一款辅助刹车设备。

一、技术规范

DWS70型涡流刹车作为钻深7000m的海洋或陆地钻机的辅助刹车，其技术规范见表4-12。

表4-12　DWS70型涡轮刹车技术规范

型号	DWS70
最大扭矩，N·m	110000
钻井深度（用4½in钻杆），m	7000
作用原理	感应涡流制动
线圈个数，个	4
每个线圈额定电阻（20℃时），Ω	10.722
线圈绝缘等级	H级
励磁功率，kW	23
励磁电流（四线圈并联时），A	84
需用冷却水量，L/min	560
最大出水温度（当进水温度42℃时），℃	78
质量，kg	11000

二、结构

电磁涡流刹车由刹车主体、可控硅整流装置及司钻开关等三部分组成。

（一）刹车主体

刹车主体由两个基本部分组成，如图4-23所示。其一为静止部分，称为定子；其二为转动部分，称为转子。在定子与转子之间有一定的气隙，称为工作气隙，电磁涡流刹车的刹车主体采用外电枢结构形式，也就是说，其转子在定子外面旋转。

刹车的定子由磁极和激磁线圈构成。磁极是磁路的一部分，磁导率高，矫顽力小，下钻时有用制动扭矩大，而起空吊卡时无用制动扭矩小。激磁线圈是刹车的电路部分，工作时通以

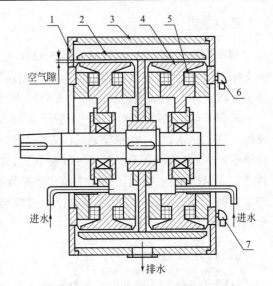

图4-23　电磁涡流刹车结构示意图

1—端盖；2—转子；3—机座；4—定子；5—激磁线圈；6—上呼吸器；7—下呼吸器

直流电流,它固定于磁极上,与磁极组成一个整体成为定子。刹车在运行时要产生大量的热量,因此激磁线圈采用了耐高温的电磁线与相应的绝缘材料,以保证线圈在高温下仍具有良好的绝缘性能。刹车的转子通过齿式离合器与绞车滚筒轴相连,由绞车滚筒驱动,与滚筒同速旋转。转子既是磁路的一部分,又是电路的一部分,采用电工钢制成。它和定子磁极、工作气隙构成刹车的完整磁路。

(二)可控硅整流装置

可控硅整流装置由整流变压器和可控硅半控桥式整流电路组成,用以将钻机交流发电机或交流电网供给的交流电压变成可调直流电压,给激磁线圈通以可调直流电流。

考虑到使用电磁涡流刹车进行下钻作业时,其下钻速度的调整精度、调节系统的稳定性以及过渡过程动态品质方面的指标都要求不高,因此采用比较简单的闭环调节系统即可满足钻井工艺的要求。通过调节激磁线圈的直流电流,便可调节刹车的制动扭矩,从而改变钻具的下放速度。

(三)司钻开关

司钻开关实际上是一台可调的差动变压器,由铁芯、线圈、调节机构等部分组成。将铁芯位置的变化转换成交流信号电压的变化,经桥式整流作为给定信号电压,去控制可控硅的导通角,达到改变直流电压,从而改变激磁线圈直流电流,改变制动扭矩,调节滚筒转速的目的。

三、冷却系统

涡流刹车与绞车的滚筒共用一个水冷却系统,由一个水泵供应冷却水,流经刹车的冷却水返回一个容积为 $40m^3$ 的水箱以便散热,刹车需用的冷却水量为 $560L/min$ 确保涡流刹车的进出水温度在规定的范围内。水质要求含有较低的矿物质(pH 值不超过 $7~7.5$),如果水质不符合要求,则需进行化学处理。

四、安装

刹车本身带有支架,可直接安装于钻深为 7000m 的绞车上,如果应用于其他钻机则应更换支架,刹车轴端装有齿式离合器与滚筒相连接,请注意此处不需要也不允许用单向离合器,因刹车转子需要与滚筒一起在两个方向同步回转以保证转子能通过冷却水得到冷却。

从刹车排出的冷却水经过一个漏斗返回水箱,漏斗与排水接头稍离一段距离以保证排水流畅。当无回水泵时,水箱安装的位置应与涡流刹车内的冷却水有足够的水位差,使冷却水能自流返回,刹车两侧各有一个 $1\frac{1}{2}in$ 溢流管,此管不允许堵塞,以防止内腔水位上升致使轴承锈蚀。应当指出,电磁涡流刹车的冷却水必须在溢流管有一定的水流出时为适宜,从而保证冷却水在涡流刹车内有一定的水位高度。否则会造成涡流刹车过热,甚至烧坏线圈,导致涡流刹车损坏而无法正常工作。

五、作用原理

电磁涡流刹车又称电磁涡流制动器。它是一种将钻具下钻时产生的巨大机械能转换成电能,又将电能转换为热能的非摩擦式能量转换装置。这种能量的转换及强有力的制动过程,是通过电磁感应原理完成的,而不是通过摩擦式或其他形式的摩擦副完成的,没有任何磨损件。

制动时产生的巨大热量,通过水介质进行吸收与交换。当刹车工作时,在它的激磁线圈内通入直流电流,于是在转子与定子之间便有磁通相连,使转子处在磁场闭合回路中。磁场所产生的磁力线通过磁极→气隙→电枢→气隙→磁极,形成一个闭合回路。下钻时,绞车滚筒旋转,通过离合器驱动转子以相同转速在定子所建立的磁场内旋转。在这个磁场中,磁力线在磁极的齿部(凸极部分)分布较密,而在磁极的槽部(齿间部分)分布较稀,因此随着转子与定子的相对运动,转子各点上的磁通便处于不断重复的变化之中。换句话说,转子沿工作气隙做圆周运动,因磁极的齿部和槽部的磁导疏密不均,而在空间建立脉动磁场,根据电磁感应定律,转子上便产生感应电动势,在这个感应电动势作用下,转子中产生涡流。涡流与定子磁场相互作用产生电磁力,力的方向由左手定则确定,该力沿转子的切线方向,并且与转子旋转方向相反。这个力对转子轴心形成的转矩称为电磁转矩,也就是电磁涡流刹车阻止滚筒旋转的制动扭矩。司钻通过调节司钻开关手柄位置,便调节了激磁电流的大小,改变了制动转矩的大小,从而达到了控制钻具下放速度的目的。

六、安装与调试

(1)电磁涡流刹车开箱后,首先检查刹车主体、可控硅整流装置及司钻开关三个部件是否完好无损,转动刹车主体的转子是否转动自如,齿式离合器操纵是否灵活;可控硅整流装置的元件与接线是否松动,元器件是否有损坏;司钻开关的操纵手柄转动是否灵活。在外观检查合格的基础上进行安装、接线和调试。

(2)将涡流刹车主体吊装到绞车底座上,安放在原水刹车的位置。刹车轴与绞车滚筒轴之间用齿式离合器连接。安装时必须保证涡流刹车轴与绞车滚筒轴轴线严格找正,其同轴度误差不得大于 0.25mm。如果涡流刹车轴与绞车滚筒轴中心没有找正或误差很大,将造成轴承负荷增加,导致轴承早期磨损直至损坏报废。除了保证涡流刹车中心高与绞车滚筒中心高保持一致外,还必须保证离合器处于分离状态时其间有 15～19mm 的间隙。安装后的离合器应能灵活移动,保证离合器在挂合与分离时操作自如,没有任何卡阻现象。

(3)将可控硅整流装置稳妥地安装在钻机配电房或压风机房内,切不可露天安放,以防受潮受热而损坏。若安装处振动较为严重,应采取防振措施,如垫以橡皮等。

(4)将司钻开关(司钻控制器)安装在绞车气控箱上或司钻操作方便的位置,便于司钻操纵,并用螺栓固定,不得松动。司钻开关应操作灵活,并保证自动复零与断电。

(5)严格按照电气原理图要求进行接线。在接线之前,先用 500V 兆欧表检查涡流刹车激磁线圈对地绝缘电阻,其值必须大于 1MΩ,一般正常情况下测得的绝缘电阻为无限大。

七、故障的排除

(一) 轴承的损坏

转子与定子表面擦碰,导致磁极间短路。

1. 产生原因

(1)与绞车滚筒轴不同轴度太大。

(2)轴承缺乏适当的润滑。

(3)刹车腔内水位过高使轴承密封工作恶化。

① 进水排量过大。

② 排水管被堵塞。

③ 排水口背压过高。

2. 排除方法

(1)调整轴的位置。

(2)按轴承保养守则进行保养。

(3)将排水控制在 560L/min,排水管直径不得小于 4in,另外也不能产生刹车内腔与水箱的位置差不够或返回水箱的排出水管线过长的现象;刹车排出管不要连接在漏斗上。

(二)空气隙恶化

空气和铁的氧化物是不良的导磁体,稍微增加空气隙或表面沉积锈蚀层将会极大减少穿过转子和磁极间的磁通量。

1. 产生原因

(1)使用了高含盐量或高 pH 值(7~7.5)的冷却水造成转子和磁极表面有大量的锈蚀层和水垢层。

(2)磁极上氧化铁层被剥落,空气隙增大。

2. 排除方法

(1)尽可能地保证应用干净的冷却水。

(2)加入抗锈蚀的化学药品。

(3)正确的空气隙为 1.00~1.40mm,如果空气隙增大到 2.5~3.2mm,此时刹车应进行大修。

(三)刹车过热造成故障

(1)转子内径膨胀引起空气隙增大。

(2)线圈电阻增大,从而降低了通过线圈的电流,但磁通量与安匝数成正比关系,所以磁通量也相应减少。

(3)转子因变形而翘曲,使空气隙局部增大。

1. 产生原因

(1)进水排量低于 560L/min。

(2)冷却系统中水量不足。

(3)刹车在高于额定负载下运转,排水温度高于 78℃。

(4)转子过热没有得到充分冷却。

2. 排除方法

(1)提高进水排量到推荐值。

(2)增加水箱的冷却水或增大水箱容积(在极热地区使用时应适当增大水箱容积)。

(3)当转子旋转时,减缓冷却水流畅速度。

(四)一个或一个以上线圈损坏,磁通量减少

1. 产生原因

(1)加在线圈上的电压过高。

(2)刹车线圈连接不正确。

(3)处理线圈内腔积聚冷凝水使线圈绝缘破坏。

2. 排除方法

(1)使用正确的整流装置。

(2)按图纸规定连接线圈的引接线。

(3)线圈内腔至呼吸器通道堵塞,清理呼吸器。从呼吸器排出的水分过多,说明线圈护罩已不能很好地密封,此时应进行大修。消除水冷却系统的故障。

(五)线圈极性不对

装在一个定子上的两个线圈所产生的磁通按电流通过的方向可以相互削弱,如果线圈连接不正确将使力矩降低。

1. 产生原因

接线不正确。

2. 排除方法

改变线圈连接方式,用指南针检查。

八、使用和维护

(1)在刹车两侧的轴承腔内注入足够的锂基润滑脂,用黄油枪打入时保证至少注满轴承腔的三分之二。在正常使用的情况下,一般应每星期注入一次润滑脂。

(2)在齿式离合器的滑动与转动部分注入足量机油或黄油,确保内齿圈、外齿圈及拨叉等部件的润滑,使离合器运动自如,"离""合"可靠。

(3)接通电源,使可控硅整流装置与司钻开关处于工作状态。

应当指出,为了确保安全,在下钻时司钻仍应手扶刹把,做到有备无患。在下钻过程中,严禁倒换发电机或拉闸停电。

在钻井过程中,电磁涡流刹车应经常进行维护保养,确保刹车正常工作,延长使用寿命。维护保养的主要内容有:

(1)检查涡流刹车的固定螺栓是否有松动,包括刹车与绞车底座的紧固螺栓,外齿圈轴端的挡板固定螺栓,以及涡流刹车本身的紧固螺栓。如有松动,应及时拧紧。

(2)每次下钻前,在刹车两侧的轴承腔内注入足够的锂基润滑脂。

(3)位于刹车两侧上方的呼吸器,是作为线圈受热或冷却时通气用。位于刹车两侧下方的呼吸器,是作为线圈受热或冷却时产生的冷凝水排出用。防止在线圈中积聚水分,造成线圈损坏。在搬家安装时切忌碰撞损坏,对呼吸器内的垃圾及时清除,保持干净与畅通。

(4)齿式离合器经常注入机油或黄油进行润滑,拨叉螺栓不得松动,检查"离""合"位置是否正常。

(5)用水不当时,在转子、定子表面将发生锈蚀,使气隙增大从而导致制动力矩减少,当检查空气隙大小时,应去掉锈痕及水垢。空气隙的增大将不能提供有效的磁通道而影响感应涡流的性能。新刹车的径向气隙在 1.00~1.40mm。

(6)保持可控硅整流装置整洁、不淋雨、不受潮、不在阳光下曝晒,保护电器元件不受损伤,确保工作安全可靠。

（7）保持司钻开关整洁，手柄运动灵活，在钻机搬家时保护手柄不受机械外力致伤，确保工作安全可靠。

（8）经常检查每根电缆是否受压受伤，绝缘是否良好，如发现绝缘损坏，应及时更换，特别是有接头的电缆，接头处的绝缘是否安全可靠。如有不良情况应及时采取措施，确保人身与设备安全。

（9）当涡流刹车储存、运输或因某种原因在较长时间内不使用时，则应采取一些预防性的措施防止转子因水垢、积盐锈蚀等原因而粘贴在定子表面上。储存期间应首先给两个轴承注满锂基润滑脂，如果工作时曾经使用不合要求的水质则要通入新鲜的符合要求的水质进行冲洗。为了抑制锈蚀积垢，可通过两端面上的六个检查孔（1in）插入带喷嘴的气枪向刹车内腔喷淋煤油、柴油，请注意不要将油基物喷入线圈、呼吸器以防止线圈的绝缘被破坏。

模块五　钻机的动力驱动设备

【模块导读】　石油钻机的动力驱动设备现阶段仍然是采用常规动力,即柴油机和电动机。以柴油机为驱动力的钻机常称为机械钻机;以电动机为驱动力的钻机则称为电动钻机。然而,电动钻机所用的电并不是从工业电网上供给,而常常是用柴油机驱动发电机发电,使电动机运行来驱动钻机工作。因此柴油机、电动机是钻机的主要动力设备。

【学习目标】　学习了解柴油机、电动机的基本结构、工作原理、工作特性及使用操作方法,对于更好地了解钻机的工作性能,有效地掌握钻机的运行管理、使用操作及维护保养,是十分重要的。

项目一　柴油机

【项目描述】　柴油机是一种常规动力内燃机,各工业部门都有应用。因其燃烧的燃料是柴油,比燃烧汽油的汽油机动力更为强大,因此柴油机在石油、采矿、航海等重工业领域有着更广泛的应用。

【学习目标】　了解柴油机基本结构、工作原理及工作特性,了解柴油机一般使用操作及维护保养方法。

任务一　柴油机基本结构与工作原理及其特性

柴油机的类型虽然是多样的,但是其最基本构造及工作原理是相通的。

一、单缸柴油机的结构

柴油发动机的功能是将燃料在气缸内燃烧释放出的热能转换成曲轴旋转输出去的机械能,用以驱动其他工作机运行。柴油机的能量转换是通过不断地连续循环进行"进气—压缩—做功—排气"四个冲程来实现的,每进行这样一个连续四冲程过程,就叫作一个工作循环。

单缸柴油机结构如图5-1(a)所示,主要由气缸、活塞、连杆、曲柄、小齿轮、大齿轮、进气阀凸轮、进气阀推杆(排气阀部分图中未画出)以及曲轴外端的飞轮、气缸顶部的喷油器和机体等零部件组成,其结构特点是曲轴上只安装了一套气缸。工程上使用的柴油机大多为多缸四冲程柴油机,如图5-1(b)所示。

二、单缸四冲程柴油机的工作原理

如图5-2(a)所示,当曲柄轴在初始外力(如柴油机配备的启动电动机)作用下旋转,使活塞由上死点向下死点运行时(注:活塞位于上止点时,气缸内的燃烧室中还留有一些废气),气缸活塞上腔(燃烧室)密闭容积增大,压力降低(进气冲程的气体压力低于大气压力,其值约为

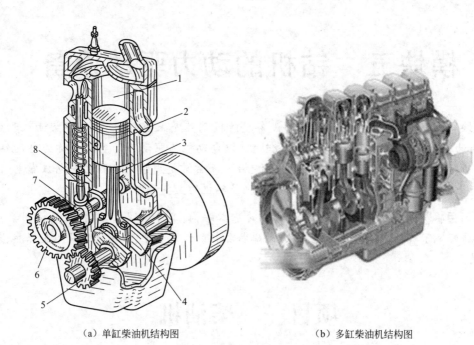

（a）单缸柴油机结构图　　　　　　　（b）多缸柴油机结构图

图 5-1　柴油机结构原理示意图

1—气缸；2—活塞；3—连杆；4—曲轴；5，6—齿轮；7—进气阀凸轮；8—进气阀推杆（排气阀部分图中未画出）

0.085~0.095MPa，在整个进气过程中，气缸内气体压力大致保持不变）。与此同时，活塞下行将使曲轴外端的小齿轮带动大齿轮转动，促使进气凸轮机构动作，推杆将进气阀打开，排气阀推杆将排气阀关闭，新鲜空气进入并充满气缸上腔，当活塞运行到下止点时，吸气结束，完成活塞的下行吸气过程，即四冲程柴油机的进气冲程。

　　如图 5-2（b）所示，当活塞由下止点向上运行时，进气阀关闭，气缸上腔容积将缩小，气体将被压缩至最小（约等于气缸的余隙容积），这一过程将使空气的温度和压力迅速提高。压缩终点的压力和温度与空气的压缩程度有关，即与压缩比有关。压缩终点的温度要比柴油自燃的温度高很多，足以保证喷入气缸的燃油自行发火燃烧。喷入气缸的柴油，并不是立即发火的，而且经过物理化学变化之后才发火，这段时间大约有 0.001~0.005s，称为发火延迟期。因此，要在曲柄转至上止点前 10°~35°曲柄转角时开始将雾化的燃料喷入气缸，并使曲柄在上止点后 5°~10°时，在燃烧室内达到最高燃烧压力，迫使活塞向下运动，为下一冲程的燃烧膨胀做功做准备。这就是是柴油机的压缩冲程。此过程中进气阀和排气阀都是关闭的。

　　如图 5-2（c）所示，压缩冲程致使气缸内空气温度和压力迅速上升，活塞即将到达上止点时，位于气缸上方的喷油器向气缸内喷出雾状的燃油，在超过燃油自燃条件的温度压力下，雾化的燃油几乎完全燃烧而放出大量的热，使压缩气体因温度和压力急剧升高而迅疾爆炸膨胀，强力推动活塞快速下行，并推动曲轴迅速旋转，带动外载荷做功，所以这一过程称为柴油机的做功冲程。此过程进气阀和排气阀也都是关闭的。随着活塞的下行，气缸的容积增大，气体的压力下降，当活塞行至下止点附近，排气阀打开时，做功冲程结束。

　　如图 5-2（d）所示，当做功冲程活塞运动到下止点附近时，排气阀开启，活塞在曲轴和飞轮惯性的带动下，由下止点向上止点运动，并把废气排出气缸外。这一过程就是排气冲程。之所以在活塞运动到下止点附近时，排气阀在下止点前就打开，是为了减少排气时活塞运动的阻力。排气阀一打开,具有一定压力的气体就立即冲出缸外,缸内压力迅速下降,这样当活塞向上运动时,气缸内的废气依靠活塞上行而顺利排除出去。

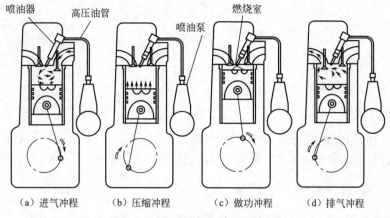

图 5-2　柴油机的四冲程示意图

排气冲程结束之后,又开始新一轮的进气冲程—压缩冲程—做功冲程—排气冲程的工作循环。使柴油机源源不断地将燃料柴油的化学能经充分燃烧变成热能,再转换成机械能输出去。这就是四冲程柴油机的工作原理。

三、柴油机的工作特性指标

柴油机的工作特性反映柴油机在工作过程中所表现出来的特殊性质,这些性质是由一些技术指标来描述的,可用来评价柴油机的动力性和经济性。

(一)适应性系数 K

$$K = \frac{M_{max}}{M_e} \tag{5-1}$$

式中　M_{max}——发动机稳定工作状态时发出的最大扭矩;

　　　M_e——发动机额定(标定)功率时的扭矩。

K 值大小表明了动力机适应外载变化(增加)的能力;K 值越大,表明动力机过载能力越大。

(二)速度范围 R

$$R = \frac{n_{max}}{n_{min}} \tag{5-2}$$

式中　n_{max}——动力机最高稳定工作转速;

　　　n_{min}——动力机最低稳定工作转速。

R 越大,表明动力机速度调节范围越宽。通常所说的柔性,即指 K 值大、R 值大,即动力机随外载增加(或减少)而能自动增矩减速(或减矩增速)的范围宽。

(三)燃料(能源)的经济性

燃料(能源)的经济性指的是提供同样功率时所消耗的燃料费用。柴油机、燃气轮机均以耗油率来表征,即(燃油,kg)/(功率,kW)。

(四)发动机比质量

发动机比质量即每单位功率(kW)的质量:

$$K_{\mathrm{G}} = \frac{G}{N_{\mathrm{e}}} \tag{5-3}$$

式中　G——发动机(包括必备的附件)的质量,kg;

　　　N_{e}——额定功率,kW。

(五)使用经济性

除已特殊指明的燃料经济性之外,使用经济性还包括:对工作地区的适应性、启动性能、控制操作的灵敏程度、工作的可靠性、安全性、持久性及维护保养难易性等。

四、影响柴油机性能的重要因素

在柴油机的工作过程中,有几个问题是影响柴油机性能至关重要的因素。

(一)排量 Q

排量是指柴油机的曲柄转一周所排出的气量。

如图5-3所示是柴油机的排量示意图。将柴油机气缸活塞面积 $F(\mathrm{m}^2)$ 与活塞行程 $S(\mathrm{m})$ 的乘积称为排量,用 $Q(\mathrm{m}^3)$ 表示。

对于单缸柴油机:

$$Q = 活塞面积 \times 活塞行程 = FS \tag{5-4}$$

对于多缸柴油机:

$$Q = 汽缸数 \times 活塞面积 \times 活塞行程 = iFS \tag{5-5}$$

(二)压缩比 R

如图5-4所示是柴油机的压缩比示意图。将进气量 $V_{\mathrm{p}}(\mathrm{m}^3)$ 与余隙容积 $V_{\mathrm{z}}(\mathrm{m}^3)$ 之比称为压缩比,用 R 表示,即:

$$压缩比 = \frac{进气量}{余隙容积} = \frac{V_{\mathrm{p}}}{V_{\mathrm{z}}} \tag{5-6}$$

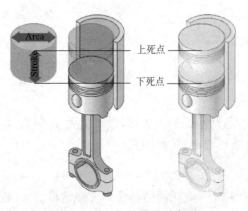

图5-3　柴油机的排量示意图

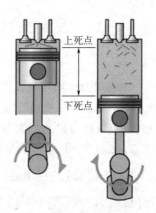

图5-4　柴油机的压缩比示意图

(三)气缸数及其类型

单缸柴油机给出的动力是有限的,因此工业中大量使用的是多缸柴油机,即在一根曲轴上安装多个气缸。气缸数越多,相应的功率就越大。

(四)燃油雾化

燃料燃烧前的雾化水平直接影响到燃料燃烧是否充分和能量的转化率。而雾化水平取决于供油系统的工作质量高低,包括油泵泵压、喷嘴质量及燃料油的过滤等影响因素。

(五)空气质量

进入气缸内的空气质量包括空气的洁净与数量,它也直接影响到燃料燃烧是否充分及能量的转化;为此柴油机的供气系统配置了空气滤清器和高效增压器等。

(六)温度

柴油机在进行能量转换过程中,除了大部分以机械能的形式输出外,还有一部分以热能的形式被机体吸收,造成设备的温度升高,这将从整体上降低柴油机的工作性能,甚至不能正常工作。为此柴油机配置了冷却系统设备。

五、柴油机的类型与特性

(一)柴油机的类型

柴油机属于内燃机的一种,有各种类型:

(1)按照气缸排列方式分:直列式内燃机、V 形内燃机、对置式内燃机、W 形内燃机、星型内燃机。

(2)按照冷却方式分:水冷式内燃机、风冷式内燃机。

(3)按照进气方式分:自然吸气式内燃机、增压式内燃机。

(4)按照用途分:工程机械用、汽车用、拖拉机用、船用、发电机用等。

石油矿场上使用的柴油机品种较为广泛,如国产 Z190 系列的 Z8V190、Z12V190B 柴油机等;车装用的如四缸或六缸柴油机等;引进设备中的 Cat 发动机等。

(二)柴油机驱动特性

柴油机驱动特性就是柴油机自身的特性,包括外特性、负荷特性和调速特性。

1. 外特性

当喷油量为最大时,性能参数 N_e、M_e、g_e、G_T 随 n 变化的规律性,即外特性。

外特性是正确选择及合理使用发动机的基础。如图 5-5 所示为 Z12V190B 柴油机外特性。

(1)曲线定量地指明了不同转速下的 N_e、M_e 和 g_e 的值。

(2)曲线指明了最大功率 N_{max}、最大扭矩 M_{max}、最大功率时扭矩 M_e、最小耗油量 g_{emin} 及相应的经济转速,可确定适应性系数 K 和合理的工作转速范围。

2. 负荷特性

定转速下油耗 g_e 随功率 N_e 而变化的规律,称负荷特性。如图 5-6 所示为 Z12V190B 型柴油机负荷特性曲线,依据负荷特性,可确定动力机在定转速下工作时的经济负荷,即耗油率最小时柴油机的功率范围。

方法是,由坐标原点引射线与 g_e 曲线相切,切点所对应的功率即最经济的功率,因为该点 N_e 与 g_e 比值最大。

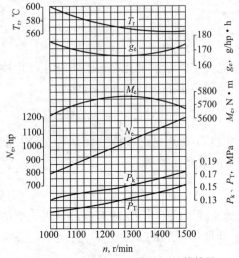

图 5-5　Z12V190B 型柴油机的外特性

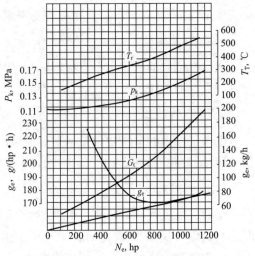

图 5-6　Z12V190B 型柴油机的负荷特性

3. 调速特性

油门手柄固定,油泵齿条由调速器自动控制时,N_e、M_e 与转速 n 的关系,称为调速特性,如图 5-7 所示。

由调速特性知,装有全制式调速器的柴油机,负荷可以在很大范围内变化,而转速则可维持小于 5% 的变化。

调节油门手柄位置,可得到一系列形状类似的调速线。

在选择匹配和操作使用柴油机时,联合工作点都应在调速线上。若外载超过 M_e 点,发动机将在超负荷工况下运行,动力性和经济性指标都会变坏,这是不利的。

4. 通用特性

如图 5-8 所示是 Z12V190B 柴油机的通用特性曲线,最内层的等油耗率曲线表明发动机最经济的工作范围。

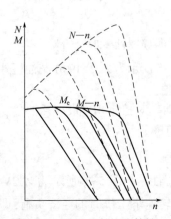

图 5-7　柴油机的调速特性

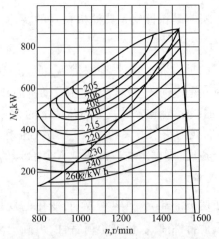

图 5-8　Z12V190B 型柴油机的通用特性

（三）国产 Z190 系列柴油机主要技术参数

国产钻机主要采用济南柴油机厂生产的 Z190 系列柴油机,该类机型已有近万台服务于石油钻探市场,其技术参数见表 5-1。

表 5-1　Z190 系列柴油机基本型号与规格、主要技术参数

基本型号		Z8V190	Z8V190-1	Z8V190-2	Z12V190B	Z12V190B-1	Z12V190-2
形式		回冲程、直喷式燃烧室、水冷、增压、空气中冷					
气缸排列		V 形、60°夹角					
气缸数		8			12		
气缸直径,mm		190					
活塞行程,mm		210					
活塞总排量,L		47.6			71.5		
压缩比		13.5∶1					
额定转速,r/min		1500	1200	1000	1500	1200	1000
空载最低稳定转速,r/min		600					
燃烧消耗率,g/kW·h		≤210					
机油消耗率,g/kW·h		≤1.63					
标定功率,kW(马力)	12h 功率	588.4(800)	470.7(640)	389.8(530)	882.6(1200)	735.5(1000)	558.4(800)
	持续功率	529.6(720)	426.6(580)	353(480)	794.3(1080)	662(800)	529.6(720)

（四）国产 PZ190 系列柴油机型号编制

国产 PZ190 系列柴油机型号编制的含义如下:

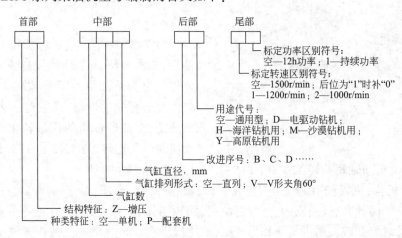

型号示例:PZ12V190BD 表示配套机、增压、12 缸、V 形排列、缸径 190、改造顺序号 B、电驱动钻机用、标定转速为 1500r/min、标定 12h 功率。

随着石油钻探技术和装备的更新,以及我国的油气开发趋势,对钻机动力提出了以下要求:

(1)适应沙漠纵深地区风沙大、日温差大以及自动化程度高、无人值守的要求;

(2)适应高原、高寒地区空气稀薄、超低温的环境;

(3)深井钻探,要求柴油机单台功率大、载荷变化频繁,在部分载荷下经济性好;

(4)每台钻机配备柴油机台数少,移运方便;

(5)能远距离控制,可靠性高,故障率低。

为适应上述要求,190 系列柴油机在近十年来性能和可靠性都有较大的提高。例如,主导产品 Z12V190B 改型为 G12V190ZL,于 1999 年研制成功。该型柴油机在性能指标、可靠性、自动监控、解决"三漏"和外观质量等方面都有显著提高。21 世纪以来,济柴公司又研制出 A12V190Z 型柴油机,这种产品具有功率大、性能高、使用可靠、操作方便等特点,可满足 320~7000m 机械及电动钻机的需求。

任务二　柴油机的系统组成

柴油机实质上是利用了曲柄连杆机构使气缸活塞压缩气体升温,致使燃油燃烧,膨胀气体推动活塞做功来完成正常工作的。但要想获得经济高效,须对柴油机工作过程的各个环节进行科学合理的设计。现代柴油机已经配置了一套功能相当完善的系统设备。

一、柴油机的系统组成

如图 5-9 所示,柴油机一般由如下机构系统组成:

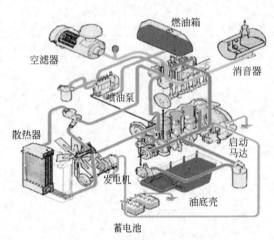

图 5-9　柴油机的系统简图

(1)曲柄连杆机构,由机体部件和主运动部件构成。机体部件包括气缸体、气缸盖、气缸套、主轴承、主轴承盖等,主运动部件则包括曲轴、连杆、活塞、活塞环、飞轮、皮带轮等。其主要作用就是完成柴油机四个冲程的运动,将柴油燃烧的热能转换成机械能输送出去。

(2)燃油系统,包括燃油箱、输油泵、滤油器、油水分离器、喷油泵、喷油嘴等。其主要作用是为柴油机的压缩、做功冲程中及时提供充分雾化的燃料,确保充分燃烧,获取最大热能,提高柴油机的能量转化率。四缸发动机曲轴每旋转 180°,按 1-3-4-2 缸的顺序喷油;六缸发动机曲轴每旋转 120°,按 1-5-3-6-2-4 缸的顺序喷油。

(3)配气机构,主要包括配气定时齿轮、凸轮轴、随动臂、推杆、摇臂、摇臂轴、进气门、排气门、气门弹簧、气门导套、气门锁销、空气滤清器、涡轮增压器、消音器、中冷器等。其主要作用是为柴油机及时打开或关闭进气阀和排气阀,以便提供清洁干燥的空气或排除气缸做功后的废气。

(4)润滑系统,主要包括油底壳、油泵、油冷器、滤油器、活塞冷却喷嘴等。其主要作用是确保柴油机各运动零部件得到良好的润滑,提高其使用寿命。

(5)冷却系统,主要包括散热器、水泵、风扇、节温器等。其主要作用是为因长时间工作的柴油机温度升高提供良好的降温措施,以保证柴油机稳定的工作性能。

(6)电气系统,主要包括蓄电池、发电机、启动马达、启动开关、蓄电池继电器等,其主要作用是为柴油机提供良好的启动性能。

二、柴油机主要机构零部件

(一) 机体部件

柴油机的机体部件主要包括缸体、缸盖、缸套、主轴承、主轴承盖。如图5-10所示,缸体为铸造件,活塞和曲轴在缸体中运动,用主轴承来支撑曲轴旋转;主轴承为三层结构,钢背上层为铅青铜轴承合金,表面又镀一层锡铅合金;在主轴承侧面装有止推环以防止曲轴前后移动;缸体中有圆柱形气缸使活塞上下移动,燃油在气缸中燃烧形成高温,要用冷却水对其周围进行冷却;通常气缸内部安装有缸套;缸套为铸件,分干式缸套和湿式缸套;湿式缸套与冷却水直接接触,因此上方要压住缸体的台阶,下方装有O形密封圈或U形密封圈,以防止漏水;干式缸套不直接与冷却水接触,冷却效果差;缸盖为铸造箱体,中间有冷却水通过,并有进气通道和排气通道;缸垫安装在缸体与缸盖之间,防止漏气漏水。

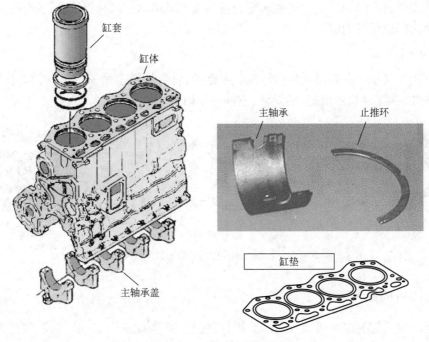

图5-10 柴油机的机体部件

(二) 主运动部件

柴油机的主运动部件主要包括曲轴、连杆、活塞、活塞环、飞轮、皮带轮等。

1. 曲轴

曲轴用于把气缸内活塞的往复运动通过连杆转变为旋转运动;其主轴颈安装在缸体的主轴承上,连杆轴颈与连杆相连;曲轴内部有润滑油道,使润滑主轴颈的油通过该油道流进连杆轴颈;曲轴采用含铬、钼等元素的高碳素钢,经模锻、高频淬火加工处理。

2. 飞轮

飞轮是安装在曲轴后端的惯性轮,靠转动惯量减少曲轴旋转中的损失;启动小齿轮与飞轮齿圈啮合,使发动机旋转启动;如图5-11所示为柴油机的主要运动部件关系示意图。

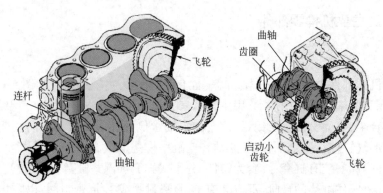

图 5-11　柴油机的主要运动部件关系图

3. 活塞

将燃油在气缸内燃烧产生的热能转变为使活塞上下运动的机械能,通过连杆使曲轴旋转,活塞与缸套之间应留有间隙。

4. 活塞环

活塞环用于防止气缸内高压气体从间隙中跑掉;将气缸壁上附着的油刮掉并保持适当的油膜。图 5-12 为柴油机的活塞、活塞环、连杆的结构图。

（a）活塞　　　　　　　（b）活塞环　　　　　　（c）连杆

图 5-12　柴油机的活塞、活塞环、连杆结构图

三、柴油机的配气系统

配气系统包括配气定时齿轮、凸轮轴、推杆、摇臂、摇臂轴、进气门、排气门、气门弹簧、气门导套、空气滤清器、涡轮增压器、消音器、中冷器等,如图 5-13 所示。

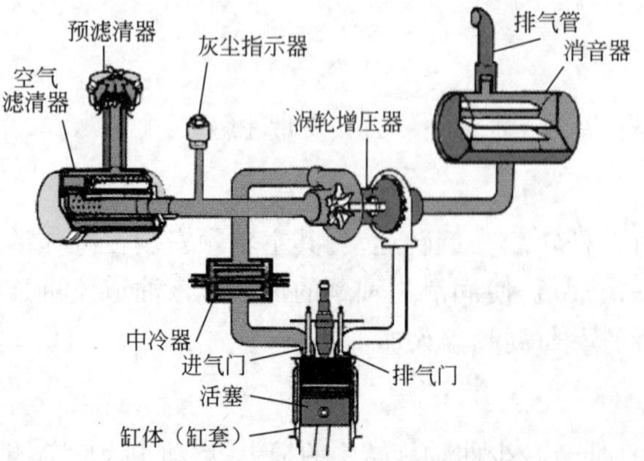

进排气系统的作用是将空气吸入气缸,与燃油混合燃烧,燃烧后再将废气向外排掉。

如图 5-14 所示是柴油机的配气机构示意图。曲轴转两圈时凸轮轴才转一圈,所以凸轮轴齿轮的齿数是曲轴齿轮的两倍;相互啮合的齿与齿的数量是规定好的,齿上打印有相配的标记;该齿轮传动是靠曲轴齿轮驱动旋转。

气门从开始打开到足够开度需要一

图 5-13　柴油机的配气系统

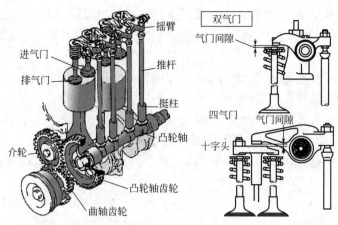

图 5-14　柴油机的配气机构示意图

定时间,故提前打开进气门以保证活塞下降时,能够吸入较多的空气;进气门的迟后关闭是利用了吸入气流的惯性力让更多的空气进入气缸;同样道理,排气门提前打开也是为了保证活塞开始上升时排气门打开足够开度,使废气充分排出;排气门的迟后关闭也是利用了排出气流的惯性力将更多的废气排出气缸。

涡轮增压器——利用气缸排出的废气作动力,将高密度的空气送往气缸。

空冷式中冷器——利用环境温度的空气冷却由涡轮增压器送出的空气,以提高进入燃烧室空气的密度。

水冷式中冷器——利用冷却系统的循环水冷却由涡轮增压器送出的空气,以提高进入燃烧室空气的密度。

空气滤清器——通过滤纸的方式将送入发动机的空气过滤净化,滤纸被叠成褶状以扩大空气的流通面积,工程机械多用双层滤芯。

真空集动阀——当发动机停机负压消失后,该阀自动打开,将集尘箱中积存的灰尘颗粒自动排出。

灰尘指示器——当空气滤清器被堵塞时,灰尘指示器内的红色柱塞则被弹出,以提醒驾驶员清理或更换空气滤芯。

废气如果由排气歧管直接排放到大气中会产生较大的噪声,因此使用消声器可以减小这种噪声。

四、柴油机的燃油系统

如图 5-15 所示,柴油机的燃油系统包括燃油箱、输油泵、滤油器、油水分离器、喷油泵、喷油嘴等。

燃油系统——喷射燃油,并根据需要可改变喷射的时间和喷射量,要求在压缩冲程中的适当时间内喷射。自动调整喷射量以维持发动机的低速空转或防止其超速运转,通过控制喷射量,控制发动机的功率输出或使其停机。

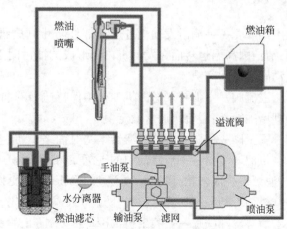

图 5-15　柴油机的燃油系统

燃油箱——加油口装有滤网，防止杂质进入；装有油位计或在驾驶室内用可视仪表、液晶显示、指示灯等以了解油量多少；每天作业前须排放水等沉淀物，每天作业结束后需将油箱加满燃油。

油水分离器——分离混在油中的水，若浮标达到或超过红线时须松开排放塞放水，放水后应通过手油泵排掉燃油系统内的空气。

供油泵——安装在喷油泵的侧面，靠喷油泵内的凸轮轴使阀芯动作，将燃油输送给燃油喷射泵；另外安装有启动注油泵（手油泵）以便进行停机状态下的燃油输送。

燃油滤清器——过滤燃油中的杂质、污垢，滤纸被叠成褶状以扩大燃油通过的面积；滤芯需要定期更换。

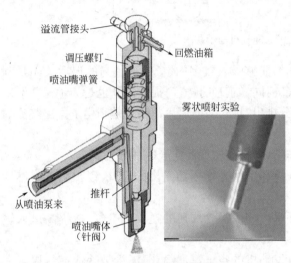

溢流管接头
调压螺钉
喷油嘴弹簧
从喷油泵来
推杆
喷油嘴体（针阀）
回燃油箱
雾状喷射实验

图 5-16　喷油嘴的工作原理

喷油嘴——形成高压燃油，在压缩冲程的适当时间内喷射；通过调节齿轮调整柱塞斜槽开口的方向，调整柱塞供油的有效行程，从而改变喷油量；喷油泵柱塞与其各自的喷油嘴及气缸相对应。喷油嘴的工作原理如图 5-16 所示，喷油嘴针阀靠喷油嘴弹簧压住，关闭燃油出口；当喷油压力达到燃油喷射压力时，针阀被顶起，燃油成雾状喷出；转动调压螺钉则改变弹簧压力，即调整燃油喷射压力。

调速器——调速器控制调节齿条动作以改变喷油量；当发动机负荷变大，转速下降时，调速器自动增加喷油量，防止发动机停机；当发动机负荷变小，转速提高时，调速器自动减少喷油量，防止发动机转速过高；操作驾驶室内的油门控制杆，调节调速器，可在全程范围内改变转速。

五、柴油机的润滑系统

如图 5-17 所示，柴油机的润滑系统包括油底壳、油泵、机油冷却器、滤油器、活塞冷却喷嘴等。

油底壳——润滑发动机各运动部件防止其磨损，延长使用寿命；冷却高温部件防止其烧结；清洁因高温运转而在发动机内部形成的油污附着物，防止轴承和其他金属表面生锈；密封运动副表面间间隙。

溢流阀——油泵泵送的机油必须保持适当的油压，油压过低则不能到各润滑部位，油压过高则增加油耗；溢流阀通常设定值 3~6kg/cm²。

安全阀——防止机油滤清器堵塞时油路不通。

机油滤清器——清除油中的碳沉淀物、金属粉末、污垢，防止被污染的油再次流进润滑部位；滤纸被叠成褶状，以扩大油通过的面积；定期更换机油滤芯。

机油冷却器——降低油温，防止机油高温裂化。

活塞冷却喷嘴——喷出机油冷却活塞，防止活塞烧结。

旁通滤清器——使机油得到充分过滤，降低机油污染程度。

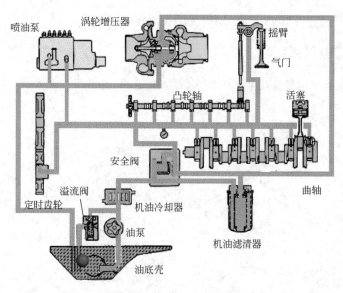

图 5-17　柴油机的润滑系统

六、柴油机的冷却系统

　　柴油机的冷却系统包括散热器、水泵、风扇、恒温器等,如图 5-18 所示。燃油在气缸内燃烧产生高温,为防止缸盖、缸套、缸体因高温产生裂纹或活塞烧伤,须进行冷却;最佳水温为 78~93℃;水温低于 65℃ 为过冷运转;冷却水必须加防冻液防止冻结;散热器安装在发动机前面,上下水室通过许多细小的水管连接在一起;来自发动机的冷却水进入上水室,通过水管流到下水室;利用风扇向散热器送风。

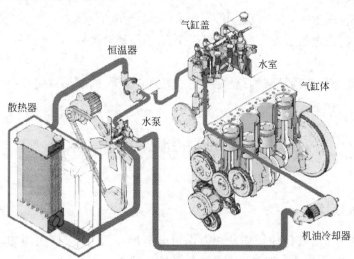

图 5-18　柴油机的冷却系统

　　散热器顶部安装有减压阀,防止内部压力过高或成为负压,并提高冷却水的沸点。

　　水泵安装在缸体前面,靠内部叶轮的旋转将水从泵排出;水泵壳体上设有呼吸孔,以保证水封的正常密封和水泵轴承的正常润滑。

　　恒温器内部有热敏元件(热胀冷缩的石蜡),可根据温度的不同上下移动。当冷却水温度较低时石蜡收缩,将去散热器的水道口关闭,同时打开去水泵侧的开口;水温上升一定程度时石蜡膨胀,将去散热器的水道口开启,同时关闭去水泵侧的开口。

七、柴油机的电气系统

柴油机的电器系统包括蓄电池、发电机、启动马达等,如图 5-19 所示。

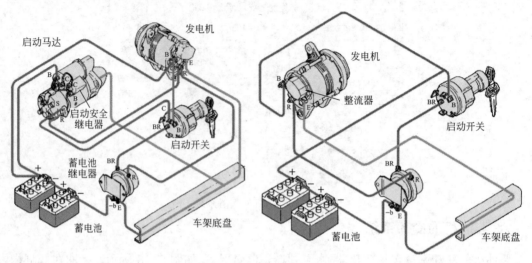

图 5-19 柴油机的电气系统

启动开关接通时:

控制电流:蓄电池+→发电机 B 端子→启动开关 B 端子→启动开关 C 端子→启动马达 S 端子→车架→蓄电池-。

启动强电流:蓄电池+→启动马达 B 端子→车架→蓄电池。

充电电路电流:发电机 B 端子→启动开关 B 端子→蓄电池+→蓄电池-→车架→发电机 E 端子。

电流流经预热塞使其顶端烧灼,点燃喷射的燃油。带状电加热器使冷空气在进入气缸之前得到预热。

任务三　柴油机的操作使用

一、柴油机的启动

柴油机的型号不同,其具体操作使用方法可能有所不同,但操作使用的基本程序大致相同。以 CAT 柴油发动机为例,简要说明柴油机的维护保养。

为使发动机得到最长的使用寿命,在启动发动机以前,应进行一次彻底检查。

(1)察看润滑油或冷却液有无泄漏、有无松动的螺栓和脏物堆积,清除任何脏物。

(2)护罩必须正确就位,修理损坏的护罩、更换丢失的护罩。

(3)确保转动零件周围无障碍物。

(4)进排气系统检查:

① 确保进气管道和空气滤清器安装就位;

② 确保所有的管夹箍和接头拧紧；

③ 察看空气滤清器保养指示器，当黄色膜片进入红色区域或红色柱塞定在可见位置内时，应保养空气滤清器。

(5)冷却系统检查：

① 检查冷却系统有无泄漏或接头是否松动；

② 检查冷却系统软管有无绽裂，及管夹箍是否松弛；

③ 检查水泵有无泄漏的迹象；

④ 检查风扇驱动皮带是否松弛及有无损坏；

⑤ 检查冷却液液位，如有必要，添加冷却液；

⑥ 检查空气滤清器保养指示器，根据指示清洗或更换空气滤芯。

(6)燃油系统检查：

① 在发动机运转前或运转中，燃油回油管路中的所有阀门都必须是打开的，以防止高的燃油压力；

② 检查燃油管路的接头是否松动和有无泄漏，确保向发动机供给燃油。如果已有几个星期没有启动发动机，燃油可能已从燃油系统中泄出，所以在启动前首先用手动注油泵给发动机注油。

(7)润滑系统检查：

① 检查发动机曲轴箱机油油位，保持机油油位在机油油尺"发动机停车"侧上"加"和"满"的标记之间；

② 检查下列零部件处有无泄漏：曲轴密封、曲轴箱、机油滤清器、机油油道堵头、传感器和气门室盖，同时检查曲轴箱呼吸器上的管子、T形管和管夹箍。

二、柴油机启动后的运转

(一)暖机

在提高发动机转速到额定转速前，让发动机在低怠速下运转 2~3min，以使缸套水温开始上升。在暖机期间，检查所有仪表上的读数。再一次围绕发动机进行检查，检查发动机有无液体和空气泄漏。

注意：当发动机在额定转速和小负荷下运转时，将较快地达到正常工作温度。

(二)接合被驱动设备

(1)确保各种仪表都处于相应发动机转速的正常范围内。

(2)增加发动机转速到额定转速。在加负荷以前，必须将发动机转速增加到额定转速。

(3)接合离合器以给发动机加负荷。

(4)继续检查所有仪表的读数和被驱动设备。

(三)仪表

(1)当发动机在运转时，要频繁地观察仪表。

(2)定期将仪表上的数据记录下来。

(3)将记录下来的数据与标准数据相比较，以确保发动机在正常运转。比较这些数据有助于知道发动机性能的变化。确定并纠正仪表上任何明显的读数变化。

（四）部分负荷运转

延长在低怠速或较少负荷下的运转时间会引起机油消耗量的增加和气缸中积炭。积炭会造成功率损失和性能变坏。如有可能，至少每小时加满负荷运转一次，这样能烧掉气缸中过多的积炭。

三、柴油机的停机

（一）发动机的一般停机程序

（1）脱开发动机与被驱动设备之间的离合器。

（2）在使发动机停机前，让发动机有一段时间冷却。

（3）把发动机控制开关打到关停的位置。

（二）紧急停机装置

一般正常情况下，不要使用紧急停机装置。

（1）发动机正常运转时，紧急停机按钮在"突起"位置。当需要紧急停机时，按下紧急停机按钮。这会切断发动机的燃油供应，同时也会启动进气切断装置（如果装备）。在确定和纠正迫使出现紧急停机的问题之前，不要启动发动机。

（2）在发动机再次启动之前，紧急停机按钮和进气切断装置都必须复位。确保发动机两侧的进气切断装置都已复位。如果只复位了发动机一侧的进气切断装置，则会导致发动机的损坏。

（3）在发动机停机前，应使其逐渐冷却。发动机已在负荷下运转后，立即使发动机停机会造成过热和发动机零部件的加速磨损。涡轮增压器中心壳体中的过高温度会造成机油焦化问题。

项目二　电动机

【项目描述】　电动机作为一种普遍使用的动力设备在石油钻机中得到广泛应用，电驱动钻机在石油勘探开发领域日益显示出其优越性。学习了解电动机的基本知识与技能具有重要意义。

【学习目标】　了解电动机一般的基本结构、工作原理及特性参数；了解石油钻机用电动机的类型及特性。

任务一　电动机的基本知识

电动机是工业生产中普遍使用的电驱动力设备，但作为主动力设备在石油钻机上应用的历史并不是很长。早先的电动钻机主要是以直流电动钻机。随着可控硅技术和变频技术的推广应用，电动钻机得以空前发展。近年来，由于电力电子技术的发展，大功率变频器的高频化和集成化，使交流变频电驱动钻机日益显示出其更胜一筹的性能，交流电驱动必将取代直流电驱动。这里将主要讨论交流电动机的相关知识和技能。

与传统的机械驱动相比,电驱动钻机具有传动效率高;对负载的适应能力强;安装运移性好;处理事故能力及对机具的保护能力强;易于实现对转矩、速度、加减速度及位置的控制;易于实现钻井的自动化和智能化等诸多优越性能。在海洋钻井平台上,几乎全部为电驱动;在陆地上,从深井、超深井钻机开始,绝大部分更新为直流电驱动,并已向中深和轻型钻机、修井机发展。

电动机有直流电动机和交流电动机之分。直流电动机按照励磁方式,可以分为:并励、他励、串励、复励直流电动机;交流电动机又有同步和异步之分。下面仅以常见的三相异步交流电动机为例来说明电动机的结构与原理及特点。

一、三相异步交流电动机的基本结构和工作原理

(一)三相异步电动机的基本结构

三相异步电动机主要由定子、转子、轴承、风扇、接线盒、机座等组成,具体结构如图5-20所示。

1. 定子

定子由定子铁心、绕组以及机座组成。定子铁心是磁路的一部分,它由0.5mm的硅钢片叠压而成,片与片之间是绝缘的,以减少涡流损耗。定子铁心的硅钢片的内圆冲有定子槽,槽中安放线圈,如图5-21所示。硅钢片铁心在叠压后成为一个整体,固定于机座上。

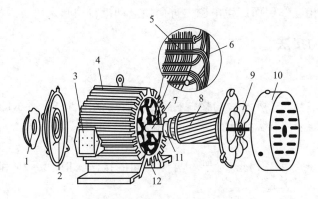

图5-20 三相异步电动机的结构
1—轴承盖;2—端盖;3—接线盒;4—散热筋;5—定子
铁芯;6—定子绕组;7—转轴;8—转子;9—风扇;
10—罩壳;11—轴承;12—机座

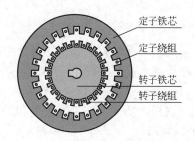

图5-21 三相异步电动机的定子与转子

定子铁芯
定子绕组
转子铁芯
转子绕组

定子绕组是电动机的电路部分。三相电动机的定子绕组分为三个部分对称地分布在定子铁心上,称为三相绕组,分别用AX、BY、CZ表示,其中,A、B、C称为首端,而X、Y、Z称为末端。三相绕组接入三相交流电源,三相绕组中的电流定子铁心中产生旋转磁场。

机座主要用于固定与支撑定子铁心。中小型异步电动机一般采用铸铁机座。根据不同的冷却方式采用不同的机座形式。

2. 转子

转子由铁心与绕组组成。转子铁心也是电动机磁路的一部分,由硅钢片叠压而成。转子

铁心装在转轴上。线绕式和鼠笼式两种电动机的转子构造虽然不同,但工作原理是一致的。转子的作用是产生转子电流,即产生电磁转矩。

鼠笼式异步电动机转子绕组是在转子铁心槽里插入铜条,再将全部铜条两端焊在两个铜端环上而组成,如图5-22所示。

线绕式异步电动机转子绕组是由线圈绕组放入转子铁心槽内,并分为三相对称绕组,与定子产生的磁极数相同。线绕式转子通过轴上的滑环和电刷在转子回路中接入外加电阻,用以改善启动性能与调节转速,如图5-23所示。

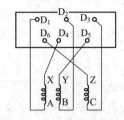 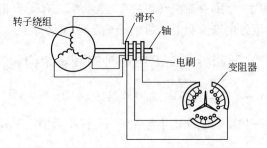

图5-22　鼠笼式异步电动机转子绕组　　　　图5-23　线绕式异步电动机转子绕组

(二)三相异步电动机的基本原理

当定子绕组通入三相电流后,它们就共同产生一种合成磁场,该磁场是随电流的交变而在空间不断地旋转着的旋转磁场;旋转磁场又切割转子导体(铜或铝),便在该导体中产生感应电动势和电流,转子电流又与旋转磁场相互作用而产生电磁力进而使电动机转动起来。

二、三相异步电动机定子绕组的接法

(一)星形与三角形接法

定子绕组的首端和末端通常都接在电动机接线盒的接线柱上,一般按如图5-24所示的方法排列。按照我国电工专业标准规定:定子绕组出线端的首端为 D_1、D_2、D_3,末端为 D_4、D_5、D_6。

三相电动机的定子绕组有星形(Y形)和三角形(△形)两种不同的接法,如图5-25和图5-26所示。

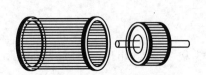 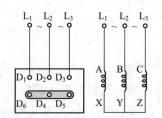 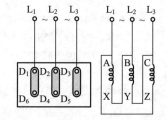

图5-24　出线端的排列　　图5-25　三相电动机的星形连接　　图5-26　三相电动机的三角形连接

(二)星形与三角形接法特点

1. 线电压与相电压的关系

线电压:两相绕组首端之间的电压,用 U_1 表示;相电压:每相绕组首、尾之间的电压,用 $U_相$

表示。

对于星形接法：

$$U_1 = \sqrt{3}\,U_相 \tag{5-7}$$

对于三角形接法：

$$U_1 = U_相 \tag{5-8}$$

2. 线电流与相电流的关系

线电流:电网的供电电流,用 I_1 表示;相电流:每相绕组的电流,用 $I_相$ 表示。

对于星形接法：

$$I_1 = I_相 \tag{5-9}$$

对于三角形接法：

$$I_1 = \sqrt{3}\,I_相 \tag{5-10}$$

3. 电动机的输入功率

$$P_1 = \sqrt{3}\,I_1 U_1 \cos\varphi \tag{5-11}$$

式中　P_1——输入功率,kW;

　　　φ——相位角,(°);

　　　I_1——供电电流,A;

　　　U_1——线电压,V;

　　　$\cos\varphi$——功率因素。

三、电动机的额定参数

电动机在制造工厂所拟定的情况下工作时,称为电动机的额定运行,通常用额定值来表示其运行条件,这些数据大部分都标明在电动机的铭牌上。

(一)额定功率 P_N

在额定运行情况下,电动机轴上输出的机械功率为额定功率,其计算公式为：

$$P_N = \eta_N P_{1N} \tag{5-12}$$

输出功率的一般表达式为：

$$P_2 = \eta P_1 \tag{5-13}$$

式中　η——效率;

　　　P_1——输入功率;

　　　P_2——输出功率,kW。

输出功率 P_2 和输出转矩 T_2 的关系为：

$$T_2 = 9550 P_2 / n \tag{5-14}$$

式中 I_2——转子电流,A;

　　　　n——电动机转速,r/min;

　　　　T_2——电动机输出转矩,N·m。

(二)额定电压 U_N

在额定运行情况下,定子绕组端应加的线电压值为额定电压。

如标有两种电压值(如 220/380V),这表明定子绕组采用△/Y 连接时应加的线电压值。即,三角形接法时,定子绕组应接~220V 的电源电压;星形接法时,定子绕组应接~380V 的电源电压。

(三)额定频率 f

在额定运行情况下,定子外加电压的频率($f=50Hz$)为额定频率。

(四)额定电流 I_N

在额定频率、额定电压和轴上输出额定功率时,定子的线电流值为额定电流。

如标有两种电流值(如 10.35/5.9A),则对应于定子绕组为△/Y 连接的线电流值。

(五)额定转速 n_N

在额定频率、额定电压和电动机轴上输出额定功率时,电动机的转速为额定转速。与额定转速相对应的转差率称为额定转差率 S_N。

一般不标在电动机铭牌上的几个额定值如下:

(1)额定功率因数:在额定频率、额定电压和电动机轴上输出额定功率时,定子相电流与相电压之间相位差的余弦。

(2)额定效率 η_N:在额定频率、额定电压和电动机轴上输出额定功率时,电动机输出机械功率 P_N 与输入电功率 P_{1N} 之比,其表达式为

$$\eta_N = \frac{P_N}{\sqrt{3}\,U_N I_N cos\varphi_N} \times 100\% \tag{5-15}$$

(3)额定负载转矩 T_N:电动机在额定转速下输出额定功率时轴上的负载转矩。

(4)线绕式异步电动机转子静止时的滑环电压和转子的额定电流,通常手册上给出的数据就是电动机的额定值。

四、定子绕组连线方法的选用

定子三相绕组的连接方式(Y 形或△形)的选择和普通三相负载一样,须视电源的线电压而定。如果电源的线电压等于电动机的额定相电压,那么,电动机的绕组应该接成三角形;如果电源的线电压是电动机额定相电压的 $\sqrt{3}$ 倍,那么,电动机的绕组就应该接成星形。通常电动机的铭牌上标有符号△/Y 和数字 220/380,前者表示定子绕组的接法,后者表示对应于不同接法应加的线电压值。

例:电源线电压为 380V,现有两台电动机,其铭牌数据如下,试选择定子绕组的连接方式。

(1)J32-4,功率 1.0kW,连接方法△/Y,电压 220/380V,电流 4.25/2.45A,转速 1420r/min,功率因数 0.79。

(2)J02-21-4,功率 1.1kW,连接方法△,电压 380V,电流 6.27A,转速 1410r/min,功率因

数 0.79。

解:J32-4 电动机应接星形(Y),如图 5-27(a)所示。

J02-21-4 电动机应接成三角形(△),如图 5-27(b)所示。

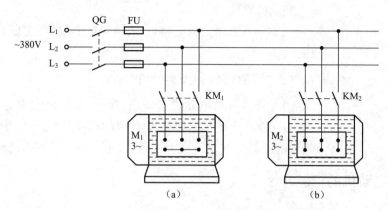

图 5-27　电动机的星形(Y)及三角形(△)接法

任务二　石油钻机用电动机机械特性

电驱动石油钻机,依其发展历程大致可分如下四个阶段:

(1)AC—AC 驱动阶段。柴油机带交流发电机发出交流电,经电力并车后,向交流电动机供电,经机械传动去驱动绞车、转盘和钻井泵。

(2)DC—DC 驱动阶段。柴油机带直流发电机发出直流电,向直流电动机供电,用直流电动机驱动绞车、转盘和钻井泵。

(3)交直流 AC—SCR—DC 驱动阶段。柴油机交流发电机组发出交流电,经电力并车后,经可控硅整流,再向直流电动机供电,驱动绞车、转盘与钻井泵。

(4)交流变频 AC—VF—AC 驱动阶段。柴油机带交流发电机发出交流电,经电力并车后,经变频器成为频率可调的交流电,再向交流电动机供电,驱动交流电动机带动绞车、转盘和钻井泵。这是正在发展中的第四代电驱动型石油钻机。

我国研制电驱动钻机始于 20 世纪 70 年代,代表性的有 D2-200,DC-DC 驱动,钻深 5000m,宝鸡厂 1971 年生产;海洋 5000m 钻机,DC-DC 驱动,兰石厂 1975 年生产。20 世纪 80 年代以来,研制并投入矿场应用的电驱动钻机有:ZJ15D,AC-AC 驱动,吉林重机厂生产;ZJ45D(丛)、ZJ60D、ZJ60DS,AC-SCR-DC 驱动,兰石厂生产。20 世纪 90 年代以来,由于我国钻机更新改造的需要,电驱钻机获得了迅速发展,我国先后研制生产了 3000~7000m 系列直流电驱和交流变频电驱钻机。

一、电动机的机械特性

(一)机械特性与特性硬度

电动机的转速 n 和电磁转矩 M 的关系 $n=f(M)$ 称为电动机的机械特性,电动机的转速随转矩改变而变化的程度称为机械特性硬度,用硬度系数 α 表示。特性曲线上任意一点的硬度系数 α 为该点转矩变化百分数与转速变化百分数之比,可分为 3 种类型,如图 5-28 所示。

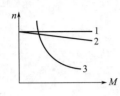

图 5-28　电动机的
特性硬度

1—特硬特性, $\alpha = \dfrac{\Delta M}{\Delta n} = \infty$;

2—硬特性, $\alpha = 40 \sim 10$;

3—柔(软)特性, $\alpha < 10$

（1）当 $\alpha = \infty$ 时,为特硬特性;在 n—M 曲线上,表现为一条水平线。

（2）当 $\alpha = 40 \sim 10$ 时,为硬特性;在 n—M 曲线上,表现为一条略向下倾斜的直线。

（3）当 $\alpha < 10$ 时,为柔特性;在 n—M 曲线上,表现为一条近似的双曲线。

（二）固有特性和人为特性

固有特性是指电动机端电压、频率、励磁电流都为额定值,且电极电力回路中无附加电阻时所具有的机械特性。人为特性(或称为调节特性)是指通过改变上述条件,进行调节得到的机械特性。

二、直流电动机的机械特性

（一）直流电动机的固有机械特性

按照励磁方式,电动机可以分为:并励、他励、串励、复励直流电动机,石油现场最常用的是他励直流电动机。其固有机械特性与励磁方式有关。

1. 并励、他励直流电动机

并励、他励直流电动机的固有机械特性均为硬特性,其电路原理与固有机械特性如图 5-29 所示。

2. 串励直流电动机

串励直流电动机的固有机械特性为柔特性。该特性能很好地满足钻机的绞车和转盘要求。但是,当载荷很小时,转速过高,有"飞车"危险,不适合用链条、皮带传动。故负荷不应低于额定值的 25%～30%,如图 5-30 所示。

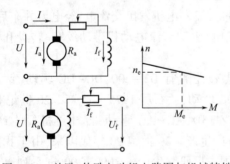

图 5-29　并励、他励电动机电路图与机械特性

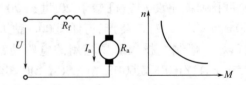

图 5-30　串励直流电动机电路图与机械特性

（二）直流电动机的人为机械特性

现代石油钻机广泛使用他励直流电动机,这里主要以他励直流电动机为例讲其调速特性。他励直流电动机的基本调速方式有:

（1）在电枢电路中串电阻调速,如图 5-31 和图 5-32 所示中的曲线,空载转速不变;转速只能下调;转速越低,特性越软;调速方便;调节电阻长期大量耗电,不经济。适用于中小功率电动机,石油钻机不适用。

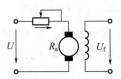

图 5-31 他励直流电动机电枢串电阻

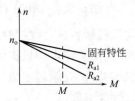

图 5-32 他励直流电动机电枢串电阻人为特性

（2）降低电枢电压调速，如图 5-33 和图 5-34 所示中的曲线，转速只能下调；硬特性不变（固有特性曲线平移）；调速方便；调速范围大；经济性好。

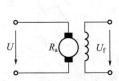

图 5-33 他励直流电动机降低电枢电压

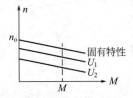

图 5-34 他励直流电动机降低电枢电压人为特性

（3）在励磁电路中串电阻调速，如图 5-35 和图 5-36 所示中的曲线，转速只能上调；随所串电阻增大，特性变软；调速方便；经济性较好。但其转速不得超过额定值的 20%。

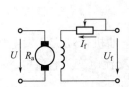

图 5-35 他励直流电动机励磁线圈串电阻

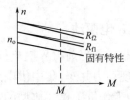

图 5-36 他励直流电动机励磁线圈串电阻人为特性

直流电动机的优点是调速方便；启动力矩大；同时也有价格高、维护困难等缺点。

三、交流电动机的机械特性

（一）交流电动机的固有机械特性

1. 同步交流电动机

如图 5-41 中 1 所示，同步交流电动机固有机械特性为特硬特性。其特点是：具有较高的功率因数，效率高；但启动性能很差，几乎无过载能力，结构复杂，寿命相对较短，价格较高。适用于不经常启动、转速恒定的中、大功率场合，应用范围很小。

2. 异步交流电动机

异步交流电动机相对于同步电动机来说，具有较大的过载能力，其过载系数一般在 $K = M_{max}/M_e = 1.6 \sim 2.8$，固有机械特性为硬特性，如图 5-37 中 2 所示。

特点：过载能力较大；结构简单、寿命长、维护方便、便宜。在钻井现场，常用绕线式异步电机绞车和转盘；鼠笼式异步电机适用于不经常启动及调速的各种场合。如钻井泵、压缩机、离心泵以及中小功率的辅助设备等。

(二)交流电动机变频调速机械特性

交流电动机机械特性是硬特性,难以满足钻井钻机工作机对调速的要求。应用 AC 变频技术,通过变频器向交流电动机提供频率可调的交流电源,改变电源频率 f,可得到如图 5-38 所示的人为机械特性,变频调速机械特性,精确控制调节交流电动机的转速,能满足钻井钻机工作机对调速性能的要求。

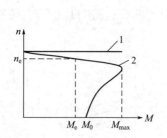

图 5-37 交流电动机的机械特性
1—同步交流电动机的机械特性;
2—异步交流电动机的机械特性

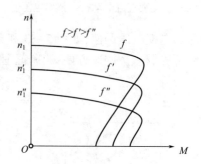

图 5-38 变频调速电动机的人为机械特性

四、可控硅直流电机 AC-SCR-DC

(一)SCR 电驱动

SCR 电驱动是当前世界最流行的电驱动钻机类型。由柴油机带动交流发电机发交流电,通过电网实现动力并车,集中供电。再经可控硅整流装置将交流电变为直流电,驱动直流电动机,从而带动工作机工作。典型的动力分配如图 5-39 所示。

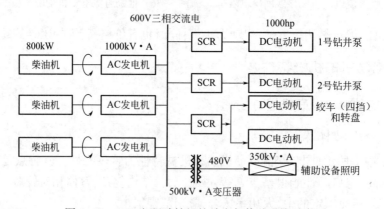

图 5-39 SCR 电驱动钻机的动力与传动系统示意图

(二)AC—SCR—DC 电驱动钻机的特点

(1)有人为软特性,调速范围宽,$R=2.5\sim5$;超载能力强,$K=1.6\sim2.5$;可实现无级调速。

(2)简化机械传动系统,提高了效率(86%)。

(3)发电机组运行在最佳工况,节省燃料,延长了大修周期。

(4)并联驱动,动力可互济,分配灵活。

(5)便于钻机布置,维修费极大降低,自动化高,更安全。

AC-SCR-DC 电动钻机是当今电驱动钻机的主力机型之一,具有 AC—AC、DC—DC 电驱动钻机的全部优点;但用直流电动机价格高、寿命短,还需特别需考虑防爆问题,投资成本略高于 DC—DC 电驱动钻机。

五、交流变频电驱动 AC—VF—AC

(一)基本工作原理

交流变频电驱动基本工作原理为用柴油机带动交流发电机发出交流电,通过可控硅变频器,得到可以改变频率的交流电,驱动交流电动机工作,从而带动钻机各工作机工作。

在可控硅变频器的内部,经历两次电流性质的改变:首先用晶闸管整流电路将交流电转变为可调电压的直流电,再用逆变器将可调直流电转变为可调频率的交流电。

利用改变频率,交流电动机的机械特性可以人为地改变,得到人为的柔特性,满足钻机工作机的性能要求。人为特性曲线如图 5-38 所示。

(二)交流变频驱动的优势

交流变频电动钻机比直流电驱动具有更优良的性能,是目前最先进驱动方式,其特点如下:

(1)能精确控制转速。电源频率与交流电动机的工作转速成正比的关系。利用此特性,可实现变频电驱动精确地无级平滑调节工作转速。

(2)具有超载荷、恒扭矩调节、恒功率调节、调节使用范围宽广的输出特性。交流变频电动机在处于 0r/min 时,仍具有全扭矩作用。这种特性对于钻井作业来讲,是非常安全可靠的。

(3)无须倒挡,简化钻机结构。由于正反转均可调节使用,驱动绞车可以取消倒挡,极大地简化了绞车和顶驱结构。

(4)启动电流小,工作效率高。一般电动机的启动电流为额定电流的 5~6 倍。变频调速 AC 电动机的启动电流只有额定电流的 1.7 倍。由于启动电流较小,对电网的冲击性也较小。交流变频电动机的工作效率高达 96%,高于 DC 电动机的 90%。

(5)可实现反馈制动刹车。交流变频调速电动机,可对下钻时的钻柱载荷进行反馈制动刹车,起着绞车辅助刹车作用。

模块六　石油钻机传动与控制系统

【模块导读】　传动与控制是现代机电设备中极为重要的不可或缺的中间过程手段与措施，也是石油钻机八大系统组成中的两大系统。现代的传动与控制技术如机械传动与控制、电传动与控制、液压传动与控制、气动与控制等在石油钻机中均有广泛应用。本模块仅对典型的重要内容加以介绍。

【学习目标】　掌握液力传动类型、结构及工作原理；掌握液压技术与气动控制系统组成及特点；了解各类元件的结构、符号的意义；掌握液压技术与气动控制系统图的一般读图方法。

项目一　钻机的液力传动

【项目描述】　在石油钻机中常用的液力传动装置有液力变矩器和液力耦合器两大类型。目的是要改善动力性能，更好地满足钻井工艺的需要。

【学习目标】　掌握液力耦合器和液力变矩器的基本结构及工作原理；掌握它们的特性、应用及性能调节。

任务一　液力传动基本知识

一、液力传动的工作原理

为了使柴油机驱动钻机的性能更好地满足钻井工艺的要求，通常都配备了液力传动装置。液力传动装置的作用是以柔性的传动方式把发动机的动力传递给工作机，以改善工作性能，适应工作负荷及速度的变化。液力传动装置在石油机械设备中有广泛的应用。液力传动的工作原理如图6-1所示。液力传动装置可以看成是一台离心泵与一台涡轮机有机地组合在一起联合工作的设备。离心泵轴与发动机相连，涡轮机轴与工作机相连。发动机工作时，带动离心泵工作，将液体从液槽中吸入，经离心泵后获得能量，形成动力液，并经连通管进入涡轮机，动力液冲击涡轮机的涡轮旋转，从而使涡轮轴转动，去带动工作机工作。冲击完涡轮后的动力液体，又经涡轮机的尾水管回到液槽中，又再次被离心泵吸入进行循环工作。在这个过程中，发动机将机械能输入给离心泵，离心泵将机械能转化为动力液的液能，经涡轮机的再次转化，将动力液的液能转化为机械能输出给工作机。

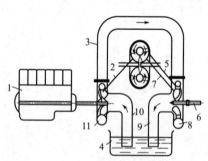

图6-1　液力传动原理

1—发动机；2—离心泵工作轮；3—连接管路；
4—集水槽；5—导水机构；6—涡轮轴；
7—涡轮机涡轮；8—涡轮机的蜗壳；
9—涡轮机的尾水管；10—离心泵
的进水管；11—离心泵的蜗壳

在实际的装置中,是将离心泵的泵轮和涡轮机的涡轮装在一个蜗壳里,取消连通管,从而构成了实用的液力传动装置,即液力传动装置主要是依靠液体的动能形式来传递能量进行工作的。

二、液力传动的优缺点

(一) 液力传动装置的优点

(1)传动性能柔和。动力机与工作机之间不是通过如齿轮传动或链传动那样的硬性传动,在泵轮与涡轮之间有液体充当中间工作介质;它是一种柔性传动,具有过载保护作用,对柴油机和工作机起保护作用,不会使柴油机憋灭火。

(2)随着工作机外载荷发生变化,其工作速度也将随之发生相应的变化,实现无级变速调节。某些液力传动装置还能改变输出扭矩,从而能充分利用动力机所配备的功率,提高生产率。

(3)能吸收振动。它可以消除来自柴油机的扭转振动和来自工作机的动载影响,大大提高了从动力机到工作机相关设备的使用寿命。

(4)能在运转和负载条件下挂挡,操纵方便,易于实现自动化。

(二) 液力传动的缺点

(1)传动功率损失较大,效率较低。

(2)需要一些附加设备,如冷却散热系统、压力补偿系统等,成本较高。

(3)用于低速传动时,其结构尺寸过大,故一般只适用于高速传动。

三、液力传动设备的基本类型

按照传动特点,液力传动可分为液力耦合器、液力变矩器和液力机械变矩器三类。

(一) 液力耦合器

目前广泛使用的耦合器,按其性能可分为以下四类。

(1)牵引型耦合器:主要用于传递功率,同时起柔性离合器的作用。

(2)安全型耦合器:主要用于机械在常载、重载条件下启动性能的改善,减少机械冲击,有效地保护原动机和工作机。

(3)调速型耦合器:可根据负载情况(即使负载不变)调节耦合器的工况点,达到调节工作机转速的目的,以满足生产实际中对工作机进行无级调速的需要。

(4)普通型耦合器(也称为标准型耦合器)仅用于要求对系统隔离振动、改善启动冲击或使耦合器只作离合器使用的场合。

(二) 液力变矩器

液力变矩器与液力耦合器的区别在于,液力变矩器可以根据工况改变其输出转矩与转速。根据液力变矩器的结构和性能特点,可分为多种类型。

(三) 液力机械变矩器

液力机械变矩器有功率内分流和功率外分流两种。例如,双涡轮变矩器、导轮反转变矩器属于功率内分流;而液力元件与行星排的各种组合传动属于功率外分流。

另外,液力耦合器、液力变矩器、液力机械变矩器和动力换挡变速器可组合成液力机械传动装置。

任务二　液力耦合器

一、液力耦合器的结构与工作原理

液力耦合器由泵轮、涡轮、外壳、输入轴及输出轴等基本零件组成,如图 6-2 所示。输入轴与泵轮相连。泵轮与涡轮的形状对称,它里面装有许多径向安装的平面直叶片,泵轮和涡轮对称布置,其叶片所构成的液体流道互相衔接,形成一个封闭的环形空间,工作液体就在其中循环流动,这个封闭的环形空间称为循环圆。循环圆的最大直径称为有效直径,它是耦合器的代表尺寸。

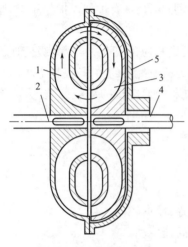

图 6-2　液力耦合器示意图
1—泵轮;2—输入轴;3—涡轮;
4—输出轴;5—壳体

当动力机与液力耦合器的输入轴相连,将带动泵轮旋转,环形空间内的工作液体就会在离心力的作用下沿其环形流道高速飞离泵轮,直接冲击涡轮叶片顶部区域,形成力矩,涡轮受此冲击力矩作用而产生与泵轮转向一致的旋转运动。冲击完涡轮叶片后的工作液体,被迫沿涡轮的环形流道折返回到涡轮流道的根部,又被泵轮中心处(因其原来中心处的液体被离心力甩向边缘而形成真空)所吸纳而不断循环。由于泵轮的连续旋转,致使涡轮将总受到冲击力矩作用而不断旋转,带动输出轴转动,从而把动力机的机械能传递出去,完成其传动功能。

二、液力耦合器与柴油机共同工作原理

在钻采设备上,液力耦合器总是与柴油机共同工作的。由于工作负荷变化对柴油机本身性能的影响,耦合器泵轮的转速不可能永远保持不变,因此以泵轮转速为常数所得出的外特性,不能完全反映实际工作中的情况。

为了掌握液力耦合器和柴油机共同工作时的特性,就需要讨论共同工作时耦合器的输入轴及输出轴方面的参数变化规律。

柴油机的输出轴与耦合器的输入(泵轮)轴通常是直接相连,中间没有变速机构,因此柴油机转速等于耦合器泵轮转速,即 $n_e = n_B$,柴油机轴上的有效输出扭矩等于泵轮的输入扭矩,即 $M_e = M_B$,而耦合器泵轮轴上承受的外扭矩也就是加到柴油机轴上的负荷扭矩,但是,柴油机本身的输出扭矩特性 $M_e—n_e$ 和耦合器泵轮轴的扭矩特性(即泵轮轴向柴油机轴施加负荷的扭矩变化规律)$M_B—n_B$ 是不相同的。为了确定柴油机和耦合器工作的工况点及变化规律,下面首先讨论柴油机的扭矩特性。

(一) 柴油机的扭矩特性

柴油机的扭矩特性是指输出扭矩 M_e 和转速 n_e 的关系曲线。n_{emin} 是柴油机能够保持稳定工作的最低转速;n_{er} 是柴油机的额定转速,也是它的最大允许转速。在 n_{emin} 与 n_{er} 所对应的区间内进行全喷油量操作时得到的最大输出扭矩曲线,也叫全负荷曲线。在额定转速下全喷油工作所得到的扭矩就是柴油机的额定扭矩。此时为柴油机的最大输出功率点,也是额定工况点。

目前所用柴油机,由于它们的调节器不同,其扭矩与转速特性的变化规律也是不同的。常用的调节器有全制调节器和两制调节器两种,见图6-3。

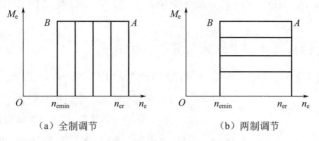

(a) 全制调节　　　　　　　　(b) 两制调节

图6-3　全制调节柴油机与两制调节柴油机的扭矩特性

图6-3(a)是全制调节器柴油机特性。当调节器固定在某一位置时,即司钻手柄固定在某一位置时,如果加给柴油机的负荷扭矩始终不大于柴油机全喷油时的最大扭矩,则柴油机可维持在司钻手柄所控制的转速下稳定工作,不随外界负荷变化。当外界负荷大于全喷油量时的最大扭矩时,则柴油机转速不能继续保持不变,将沿全喷油量时外特性工作转速迅速降低。

图6-3(b)是两制调节器柴油机特性。当调节器固定在某一位置时,亦即司钻手柄固定在某一位置时,柴油机的喷油量将固定不变,因此柴油机转速将随着外界负荷的变化而变化,当外负荷减小时转速将自动增大。但是外负荷过小而使柴油机转速有大于额定转速 n_{er} 的趋势时,调节器能在原定喷油量的基础上自动减少,而使转速不超 n_{er},且稳定在此转速下继续工作。当外负荷增大,则转速降低。但当外负荷过大,柴油机的转速有低于其最低稳定转速 n_{emin} 造成要灭火的趋势时,调节器能在原定喷油量的基础上自动增加喷油量,使柴油机扭矩增加,并保持其转速稳定于 n_{emin} 工作,防止柴油机灭火。当然,当喷油量已增至最大,达到全喷油量仍不能克服外负荷时,柴油机的转速就会降到 n_{emin} 以下,而造成柴油机灭火。

石油钻采设备中所用柴油机大都是全制调节柴油机,下面以全制调节柴油机为对象进行讨论。

(二)柴油机的负荷曲线

柴油机与液力传动元件直接相连时,液力传动元件泵轮轴扭矩就是柴油机的负荷扭矩,因此,耦合器泵轮轴扭矩随转速变化的曲线也就是柴油机的负荷曲线。

由于耦合器泵轮轴扭矩与转速存在 $M = \lambda \rho g n_B^2 D^5$ 的关系,工作油的密度 ρ 及耦合器循环圆有效直径 D 都是常数,而扭矩系数 λ 则是随传动比 i 而变化的,在一定的传动比 i 时的 λ 值为一常数。因此,该公式也可写成:

$$M_B = A n_B^2 \qquad (6-1)$$

式中,$A = \lambda \rho g D^5 =$ 常数。

式(6-1)表明了耦合器的泵轮扭矩 M_B 和转速 n_B 的关系是一组通过坐标原点的二次抛物线族,由于工况不同,传动比 i 值改变,因此 $M_B = A n_B^2$ 中的常数 A 也改变,由此得到的每条 M_B—n_B 曲线,代表了在一定的 i 值时,耦合器泵轮轴上的扭矩 M_B 随转速 n_B 变化的曲线,又称为耦合器加于柴油机的负荷曲线,如图6-4所示。

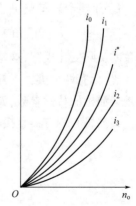

图6-4　柴油机的负荷曲线

图 6-4 所示的耦合器加于柴油机的负荷曲线表明,改变耦合器的传动比 i,就改变柴油机的扭矩变化规律,且当传动比 i 一定时,柴油机的输出扭矩随其转速的增加而二次方地迅速增加。传动比越大(即耦合器的传动效率越高),柴油机的输出扭矩随其转速的增加速度越快。

(三)柴油机与耦合器共同工作时工况点的确定

柴油机的负荷曲线 M_B—n_B 与柴油机自身扭矩特性曲线 M_e—n_e 的交点就应是共同工作时

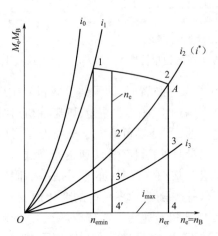

图 6-5　全制调节柴油机与耦合器
共同工作时工况点的确定

的工况点,此时耦合器加于柴油机上的负荷扭矩与柴油机输出的扭矩相等。当已知柴油机手柄位置和耦合器传动比时,就可以手柄位置的调节完全确定出柴油机的工况点,如图 6-5 所示。全制调节柴油机与耦合器共同工作时工况点的特点是 $M_e = M_B$,$n_e = n_B$,但并不是对应耦合器的所有的传动比值。显然只在耦合器传动比 $i_1 \sim i_2(i^*)$ 范围内才有共同工作时的工况点出现。

(四)柴油机与耦合器的合理匹配

在实际工作中,并不是一台柴油机与任何一个耦合器组合起来都是合理的,其中存在一个匹配是否合理的问题。

柴油机与耦合器的合理匹配应满足以下基本条件:在经常工作的正常工况时,柴油机与耦合器都处在各自的额定工况附近,即应使通过柴油机额定工况点 A 的负荷曲线所对应的传动比正好是耦合器的额定工况 i^*。柴油机的额定工况点 A,是柴油机调节手柄置于最大位置,并在全喷油量条件下的工作点,此时柴油机发出的功率最大。为了充分发挥柴油机的能力,希望柴油机经常处于额定工况点 A 附近工作。对耦合器来说,既然其额定工况 i^* 是经常工作的工况,而耦合器的传动效率就等于传动比,从保持高的传动效率来看,i^* 不能定得太低,但是 i^* 也不能定得过高,过高则扭矩系数 A 太低,为传递必要的扭矩 M,就必须加大耦合器的尺寸 D。为使耦合器与柴油机的合理配合,一般把 i^* 定在 $0.95 \sim 0.97$ 范围内,这样既保持了高效率,又不使结构尺寸过大。

(五)耦合器与柴油机共同工作的联合特性曲线

耦合器与柴油机共同工作的联合特性是在两者特性的相互影响下,耦合器与柴油机特性参数的实际变化规律,这是使用中最有实际意义的特性曲线。联合特性的横坐标是涡轮转速 n。纵坐标有两大类:一类是耦合器的输出特性,包括涡轮扭矩 M_T 及耦合器传动效率 η;另一类是柴油机的特性参数,如柴油机的输出功率 P_e 与转速 n_e 等。

柴油机与耦合器直接相连共同工作时,有:

$$\begin{cases} n_T = in_B = in_e \\ P_e = CM_e n_e(C \text{ 为换算常数}) \\ M_T = M_B = M_e \\ \eta = i \end{cases} \tag{6-2}$$

由此可绘制出图 6-6 所示的全制调节柴油机与耦合器共同工作时的联合特性。在涡轮转速 $n_{T1} \sim n_T{}^*$ 范围内,耦合器的扭矩 M_T 与柴油机的扭矩 M_e 的变化是极为相似的,且扭矩 M_T 随转速 n_T 变化不大,几乎水平恒定。但当转速 $n_T > n_T{}^*$ 时,扭矩 M_T 迅速降为零;耦合器的效率曲线 $\eta—n_T$ 表明,耦合器的起始传动比 i_1 是较高的,在涡轮转速范围内,传动效率较高,一般 $\eta > 90\%$;可是在涡轮转速 $n_{T1} \sim n_T{}^*$ 范围内,柴油机的功率 P_e 随涡轮转速 n_T 呈正相关变化。

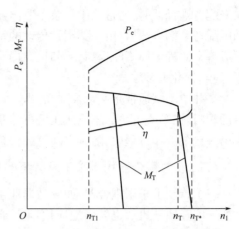

图 6-6　全制调节柴油机与耦合器
共同工作时的联合特性

三、液力耦合器特性的调节

发动机和工作机间使用液力耦合器,可改善发动机的驱动特性。但有时由于工作机负荷的多样性,希望在耦合器外特性曲线具有自动调节特性外,还能对耦合器的输出特性(扭矩和转速)进行一定的调节。调节耦合器的输出扭矩和转速的方法很多,常见的有以下几种:

(1)改变耦合器的输入转速。

当改变发动机的转速使耦合器泵轮转速改变时,耦合器的特性将随通用特性曲线的规律变化,由于 n_B 的改变,在一定外界负荷 M 的条件下,可以得到不同的输出转速 n_T。这是一种常用的调节办法。

(2)改变循环圆内的充液量。

由液力耦合器的工作原理可知,改变循环圆内的充液量(即液体的充满程度)会引起循环流量的变化(在同一传动比时)。由于耦合器传递的扭矩大小与流量成正比,故可近似地认为耦合器的外特性曲线随充液量的变化而改变。在不同液体充满程度下,耦合器输出的扭矩都不同,从而可达到调节扭矩的目的;又如输出轴上的负荷扭矩 M 不变,则在不同充液量时,也可获得不同的输出转速。

(3)改变循环圆的过流断面。

采用增加或减少循环圆内的过流断面,从而改变流动阻力,使循环流量变化,以达到调节的目的。

四、液力耦合器在石油钻机上的应用

(一)液力耦合器用于钻井泵的传动

不少现代钻机的钻井泵采用单独驱动,构成独立的机泵组比统一驱动具有更大的灵活性,安装也较容易。机泵组传动中采用液力耦合器的主要优点如下:

(1)提高了功率利用率。

(2)降低泵压脉动。

(3)便于处理事故。

在钻井过程中常发生钻头泥包、井漏或卡钻等复杂情况,此时要求钻井泵能在很广的范围内改变泵压及排量。如井中钻头泥包或卡钻时,需要降低排量,并保持高压,以憋开循环通路。

在未配备耦合器时,通常采用从泵中取出几个泵阀等办法,操作复杂且不可靠。当机泵组的传动中配备了耦合器后,由于其柔性传动的特点,可使泵压憋到最高值。当憋开通路后,排量会适应解卡的程度而不断提高。同时,在操作上也大为简化。

(4)简化开双泵操作。

钻井中用泵通常是两台泵并联,当一台泵已开后,再开第二台泵时,如无耦合器,通常要用启动阀门、在第一台泵停车或泄压后再并联的办法,这些都使操作复杂化。配备耦合器后就可在第一台泵工作过程中,随时启动第二台泵,大大简化了开泵操作。

(二)液力耦合器用于绞车及转盘的传动

在主传动上采用耦合器,如罗马尼亚生产的 4LD 重型钻机的主传动上就应用了耦合器,又如一些轻便钻机上也较多地应用耦合器作为整机的传动装置。其功用主要是用以缓和冲击,吸收振动及较充分地利用功率。

此外,一些深井钻机还利用液力耦合器作为辅助的传动装置。由于在钻井中有时需要转盘慢转或绞车轻提,同时又要开双泵给出大泵量。如果在传动中没有耦合器时,为了满足这种工艺要求,就要摘开并车链条,使一台柴油机输出小功率带动绞车或转盘,另一台柴油机带钻井泵。显然采用这种办法无法充分利用柴油机功率。而一台柴油机带两台泵,功率又不足。为了解决这个问题,在传动上增加了一套辅助的传动装置,其中包括一个带输液管的可调节式耦合器。在正常钻进时耦合器内不充液体,因此它对传动不起影响,当绞车要求轻提或转盘要求慢转,同时要求大泵量时,柴油机仍可并车运转,但此时摘开绞车传动中的主离合器,向耦合器中充入一定的液体,这样从柴油机输到绞车的功率就不通过主离合器,而是通过液力耦合器来实现传递。供给绞车的功率大小可由耦合器的充液量多少来控制。采用了这种辅助传动装置后,既保证了钻井泵从柴油机获得全功率,又能靠耦合器来准确地调节传给绞车或转盘必要的扭矩及转速,其性能柔和,操作简便。

任务三　液力变矩器

一、液力变矩器的结构与工作原理

液力变矩器的结构与液力耦合器稍有不同,变矩器除泵轮和涡轮外,还有一个固定不动的叶轮,称为导轮。因此,变矩器的循环圆是由泵轮、涡轮和导轮三个工作轮所组成,如图 6-7 所示。其工作原理与液力耦合器类似。

变矩器的主要性能特点在于它能改变输出扭矩,即在工作过程中,变矩器能把泵轮轴上的扭矩(通常就是发动机的输出扭矩)转变为较大或较小的涡轮轴输出扭矩。这是耦合器不能做到的事情。

当变矩器工作时,液体在循环圆中从泵轮—涡轮—导轮—泵轮作不停的循环运动,如图 6-8 所示。液体在导轮进口和出口处速度的方向和大小都发生了变化,从而引起了液体动量矩的变化。正是由于这个变化,使液体对导轮产生了一个作用扭矩,此作用扭矩经导轮传给固定的外壳,由外壳所承受。而固定的导轮反过来又给液体以反作用扭矩。同样,

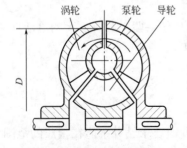

图 6-7　液力变矩器结构

循环圆中的液体流经过泵轮时动量矩也发生变化,液体对泵轮和涡轮都作用着一定的扭矩,泵轮及涡轮都对液体作用着反扭矩。这样,如取变矩器循环圆中的整个液体为自由体来研究它的力矩平衡问题,可以看到,作用于液体上的外力矩包括:来自泵轮的主动力矩 M_B、来自涡轮的阻力矩 M_T、来自导轮的反作用力矩 M_D。

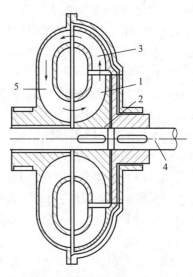

图 6-8　液力变矩器循环圆示意图
1—泵轮;2—输入轴;3—涡轮;
4—输出轴;5—导轮

当整个循环圆中的液体处于稳定运动状态(无加、减速运动)时,作用于液体上的外力矩之和应等于零: $\sum M = M_B + (-M_T) + M_D = 0$。

其中,M_B 取正值是由于泵轮对液体总是产生主动扭矩;M_T 取负值是因为它是液体作用于涡轮产生的扭矩,涡轮是从动的;导轮的扭矩 M_D,可以是正,也可以是负,它取决于变矩器的工况,但当变矩器在正常变矩工况下工作时,导轮对液体产生的反作用扭矩方向与泵轮扭矩的方向是相同的,因此 M_D 通常也为正的。移项可得:$M_T = M_B + M_D$。

由此可见,由于有固定导轮的存在,在循环圆中,它对液体构成了一个扭矩支点,对液体施加一定的反作用扭矩,从而使液力变矩器的泵轮扭矩(或发动机扭矩)M_B,可改变为比它大或小的涡轮轴输出扭矩 M_T。也就是说,涡轮从液体中所获得的扭矩等于泵轮和导轮所给予液体扭矩的代数和。

二、液力变矩器的外特性

描述液力变矩器特性的参数有:输入参数 M_B、n_B,输出参数 M_T、n_T 以及其传动效率 η。而泵轮扭矩 M_B、涡轮扭矩 M_T 及传动效率 η,随其涡轮转速 n_T(在泵轮转速 n_B 为常数时)的变化规律被称变矩器的为外特性,即 M_B—n_T、M_T—n_T 和 η—n_T 的特性曲线。

变矩器的外特性曲线与耦合器一样,是合理选择和正确使用变矩器的重要依据。测试外特性的试验装置及试验方法也是类似的。通过试验得到的变矩器外特性曲线,如图 6-9 所示。由图可见,当 $0 \leq n_T \leq n_{Tmax}$ 时,变矩器的外特性具有下列特点:

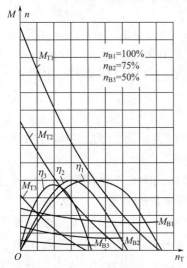

图 6-9　液力变矩器外特性曲线

(1)在涡轮转速 n_T 改变时,泵轮扭矩 M_B 也有变化,但是变化不大。

(2)涡轮扭矩 M_T 在工作范围内变化很大。M_T—n_T 的变化规律近似一条斜直线。在制动工况 $n_T = 0$ 时,M_T 达到最大值,制动工况时的涡轮扭矩 M_{T0} 可比此时的泵轮扭矩 M_{B0} 大好几倍。随着 n_T 的增大,M_T 不断地减小,当 n_T 达到最大值 $n_T = n_{Tmax}$ 时,$M_T = 0$。

(3)变矩器的传动效率 η 与 n_T 的关系与耦合器不同,它有一个最大值,而当 $n_T = 0$ 及 $n_T = n_{Tmax}$ 时,η 都等于零。

(4)外特性测试时,把 n_B 从一个定值调到另一个定值,则 M_B—n_T、M_T—n_T 及 η—n_T 三条曲线的基本形状不变,但数值发生了很大变化。当 n_B 减小时,各参数相应地向较小的数字变化,但效率值减小不多。

变矩器除了上述正常工况时外特性外,还具有反转工况的外特性,即涡轮转向与泵轮转向相反时(此时 $n_T<0$)的工况所表现出来的外特性。如图6-10所示,为变矩器的反转工况特性。图中表明 M_T 值即为变矩器在不同反转工况(即不同的"$-n_T$"转速)时涡轮轴上遇到的阻力矩,此值往往超过了变矩器涡轮轴的制动扭矩。在钻井时,可利用变矩器反转工况的特性,由司钻遥控柴油机油门来控制下钻速度,即由变矩器起水刹车作用。

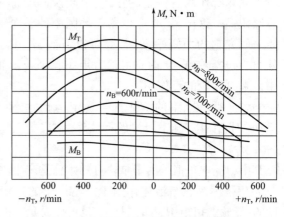

图6-10 液力变矩器的反转工况特性

由于水力制动产生的热量将使工作油温剧增,以及变矩器反转工况输出扭矩可能使整个传动件负荷超过设计许用值。所以,目前还只利用这种工况进行钻具上提、下放的辅助操作。

三、液力变矩器的原始特性

液力变矩器的原始特性又称为无量纲特性。描述其原始特性的参数通常包括:泵轮的扭矩系数 λ_B、涡轮的扭矩系数 λ_T、变矩系数 K、传动效率 η、传动比 i。

与耦合器一样,由叶片式水力机械的相似理论知,泵轮的扭矩系数 λ_B 与涡轮的扭矩系数 λ_T 都是传动比 i 的函数,即 $\lambda_B=f_1(i)$,$\lambda_T=f_2(i)$,且有:

$$\begin{cases} M_B=\lambda_B n_B^2 D^5 \rho g \\ M_T=\lambda_T n_T^2 D^5 \rho g \end{cases} \tag{6-3}$$

几何相似的变矩器,在传动比 i 相同时,它们的 λ_B 与 λ_T 分别相等。

变矩系数 K 等于涡轮扭矩与泵轮扭矩之比,即 $K=M_T/M_B=\lambda_T/\lambda_B$,它也是传动比 i 的函数,即 $K=f_3(i)$。

传动效率 η 等于变矩器的输出功率与输入功率之比,即 $\eta=M_T n_T/M_B n_B=Ki$;$\eta=f_4(i)$。

研究表明,几何相似的液力变矩器的无量纲参数 λ_B、λ_T、K、η 都是传动比 i 的函数,且各无量纲参数分别相等。变矩器的无量纲参数 λ_B、λ_T、K、η 与传动比 i 的函数关系可用图6-11表示,即 λ_B—i,λ_T—i,K—i,η—i 四条曲线。

变矩器原始特性曲线的意义在于:

(1)每个液力变矩器都有一组无量纲特性曲线,且同类型的变矩器的无量纲特性曲线是完全相同的。

(2)在传动比 i 较大或较小时,传动效率均较低,泵轮传来的功率大部分转化为热能,使油温升高;在 $i_1\sim i_2$ 范围内变矩器处于高效区工作,$i_2/i_1=d$ 称为高效区的范围。

(3)曲线 λ_B—i 反映的是变矩器的穿透性。我们把扭矩系数 λ_B 随传动比 i 而变的变矩器称为可透穿变矩器,若 λ_B 随传动比 i 的增大而降低,这种变矩器称为正可透变矩器;若 λ_B 随传动比 i 的增大而升高,这种变矩器称为负可透变矩器;把扭矩系数 λ_B 随传动比 i 不变的变矩器称为非可透变矩器,如图6-12所示。

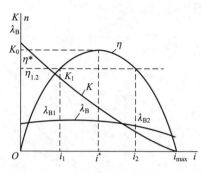

图 6-11 变矩器原始特性曲线

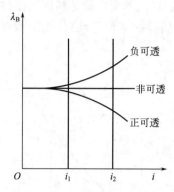

图 6-12 变矩器的穿透性

（4）曲线 $K—i$ 反映的是变矩器的变矩性能。常采用 $i=0$ 时（制动情况）的变矩系数 K_0（称为启动变矩比或制动变矩系数）和 K_1（耦合器工况即曲线 $\lambda_B—i$ 与曲线 $K—i$ 的交点处）时的传动比 $i_{K=1}$（称为耦合器传动比）作为评价变矩器性能好坏的指标。一般认为，K_0 值和 $i_{K=1}$ 值大的，变矩性能好。

四、液力变矩器与柴油机共同工作

在石油钻采机械中，液力变矩器总是与柴油机共同工作的。液力变矩器与柴油机共同工作时存在一个合理匹配问题，有必要研究液力变矩器与柴油机共同工作时的联合特性，通常要弄清以下 4 个关系：

（1）柴油机输出扭矩（或泵轮扭矩）和涡轮转速间的关系，$M_e=f_1(n_T)$；

（2）柴油机转速和涡轮转速间的关系，$n_e=f_2(n_T)$；

（3）涡轮轴输出扭矩和涡轮转速间的关系，$M_T=f_3(n_T)$；

（4）变矩器效率和涡轮转速间的关系，$\eta=f_4(n_T)$。

有时联合特性中还包括柴油机输出功率及单位油耗量随涡轮转速 n_T 变化的曲线。通过这些关系曲线，就可以在联合特性曲线图上十分清楚地看出在任意涡轮转速下变矩器的输入端及输出端的全部特性。

（一）共同工作时的输入特性

与耦合器的分析方法一样（柴油机与变矩器直接连接），在外力矩之和等于零及不考虑摩擦力矩的条件下有 $M_e=M_B$，$n_e=n_B$；且共同工作时，变矩器的泵轮扭矩随转速的变化曲线就是柴油机的负荷曲线。与耦合器类似，变矩器的泵轮扭矩为：

$$M_B=\lambda_B n_B^2 D^5 \rho g=\alpha n_B^2 \tag{6-4}$$

式中，$\alpha=\lambda_B \rho g D^5$ 是一个与传动比相关的函数，对于非可透变矩器，扭矩系数 λ_B 不随工况 i 变化，λ_B 为常数，α 也为常数，只有一条抛物线，如图 6-13 所示。

若为可透变矩器，则扭矩系数 λ_B 随工况 i 变化，λ_B 不为常数，α 也不是常数，由无因次特性可知，对应于不同的工况 $i_0,i_1,i_2\cdots$，便有不同的扭矩系数 $\lambda_{B0},\lambda_{B1},\lambda_{B2}\cdots$，便有 $\alpha_0,\alpha_1,\alpha_2\cdots$。因此，与非透穿变矩器不同，其输入特性不是一条负荷抛物线，而是一束负荷抛物线，它们的关系式为：$M_B=\alpha_0 n_B^2$，$M_B=\alpha_1 n_B^2$，$M_B=\alpha_2 n_B^2$，$\cdots$，如图 6-14 所示。

将柴油机的外特性曲线与变矩器的负荷抛物线画在一起，就得到图 6-14 共同工作输入特性曲线,它们的交点就是共同工作时的一系列工作点。图 6-14 表明,可透变矩器在不同工况 i 时,泵轮轴(柴油机轴)的扭矩和转速将按共同工作点 A_0,A_1,A_2…变化。

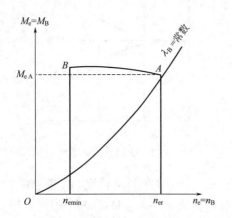

图 6-13 非可透变矩器与柴油机共同工作输入特性

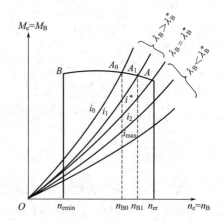

图 6-14 可透变矩器与柴油机共同工作输入特性

(二)液力变矩器与柴油机的合理匹配

如图 6-14 所示,A 点是变矩器最优工况 i^* 的负荷抛物线与柴油机扭矩外特性的交点,该点也是柴油机最大功率工况(额定工况)相对应的扭矩工况点,这样,在 A 点工作的柴油机—液力变矩器装置的特点是:(1)输出的功率最大;(2)装置的效率最高。而 A_0 点是 $i=0$ 时的变矩器的负荷抛物线与柴油机扭矩特性的交点,这一点决定了钻机的启动扭矩(或最低制动扭矩),希望该点与柴油机的最大扭矩点重合,以便获得最大启动扭矩和最大牵引力。由此可见,液力变矩器与柴油机合理匹配的主要标志为:

(1)变矩器全负荷工作时,柴油机的输出功率尽可能大,即柴油机应处于额定工况点附近工作,以充分利用配备的功率。

(2)与变矩器高效工作区相适应的柴油机工作范围,应处于柴油机单位耗油量最低的范围,以提高燃料经济性。

(3)变矩器传动比 $i=0$ 时的变矩器的负荷抛物线与柴油机扭矩特性的交点 A_0 应尽可能与柴油机的最大扭矩点重合,以便使工作机有一个良好的启动性能。

(三)共同工作时的输出特性

液力变矩器与柴油机共同工作时的输出特性是指输出扭矩 M_T、输出功率 N_T、效率 η 及泵轮转速 n_B 等参数与涡轮转速 n_T 之间的关系,即有函数关系:

$$\begin{cases} M_T = f(n_T) \\ N_T = f(n_T) \\ \eta_T = f(n_T) \\ n_T = f(n_T) \end{cases} \qquad (6-5)$$

根据变矩器与柴油机共同工作时的输入特性可以相应地计算出共同工作时的输出特性。每一个传动比 i 对应计算出一组参数 M_T、N_T、η 及 n_B。这样就可以绘制出共同工作时的输出特性曲线,如图 6-15 所示。

由图 6-15 分析可知,正可透变矩器与全制调节柴油机共同工作输出特性有如下特点:

(1)输出扭矩 M_T 与涡轮转速 n_T 是负相关关系,即 M_T 随着 n_T 的减小而增大,具有良好的扭矩适应性和无级调速范围宽。

(2)良好的过载保护能力,即当外载过大,使涡轮被制动不转,但泵轮仍可以旋转,柴油机不致熄火。

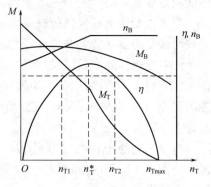

图 6-15　正可透变矩器与全制调节柴机
共同工作输出特性

五、液力变矩器的选型及应用

(一)液力变矩器的类型

液力变矩器的类型很多,不同类型的变矩器,性能差别也很大。常见的液力变矩器可以分为:单级、二级、三级液力变矩器;离心涡轮式、向心涡轮式、轴流涡轮式液力变矩器;综合式和非综合式液力变矩器等。

(二)液力变矩器的选型

1. 石油钻机对液力变矩器的要求

对石油钻机用液力变矩器的选型,应符合钻机对变矩器性能的要求。钻机对变矩器性能的要求主要有下列几点:

(1)在正常钻进及起下钻时,要求变矩器在高效率情况下有较宽的调速范围,以适应大范围内的负荷变化,充分利用柴油机所配备的功率,提高起钻速度和简化钻机传动。

(2)在下钻、上提空吊卡或转盘划眼等轻负荷工况时,变矩器消耗的功率应尽可能少,减轻柴油机的负荷,以免浪费柴油机功率及使变矩器的油温过高。

(3)钻机负载启动时,在保证柴油机稳定工作的情况下,变矩器能提供足够的启动能力。

(4)变矩器结构力求简单,工作可靠,使用寿命长及维护保养方便。

以上要求可以归结为,变矩器应具有良好的经济性能、负荷性能、变矩性能,并具有较好的结构工艺性。

2. 液力变矩器性能的选择

(1)经济性能及其指标。变矩器的经济性能由其 η—i 特性曲线表示,它主要包括 4 个指标:最高效率 η^*、最高效率时的传动比 i^*、在正常工作时的调速范围 $d = i_2/i_1$、调速范围内的最低效率 $\eta_{1,2}$。

由于在钻进及起下钻操作时,工作负荷变化频繁,变矩器工况变化很大,很难在一定的工况下工作,因此,最高效率 η^* 及所对应的传动比 i^*,并不是评价钻机用液力变矩器最重要的性能指标,更重要的指标是其正常工作时调速范围 d,以及调速范围内的最低效率 $\eta_{1,2}$。

一般钻机绞车和转盘所要求的调速范围都比较宽,而变矩器高效区内的调速范围则要小得多。因此,必须在变矩器与绞车、转盘之间设置一定的变速装置。从减少变速挡数的目的出发,希望钻机变矩器有足够宽的高效区。

(2)负荷性能及其指标。为了充分利用柴油机所配备的功率,希望当液力变矩器在高效区范围($i_2 \leqslant i \leqslant i_1$)时,柴油机始终在额定工况点附近工作,即在变矩器高效区范围内,其负荷性能应是非透穿的,如图 6-15 所示。

当液力变矩器在轻负荷或空负荷($i_2 < i < i_{max}$)工况下工作时,钻机实际需要的功率很小,如果这时候变矩器保持为非透穿特性,则柴油机仍将发出最大功率,不但会造成功率浪费,而且由于此时变矩器效率很低,过多的功率将变为工作油的热能,使油温迅速升高,对变矩器的工作非常不利。为此,所选的变矩器在 $i_2 < i < i_{max}$ 区段应具有较大的正透穿的负荷性能,这样,既能满足钻井工艺要求,又可使柴油机的功率消耗大为减少,变矩器工作油的发热情况显著改善。

当变矩器处于 $0 \leqslant i < i_1$ 工作段时,相当于钻机处于重负荷或启动工况,由于柴油机的最大扭矩与额定工况下的扭矩相比相差不大,因此,此段内变矩器的负荷性能,仍以非透穿或有小的正透穿为好。

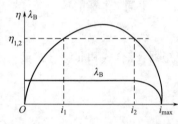

图 6-16 液力变矩器的负荷特性

综合上述,符合钻机需要的变矩器的负荷性能 λ_B—i 如图 6-16 所示。但是,实际变矩器的负荷性能与此不可能完全相似,因此,选型时应结合需要与可能,选择相似的负荷性能。

(3)变矩性能及其指标。液力变矩器的变矩性能,可由 K—i 特性曲线表示,它反映了变矩器适应外界负荷变化的能力。在评价其变矩性能时,通常可用启动工况时的变矩系数 K_0 及高效工作范围的最大变矩系数 K_1 表示。

目前对选择石油钻机变矩器的 K_0 值,并没有绝对标准。但是从更好地满足钻井工艺要求出发,仍以选择较高的启动变矩系数 K_0 较为有利。变矩系数 K_1 所对应的是高效工作范围的最大输出扭矩。为了提高钻机变矩器在高效工作范围内对外界负荷变化的适应能力,也希望变矩器的 K_1 值尽可能大一些。

(三)液力变矩器在石油钻机上的应用

由于液力变矩器具有良好的无级调速性能和过载保护能力,因此非常适合石油钻机三大工作机等负载阻力矩变化幅度大的机械设备的要求。

1. 变矩器在绞车上的应用

当钻机动力机组装上液力变矩器后,显著改善了绞车的性能,主要表现在以下几个方面:

(1)充分利用了钻机功率。

在起钻过程中,大钩上的负荷是不断变化的。机械传动钻机的绞车挡数有限(4~6 挡),因此,功率的利用很不充分,如图 6-17 所示中的阴影部分,表示未被利用的功率。

当使用液力变矩器后,大钩的提升速度就能随负荷的增减,自动无级地降低或提高。此时大钩的负荷 G 与提升速度 v 的变化情况基本上接近图 6-17 中的等功率曲线,使钻机的功率得到充分利用,从而加快了起下钻速度,这对于深井钻井显得更重要。

(2)改善绞车的调节性能。

钻机动力机组配上液力变矩器后,可使绞车的调节性能大为改善。变矩器施加到柴油机轴上的负荷曲线,可由公式

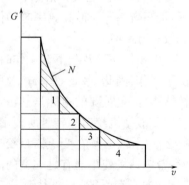

图 6-17 大钩负荷 G 与提升速度 v 的关系

$M_e = \alpha n_{\text{B}}^2$ 表示。由于泵轮轴上的扭矩与转速就等于柴油机轴上的扭矩与转速,由此可推导出:

$$n_{\text{T}} = \alpha \eta n_e^3 / M_{\text{T}} \quad \text{或} \quad M_{\text{T}} = \alpha \eta n_e^3 / n_{\text{T}} \tag{6-6}$$

当大钩负荷不变时,变矩器输出轴扭矩 M_{T} 不变,变矩器输出轴转 n_{T}(或大钩提升速度)与柴油机转速 n_e 的三次方成正比。也就是说,司钻稍微调节一下柴油机的转速 n_e,就可以使大钩的提升速度在很大范围内变化。

当变矩器输出轴转速 n_{T} 不变(相当于大钩提升速度不变),其输出轴扭矩 M_{T}(或大钩负荷能力)与柴油机转速 n_e 的三次方成正比。使用液力变矩器后,在起下钻过程中,摘挂挡次数和换挡次数大大减少,不仅加速了起下钻过程,也减轻了司钻的劳动强度。

(3)提高绞车工作的柔和性与可靠性。

液力变矩器的输入轴与输出轴之间,没有刚性的机械连接,而是靠液体作为传递能量的介质。因此,柴油机轴上的周期性扭矩振动不会传到工作机组上去,而各工作机组在工作过程中所产生的振动和冲击负荷也传不到柴油机上去。由于这种平稳而柔和的传动性能,显著地减少了钻机各个部件的磨损,延长了它们的使用寿命。

液力变矩器具有输出转速越低、扭矩越高的特性,这种特性对于处理钻井事故特别有利。例如,当起钻遇到阻卡时,大钩上的负荷突然升高,这时液力变矩器能使绞车以极低的速度和比平时大几倍的提升能力,把被卡的钻具从井下提出。又如钻井过程中有一部柴油机损坏,也可以利用其余的柴油机以低速立即把钻具从井中提出,保证了钻井的安全生产。

2. 变矩器在转盘上的应用

与绞车的情况相同,变矩器可以使转盘的有级变速变为平稳的无级变速,使转盘功率得到充分利用。转盘采用液力变矩器后,由于它工作的柔和性,可以减少扭断钻杆的危险。在钻头遇卡时,柴油机也不会灭火,即使转盘出现短时的停转,也能很快恢复正常运转。

3. 变矩器对钻井泵的作用

液力变矩器对钻井泵的作用与液力耦合器类似,可提高泵组功率利用率,降低泵压脉动,便于处理事故,提高了泵组工作的可靠性以及简化了开泵、并车操作等。

项目二　液压传动技术

【项目导读】　液压技术是非常实用的现代工业技术,早已广泛用于石油钻采机械设备的传动与控制之中,在当今机电设备中占有非常重要的地位。

【学习目标】　掌握液压系统的基本组成与工作原理;掌握主要的液压元件的结构、原理及其液压符号;掌握典型液压基本回路;掌握石油钻采设备的液压系统读图基本方法。

任务一　液压传动系统组成及原理

液压传动是以液体作为工作介质来进行能量传递的液体传动装置,但它与液力传动装置的根本区别在于:液压传动主要是以液体的压能形式来传递能量的,而液力传动装置主要是以液体的动能形式来传递能量进行工作的。按其工作原理的不同,前者属于容积式液体传动,后者属于动力式液体传动。

一、液压传动的工作原理

我们可以先通过一个事例来说明液压传动的工作原理。

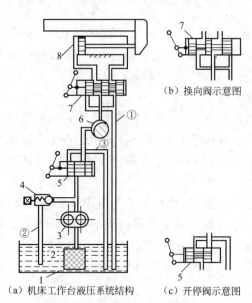

图 6-18 机床工作台液压系统
1—油箱;2—过滤器;3—液压泵;4—溢流阀;5—开停阀;
6—节流阀;7—换向阀;8—液压缸;①,②,③—回油管

图 6-18 是机床工作台的液压系统。它是由油箱 1、过滤器 2、液压泵 3、溢流阀 4、开停阀 5、节流阀 6、换向阀 7、液压缸 8 以及连接这些元件的油管、接头等组成。

它的工作原理:电动机驱动液压泵从油箱中吸油,将油液加压后输入管路。油液经开停阀、节流阀、换向阀进入液压缸左腔,推动活塞而使工作台向右移动。这时液压缸右腔的油液经换向阀和回油管①流回油箱。如将换向阀 7 的手柄转换为图 6-18(b)所示的状态,液压缸 8 活塞杆带动工作台反行。

工作台的移动速度是通过节流阀 6 来调节的。当节流阀 6 的阀口开大时,单位时间内进入液压缸的油量增多,工作台的移动速度就增大;反之,当节流阀口关小时,单位时间内进入液压缸的油量减少,则工作台的移动速度减小。由此可见,速度是由单位时间内进入液压缸的油量即流量决定的。

为了克服移动工作台时受到的各种阻力,液压压缸必须产生一个足够大的推力,这个推力是由液压缸中的油液压力产生的。要克服的阻力越大,缸中的油液压力越高;阻力越小,压力就越低。这种现象说明了液压传动的一个基本原理——压力取决于负载。

溢流阀的作用是调节与稳定系统的最大工作压力并溢出多余的油液。当工作台工作进给时,液压缸活塞(工作台)需要克服大的负载和慢速运动。进入液压缸的压力油必须有足够的稳定压力才能推动活塞带动工作台运动。调节溢流阀的弹簧力,使之与液压缸最大负载力相平衡,当系统压力升高到稍大于溢流阀的弹簧力时,溢流阀便打开,将定量泵输出的部分油液经回油管②溢回油箱。这时系统压力不再升高,工作台保持稳定的低速运动(工作进给)。当工作台快速退回时,因负荷小、油压低,溢流阀打不开,泵的流量全部进入液压缸,工作台则实现快速运动。

如果将开停阀手柄转换成图 6-18(c)所示状态,压力管中的油液经开停阀和回油管③排回油箱,这时工作台停止运动。

从上面这个例子中可以看出,液压泵首先将电动机(或其他原动机)输入的机械能转换为输出去的液压能,经过进油油路(液压泵—开停阀—节流阀—换向阀—油缸)到油缸左腔,油缸再将液压能转换成机械能,用以推动负载运动(油缸右腔的油液经回油油路回油箱)。从能量的角度来说,液压传动系统的工作过程就是机械能—液压能—机械能的能量转换过程;液压泵和液压缸都是充当一种能量转换装置。

二、液压传动系统的组成

由图 6-18 示例还可看出，一个完整的液压传动系统的基本组成应包括：

（1）动力元件——如液压泵，其职能是把动力机（电动机或其他原动机）所输出的机械能转换为液压能，给系统提供压力油液。

（2）执行元件——液动机（如液压油缸、液压马达），其职能是把液压能转换成机械能，带动负载运行。

（3）控制元件——各种液压阀（如流量阀、压力阀、方向阀等），其职能是通过它们的控制或调节，使油液的压力、流量和方向得到改变，从而改变执行元件的力（或力矩）、速度（或转速）及运动方向。

（4）辅助元件——包括油箱、管路、蓄能器、滤油器、管接头、压力表、流量表、开关等，其职能是通过这些元件把系统连接和完善起来，以实现液压传动系统的各种工作循环。

三、液压传动系统图及图形符号

图 6-18 所示的液压传动系统是以示意结构图的形式来表示各液压元件的，称为结构式液压传动系统图，但使用起来很不方便。工程技术资料中常见到的是用各液压元件特定的符号来表示的。对于图 6-18 所示的液压传动系统图改用液压元件符号来表示，则为图 6-19 所示。

四、液压传动的工作特征

（1）液压传动以静压传递原理进行工作。

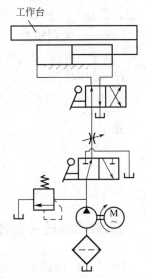

图 6-19　机床工作台液压系统图形符号

液体占有一定的体积，而没有固定的形状，所以这种传动必须在密闭的容器（如液压泵、液压管路、液压油缸）内进行。由于连接液压泵和液压油缸的管线比较短，液体在管路中的流速不大（一般低于 5m/s），从液压泵到液压油缸的压力降很小，因此这个装置可看作是充满液体的密闭的连通器，当一处受到压力时，这个压力将通过液体传到各个相同的连通器内，并且各处的压力相等。液压传动系统就是利用这种静压传递原理来进行工作的。

（2）液压传动系统中，工作压力大小取决于负载。

液体中的静压力主要由液体自重和液体表面受外力作用而产生。这里所指的压力实际上是指单位面积上所受的压力，即压力强度，其单位为帕（Pa）。在液压传动系统中，因由液体自重所产生的压力不大，可以忽略不计。因此，液体的压力主要由外力而引起。外力 F 通过液压缸的活塞作用在液缸内的液体表面上，使缸内液体表面受到挤压产生压力 p：

$$p = F/A \tag{6-7}$$

式中　A——液压缸的活塞面积，m^2；

　　　F——外载荷，N。

由式（6-7）可知，当负载 F 为零时，系统压力为零；负载 F 增大时，压力也随之增大。液压传动系统中，工作压力大小取决于负载。也就是说，液压传动使用压力来满足外力要求。这是液压传动一条非常重要的特征。

(3)液压传动系统中,执行元件运动速度的大小取决于进入执行元件内的液体流量。

进入液缸内的液体流量 Q 为:

$$\begin{cases} Q = Av \\ v = Q/A \end{cases} \tag{6-8}$$

式中　A——液缸活塞面积,m^2;

　　　v——液缸活塞运动速度,m/s。

说明当活塞面积一定时,液缸活塞运动速度仅取决于进入液缸内的流量,而与负载 F(或压力 p)无关,即液压传动系统使用流量来满足对速度的要求。这是液压传动的又一个重要特征。

(4)液压传动系统中,液体流动时要克服阻力。

在图 6-18 所示液压传动中,油液在系统回路中流动要经过管路、各种阀、液缸等各种液压元件,除了静压力外,还要考虑因阻力而产生的压力损失。且液压泵的压力 p_1 应等于液缸中压力 p_2 与沿程管路阻力损失及局部阻力损失之和 $\sum \Delta p$:

$$\begin{cases} p_1 = p_2 + \sum \Delta p \\ \sum \Delta p = R_f Q^{\alpha} \end{cases} \tag{6-9}$$

式中　$\sum \Delta p$——管路中压力损失;

　　　R_f——液阻系数,与管路液体流动状态和流道形状有关;

　　　α——系数,与管路液体流动状态有关。

(5)液压传动系统中,功率的大小取决于压力和流量的乘积。

功率等于力与速度的乘积,所以,液压缸的输出功率 N 为:

$$\begin{cases} N = Fv \\ F = pA \\ Q = Av \\ N = pQ \end{cases} \tag{6-10}$$

五、液压油的主要性能及选用

(一)液压油的主要性能

1. 密度

单位体积液体的质量称为液体的密度,用 ρ 表示:

$$\rho = m/V \tag{6-11}$$

式中　m——液体的质量,kg;

　　　V——液体的体积,m^3。

液体的密度随温度的升高而下降,随压力的增加而增大。对于液压传动中常用的液压油(矿物油)来说,在正常的温度和压力范围内,密度变化很小,可视为常数。在计算时,通常取 15℃时的液压油密度($\rho = 900kg/m^3$)。

2. 压缩性

液体受压力作用而发生体积减小、密度增加的特性称为液体的压缩性。压缩性的大小用体积压缩系数 k 来表示,其定义为:液体在单位压力变化时体积的相对变化量:

$$k = -\frac{1}{\Delta p}\left(\frac{\Delta V}{V}\right) \tag{6-12}$$

式中　V——压力变化前液体的体积;

　　　ΔV——压力变化 Δp 时液体体积的变化量;

　　　Δp——液体压力的变化量。

由于压力增大时液体的体积减小,因此式(6-12)的右边必须加一个负号,使 k 为正值。常用液压油的体积压缩系数 $k = (5 \sim 7) \times 10^{-10} \, \text{m}^2/\text{N}$。

液体的体积压缩系数 k 的倒数称为体积模量,用 K 来表示:

$$K = \frac{1}{k} = -\frac{V \Delta p}{\Delta V} \tag{6-13}$$

在实际应用中,常用 K 值说明液体抵抗压缩能力的大小,它表示产生单位体积相对变化量所需的压力增量。

液压油的体积模量为 $K = (1.4 \sim 2) \times 10^9 \, \text{N}/\text{m}^2$,其数值很大,故对于一般液压系统,可认为油液是不可压缩的。只有在研究液压系统的动态特性和高压情况下,才考虑油液的可压缩性。但是,若液压油中混入空气,其压缩性将显著增加,并将严重影响液压系统的工作性能,故在液压系统中应尽量减少油液中的空气含量。在实际液压系统的液压油中,难免会混有空气,通常对矿物油型液压油取 $K = (0.7 \sim 1.4) \times 10^9 \, \text{N}/\text{m}^2$。

3. 黏性

1)黏性的意义

液体在外力作用下而流动时,分子间的内聚力阻碍分子间的相对运动而产生内摩擦力的性质称为黏性。黏性是液体的重要物理性质,也是选择液压油的主要依据。

液体流动时,由于它和固体壁面间的附着力以及它的黏性,会使其内各液层间的速度大小不等。设在两个平行平板之间充满液体,两平行平板间的距离为 h,如图 6-20 所示。当上平板以速度 u_0 相对于静止的下平板向右移动时,紧贴于上平板极薄的一层液体,在附着力的作用下,随着上平板一起以 u_0 的速度向右运动;紧贴于下平板极薄的一层液体和下平板一起保持不动;而中间各层液体则从上到下按递减的速度向右运动。这是因为相邻两薄层液体间存在内摩擦力,该力对上层液体起阻滞作用,而对下层液体起拖曳作用。当两平板间的距离较小时,各液层的速度按线性规律分布。

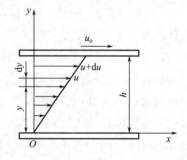

图 6-20　液体黏性示意图

实际测定表明:液体流动时,相邻液层间的内摩擦力与液层间的接触面积和液层间相对运动的速度 $\text{d}u$ 成正比,而与液层间的距离 $\text{d}y$ 成反比:

$$F = \mu A \frac{\text{d}u}{\text{d}y} \tag{6-14}$$

若用单位面积上的摩擦力 τ(切应力)来表示,则式(6-15)可改写成:

$$\tau = \frac{F}{A} = \mu \frac{\mathrm{d}u}{\mathrm{d}y} \tag{6-15}$$

式中　μ——比例系数,称为动力黏度;

　　$\mathrm{d}u/\mathrm{d}y$——速度梯度,即相对运动速度对液层距离的变化率。

式(6-15)称为牛顿液体内摩擦定律。

在静止液体中,因速度梯度 $\mathrm{d}u/\mathrm{d}y = 0$,故内摩擦力为零,因此液体在静止时是不呈现黏性的。只有当液体运动或有运动趋势时,才会表现出有黏性。

2)液体的黏度

液体黏性的大小用黏度表示。常用的黏度有三种,即动力黏度、运动黏度和相对黏度。

(1)动力黏度 μ:动力黏度也称为绝对黏度,它是表征液体黏性的内摩擦系数。

由式(6-15)可得:

$$\mu = \frac{\tau}{\mathrm{d}u/\mathrm{d}y} \tag{6-16}$$

液体动力黏度的物理意义是:当速度梯度等于 1 时,流动液体液层间单位面积上的内摩擦力,即为动力黏度。动力黏度产的法定计量单位为 $\mathrm{N \cdot s/m^2}$,或用 $\mathrm{Pa \cdot s}$ 表示。

(2)运动黏度 ν:动力黏度 μ 与液体密度 ρ 的比值称为运动黏度,用 ν 来表示:

$$\nu = \mu/\rho \tag{6-17}$$

运动黏度,没有明确的物理意义。因为在其单位中只有长度和时间的量纲,所以称为运动黏度,它在液压分析计算中是一个经常遇到的物理量。运动黏度 ν 的法定计量单位为 $\mathrm{m^2/s}$。

在工程中常用运动黏度来表示液体黏度,如液压油的牌号,就是这种液压油在40℃时的运动黏度 $\nu(\mathrm{mm^2/s})$ 的平均值。例如,Y4-N32 液压油就是指这种液压油在40℃时的运动黏度的平均值,为 $32\mathrm{mm^2/s}$。

(3)相对黏度:相对黏度又称条件黏度。它是采用特定的黏度计,在规定的条件下测出的液体黏度。根据测量条件的不同,各国采用的相对黏度的单位也不同。例如,美国采用国际赛氏秒(SSU),英国采用商用雷氏秒($''$R),我国和欧洲一些国家采用恩氏黏度(°E)。

恩氏黏度由恩氏黏度计测定,即把 $200\mathrm{cm^3}$ 的被测液体装入底部有直径为 2.8mm 小孔的恩氏黏度计的容器中,在某一特定温度 $T(℃)$ 时,测定全部液体在自重作用下流过小孔所需的时间 t_1 与同体积的蒸馏水在20℃时流过同一小孔所需的时间 $t_2(t_2 = 50 \sim 52\mathrm{s})$ 之比值,便是该液体在 $T(℃)$ 时的恩氏黏度。恩氏黏度用符号°E_T表示:

$$°E_T = \frac{t_1}{t_2} \tag{6-18}$$

恩氏黏度和运动黏度之间可用下面经验公式换算:

$$\nu = \left(7.31°E - \frac{6.31}{°E}\right) \times 10^{-6} \tag{6-19}$$

(二)对液压油的要求和选用

1. 要求

液压油既是液压传动的工作介质,又是各种液压元件的润滑剂,因此液压油的性能会直接影响液压系统的性能,包括工作可靠性、灵敏性、稳定性、系统效率和零件寿命等。选用液压油时应满足下列要求:

(1)黏温性好。在使用温度范围内,黏度随温度的变化越小越好。

(2)润滑性能好。在规定的范围内有足够的油膜强度,以免产生干摩擦。

(3)化学稳定性好。在储存和工作过程中不易氧化变质,以防胶质沉淀物影响系统正常工作;防止油液变酸,腐蚀金属表面。

(4)质地纯净,抗泡沫性好。油液中含有机械杂质易堵塞油路,含有易挥发性物质,则会使油液中产生气泡,影响运动平稳性。

(5)闪点要高,凝点要低。油液用于高温场合时,为了防火安全,要求闪点高;在温度低的环境下工作时,要求凝点低。一般液压系统中所用的液压油的闪点为130~150℃,凝点为-10~-15℃。

2. 种类及选用

液压油的种类很多,主要可分为三大类:矿物油型、合成型和乳化型。液压油的主要种类及性质见表6-1。

表6-1 液压油的主要种类及性质

性能	可燃性液压油			抗燃性液压油			
	矿物油型			合成型		乳化型	
	通用液压油	抗磨液压油	低温液压油	膦酸脂液	水—乙二醇液	油包水液	水包油液
密度,kg/m^3	850~900			1100~1500	1040~1100	920~940	1000
黏度	小—大	小—大	小—大	小—大	小—大	小	小
黏度指数,VI(不小于)	90	95	130	130~180	140~170	130~150	极高
润滑性	优	优	优	优	良	良	可
防锈蚀性	优	优	优	良	良	良	可
闪点,℃(不低于)	170~200	170	150~170	难燃	难燃	难燃	不燃
凝点,℃(不高于)	-10	-25	-35~-45	-20~-50	-50	-25	-5

正确选用液压油,是保证液压设备高效率正常运转的前提。目前,90%以上的液压系统采用矿物油型液压油为工作介质,选用时,普通液压油优先考虑,有特殊要求时,则选用抗磨、低温或高黏度指数的液压油。如没有普通液压油,则可用汽轮机油或机械油代用。合成型液压油价格贵,只有在某些特殊设备中,如在对抗燃性要求高并且使用压力高、温度变化范围大等情况下采用;在工作压力不高时,高水基乳化液也是一种良好的抗燃液。在选用液压油时,合适的黏度有时更为重要。黏度的高低将影响运动部件的润滑、缝隙的泄漏以及流动时的压力损失、系统的发热等。一般根据黏度选择液压油的原则是:运动速度高或配合间隙小时,宜采用黏度较低的液压油以减少摩擦损失;工作压力高或温度高时,宜采用黏度较高的液压油以减少泄漏。实际上,系统中使用的液压泵对液压油黏度的选用往往起决定性作用,可根据表6-2的推荐值来选用油液黏度。

表 6-2　液压泵采用油液的黏度表

液压泵类型		环境温度 5~40℃	环境温度 40~80℃
		ν,10^{-6}m^2/s（40℃）	ν,10^{-6}m^2/s（40℃）
叶片泵	$p<7$MPa	30~50	40~75
	$p\geq7$MPa	50~70	55~90
齿轮泵		30~70	95~165
轴向柱塞泵		40~75	70~150
径向柱塞泵		30~80	65~240

任务二　液压泵和液压马达

在液压系统中,液压泵和液压马达都是能量转换元件,液压泵是把原动机输入的机械能转换为液体能,是系统的动力元件;而液压马达是把液压系统的压力能重新转换为机械能带动负载运行,是执行元件。同类型的液压泵和液压马达就其结构来讲基本相同,就其原理来讲互为逆装置,因此在任务 2 里,把液压泵和液压马达放在一起讨论。

一、液压泵的基本工作原理

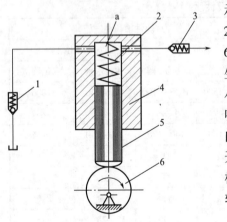

图 6-21　液压泵工作原理图
1—单向阀;2—弹簧;3—单向阀;4—缸体;
5—柱塞;6—偏心轮;a—油腔

液压泵是依靠密封容积的变化来进行工作的,故一般称为容积式液压泵。如图 6-21 所示,柱塞 5 装在缸体 4 中形成一个密封容积,柱塞在弹簧 2 的作用下始终压紧在偏心轮 6 上。原动机驱动偏心轮 6 旋转,柱塞在缸体中作往复运动,使密封容积的大小发生周期性的交替变化。当柱塞向下移动时,密封容积由小变大形成真空,油箱中的油液在大气压力的作用下经吸油管顶开单向阀 1 进入油腔 a 而实现吸油;反之,柱塞向上移动时,密封容积由大变小,a 腔中吸满的油液将顶开单向阀 3 流入系统而实现压油。这样液压泵就将原动机输入的机械能转换为液体的压力能,原动机驱动偏心轮不断旋转,液压泵就不断地吸油和压油。

显然,组成容积式液压泵的三个条件为:
（1）必须具有密封容积 V。
（2）V 能由小变大(吸油过程),由大变小(排油过程)。
（3）吸油口与排油口不能相通(靠配流机构分开)。

液压泵按其结构形式不同,分为齿轮泵、叶片泵、柱塞泵;按输出流量能否变化,可分为定量泵和变量泵。在液压系统中,各种液压泵虽然组成密封容积的零件构造不尽相同,配流机构也有多种形式,但它们都满足上述三个条件,故都属于容积式液压泵。

二、液压泵的主要性能参数

（一）压力

（1）额定压力 p_τ:液压泵在正常工作条件下,按试验标准规定连续运转的最高工作压力。

（2）工作压力 p：液压泵实际工作时的输出压力称为工作压力。工作压力的大小取决于外负载和排油管路上的压力损失，其值应小于或等于额定压力。

（3）最高允许压力 p_{max}：在超过额定压力的条件下，根据试验标准规定，允许液压泵短时运行的最高压力值，称为液压泵的最高允许压力。

（二）流量

（1）每转流量（也称排量）q：液压泵主轴旋转一周所排出液体的体积。如图 6-21 所示，设柱塞截面积为 A，行程为 L，则排量 $g=AL$。排量可以调节的液压泵称为变量泵，排量不可以调节的液压泵则称为定量泵。

（2）理论流量 Q_t：理论流量是指不考虑泄漏等因素的影响，液压泵在单位时间内所排出的液体体积。图 6-21 所示的柱塞泵，如果液压泵的排量为 q，其主轴转速为 n，则该液压泵的理论流量 Q_t 为：

$$Q_t = qn \tag{6-20}$$

式中　Q_t——液压泵的理论流量，m^3/s；

　　　q——液压泵的排量，m^3/r；

　　　n——主轴转速，r/s。

（3）实际流量 Q：液压泵实际输出的流量。它等于理论流量 Q_t 减去泄漏流量 ΔQ：

$$Q = Q_t - \Delta Q \tag{6-21}$$

（4）额定流量 Q_τ：液压泵在正常工作条件下，按试验标准规定（在额定压力和额定转速下）必须保证的流量。

（三）功率和效率

（1）输入功率 N_i：液压泵的输入功率是指作用在液压泵主轴上的机械功率。当输入转矩为 M_i、角速度为 ω，则：

$$N_i = M_i \omega = 2\pi M_i n \tag{6-22}$$

式中　ω——角速度，$1/s$；

　　　n——主轴转速，r/s；

　　　M_i——输入转矩，$N \cdot m$；

　　　N_i——输入功率，W。

（2）输出功率 N_o：液压泵的输出功率是指液压泵在工作过程中的实际吸、压油口间的 Δp 和输出流量 Q 的乘积：

$$N_o = \Delta p Q \tag{6-23}$$

式中　Δp——液压压泵吸、压油口之间的压力差，Pa；

　　　Q——液压泵的输出流量，m^3/s；

　　　N_o——液压泵的输出功率，W。

（3）液压泵的效率。

① 容积效率 η_v：液压泵工作过程中，由于泄漏等因素的影响，实际流量 Q 总是小于理论流量 Q_t，即 $Q = Q_t - \Delta Q$，若以泵的容积效率表示其流量损失，则：

$$\eta_v = \frac{Q}{Q_t} = \frac{Q_t - \Delta Q}{Q_t} = 1 - \frac{\Delta Q}{Q_t} \qquad (6-24)$$

因此,液压泵的实际输出流量 Q 为:

$$Q = Q_t \eta_v = nq\eta_v \qquad (6-25)$$

一般说来,液压泵的容积效率随着泵工作压力的增大而减小。

② 机械效率 η_m:液压泵的实际输入转矩 M_i 总是大于理论上所需要的转矩 M_t,其主要原因是由于泵内相对运动部件之间因机械摩擦而引起的摩擦转矩损失以及由液体的黏性而引起的摩擦损失。若以泵的机械效率表示摩擦损失,则:

$$\eta_m = \frac{M_t}{M_i} = \frac{1}{1 + \frac{\Delta M}{M_t}} \qquad (6-26)$$

③ 总效率 η:液压泵的总效率指的是液压泵的输出功率与输入功率之比。即:

$$\eta = \frac{N_o}{N_i} = \frac{\Delta p Q}{2\pi n M_i} = \frac{\Delta p Q_t \eta_v}{\dfrac{2\pi n M_t}{\eta_m}} = \eta_v \eta_m \qquad (6-27)$$

式中　$\Delta p Q_t = M_t \omega = 2\pi n M_t$(液压泵的理论功率)。

三、齿轮泵

齿轮泵是液压系统中广泛采用的一种液压泵,按啮合方式的不同,分为外啮合、内啮合两种结构形式,外啮合齿轮泵的应用较为广泛。

(一)齿轮泵的工作原理

图 6-22 所示为外啮合齿轮泵的工作原理图,齿轮泵的主要部件是装在壳体内的一对齿轮。齿轮两侧有端盖(图中未画出)、壳体,端盖和齿轮的各个齿谷组成了许多密封工作腔。当齿轮按图示方向旋转时,右侧吸油腔由于相互啮合的轮齿逐渐脱开,密封工作容积逐渐增大,形成部分真空,因此油箱中的油液在外界大气压力的作用下,经吸油管进入吸油腔,将齿谷充满,并随着齿轮旋转,把油液带到左侧压油腔内。在压油腔,由于轮齿在这里逐渐进入啮合,密封工作腔容积不断减小,油液便被挤出,只要两齿轮的旋转方向不变,其吸、排油腔的位置也就确定不变。啮合线把高压、低压两腔分隔开来,起配油作用,因此齿轮泵不需设置专门的配流机构,这是与其他类型容积式液压泵的不同之处。

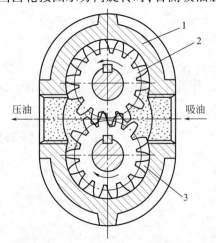

图 6-22　外啮合齿轮泵原理图

1—壳体;2—主动齿轮;3—从动齿轮

(二)齿轮泵的每转流量(排量)

齿轮泵的每转流量(排量),可看作两个齿轮的齿谷容积之和。对于标准圆柱齿轮来说,齿谷容积等于轮齿体积,那么齿轮泵的排量就等于一个齿轮的齿谷和轮齿体积的总和。若齿轮齿数为 z,模数为 m,节圆直径为

$D(D=mz)$，有效齿高为 $h(h=2m)$，齿宽为 B 时，泵的每转流量（排量）为：

$$q = \pi DhB = 2\pi zm^2 B \qquad (6-28)$$

实际上，齿谷容积比轮齿体积稍大一些，故一般乘以 1.06 的修正系数，则上式变为：

$$q = 1.06(2\pi zm^2 B) = 6.66 zm^2 B \qquad (6-29)$$

以上计算的是齿轮泵的平均流量，实际上随着啮合点位置的不断改变，吸排油腔的每一瞬时的容积变化率是不均匀的，因此，齿轮泵的流量是脉动的，流量的脉动引起压力脉动，随之产生振动与噪声。所以精度要求高的场合不宜采用齿轮泵供油。齿轮泵和其他类型泵相比，其优点是结构简单紧凑、工作可靠、制造容易、价格低廉、自吸性能好、维护容易以及对工作介质污染不敏感等。其缺点是流量和压力脉动大，噪声也较大。此外，容积效率低、径向不平衡力大，限制了其工作压力的提高。

四、叶片泵

叶片泵的结构较齿轮泵复杂，但其工作压力较高，且流量脉动小，工作平稳，噪声较小，寿命较长。所以它被广泛应用于机械制造中的专用机床、自动线等中低压液压系统，但其结构复杂，吸油特性不太好，对油液的污染也比较敏感。根据各密封工作容积在转子旋转一周吸、排油液次数的不同，叶片泵分为两类，即一周完成一次吸、排油液的单作用叶片泵和完成两次吸、排油液的双作用叶片泵。单作用叶片泵多用于变量泵，工作压力最大为 7.0MPa，结构经改进的高压叶片泵的最大工作压力可达 16.0~21.0MPa。

(一) 单作用叶片泵

1. 单作用叶片泵的工作原理

单作用叶片泵的工作原理如图 6-23 所示，单作用叶片泵由转子、定子、叶片和端盖等组成。定子具有圆柱形内表面，定子和转子间的偏心距为 e。叶片装在转子槽中，并可在槽内滑动，当转子回转时，由于离心力的作用，使叶片伸出紧靠在定子内壁上，这样在定子、转子、叶片和两侧配油盘间就形成若干个密封的工作空间，当转子按图 6-23 所示的方向回转时，在图 6-23 的右部，叶片逐渐伸出，叶片间的工作空间逐渐增大，从吸油口吸油，这是吸油腔。在图 6-23 的左部，叶片被定子内壁逐渐压进槽内，工作空间逐渐缩小，将油液从压油口压出，这就是压油腔。在吸油腔和压油腔之间，有一段封油区，把吸油腔和压油腔隔开，这种叶片泵转子每转一周，每个工作空间完成一次吸油和压油，因此称为单作用叶片泵。转子不停地旋转，泵就不断地吸油和排油。

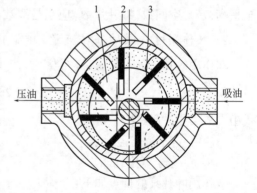

图 6-23　单作用叶片泵原理图
1—转子;2—定子;3—叶片

2. 单作用叶片泵的每转流量(排量)

单作用叶片泵的每转流量(排量)可按式(6-30)计算，即：

$$q = 4\pi ReB = 2\pi DeB \qquad (6-30)$$

式中　D——定子直径,m;

　　　e——偏心距,m;

　　　B——定子宽度,m。

　　单作用叶片泵的流量是脉动的,理论分析表明,泵内叶片数越多,流量脉动率越小。此外,奇数叶片的脉动率比偶数叶片的脉动率小,所以单作用叶片泵的叶片数均为奇数,一般为 13 片或 15 片。

(二)双作用叶片泵

1. 双作用叶片泵的工作原理

　　双作用叶片泵的工作原理如图 6-24 所示,它是由定子、转子、叶片和配油盘(图中未画出)等组成。转子和定子中心重合,定子内表面是由两段长半径圆弧、两段短半径圆弧和 4 段过渡曲线所组成的近似椭圆面。当转子转动时,叶片在离心力和(建压后)根部压力油的作用下,压向定子内表面,叶片、定子内表面、转子外表面和两侧配油盘间就形成若干个密封空间,当转子按图 6-24 所示方向旋转时,处在小圆弧上的密封空间经过渡曲线而运动到大圆弧的过程中,叶片外伸,密封空间的容积增大,吸入油液;再从大圆弧经过渡曲线运动到小圆弧的过程中,叶片被定子内壁逐渐压进槽内,密封空间容积变小,将油液从压油口压出。因而,转子每转一周,每个工作空间要完成两次吸油和压油,因此称之为双作用叶片泵。这种叶片泵由于有两个吸油腔和两个压油腔,并且各自的中心夹角是对称的,作用在转子上的油液压力相互平衡,因此双作用叶片泵又称为卸荷式叶片泵。为了使径向力完全平衡,密封空间数(即叶片数)应当是双数。

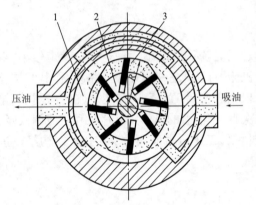

图 6-24　双作用叶片泵原理图
1—转子;2—定子;3—叶片

2. 双作用叶片泵的每转流量(排量)

　　双作用叶片泵的每转流量(排量)可按式(6-31)计算,即:

$$q = 2\pi(R^2 - r^2)B \tag{6-31}$$

式中　R——定子长半径,m;

　　　r——定子短半径,m;

　　　B——定子宽度,m。

　　双作用叶片泵的优点如下:

　　(1)流量均匀,压力脉动很小,故运转平稳,噪声也比较小。

　　(2)由于叶片泵中有较大的密封工作腔,尤其是双作用式叶片泵,每转中每个密封工作腔各吸、排油两次,使流量增大,故结构紧凑,体积小。

　　(3)密封可靠,压力较高,一般多为中压泵。

　　双作用叶片泵也存在下列缺点:

　　(1)制造要求高,加工较困难。泵的定子曲线必须使用专门设备才能加工出来。

（2）对油液污染敏感．容易损坏。由于叶片与叶片槽的配合间隙极小，因此油液稍受污染便会将叶片卡死。叶片本身很薄，卡死后极易折断，这使得叶片泵的适应性大大降低。

（3）吸油能力较差。由于双作用叶片泵密封腔体积变化小，造成吸油能力较低。双作用叶片泵广泛应用于各种中、低压液压系统，完成中等负荷的工作，如金属切削机床、锻压机械及辅助设备等的液压系统。

（三）限压式变量叶片泵

限压式变量叶片泵是单作用叶片泵，根据前面介绍的单作用叶片泵的工作原理，改变定子和转子间的偏心距，就能改变泵的输出流量。限压式变量叶片泵能借助输出压力的大小自动改变偏心距的大小，来改变输出流量。压力低于某一可调节的限定压力时，泵的输出流量最大；当压力高于限定压力时，随着压力的增加，泵的输出流量线性地减少。其工作原理如图6-25所示。泵的出口经通道与柱塞缸相通。在泵未运转时，定子在弹簧的作用下，紧靠柱塞，并使柱塞靠在螺钉上。这时，定子和转子有一偏心距为 e_0，调节螺钉的位置，便可改变偏心距 e_0 的大小。当泵的出口压力较低时，作用在柱塞上的液压力也较小，若此液压力小于上端的弹簧作用力，当柱塞的面积为 A，调压弹簧的刚度为 k_s，预压缩量为 x_0 时，则：

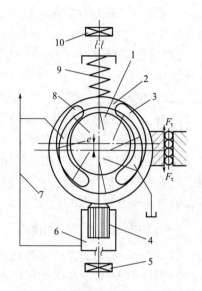

图6-25　限压式变量叶片泵原理图
1—转子；2—定子；3—吸油窗口；4—柱塞；
5—螺钉；6—柱塞缸；7—通道；8—压油窗口；
9—调压弹簧；10—调压螺钉；e—偏心距；
F_τ，F_t—定子上下运动的摩擦力

$$pA < k_s x_0 \qquad (6-32)$$

此时，定子相对于转子的偏心距最大，输出流量最大。随着外负载的增大，液压泵的出口压力 p 也将随之提高，当压力升至与弹簧力相平衡的控制压力 p_B 时，则：

$$p_B A = k_s x_0 \qquad (6-33)$$

当压力进一步升高，就有 $pA > k_s x_0$，这时，若不考虑定子移动时的摩擦力，液压作用力就要克服弹簧力推动定子向上移动，随之泵的偏心距减小，泵的输出流量也减小。p_B 称为泵的限定压力，即泵处于最大流量时所能达到的最高压力，调节调压螺钉，可改变弹簧的预压缩量 x_0，即可改变 p_B 的大小。

设定子的最大偏心距为 e_0，偏心距减小时，弹簧的附加压缩量为 x，则定子移动后的偏心距为 e，则：

$$e = e_0 - x \qquad (6-34)$$

这时定子上的受力平衡方程式为：

$$pA = k_s(x_0 + x) \qquad (6-35)$$

把式（6-33）、式（6-35）代入式（6-34）可得：

$$e = e_0 - A(p - p_B)/k_s \qquad (p \geqslant p_B) \qquad (6-36)$$

式（6-36）表示了泵的工作压力与偏心距的关系。由此式可以看出，泵的工作压力越高，

偏心距越小,泵的输出流量也就越小,且当 $p=k_s(e_0+x_0)/A$ 时,$e=0$,泵的输出流最为零。控制定子移动的作用力是将液压泵出口的压力油引到柱塞上,然后再加到定子上去,这种控制方式称为外反馈式。

五、柱塞泵

柱塞泵是靠柱塞在缸体中做往复运动造成密封容积的变化来实现吸油与压油的。与齿轮泵和叶片泵相比,这种泵有许多优点:

(1)构成密封容积的零件为圆柱形的柱塞和缸孔,加工方便,可得到较高的配合精度,密封性能好,在高压下工作仍有较高的容积效率;

(2)只需改变柱塞的工作行程就能改变流量;

(3)柱塞泵主要零件均受压应力,材料强度性能可得以充分利用。

由于柱塞泵压力高、结构紧凑、效率高、流量调节方便,因此在高压、大流量、大功率的系统中和流量需要调节的场合,如龙门刨床、液压机、工程机械、矿山冶金机械、石油机械和船舶,得到广泛的应用。柱塞泵按柱塞的排列方式不同,可分为径向柱塞泵和轴向柱塞泵两大类。下面以轴向柱塞泵为例加以介绍。

(一)轴向柱塞泵的工作原理

图 6-26 所示为斜盘式轴向柱塞泵的工作原理图。图 6-26 中,配油盘上的两个弧形孔(见左视图)为吸、排油窗口,斜盘与配油盘均固定不动,弹簧通过芯套将回程盘和滑靴压紧在斜盘上。传动轴通过键带动缸体和柱塞旋转,斜盘与缸体轴线倾斜一角度。由于斜盘的作用迫使柱塞在缸体孔中做往复运动,并通过配油盘的配油窗口进行吸油和压油。当柱塞从图 6-26 所示最下方的位置向上方转动时,被滑靴(其头部为球铰连接)从柱塞孔中拉出,使柱塞与柱塞孔组成的密封工作容积增大而产生真空,油液通过配油盘的吸油窗口被吸进柱塞孔内,从而完成吸油过程。当柱塞从图 6-26 所示最上方的位置向下方转动时,柱塞被斜盘的斜面通过滑靴压进柱塞孔内,使密封工作容积减小,油液受压,通过配油盘的排油窗口排出泵外,从而完成排油过程。缸体旋转一周,每个柱塞都完成一次吸油和排油。

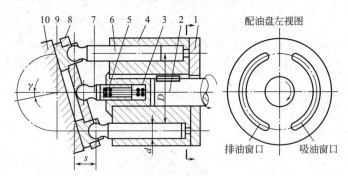

图 6-26 斜盘式柱塞泵工作原理图

1—配油盘;2—传动盘;3—键;4—缸体;5—弹簧;6—柱塞;7—芯套;8—回程盘;9—滑靴;10—斜盘

(二)轴向柱塞泵的每转流量 q(排量)

$$q=\frac{\pi}{4}d^2hz=\frac{\pi}{4}d^2zD\tan\gamma \qquad (6-37)$$

式中　d——柱塞直径，m；

　　　h——柱塞行程，m，$h = D\tan\gamma$；

　　　D——柱塞分布圆直径，m；

　　　z——柱塞数目，个；

　　　γ——斜盘倾角，(°)。

六、液压马达

(一)液压马达的特点及分类

从能量转换的观点来看，液压泵与液压马达是可逆工作的液压元件，向任何一种液压泵输入工作液体，都可使其变成液压马达工况；反之，当液压马达的主轴由外力矩驱动旋转时，也可变为液压泵工况。因为它们具有同样的基本结构要素——密闭，而有可以周期变化的容积和相应的配油机构。

但是，由于液压马达和液压泵的工作条件不同，对它们的性能要求也不一样，所以同类型的液压马达和液压泵之间，仍存在许多差别。首先，液压马达应能够正、反转，因而要求其内部结构对称；液压马达的转速范围需要足够大，特别对它的最低稳定转速有一定的要求。因此，它通常都采用滚动轴承或静压滑动轴承。其次，液压马达由于在输入压力油条件下工作，因而不必具备自吸能力，但需要一定的初始密封性，才能提供必要的转矩。由于存在着这些差别，使得液压马达和液压泵虽然在结构上比较相似，但不宜可逆工作。

液压马达按其结构类型可分为齿轮式、叶片式、柱塞式和其他形式。

按液压马达的额定转速可分为高速和低速两大类。额定转速高于 500r/min 的属于高速液压马达，额定转速低于 500r/min 的属于低速液压马达。高速液压马达的基本形式有齿轮式、螺杆式、叶片式和轴向柱塞式等。它们的主要特点是转速较高、转动惯量小、便于启动和制动、调节(调速及换向)灵敏度高。通常高速液压马达输出转矩不大(仅几十 N·m~几百 N·m)，所以又称为高速小扭矩马达。低速液压马达的基本形式是径向柱塞式，此外，在轴向柱塞式、叶片式和齿轮式中也有低速的结构形式。低速液压马达的主要特点是排量大、体积大、转速低(有时可达几 r/min 甚至零点几 r/min)。因此可直接与工作机构连接，不需要减速装置，使传动机构大为简化。通常低速液压马达输出转矩较大(可达几千 N·m~几万 N·m)，所以又称为低速大转矩液压马达。

(二)液压马达的工作原理

液压马达的结构与同类型的液压泵很相似，下面以叶片式液压马达为例对其工作原理作简单介绍。

图 6-27 所示为叶片式液压马达工作原理图，当压力油通入压油腔后，叶片 1、3(或 5、7)一面作用是压力油，另一面为低压油。由于叶片 3、7 伸出的面积大于叶片 1、5 伸出的面积，因此作用于叶片 3、7 上的总液压力大于作用于叶片 1、5 上的总液压力，于是压力差使叶片带动转子做逆时针方向旋转。叶片 2、6 两面同时受压力油作用，受力平衡对转子不产生作用转矩。叶片液

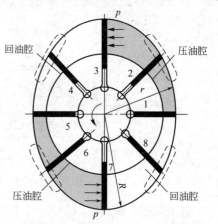

图 6-27　叶片式液马达工作原理图

1~8—叶片；R—定子长半轴；

r—定子短半轴；p—油液压力

压马达的输出转矩与液压马达的排量和液压马达进出油口之间的压力差有关,其转速由输入液压马达的流量大小来决定。由于液压马达一般要求能正反转,所以叶片式液压马达的叶片既不前倾也不后倾,要径向放置。为了使叶片根部始终通有压力油,在回、压油腔通入叶片根部的通路中设置单向阀。为了确保叶片式液压马达在压力油通入后能正常启动,必须使叶片顶部和定子内表面紧密接触,以保证良好的密封,因此在叶片根部应设置预紧弹簧。叶片式液压马达体积小、转动惯量小、动作灵敏,可适用于换向频率较高的场合,但泄漏量较大,低速工作时不稳定。因此,叶片式液压马达一般用于转速高、转矩小和动作要求灵敏的场合。

任务三　液压缸

液压缸作为执行元件,是把液体的压力能转换为机械能的能量转换装置,主要用来驱动工作机构实现直线往复运动或摆动往复运动。液压缸结构简单,工作可靠,做直线往复运动时,可省去减速机构,且没有传动间隙,传动平稳,反应快。因此,在液压系统中被广泛应用。

液压缸按其结构特点可分为活塞缸、柱塞缸、摆动缸三大类;按作用方式可分为双作用式和单作用式两种。对于双作用式液压缸,两个方向的运动转换由压力油控制实现;单作用式液压缸则只能使活塞(或柱塞)单方向运动,其反向运动必须依靠外力来实现。下面介绍几种石油矿厂机械中常用的液压缸。

一、活塞式液压缸

活塞式液压缸可分为双出杆液压缸和单出杆液压缸两种。

(一)双出杆液压缸

双出杆活塞式液压缸,在缸的两端都有活塞杆伸出,如图 6-28 所示。它主要由活塞杆、压盖、缸盖、缸体、活塞、密封圈等组成。缸体固定在床身上,活塞杆和支架连在一起,这样活塞杆只受拉力,因而可做得较细。缸体与缸盖采用法兰连接,活塞与活塞杆采用锥销连接。活塞与缸体之间采用间隙密封,这种密封内泄量较大,但对压力较低、运动速度较快的设备还是适用的。活塞杆与缸体端盖处采用 V 形密封圈密封,这种密封圈密封性较好,但摩擦力较大,其压紧力可由压盖调整。

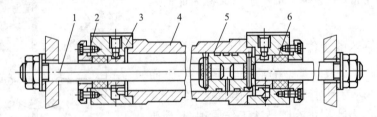

图 6-28　双出杆活塞式液压缸
1—活塞杆;2—压盖;3—缸盖;4—缸体;5—活塞;6—密封圈

对于双出杆液压缸,通常是两个活塞杆相同,活塞两端的有效面积相同。如果供油压力和流量不变,则活塞往复运动时,两个方向的作用力 F_1 和 F_2 相等,速度 v_1 和 v_2 相等,其值为:

$$F_1 = F_2 = (p_1 - p_2)A = (p_1 - p_2)\frac{\pi}{4}(D^2 - d^2) \tag{6-38}$$

$$v_1 = v_2 = \frac{Q}{\frac{\pi}{4}(D^2 - d^2)} \tag{6-39}$$

式中　F_1,F_2——活塞上的作用力,N;

　　　p_1,p_2——液压缸进、出口压力,Pa;

　　　v_1,v_2——活塞的运动速度,m/s;

　　　A——活塞有效面积,m^2;

　　　D——活塞直径,m;

　　　d——活塞杆直径,m;

　　　Q——进入液压缸的流量,m^3/s。

若将缸体固定在床身上,活塞杆和工作台相连,缸的左腔进油,则推动活塞向右运动;反之,缸的右腔进油,推动活塞向左运动。当活塞的有效行程为l时,其运动范围为活塞有效行程的 3 倍即 $3l$,见图 6-29(a)。这种连接的占地较大,一般用于中、小型设备。若将活塞杆固定在床身上,缸体与工作台相连时,其运动范围为液压缸有效行程的 2 倍即 $2l$,见图 6-29(b)。这种连接占地小,常用于大、中型设备中。

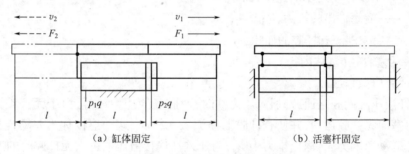

（a）缸体固定　　　　　　　　（b）活塞杆固定

图 6-29　双出杆油缸的活动范围

(二)单出杆液压缸

单出杆液压缸仅在液压缸的一侧有活塞杆,图 6-30 所示为工程机械设备常用的一种单出杆液压缸。主要由缸底、活塞、O 形密封圈、Y 形密封圈、缸体、活塞杆、导向套等组成。两端进、出油口都可以进、排油,实现双向的往复运动,同双出杆液压缸一样又称为双作用式液压缸。

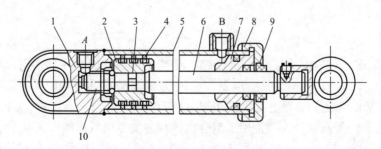

图 6-30　单出杆液压缸结构

1—缸底;2—活塞;3—O 形密封圈;4—Y 形密封圈;5—缸体;6—活塞杆;7—导向套;8—缸盖;9—防尘套;10—缓冲柱塞

活塞与缸体的密封采用 Y 形密封圈密封,活塞的内孔与活塞杆之间采用 O 形密封圈密封。导向套起导向、定心作用,活塞上套有一个用聚四氟乙烯制成的支撑环,缸盖上设有防尘套,活塞杆左端设有缓冲柱塞 10。

由于液压缸两腔的有效面积不等,因此它在两个方向输出的推力 F_1、F_2,速度 v_1、v_2 也不等,其值为:

$$F_1 = p_1 A_1 - p_2 A_2 = \frac{\pi}{4} D^2 p_1 - \frac{\pi}{4} (D^2 - d^2) p_2 = \frac{\pi}{4} \left[(p_1 - p_2) D^2 + p_2 d^2 \right] \tag{6-40}$$

$$F_2 = p_1 A_2 - p_2 A_1 = \frac{\pi}{4} (D^2 - d^2) p_1 - \frac{\pi}{4} D^2 p_2 = \frac{\pi}{4} \left[(p_1 - p_2) D^2 - p_1 d^2 \right] \tag{6-41}$$

$$v_1 = \frac{Q}{A_1} = \frac{Q}{\dfrac{\pi D^2}{4}} \tag{6-42}$$

$$v_2 = \frac{Q}{A_2} = \frac{Q}{\dfrac{\pi (D^2 - d^2)}{4}} \tag{6-43}$$

式中　v_1, v_2——活塞往复运动的速度,m/s;

　　　F_1, F_2——活塞输出的推力,N;

　　　A_1, A_2——无杆腔、有杆腔的面积,m^2;

　　　D——活塞直径(缸体内径),m;

　　　d——活塞杆直径,m。

当单出杆液压缸两腔互通,都通入压力油时,两腔互通压力相等,由于无杆腔面积大于有杆腔面积,活塞向无杆腔运动,并使有杆腔的油流入无杆腔,这种连接称为差动连接。差动连接时,活塞杆运动速度为 v_3,输出推力为 F_3,与非差动连接液压油进入无杆腔时的速度 v_1 和推力 F_1 相比,速度变快,推力变小,此时有杆腔流出的流量 $Q_3 = v_3 A_2$,流入无杆腔的流量为:

$$Q_1 = Q + Q_3 = v_3 A_1 \tag{6-44}$$

$$v_3 = \frac{Q}{A_1 - A_2} = \frac{Q}{\dfrac{\pi}{4} d^2} \tag{6-45}$$

$$F_3 = p \frac{\pi}{4} d^2 \tag{6-46}$$

由式(6-45)和式(6-46)可见,差动连接时,相当于活塞杆面积在起作用。欲使差动液压缸往复速度相等,即 $v_2 = v_3$,需要满足 $D = 2^{1/2} d$。因此,差动连接在不增加泵的流量的前提下实现了快速运动,从而满足了工程上常用的工况:快进(差动连接)——工进(无杆腔进油)——快退(有杆腔进油),因而差动连接常用于组合机床和各类专用机床的液压系统中。

单出杆液压缸连接时,可以缸体固定,活塞运动;也可以活塞杆固定,缸体运动。这两种连接方式的液压缸运动范围都是两倍的行程。

二、摆动式液压缸

摆动式液压缸是既输出转矩又实现往复摆动的执行元件,也称为摆动液压马达,分为单叶片式和双叶片式两种。图 6-31 所示为单叶片式摆动缸,它主要由定子块、缸体、转子、叶片、左右支承盘等部件组成。定子块固定在缸体上,叶片和转子连接为一体,当油口 a、b 交替通压力油时,叶片便带动转子做往复摆动。

单叶片摆动缸输出转矩和角速度 ω 为:

$$M = \frac{B(D^2 - d^2)}{8}(p_1 - p_2)\eta_\mathrm{m} \tag{6-47}$$

$$\omega = \frac{8Q}{B(D^2 - d^2)}\eta_\mathrm{v} \tag{6-48}$$

式中　B——叶片宽度,m;

　　　D——缸体内径,m;

　　　d——摆动轴直径,m。

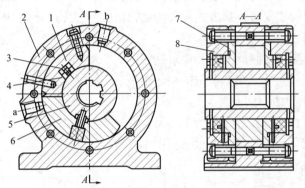

图 6-31　单叶片摆动液缸结构

1—定子块;2—缸体;3—弹簧片;4—密封条;5—转子;6—叶片;7—支撑盘;8—盖板

三、双作用多级伸缩式油缸

多级伸缩式油缸又称为套筒伸缩油缸,它的特点是缩回时尺寸小,而伸长时行程大。在一般油缸无法满足长行程负载要求时,可用伸缩式油缸,如起重机的吊臂等。

图 6-32 所示是双作用多级伸缩式油缸,它由套筒式活塞杆、缸体、缸盖、密封圈等组成。当油缸的 A 腔通入压力油时,活塞杆 1、2 同时向外伸出,到端点位置时,活塞杆 1 才开始从活塞杆 2 中伸出。相反,当活塞杆上 B 孔与压力油路接通时,压力油由 a 腔经油孔 C_1 进入 b 腔,推动活塞杆 1 先缩回,当活塞杆 1 缩回到底端后,压力油便可经孔 C_2 进入 c 腔,推动活塞杆 2 连同 1 一起缩回。

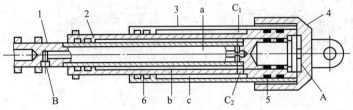

图 6-32　多级伸缩油缸工作原理图

1,2—套筒式活塞杆;3—缸体;4—缸盖;5,6—密封圈在液压传动中,由负载大小决定的执行元件的工作压力称为负载压力。伸缩式油缸的工作过程说明多级油缸的顺序动作是负载小的先动,负载大的后动。这也说明液压系统压力是取决于负载。另外,各级活塞是依次向外伸出的,有效作用面积是逐级变化的,因此,在油缸工作过程中,若工作压力 p 与流量 Q 保持不变,则油缸的推力与速度也是逐级变化的。

任务四　液压控制阀

在液压系统中,液压控制阀用来控制油液的压力、流量和流动方向,从而控制液压执行元件的启动、停止、运动方向、速度、作用力等,以满足液压设备对各工况的要求。

液压控制阀的种类繁多,功能各异,是组成液压系统的重要元件,按用途可分为:方向控制阀、压力控制阀、流量控制阀。这三类阀可以相互组合,成为组合阀,以减少管路连接,使结构紧凑,如单向顺序阀等。液压控制阀按操纵方式可分为:手动式、机动式、电动式、液动式和电液动式等。液压控制阀按安装连接方式可分为:管式(螺纹式)连接阀、板式连接阀、叠加式连接阀和插装式连接阀。

液压传动系统对液压控制阀的基本要求是:

(1)动作灵敏,工作可靠,工作时冲击和振动小,使用寿命长。

(2)油液通过时压力损失小。

(3)密封性能好,内泄漏少,无外泄漏。

(4)结构紧凑,安装、调试、维护方便,通用性好。

一、方向控制阀

方向控制阀的作用是控制液压系统中的液流方向。方向控制阀的工作原理是利用阀芯和阀体间相对位置的改变,实现油路与油路间的接通或断开,以满足系统对油路提出的各种要求。方向控制阀分为单向阀和换向阀两类。

(一)单向阀

1.普通单向阀

普通单向阀(简称单向阀)的作用是只允许液流沿一个方向通过,而反向流动截止。要求其正向液流通过时压力损失小,反向截止时密封性能好。

如图6-33所示,单向阀由阀体、阀芯和弹簧等组成。当压力油从 p_1 口进入单向阀时,油压克服弹簧力的作用推动阀芯右移,使油路接通,油液经阀口、阀芯上的径向孔 a 和轴向孔 b,

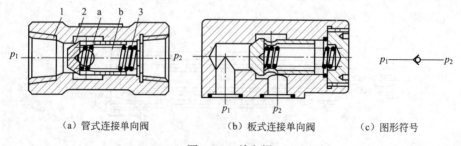

（a）管式连接单向阀　　　　　（b）板式连接单向阀　　　（c）图形符号

图6-33　单向阀

1—阀体;2—阀芯;3—弹簧

从 p_2 口流出;当压力油从 p_2 口流入时,油压以及弹簧力将阀芯压紧在阀体 1 上,关闭 p_2 和 p_1 的通道,使油液不能通过。在这里,弹簧主要是用来克服阀芯的摩擦阻力和惯性力,所以单向阀的弹簧刚度较小,一般单向阀的开启压力在 0.03~0.05MPa 之间。单向阀常安装在泵的出口,既可防止系统的压力冲击影响泵的正常工作,又可防止当泵不工作时油液倒流;单向阀还用来分隔油路以防止干扰。

当更换为硬弹簧,使单向阀的开启压力达到 0.3~0.6MPa 时,单向阀可作为背压阀使用。

2. 液控单向阀

如图 6-34 所示,液控单向阀比普通单向阀多一控制油口 K,当控制口不通压力油而通油箱时,液控单向阀的作用与普通单向阀一样。当控制油口通压力油时,液压力作用在控制活塞的下端,推动控制活塞克服阀芯上端的弹簧力顶开单向阀阀芯,使阀口开启,油口 p_1 和 p_2 接通,这时,正反向的液流可自由通过。

图 6-34(b)为带有卸荷阀阀芯的液控单向阀。在阀芯内装了直径较小的卸荷阀阀芯 3。因卸荷阀阀芯承压面积小,不需多大推力便可将它先行顶开,p_1 和 p_2 两腔可通过卸荷阀阀芯圆杆上的小缺口相互沟通,使 p_2 腔逐渐卸压,直至阀芯两端油压平衡,控制活塞便可较容易地将单向阀阀芯顶开。该阀常用于 p_2 腔压力很高的场合。

液控单向阀既可以对反向液流起截止作用,而且密封性好,又可以在一定条件下允许正反向液流自由通过,因此常用于液压系统的保压、锁紧和平衡回路。

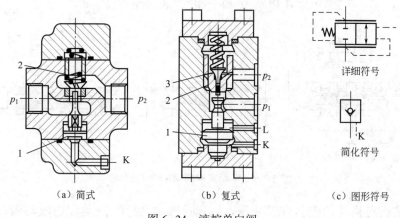

（a）简式　　　　　（b）复式　　　　　（c）图形符号

图 6-34　液控单向阀

1—控制活塞;2—单向阀阀芯;3—卸荷阀小阀芯

3. 双向液压锁

如图 6-35 所示,使两个液控单向阀阀芯共用一个阀体 1 和一个控制活塞 2,而顶杆及卸荷阀阀芯 3 分别置于控制活塞两端,这样就组成了双向液压锁。当 p_1 腔通压力油时,一方面油液通过左阀到 p_2 腔,另一方面使右阀顶开,保持 p_4 与 p_3 腔畅通。同样,当 p_3 腔通压力油时,一方面油液通过右阀到 p_4 腔,另一方面使左阀顶开,保持 p_2 与 p_1 腔畅通。而当 p_1 和 p_3 腔都不通压力油时,p_2 和 p_4 腔被两个单向阀密闭,执行元件被双向锁住,故称为双向液压锁。

(二)换向阀

换向阀是利用阀芯与阀体相对位置的改变,控制相应油路接通、切断或变换油液的方向,从而实现对执行元件运动方向的控制。换向阀阀芯的结构形式有:滑阀式、转阀式和锥阀式

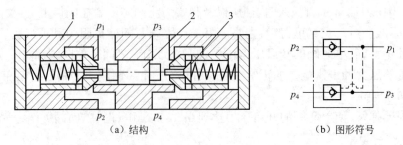

（a）结构   （b）图形符号

图6-35　双向液压锁
1—阀体；2—控制活塞；3—顶杆及卸荷阀阀芯

等,其中以滑阀式应用最多。

1. 换向阀原理及图形符号

滑阀式换向阀是利用阀芯在阀体内作轴向滑动来实现换向作用的。如图6-38所示,滑阀阀芯是一个具有多段环形槽的圆柱体(图示阀芯有3个台肩,阀体孔内有5个沉割槽)。每条槽都通过相应的孔道与外部相通,其中P为进油口,T为回油口,A和B通执行元件的两腔。当阀芯处于图6-36(b)工作位置时,四个油口互不相通,液压缸两腔不通压力油,处于停机状态。若使换向阀的阀芯右移,如图6-36(a)所示,阀体上的油口P和A相通,B和T相通,压力油经P、A油口进入液压缸左腔,活塞右移,右腔油液经B、T油口回油箱。反之,若使阀芯左移,如图6-36(c)所示,则P和B相通,A和T相通,活塞便左移。

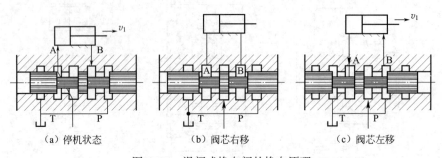

（a）停机状态   （b）阀芯右移   （c）阀芯左移

图6-36　滑阀式换向阀的换向原理

换向阀按阀芯换位的控制方式可分为:手动、机动、电动、液动和电液动阀;按阀芯在阀体内的工作位置数和换向阀所控制的油口通路数可分为:二位二通、二位三通、二位四通、二位五通、三位四通、三位五通阀(表6-3)。不同的位数和通路数是由阀体上的沉割槽和阀芯上台肩的不同组合形成的。将五通阀的两个回油口 T_1 和 T_2 沟通成一个油口T便成四通阀。

表6-3　常用换向阀的结构原理图及图形符号

位和通	结构原理图	图形符号
二位二通		

位和通	结构原理图	图形符号
二位三通	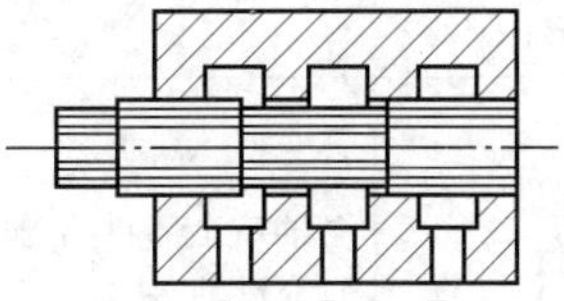 A P B	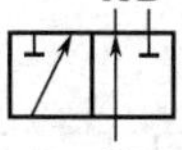 A B P
二位四通	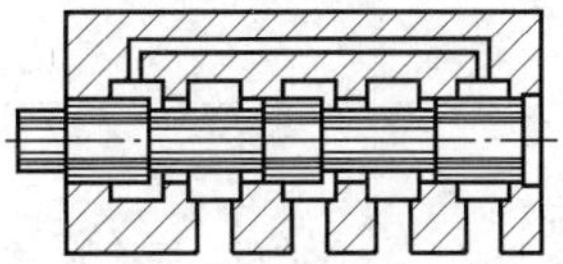 B P A T	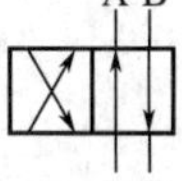 A B P T
二位五通	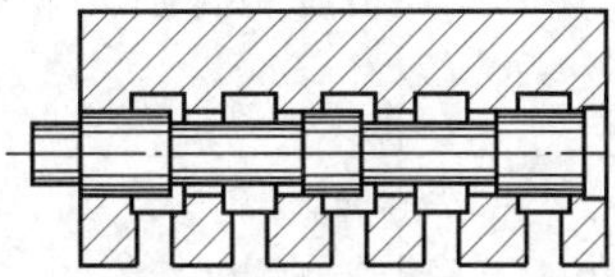 T₁ B P A T₂	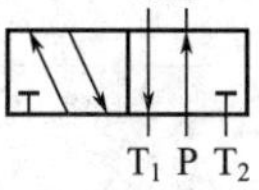 A B T₁ P T₂
三位四通	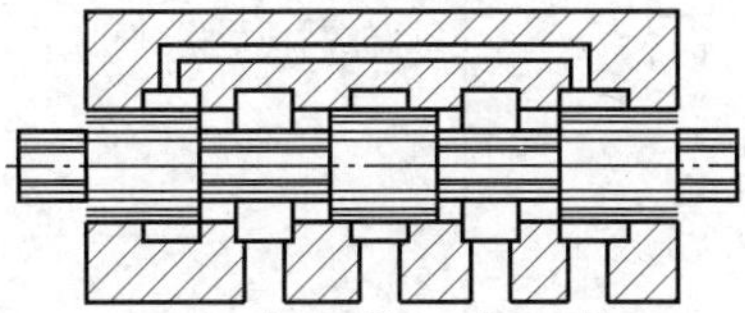 A P B T	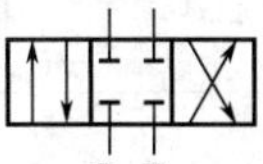 A B P T
三位五通	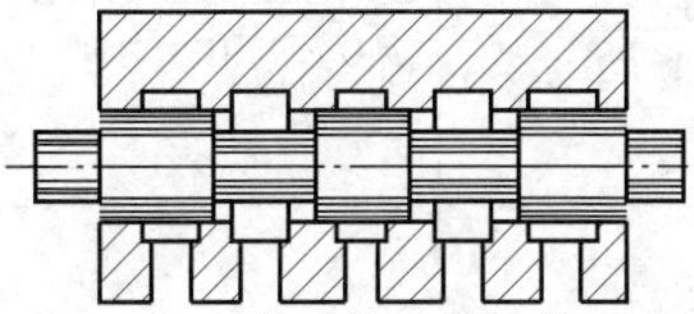 T₁ A P B T₂	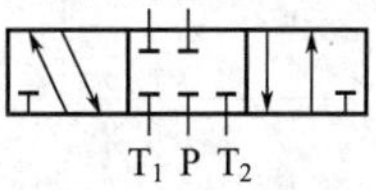 A B T₁ P T₂

表6-3列出了几种常用的滑阀式换向阀的结构原理图以及与之相对应的图形符号。现对换向阀的图形符号做以下说明：

（1）用方格数表示阀的工作位置数，三格表示三个工作位置，即"三位"。

（2）在一个方格内，箭头或堵塞符号"⊥"与方格的相交点数为油口通路数。箭头表示两油口相通，并不表示实际流向；"⊥"表示该油口不通流。

（3）一个方框的上边和下边与外部连接的接口数就表示"几通"。

（4）P表示进油口，T表示通油箱的回油口，A和B表示连接其他两个工作油路的油口。

（5）控制方式和复位弹簧的符号画在方格的两侧。

（6）三位阀的中位、二位阀靠有弹簧的那一位为常态位。在液压系统图中，号与油路的连接应画在常态位上。

2. 三位换向阀的中位机能

三位阀常态位时各油口的连通方式称为中位机能。不同机能的阀、阀体通用，仅阀芯台肩结构、尺寸及内部通孔情况有区别。

表6-4列出了常见的中位机能的结构原理图及图形符号。

表6-4　常见中位机能的结构原理图及图形符号

机能代号	结构原理图	中位图形符号	机能特点和作用
O			各油口全部封闭,缸两腔封闭,系统不卸荷。液压缸充满油,从静止到启动平稳;制动时运动惯性引起液压冲击较大;换向位置精度高
H			各油口全部连通,系统卸荷,缸成浮动状态。液压缸两腔接油箱。从静止到启动有冲击;制动时油口互通,故制动较O型平稳;换向位置变动大
P			压力油与缸两腔连通,可形成差动回路,回油口封闭。从静止到启动较平稳;制动时缸两腔均通压力油,故制动平稳;换向位置变动比H型的小
Y			油泵不卸荷,缸两腔通回油,缸成浮动状态。由于缸两腔接油箱,从静止到启动有冲击,制动性能介于O型与H型之间
K			油泵卸荷,液压缸—腔封闭—腔接回油,两个方向换向时性能不同
M			油泵卸荷,缸两腔封闭。从静止到启动较平稳;制动性能与O型相同;可用于油泵卸荷液压缸锁紧的液压回路中
X			各油口半开启接通,P口保持一定的压力;换向性能介于O型和H型之间

3. 几种常用的换向阀

1）手动换向阀

手动换向阀是由操作者直接控制的换向阀。

如图 6-37 所示，松开手柄，在弹簧的作用下，阀芯处于中位，油口 P、A、B、T 全部封闭（图示位置）；推动手柄向右，阀芯移至左位，油口 P 和 A 相通，B 口与 T 口经阀芯内的轴向孔相通；推动手柄向左，阀芯移至右位，P 口与 B 口，A 口与 T 口相通，从而实现换向。

图 6-37（b）为钢球定位式三位四通换向阀定位部分结构原理图。其定位缺口数由阀的工作位置数决定。由于定位机构的作用，当松开手柄后，阀仍保持在所需的工作位置上。它应用于机床、液压机、船舶等需保持工作状态时间较长的情况。

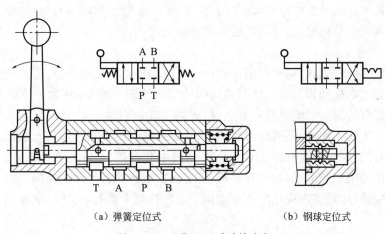

（a）弹簧定位式　　　　　　　（b）钢球定位式

图 6-37　三位四通手动换向阀

2）机动换向阀

机动换向阀是由行程挡块（或凸轮）推动阀芯实现换向。如图 6-38 所示，在常态位，P 口与 A 口相通；当行程挡块 5 压下机动换向阀滚轮 4 时，阀芯动作，P 口与 B 口相通。图中阀芯 2 上的轴向孔是泄油通道。机动换向阀通常是弹簧复位式的二位阀，其结构简单，动作可靠，换向位置精度高，改变挡块斜面角度或凸轮外形，可使阀芯获得合适的换向速度，减小换向冲击。

3）液动换向阀

液动换向阀是利用控制油路的压力油来推动阀芯实现换向的。由于控制压力可以调节，所以液动换向阀可以制造成流量较大的换向阀。

图 6-39 为三位四通液动换向阀的结构图及图形符号。当左右两端控制油口 K_1、K_2 都没有压力油进入时，阀芯在弹簧力的作用下处于图示位置，此时 P、A、B、T 口互不相通，当控制油路的压力油从控制油口 K_1 进入时，阀芯在油压的作用下右移，P 与 A 接通，H 与 T 接通。当控制油从控制油口 K_2 进入时，阀芯左移，P 与 B 接通，A 与 T 接通。

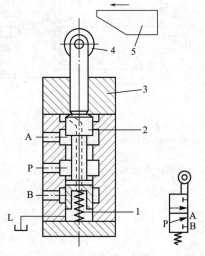

图 6-38　机动换向阀

1—弹簧；2—阀芯；3—阀体；
4—滚轮；5—行程挡块

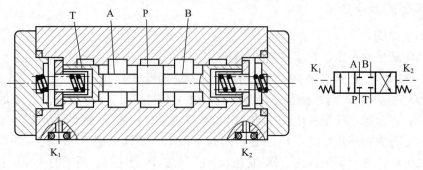

图 6-39　液动换向阀

液动换向阀的优点是结构简单,动作可靠、平稳,由于液压驱动力大,故可用于流量大的液压系统中。该阀较少单独使用,常与电磁换向阀联合使用。

4)电磁换向阀

电磁换向阀也称电磁阀,通电后电磁铁产生电磁力推动阀芯动作,从而控制液流方向。

现以三位四通电磁阀为例介绍电磁换向阀的结构原理。图 6-40 为三位四通电磁换向阀的结构图和图形符号图。当电磁铁未通电时,阀芯 2 在左右两个对中弹簧 4 的作用下位于中位,油口 P、A、B、T 均不相通;左边电磁铁通电,铁心 9 通过推杆将阀芯推至右端,则 P 与 A 相通,B 与 T 相通;同理,当右侧电磁铁通电时,P 口与 B 口相通,A 口与 T 口相通。因此,通过控制左右电磁铁的通电和断电,就可以控制液流的方向,实现执行元件的换向。由于电磁阀控制方便,所以在各种液压设备中应用广泛。但由于电磁铁吸力的限制,所以电磁阀只宜用于流量不大的场合。

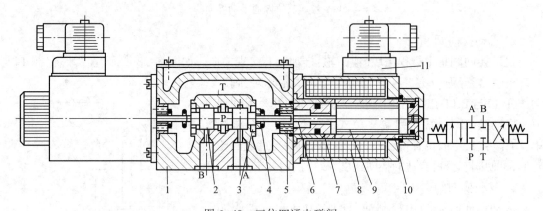

图 6-40　三位四通电磁阀

1—阀体;2—阀芯;3—定位套;4—对中弹簧;5—挡圈;6—推杆;7—环;8—线圈;9—铁心;10—导套;11—插头组件

5)电液换向阀

电液换向阀由电磁换向阀和液动换向阀组合而成。其中,液动换向阀实现主油路的换向,称为主阀;电磁换向阀改变液动换向阀控制油路的方向,称为先导阀。

图 6-41 为电液换向阀的结构图、图形符号和简化图形符号。先导阀的中位机能为 Y 型。这样,在先导阀不通电时,能使主阀可靠地停在中位。阀体内的节流阀可以调节主阀阀芯的运动速度,降低换向冲击。控制油路可以和主油路来自同一液压泵,也可以另用独立的油源。

电液换向阀综合了电磁换向阀和液动换向阀的优点,具有控制方便、流量大的特点。

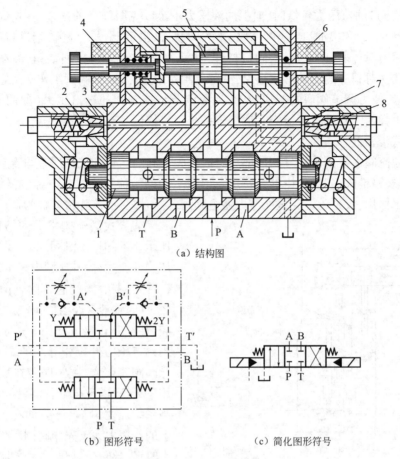

（a）结构图

（b）图形符号　　　　　（c）简化图形符号

图 6-41　电液换向阀

1—液动阀芯；2—左单向阀；3—左节流阀；4—左电磁铁；5—电磁阀芯；6—右电磁铁；7—右节流阀；8—右单向阀

二、压力控制阀

在液压系统中，控制液体压力的阀统称为压力控制阀。其共同特点是：利用作用上阀芯上的液体压力和弹簧力相平衡的原理进行工作。常用的压力控制阀有溢流阀、减压阀、顺序阀和压力继电器等。

（一）溢流阀

1. 溢流阀的结构和工作原理

溢流阀有多种用途，主要是在溢流的同时使液压泵的供油压力得到调整并保持基本恒定。溢流阀按其工作原理，分为直动式溢流阀和先导式溢流阀两种。

1）直动式溢流阀

图 6-42 为滑阀型直动式溢流阀的结构图和图形符号。图中 P 为进油口，T 为回油口，被控压力油由 P 口进入溢流阀，经阀芯 4 的径向孔 f、轴向阻尼孔 g

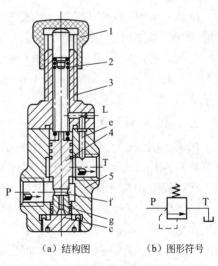

（a）结构图　　　（b）图形符号

图 6-42　直动式溢流阀的结构及符号

1—调节螺母；2—弹簧；3—上盖；
4—阀芯；5—阀体

— 215 —

进入下腔 c。当进油口压力较低时,向上的液压力不足以克服弹簧的预紧力时,阀芯处于最下端位置,将进油口 P 和出油口 f 隔断,阀处于关闭状态,溢流阀没有溢流;当进口压力升高,超过弹簧的预紧力时,阀芯向上移动,阀口打开,油液由 P 口经 T 口排回油箱,溢流阀溢流。阀芯上的阻尼孔 g 对阀芯的运动形成阻尼,可避免阀芯产生振动,提高阀工作的稳定性。调节弹簧的预压缩量,便可调节阀门的开启压力,从而调节了控制阀的进口压力(即调定压力)。此弹簧称为调压弹簧。直动式溢流阀只适用于系统压力较低、流量不大的场合。

2)先导式溢流阀

先导式溢流阀由主阀和先导阀两部分组成。先导阀的结构和工作原理与直动式溢流阀相同,是一个小规格锥阀,先导阀内的弹簧用来调定主阀的溢流压力。主阀控制溢流量,主阀的弹簧不起调压作用,仅是为了克服摩擦力使主阀阀芯及时复位,该弹簧又称为稳压弹簧。

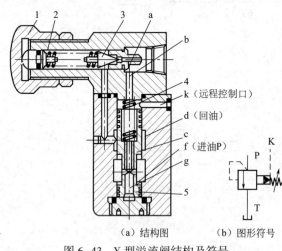

图 6-43　Y 型溢流阀结构及符号
1—调节螺母;2—调压弹簧;3—先导阀阀芯;
4—稳压弹簧;5—主阀阀芯

先导式溢流阀常见的结构如图 6-43 所示。下部是主滑阀,上部是先导调压阀,压力油通过进油口(图中未示出)进入油腔 P 后,经主滑阀阀芯 5 的轴向孔 g 进入下腔,同时油液又经阻尼孔 e 进入阀芯 5 的上腔,并经 b 孔、a 孔作用于先导阀阀芯 3 上。当系统压力低于先导阀的调定压力时,先导阀阀芯闭合,主阀阀芯在稳压弹簧 4 作用下处于最下端位置,将回油口 T 封闭。当系统压力升高、压力油在先导阀阀芯 3 上的作用力大于先导阀调压弹簧的调定压力时,先导阀被打开,主阀上腔的压力油经先导阀开口、回油口 T 而流回油箱。这时由于主阀阀芯上阻尼孔 e 的作用而产生压力降,使主阀阀芯上部的油压 p_1 小于下部的油压 p。当此压力差对阀芯所形成的作用力超过弹簧力时,阀芯被抬起,进油腔 P 和回油腔 f 相通,实现溢流作用。调节螺母 1 可调节调压弹簧 2 的压紧力,从而调定液压系统的压力。

先导式溢流阀适用于中、高压系统。Y 型先导式溢流阀的最大调整压力为 63MPa。若将控制口 K 接上调压阀,即可改变主阀阀芯上腔压力 p_1 的大小,从而实现远程调压;当 K 口与油箱接通时,可实现系统卸荷。

2. 溢流阀的应用

(1)使系统压力保持恒定。如图 6-44(a)所示,在采用定量泵节流调速的液压系统中,调节节流阀的开口大小可调节进入执行元件的流量,而定量泵多余的油液则从溢流阀回油箱。在工作过程中阀是常开的,液压泵的工作压力取决于溢流阀的调整压力且基本保持恒定。

(2)防止系统过载。图 6-44(b)所示为变量泵的液压系统,用溢流阀限制系统压力不超过最大允许值,以防止系统过载。在正常情况下,溢流阀关闭。当系统超载时,压力超过溢流阀的调定压力,溢流阀打开,压力油经溢流阀返回油箱。此处溢流阀称为安全阀。

(3)作背压阀用。如图 6-44(c)所示,把溢流阀串联在回油路上,可以产生背压,使运动部件运动平稳。此时宜选用直动式低压溢流阀。

(4)作卸荷阀用。如图 6-44(d)所示,溢流阀的遥控口(卸荷口)和油箱连接,可使油路卸荷。

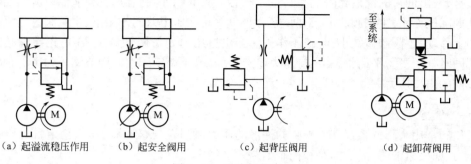

(a) 起溢流稳压作用　　(b) 起安全阀用　　　(c) 起背压阀用　　　(d) 起卸荷阀用

图 6-44　溢流阀的应用

(二)减压阀

1. 减压阀结构和工作原理

减压阀是一种利用液流流过缝隙产生压降的原理,使出口压力低于进口压力的压力控制阀。它分为定压减压阀、定比减压阀和定差减压阀。其中定压减压阀应用最广,简称减压阀,它可以保持出口压力为定值。这里只介绍定压减压阀。减压阀也分为直动式和先导式两种,其中先导式减压阀应用较广。

图 6-45 是一种常用的先导式减压阀结构图和图形符号。由先导阀和主阀两部分组成,由先导阀调压,主阀减压。压力为 p_1 的压力油从进油口流入,经节流口减压后压力降为 p_2 并从出油口流出。出油口油液通过小孔流入阀芯底部,并通过阻尼孔 9 流入阀芯上腔,作用在调压锥阀 3 上。当出口压力小于调压锥阀的调定压力时,调压锥阀 3 关闭。由于阻尼孔中没有油液流动,所以主阀阀芯上、下两端的油压相等。这时主阀阀芯在主阀弹簧作用下处于最下端位置,减压口全部打开,减压阀不起减压作用。当出油口的压力超过调压弹簧的调定压力时,

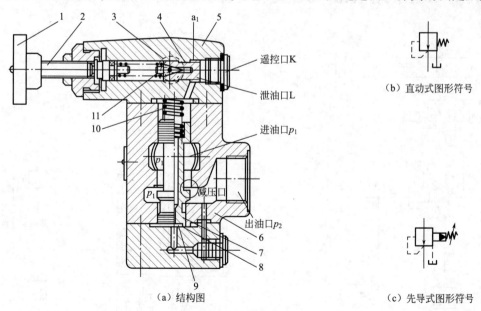

(a) 结构图

(b) 直动式图形符号

(c) 先导式图形符号

图 6-45　先导式减压阀

1—调压手轮;2—调节螺钉;3—锥阀;4—锥阀座;5—阀盖;6—阀体;7—主阀阀芯;
8—端盖;9—阻尼孔;10—主阀弹簧;11—调压弹簧

锥阀被打开,出油口的油液经阻尼孔到主阀阀芯上腔的先导阀阀口,再经泄油口流回油箱。因阻尼孔的降压作用,主阀阀芯上、下两端压力不平衡,在压力差的作用下,主阀阀芯克服上端弹簧力向上移动,主阀阀口减小,起减压作用。当出口压力 p_2 下降到调定值时,先导阀阀芯和主阀阀芯同时处于受力平衡状态,出口压力稳定不变,等于调定压力。调节调压弹簧的预紧力即可调节阀的出口压力。

2. 减压阀的应用

减压阀常用来降低系统某一支路的油液的压力,使该二次油路的压力稳定且低于系统的调定压力,如夹紧油路、润滑油路和控制油路。

图 6-46 是夹紧机构中常用的减压回路。回路中串联一个减压阀,使夹紧缸能获得较低而又稳定的夹紧力。减压阀的出口压力可以在自 0.5MPa 至溢流阀的调定压力范围内调节,当系统压力有波动时,减压阀出口压力可稳定不变。减压阀也可在先导阀的遥控口接远程调压阀实现远程控制或多级调压。

(三) 顺序阀

1. 顺序阀的结构和工作原理

顺序阀是以压力作为控制信号,自动接通或切断某一油路的压力阀。由于它经常被用来控制执行元件动作的先后顺序,故称为顺序阀。顺序阀有直动式和先导式两种。

图 6-47 和图 6-48 分别为直动式和先导式顺序阀的结构图及图形符号。顺序阀的结构及工作原理与溢流阀很相似,其主要差别在于溢流阀有自动恒压调节作用,其出油口接油箱,因此,其泄漏油内泄至出口;而顺序阀只有开启和关闭两种状态,当顺序阀进油口压力低于调压弹簧的调定压力时,阀口关闭。当进油口压力超过调压弹簧的调定压力时,进、出油口接通,出油口的压力油使其后面的执行元件动作,出口油路的压力由负载决定,因此它的泄油口需要单独通油箱(外泄)。调整弹簧的预压缩量,即能调节打开顺序阀所需的压力。

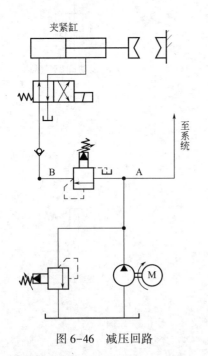

图 6-46　减压回路

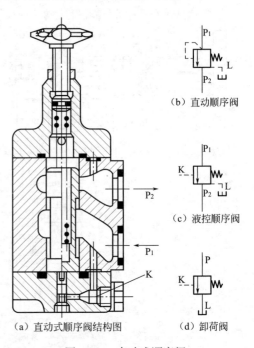

图 6-47　直动式顺序阀

若将图6-47和图6-48所示顺序阀的下盖旋转90°或180°安装,去除外控口K的螺塞,并从外控口K引入压力油控制阀芯动作,便成为液控顺序阀,其图形符号如图6-47(c)所示。该阀口的开启和闭合与阀的主油路进油口压力无关,而只取决于控制口K引入的控制压力。

若将上盖旋转90°或180°安装,使泄油口L与出油口P₂相通(阀体上开有沟通孔道,图中未示出),并将外泄口L堵死,便成为外控内泄式顺序阀。外控内泄式顺序阀只用于出口接油箱的场合,常用于泵的卸荷,故称为卸荷阀,其图形符号如图6-47(d)所示。

2. 顺序阀的应用

顺序阀常用于实现多缸的顺序动作。图6-49为机床夹具上用顺序阀实现工件先定位后夹紧的顺序动作回路。当电磁阀由通电状态断电时,压力油先进入定位缸A的下腔,缸上腔回油,活塞向上抬起,使定位销进入工件定位孔实现定位。这时由于压力低于顺序阀的调定压力,因而压力油不能进入夹紧缸B下腔,工件不能夹紧。当定位缸活塞停止运动,油路压力升高至顺序阀的调定压力时,顺序阀开启,压力油进入夹紧缸B下腔,缸上腔回油,夹紧缸活塞抬起,将工件夹紧。这样可实现先定位后夹紧的顺序要求。当电磁阀再通电时,压力油同时进入定位缸、夹紧缸上腔,两缸下腔回油(夹紧缸经单向阀回油),使工件松开并拔出定位销。

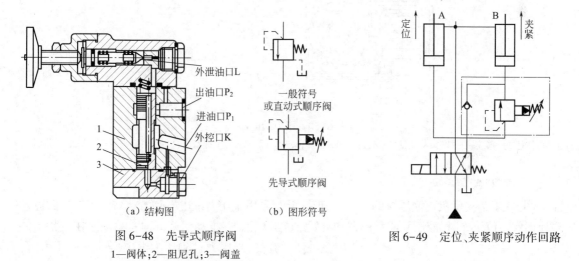

外泄油口L
出油口P₂
进油口P₁
外控口K
1
2
3

一般符号
或直动式顺序阀

先导式顺序阀

(a) 结构图　　(b) 图形符号

图6-48　先导式顺序阀
1—阀体;2—阻尼孔;3—阀盖

定位　A　　　B　夹紧

图6-49　定位、夹紧顺序动作回路

顺序阀的调整压力应高于先动作缸的最高工作压力,以保证动作顺序可靠。此外,顺序阀在系统中还可作为平衡阀、背压阀或卸荷阀用。

(四)压力继电器

1. 压力继电器的结构和工作原理

压力继电器是将液压系统中的压力信号转换为电信号的转换装置。其作用是根据液压系统的压力变化,通过压力继电器内的微动开关,自动接通或断开有关电路。压力继电器的种类很多,下面以膜片式压力继电器为例,说明其结构和工作原理。

如图6-50所示,控制油口K接到需要取得液压信号的油路上。当油压达到弹簧10的调定值时,压力油通过薄膜2使柱塞3上升,柱塞压缩弹簧10直到下弹簧座9与外磁筒的台肩碰上为止。与此同时,柱塞的锥面推动钢球7和6做水平移动,钢球7使杠杆1绕轴12转动,杠杆的另一端压下微动开关13的触头,发出电信号。调节螺钉11可调节弹簧10的预紧力,即可调节发出电信号时的油压值。当油口 K 的油压降低到一定值时,弹簧 10 通过钢球 8 把柱塞压下,钢球 6 依靠弹簧 5 使柱塞定位,微动开关触头的弹力使杠杆和钢球 7 复位,电路断开。

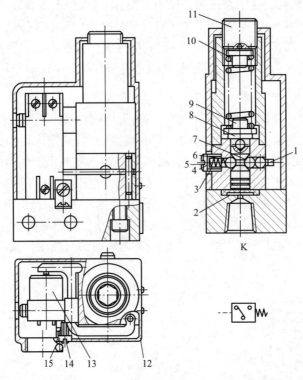

图 6-50 压力继电器

1—杠杆;2—薄膜;3—柱塞;4,11,14—螺钉;5,10—弹簧;6,7,8—钢球;9—下弹簧座;12—轴;13—微动开关;15—垫圈

2. 压力继电器的应用

图 6-51 为夹紧机构液压缸的保压—卸荷回路,采用了压力继电器和蓄能器。当二位四通电磁换向阀左位工作时,液压泵向蓄能器和夹紧缸左腔供油,并推动活塞杆向右移动。在夹紧工件时系统压力升高,当压力达到压力继电器的开启压力时,表示工件已被夹牢,蓄能器已储备了足够的压力油。这时压力继电器发出电信号,使二位电磁换向阀通电,控制溢流阀使泵卸荷。此时单向阀关闭,液压缸若有泄漏,油压下降则可由蓄能器补油保压。当夹紧缸压力下降到压力继电器的闭合压力时,压力继电器自动复位,又使二位电磁阀断电,液压泵重新向夹紧缸和蓄能器供油。

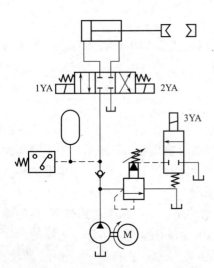

图 6-51 压力继电器保压—卸荷回路

三、流量控制阀

流量控制阀是靠改变控制口的大小来改变液阻,从而调节通过阀口的流量,达到改变执行元件运动速度的目的。流量控制阀主要有节流阀、调速阀、溢流节流阀和分流集流阀等多种类型。其中,节流阀是最基本的流量控制阀。

(一) 节流阀

1. 节流阀的流量特性

节流阀的流量特性取决于节流口的结构形式。但无论节流口采用何种形式,节流口都介于理想薄壁小孔和细长小孔之间,其流量特性可用下式来表示:

$$Q = CA\Delta p^m \tag{6-49}$$

式中　C——系数,与节流阀的结构和油液的性质有关;

　　　A——节流阀通流面积;

　　　Δp——节流阀前后压力差;

　　　m——节流指数,一般 $m = 0.5 \sim 1$,薄壁小孔 $m = 0.5$,细长小孔 $m = 1$。

由流量公式可知,当系数 C、压力差 Δp 和指数 m 一定时,只要改变节流口面积 A,就可调节通过阀口的流量。

2. 节流阀的结构和原理

图 6-52 所示为一种典型的节流阀结构图。油液从进油口 P_1 进入,经阀芯上的三角槽节流口,从出油口 P_2 流出。转动手柄可使推杆推动阀芯做轴向移动,以改变节流口的通流面积,调节通过节流阀流量的大小。

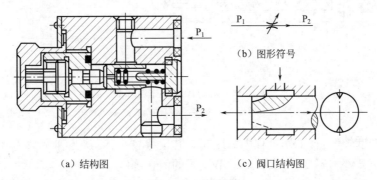

（a）结构图　　　　　　（c）阀口结构图

图 6-52　节流阀

图 6-53 为单向节流阀的结构图。当压力油从油口 P_1 进入,经阀芯上的三角槽节流口从油口 P_2 流出,这时起节流阀作用。当压力油从油口 P_2 进入时,在压力油的作用下阀芯克服弹簧力下移,油液不再经过节流口而直接从油口 P_1 流出,这时起单向阀作用。

节流阀结构简单,制造容易,体积小,但负载和温度的变化对流量的稳定性影响较大,只适用于负载和温度变化不大或速度稳定性要求较低的液压系统。

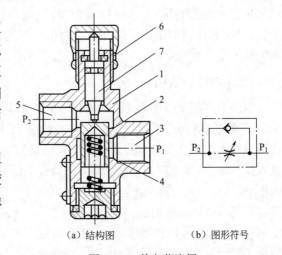

（a）结构图　　　（b）图形符号

图 6-53　单向节流阀

1—阀体;2—阀芯;3,5—油口;4—弹簧;6—螺母;7—顶杆

(二) 调速阀

调速阀是由定差减压阀与节流阀串联而

成。定差减压阀保持节流阀前、后压力差不变，从而使通过节流阀的流量不受负载变化的影响。

调速阀的结构如图6-54(a)所示。调速阀的进口压力 p 由溢流阀调节，工作时基本保持恒定。压力油进入调速阀后，先经过定差减压阀的阀口 x 后压力降为 p_2，然后经节流阀流出，其压力为 p_3。节流阀前点压力为 p_2 的油液经通道 e 和 f 进入定差减压阀的 c 腔和 d 腔；而节流阀后点压力为 p_3 的油液经通道 a 引入定差减压阀的 b 腔。当减压阀阀芯在弹簧力 F_s、液压力 p_2 和 p_3 在阀芯左右两端面上产生的推力的作用下处于某一平衡位置时(忽略摩擦力和液动力)，其受力平衡方程为：

$$p_2A_1+p_2A_2=p_3A+F_s \tag{6-50}$$

式中 A_1、A_2、A 分别为 d 腔、c 腔和 b 腔阀芯的有效面积，且 $A=A_1+A_2$。则：

$$p_2-p_3=\Delta p=F_s/A \tag{6-51}$$

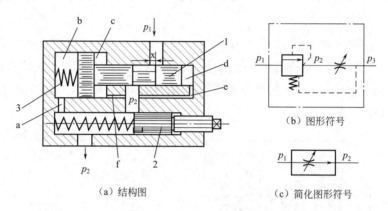

（a）结构图 　　　　　（c）简化图形符号

图6-54　调速阀的工作原理图

1—定差减压阀阀芯；2—节流阀阀芯；3—弹簧

因为弹簧刚度较低，且工作过程中减压阀阀芯位移较小，可认为弹簧力 F_s 基本保持不变，则节流阀两端压差基本不变，可保持通过节流阀的流量稳定。

若调速阀出口处的油压 p_3 由于负载变化而增加时，则作用在阀芯左端的力也随之增加，阀芯失去平衡而右移，于是开口增大，液阻减小（即减压阀的减压作用减小），使 p_2 也随之增加，直到阀芯在新的位置下得到平衡为止。因此，当 p_3 增加时，p_2 也增加，其差值 $\Delta p=p_2-p_3$ 基本保持不变。同理，当 p_3 减小时，p_2 也随之减小，$\Delta p=p_2-p_3$ 仍保持不变。

(三) 溢流节流阀

溢流节流阀是由压差式溢流阀和节流阀并联而成。它也能保持节流阀前、后压差基本不变，从而使通过节流阀的流量基本上不受负载变化的影响。图6-55是溢流节流阀。其中3为差压式溢流阀阀芯，4为节流阀阀芯。液压泵输出的油液压力为 p_1，进入阀后，一部分油液经节流阀进入执行元件（压力为 p_2），另一部分油液经溢流阀的溢流口回油箱。节流阀进口的压力即为泵的供油压力 p_1，而节流阀出口的压力 p_2 取决于负载，两端的压差 $\Delta p=p_1-p_2$。溢流阀的 b 腔和 c 腔与节流阀进口压力相通。当执行元件在某一负载下工作时，溢流阀阀芯处于某一平衡位置，溢流阀开口为 h。若负载增加，p_2 增加，a 腔的压力也相应增加，则阀芯3向下移动，溢流口开度 h 减小，溢流阻力增加，泵的供油压力 p_1 也随着增大，从而使节流阀两端压差 $\Delta p=p_1-p_2$ 基本保持不变。如果负载减小，p_2 减小，溢流阀的自动调节作用将使 p_1 也减小，$\Delta p=p_1-p_2$ 仍能保持不变。图中安全阀2平时关闭,只有当负载增加到使p_2超过安全阀弹簧的调定压力时才打开,溢流阀阀芯上腔经安全阀通油箱,溢流阀阀芯向上移动而阀口开大,液压泵的油液经溢流阀全部溢回油箱,以防止系统过载。图6-55(b)、(c)为溢流节流阀的图形符号和简化图形符号。

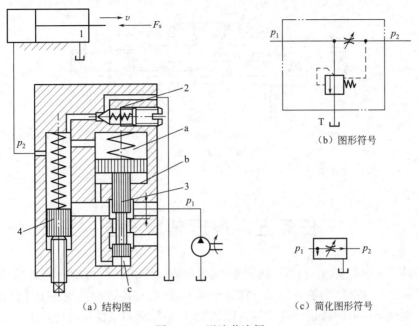

（a）结构图　　　　　　　　　　（c）简化图形符号

图6-55　溢流节流阀

1—油缸;2—安全阀;3—差压式溢流阀阀芯;4—节流阀阀芯

(四)分流集流阀

分流集流阀是用来保证多个执行元件速度同步的流量控制阀,又称为同步阀。分流集流阀包括分流阀、集流阀和分流集流阀三种不同控制类型。下面简要介绍分流阀的工作原理。

分流阀安装在执行元件的进口,保证进入执行元件的流量相等。图6-56为分流阀的结构图。它由两个固定节流孔1、2,阀体5、阀芯6和两个对中弹簧了等部件组成。对中弹簧保证阀芯处于中间位置,两个可变节流口3、4的通流面积相等(液阻相等)。阀芯的中间台肩将阀分成完全对称的左、右两部分,位于左边的油室a通过阀芯上的轴向小孔与阀芯右端弹簧腔相通,位于右边的油室b通过阀芯上的另一轴向小孔与阀芯左端弹簧腔相通。液压泵来油经过液阻相等的固定节流孔1和2后,压力分别为p_1和p_2,然后经可变节流口3和4分成两条并联支路Ⅰ和Ⅱ(压力分别p_3为介和p_4),通往两个几何尺寸完全相同的执行元件。当两个执行元件的负载相等时,两出口压力$p_3 = p_4$,则两条支路的进、出口压力差相等,因此输出流量相等,两执行元件同步。

若执行元件的负载变化导致出口压力p_3增大,势必引起p_1增大,使输出流量$q_1 < q_2$,导致执行元件的速度不同步。同时由于$p_1 > p_2$,压力差使阀芯向左移动,可变节流口3的通流面积增大,液阻减小,于是p_1减小;可变节流口4的通流面积减小,液阻增大,于是p_2增大。直至$p_1 = p_2$,阀芯受力重新平衡,阀芯稳定在新的位置。此时,两个可变节流口的通流面积不相等,两个可变节流口的液阻也不等,但恰好能保证两个固定节流孔前后的压力差相等,保证两个出油口的流量相等,从而使两执行元件的速度恢复同步。

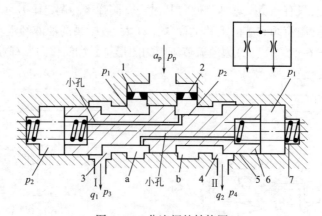

图 6-56　分流阀的结构图

1,2—固定节流孔;3,4—可变节流口;5—阀体;6—阀芯;7—对中弹簧

任务五　液压辅助装置

液压辅助装置包括:油箱、油管、滤油器、测量仪表、密封装置、蓄能器等,它们是液压系统的重要组成部分。这些辅助装置如果选择或使用不当,会直接影响系统的工作性能及使用寿命。因而必须给予足够的重视。在设计液压系统时,油箱常需根据系统的要求自行设计,其他辅助装置已标准化、系列化,应合理选用。

一、油管及管接头

(一)油管

液压系统中油管种类很多,有钢管、紫铜管、橡胶软管、尼龙管、塑料管等,要根据系统的工作压力及其安装位置正确选用。

1. 钢管

钢管分为焊接钢管和无缝钢管。压力小于 25MPa 时,可用焊接钢管;压力大于 25MPa 时,常用冷拔无缝钢管;要求防腐蚀、防锈的场合,可选用不锈钢管;超高压系统,可选用合金钢管。

钢管承压高,刚性好,抗腐蚀,价格低廉。缺点是弯曲和装配均较困难,需要专门工具或设备,因此,常用于中、高压系统或低压系统中装配部位限制少的场合。

2. 紫铜管

紫铜管可以承受 6.5~10MPa 的压力,它可以根据需要较容易地弯成任意形状,且不必用专门的工具,因而适用于小型中、低压设备的液压系统,特别是内部装配不方便处。其缺点是价格高,抗振能力较弱,且易使油液氧化。

3. 橡胶软管

橡胶软管分高压和低压两种。高压软管由耐油橡胶夹钢丝编织网制成。层数越多,承受的压力越高,其最高承受压力可达 42MPa。低压软管由耐油橡胶夹帆布制成,其承受压力一般在 1.5MPa 以下。橡胶软管安装方便,不怕振动,并能吸收部分液压冲击。

4. 尼龙管

尼龙管承压能力因材质而异,一般为 2.5~8.0MPa。尼龙管有软管和硬管两种,硬管加热后也可以随意弯曲和扩口,冷却后又能定形不变,使用方便,价格低廉。

5. 耐油塑料管

耐油塑料管价格便宜,装配方便,但承压低,使用压力不超过 0.5MPa,长期使用会老化,只作回油管和泄油管用。

(二) 管接头

管接头是油管与油管、油管与液压元件之间的可拆卸连接件。它应满足连接牢固、密封可靠、液阻小、结构紧凑、拆装方便等要求。管接头的种类很多,按接头的通路方向分,有直通、直角、三通、四通、铰接等形式。按其与油管的连接方式分,有管端扩口式、卡套式、焊接式、扣压式等。管接头与机体的连接常用圆锥螺纹和普通细牙螺纹。用圆锥螺纹连接时,应外加防漏填料;用普通细牙螺纹连且应在被连接件上加工出个小接时,应采用组合密封垫(熟铝合金与耐油橡胶组合),且应在被连接件上加工出一个小平面。

二、滤油器

(一) 滤油器的结构类型

滤油器主要有机械滤油器和磁性滤油器两大类。其中,机械式滤油器又分为网式、线隙式、纸芯式、烧结式等多种类型。以下简要介绍几种机械式滤油器。

1. 网式滤油器

如图 6-57 所示,网式滤油器由筒形骨架上包一层或两层铜丝网组成。其过滤精度与网孔大小及网的层数有关,过滤精度有 80、100、180μm 三个等级。其特点是结构简单,通油能力大,清洗方便,但过滤精度较低。

2. 线隙式滤油器

图 6-58 所示为线隙式滤油器,滤芯由铜线或铝线绕成,依靠缝隙过滤。有吸油管用和压油管用两种,前者的过滤精度为 0.05~0.1mm,后者的过滤精度为 0.03~0.08mm。其特点是结构简单,通油能力大,过滤精度比网式的高,但不易清洗,滤芯强度较低。

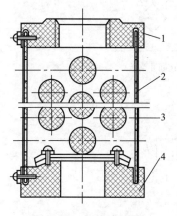

图 6-57 网式滤油器

1,4—端盖;2—骨架;3—滤网

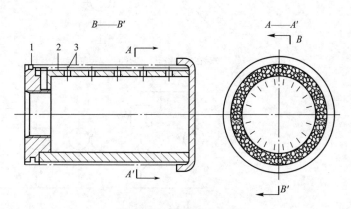

图 6-58 线隙式滤油器

1—端盖;2—骨架;3—线圈

3. 纸芯式滤油器

图 6-59 所示为纸芯式滤油器,滤芯由 0.35~0.7mm 厚的平纹或波纹酚醛树脂或木浆的微孔滤纸组成。滤纸制成折叠式,以增加过滤面积。滤纸用骨架支撑,以增大滤芯强度,其特点是过滤精度高(0.005~0.03mm)、压力损失小、质量轻、成本低,但不能清洗,需定期更换滤芯。

4. 烧结式滤油器

如图 6-60 所示,滤芯由颗粒状金属(青铜、碳钢、镍铬钢等)烧结而成。通过颗粒间的微孔进行过滤。粉末粒度越细、间隙越小,过滤精度越高。其特点是过滤精度高,抗腐蚀,滤芯强度大,能在较高油温下工作,但易堵塞,难于清洗,颗粒易脱落。

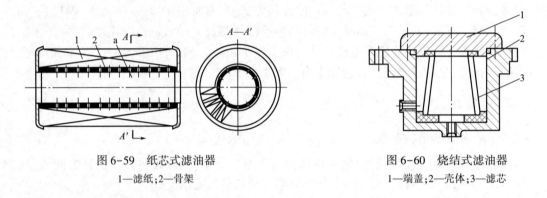

图 6-59　纸芯式滤油器
1—滤纸;2—骨架

图 6-60　烧结式滤油器
1—端盖;2—壳体;3—滤芯

(二)滤油器的选用与安装

滤油器在液压系统中的安装位置通常有以下几种:

(1)安装在吸油路上。如图 6-61(a)所示,这种安装方式要求滤油器有较大的通油能力和较小的阻力,目的是滤去较大的杂质微粒以保护液压泵。

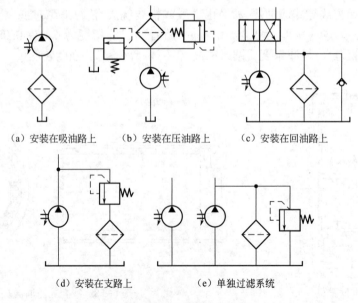

（a）安装在吸油路上　　（b）安装在压油路上　　（c）安装在回油路上

（d）安装在支路上　　　　（e）单独过滤系统

图 6-61　滤油器的安装位置

（2）安装在压油路上。如图6-61（b）所示，这种安装方式可以保护除泵以外的其他液压元件。由于滤油器在高压下工作，壳体应能承受系统的工作压力和冲击压力。为了防止滤油器堵塞时引起液压泵过载或使滤芯裂损，可在压力油路上设置一旁路阀与滤油器并联。

（3）安装在回油路上。如图6-61（c）所示，由于回油路上压力较低，这种安装方式可采用强度和刚度较低的滤油器。这种方式能经常地清除油液中的杂质，从而间接地保护系统。

（4）安装在支路上。如图6-61（d）所示，若把滤油器装在经常只通过液压泵流量的20%～30%的支路上，则滤油器尺寸就可以减小。

（5）单独过滤系统。如图6-61（e）所示，这种安装方式是用个专用液压泵和滤油器另外组成过滤回路。它可以经常地清除系统中的杂质，适用于大型机械的液压系统。

三、油箱

油箱的作用是储存油液，使渗入油液中的空气逸出，沉淀油液中的污物和散热。

（一）油箱的容量计算

合理地确定油箱容量是保证液压系统正常工作的重要条件。初步设计时，可用下述经验公式确定油箱的有效容积：

$$V = KQ \tag{6-52}$$

式中　V——油箱容积，L；

　　　Q——液压泵的实际流量，L/min；

　　　K——经验系数，min。

K 数值如下：低压系统：$K = 2 \sim 4$min；中压系统：$K = 5 \sim 7$min；高压大功率系统：$K = 6 \sim 12$min。

（二）油箱结构设计应注意的问题

（1）油箱应有足够的刚度和强度。油箱一般用 $2.5 \sim 4$mm 的钢板焊接而成，尺寸高大的油箱要加焊角板、加强肋，以增加刚度。油箱上盖板若安装电动机传动装置、液压泵和其他液压元件时，盖板不仅要适当加厚，而且还要采取措施局部加强。

（2）油箱要有足够的有效容积。油箱的有效容积（油面高度为油箱高度80%时的容积）应根据液压系统发热、散热平衡的原则来计算，但这只是在系统负载较大、长期连续工作时才有必要进行，一般只需按液压泵的额定流量估计即可。

（3）吸油管和回油管应尽量相距远些。吸油管和回油管之间要用隔板隔开，以增加油液循环距离，使油液有足够的时间分离气泡，沉淀杂质。隔板高度最好为箱内油面高度的3/4。吸管入口处要装粗过滤器，过滤器和回油管管端在油面最低时应没入油中，防止吸油时吸入空气和回油时回油冲入油箱搅动油面，混入气泡。吸油管和回油管管端宜斜切45°，以增大通流面积，降低流速，回油管斜切口应面向箱壁。管端与箱底、箱壁间距离均应大于管径的3倍，过滤器距箱底不应小于20mm，泄油管管端亦可斜切，但不可没入油中。

（4）防止油液污染。油箱上各盖板、管口处都要妥善密封。注油器上加过滤网。防止油箱出现负压而设置的通气孔上须装空气滤清器。

（5）易于散热和维护保养。

四、蓄能器

(一) 蓄能器的功用

蓄能器是用来储存和释放液体压力能的装置,其主要功用如下:

(1)作辅助动力源。当执行元件流量变化较大时,常采用蓄能器和一个流量较小的泵组成油源。当系统需要的流量不多时,蓄能器将液压泵多余的流量储存起来;当系统短时需要较大流量时,蓄能器将储存的压力油释放出来与泵一起向系统供油。另外,蓄能器可作应急液压源在突然停电或带泵电动机发生故障时使用。

(2)保压和补充泄漏。当液压系统需要长时间保压而液压泵卸荷时,可利用蓄能器释放所储存的压力油,补偿系统的泄漏,维持系统的压力。

(3)吸收压力冲击。由于液压阀突然关闭或换向,系统可能产生液压冲击,此时可在产生液压冲击源附近处安装蓄能器吸收这种冲击,使压力冲击峰值降低。

(二) 蓄能器的结构类型

蓄能器主要有重锤式、弹簧式和气体式三类。常用的是气体式,它是利用密封气体的压缩、膨胀来储存和释放能量的,所充气体一般采用惰性气体或氮气。气体式又分为气瓶式、活塞式和气囊式三种。下面主要介绍常用的活塞式和气囊式两种蓄能器。

1. 活塞式蓄能器

图 6-62(a)为活塞式蓄能器。利用浮动的活塞使气体与油液隔开,气体经充气阀进入上腔,下腔油口充压力油。该蓄能器结构较简单,安装与维修方便,但活塞惯性和摩擦阻力会影响蓄能器动作的灵敏性,而且活塞不能完全防止气体渗入油液,故这种蓄能器适用于低压系统。

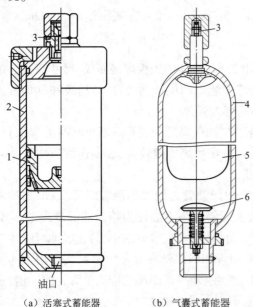

（a）活塞式蓄能器　　　（b）气囊式蓄能器

图 6-62　气体式蓄能器
1—活塞;2—缸筒;3—充气阀;
4—壳体;5—气囊;6—限位阀

2. 气囊式蓄能器

图 6-62(b)所示为气囊式蓄能器。壳体内有一个用耐油橡胶作原料与充气阀一起压制而成的气囊。充气阀只在为气囊充气时才打开,平时关闭。壳体下部装有限位阀,在工作状态下,压力油经限位阀进、出。当油液排空时,限位阀可以防止气囊被挤出。这种蓄能器的特点是气囊惯性小、反应灵敏、结构尺寸小、质量轻、安装方便、维护容易,工作压力可达 32MPa。

(三) 蓄能器的使用和安装

蓄能器在液压回路中的安放位置,随其功用的不同而异。在安装蓄能器时应注意以下几点:

(1)气囊式蓄能器原则上应垂直安装(油口向下),只有在空间位置受到限制时才考虑倾斜或水平安装。

(2)吸收冲击压力和脉动压力的蓄能器应

尽可能装在振源附近。

（3）装在管道上的蓄能器，要承受相当于其入口面积与油液压力乘积的力，因而必须用支持板或支持架固定。

（4）蓄能器与管道系统之间应安装截止阀，供充气、检修时使用。蓄能器与液压泵之间应安装单向阀，以防止停泵时压力油倒流。

任务六　液压基本回路

液压基本回路指的是由几种液压元件组成，用来完成某种特定功能的控制油路。液压系统不论如何复杂，都是由一些液压基本回路组成的。基本回路按其功用的不同，可分为速度控制回路、压力控制回路、方向控制回路、多缸（或液压马达）配合工作控制回路。熟悉和掌握这些基本回路，是分析、应用、维护、改造和设计液压系统的基础。

一、压力控制回路

压力控制回路是利用压力控制阀来控制系统压力，以实现调压、稳压、减压、增压、卸荷等目的，从而满足执行元件对力或转矩的要求。

（一）调压回路

为了使系统的压力与负载相适应并保持稳定，或为了安全而限定系统的最高压力，都要用到调压回路，这种回路在任务 4 中已作过介绍，下面再介绍几种常用的调压回路。

1. 远程调压回路

如图 6-63 所示，将远程调压阀 2（或小流量的溢流阀）接在先导式主溢流阀 1 的遥控口上，液压泵的压力即可由阀 2 做远程调节。远程调压阀的调节压力应低于主溢流阀的调定压力。

2. 多级调压回路

图 6-64 为三级调压回路。当系统需要多级压力控制时，可将主溢流阀 1 的遥控口通过三位四通换向阀 4 分别接至远程调压阀 2、3，使系统有三种压力调定值：换向阀左位工作时，压力由阀 2 来调定；换向阀右位工作时，系统压力由阀 3 来调定；而中位时为系统的最高压力，由主溢流阀 1 来调定。

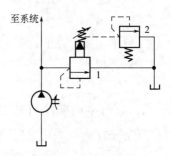

图 6-63　远程调压回路
1—先导式主溢流阀；2—远程调压阀

3. 双向调压回路

当执行元件正反行需不同的供油压力时，可采用双向调压回路，如图 6-65 所示。图 6-65（a）中，当换向阀在左位工作时，活塞为工作行程，液压泵出口由溢流阀 1 调定为较高的压力，缸右腔油液通过换向阀回油箱，溢流阀 2 此时不起作用。当换向阀在右位工作时，油缸活塞做空程返回，液压泵出口由溢流阀 2 调定为较低的压力，阀 1 不起作用。油缸活塞退到终点后，液压泵在低压下回油，功率损耗小。如图 6-65（b）所示，阀 2 的出口被高压油封闭，即阀 1 的远控口被堵塞，液压泵压力由阀 1 调定。当换向阀在右位工作时，液压缸左腔通油箱，压力为零，阀 2 相当于阀 1 的远程调压阀，液压泵压力阀 2 调定。

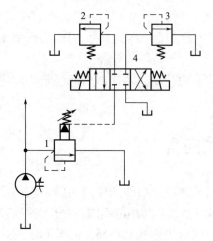

图 6-64　多级调压回路

1—主溢流阀;2,3—远程调压阀;4—三位四通换向阀

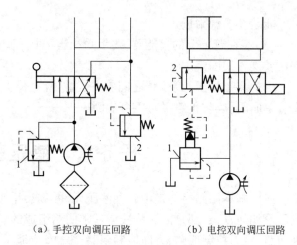

（a）手控双向调压回路　　　（b）电控双向调压回路

图 6-65　双向调压回路

1,2—溢流阀

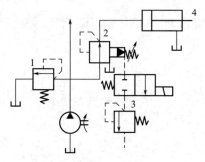

图 6-66　减压回路

1—安全阀;2—先导式减压阀;

3—溢流阀;4—工作油缸

（二）减压回路

减压回路用来使某一支路上得到比主溢流阀的调定压力低且稳定的工作压力。图 6-66 所示为一种二级减压回路。图示位置,减压阀出口的压力由先导式减压阀 2 调定;当换向阀电磁铁通电时,减压阀 2 出口处的压力由阀 3 调定。

（三）平衡回路

为了防止立式液压缸及工作部件因自行下落,可在活塞下行的回油路上安装产生一定背压的液压元件,阻止活塞下落,这种回路称为平衡回路(背压回路)。

1. 采用单向顺序阀的平衡回路

图 6-67(a)是采用单向顺序阀的平衡回路。这种回路在活塞下行时,回油腔有一定的背压,运动平稳。但滑阀结构的顺序阀和换向阀存在泄漏,活塞不可能长时间地停在任意位置,故该回路适用于锁紧要求不高的场合。

2. 采用液控单向阀的平衡回路

图 6-67(b)是采用液控单向阀的平衡回路。由于液控单向阀是锥面密封,泄漏极小,因此其闭锁性能好。回油路上串联单向节流阀 2,用于防止活塞下行时的冲击,也可控制流量,起到调速作用。若回油路上没有节流阀,活塞下行时液控单向阀1 被进油路上的控制油打开,回油腔没有背压,运动部件由于自重而加速下降,造成

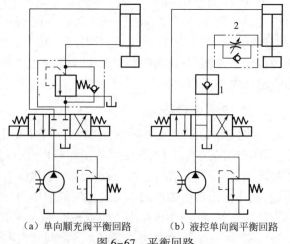

（a）单向顺充阀平衡回路　　（b）液控单向阀平衡回路

图 6-67　平衡回路

1—液控单向阀;2—单向节流阀

液压缸上腔供油不足,液控单向阀因控制油路失压而关闭,关闭后控制油路又建立起压力。液控单向阀1又被打开,阀1时开、时闭,使活塞在向下运动过程中产生振动和冲击。单向节流阀可防止活塞运动时产生振动和冲击。

3. 溢流阀刹车回路

如图 6-68 所示,当换向阀上位工作时,油马达出油口通油箱,油马达正常运转;当换向阀下位工作时,泵卸荷,油马达由于惯性仍继续转动,但回油因溢流阀受阻,背压升高,油马达被迅速制动;当换向阀处于中位工作时,虽卸荷,但油马达因机械摩擦而缓慢停止。

(四)油马达回路

多数油马达回路与油缸回路是相同的,这里只讨论油马达特有的两种回路。

1. 油马达串、并联回路

在行走机械中,常直接用油马达来驱动车轮,这时可利用油马达串、并联时的不同特性,来适应行走机械的不同工况。图 6-69 中,电磁阀 2 通电吸合,电磁阀 1 处于常态位时,两油马达并联,这时行走机械牵引力大,速度低。当电磁阀 1、2 都通电吸合时,两油马达串联,这时行走机械速度高牵引力小。

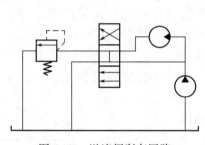

图 6-68　溢流阀刹车回路

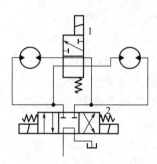

图 6-69　油马达串、并联回路

1,2—电磁阀

2. 油马达制动回路

一般说来,油马达的旋转惯性较油缸大得多。因此,在回路中应考虑其制动问题。如图 6-70 所示,油马达上装有一个液压机械制动器,而其中制动块的伸缩由制动缸控制。当油马达正常旋转时,压力油进入制动缸,使制动块抬起。单向节流阀的作用是控制制动块的抬起时间,使松闸较慢。电磁阀处于中位,泵卸荷,液压马达制动。

二、速度控制回路

(一)调速回路

调速回路是用来调节执行元件工作行程速度的回路。不计泄漏,液压缸的运动速度为:$v = Q/A$,液马达的转速为:$n = Q/q$。显然,改变进入执行元件的流量 Q(或液压马达的排量 q),可以达到改变执行元件速度的目的。按照液压元件的组合方式不同,调速回路可分为:

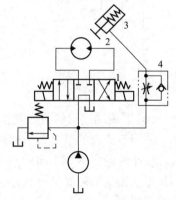

图 6-70　液压制动器制动回路

1—三位四通电磁换向阀;2—双向马达;

3—刹车液缸;4—单向节流阀

— 231 —

(1)节流调速——采用定量泵供油,流量阀改变进入执行元件的流量,来调节执行元件的速度;

(2)容积调速——采用变量泵或变量马达实现调速。

1. 节流调速回路

节流调速回路元件结构简单、价格低廉,在轻载、低速、负载变化不大和对速度稳定性要求不高的小功率液压系统中应用较为广泛。节流调速回路按其流量阀安放位置的不同,分进油路节流调速、回油路节流调速和旁油路节流调速三种形式。

(1)进油路节流调速回路。

如图 6-71 所示,节流阀串联在泵和执行元件之间,控制进入液压缸的流量,以达到目的。定量泵多余的油液通过溢流阀流回油箱,泵的出口压力 p_b 为溢流阀的调整压力并基本保持定值。在这种调速回路中,节流阀和溢流阀联合使用才能起调速作用。

(2)回油路节流调速回路。

如图 6-72 所示,把节流阀串联在执行元件的回油路上,用节流阀调节液压缸的回油流量,也就控制了进入液压缸的流量。定量泵多余的油液经溢流阀流回油箱,泵的出口压力 p_b 为溢流阀的调定压力并基本稳定。

(3)旁油路节流调速回路。

如图 6-73 所示,这种节流调速回路是将节流阀装在与液压缸并联的支路上。节流阀调节液压泵溢回油箱的流量,从而控制进入液压缸的流量,调节节流阀的通流面积,即可实现调速。由于溢流作用已由节流阀承担,故溢流阀作为安全阀用,常态时关闭。因此液压泵工作过程中的压力完全取决于负载,而不恒定,所以这种调速方式又称为变压式节流调速。

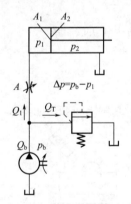

图 6-71 进油节流调速回路

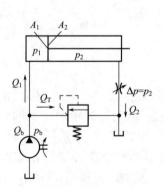

图 6-72 回油节流调速回路

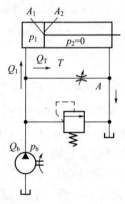

图 6-73 旁路节流调速回路

(4)采用调速阀的节流调速回路。

采用节流阀的节流调速回路,速度负载特性都相对比较软,变载荷下的运动平稳性都比较差。在速度稳定性要求高的回路中可用调速阀来代替节流阀。由于调速阀本身能在负载变化的条件下保证节流阀进、出口压差基本不变,因而使用调速阀后,节流调速回路的速度负载特性得到改善。

节流调速回路的主要缺点是效率低、发热量大,故只适用于小功率液压系统中;在大功率的液压传动系统中一般采用变量泵或变量马达的容积调速回路。

2. 容积调速回路

容积调速回路,因无溢流损失和节流损失,故效率高、发热量小。容积调速回路分为开式回路和闭式回路两种。开式回路通过油箱进行油液循环,泵从油箱吸油,执行元件的回油仍返回油箱。优点是油液在油箱中便于沉淀杂质,析出气体,并可得到良好的冷却。主要缺点是空气易侵入油液,致使运动不平稳,并产生噪声。闭式油路无油箱,泵吸油口与执行元件回油口直接连接,油液在系统内封闭循环。其优点是油气隔绝、结构紧凑、运动平稳、噪声小;缺点是散热条件差。

容积调速回路无溢流,这是构成闭式回路的必要条件。为了补偿泄漏以及由于执行元件进、回油腔面积不等所引起的流量之差,闭式回路需要设辅助补油泵,与之配套还设一溢流阀和一小油箱。补油泵的流量一般为主泵流量的 10%~15%,压力通常为 0.3~1MPa。

根据液压泵和液压马达(或液压缸)的组合方式不同,容积调速回路可分为:变量泵—定量液压马达(或液压缸)容积调速回路、定量泵—变量液压马达容积调速回路;变量泵—变量液压马达容积调速回路。

图 6-74(a)为变量泵—液压缸组成的开式容积调速回路,图 6-74(b)为变量泵—定量液压马达组成的闭式容积调速回路,泵 1 是辅助补油泵,其供油压力由溢流阀 6 调定。这两种调速回路都是采用改变泵流量来调速的。

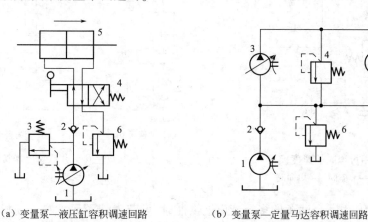

(a) 变量泵—液压缸容积调速回路　　　　(b) 变量泵—定量马达容积调速回路

图 6-74　变量泵—定量执行元件容积调速回路

变量泵—定量执行元件容积调速回路特性如下:

(1)调节变量泵的排量便可控制液压缸(或液压马达)的速度。由于变量泵能将流量调得很小,故可以获得较低的工作速度,因此调速范围较大。

(2)变量泵出口压力由安全阀调定;液压马达的排量和液压缸有效工作面积均固定不变。若不计系统损失,由液压马达的转矩公式和液压缸的推力公式可知:马达(或液压缸)能输出的转矩(推力)不变,故这种调速属于恒转矩(恒推力)调速。

(3)若不计系统损失,液压马达(或液压缸)的输出功率等于液压泵的功率,因此回路的输出功率随液压马达的转速的变化呈线性变化。

(二)速度换接回路

1. 快速与慢速的换接回路

如图 6-75 所示,图示工况,液压缸快进;当挡块压下行程阀 1 时,行程阀关闭,回油经节流阀2流回油箱,液压缸由快进转换为慢速工进。当换向阀通电时,压力油经单向阀3进入液压缸右腔,活塞快速退回。这种回路优点是快慢速换接比较平稳,换接点的位置比较准确;缺点是不能任意改变行程阀的位置,其安装要求较高,管接较为复杂。

2. 采用调速阀的速度换接回路

图6-76(a)为调速阀串联二次进给速度换接回路,它只能用于第二进给速度小于第一进给速度的场合,故调速阀B的开口小于调速阀A。这种回路速度换接平稳性较好。图6-76(b)为调速阀并联二次进给速度换接回路,这里两个进给速度可以分别调整,互不影响,但一个调速阀工作时另一个调速阀无油通过,其定差减压阀处于最大开口位置,因而在速度转换瞬间,通过该调速阀的流量过大会造成进给部件突然前冲。

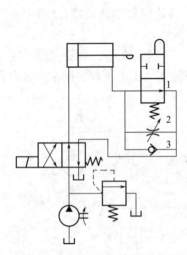

图 6-75　采用行程阀的速度换接

1—行程阀;2—节流阀;3—单向阀

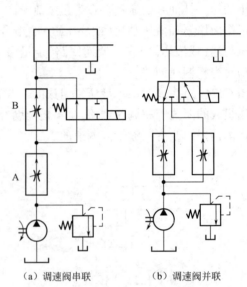

（a）调速阀串联　　　　　（b）调速阀并联

图 6-76　调速阀串并联速度换接回路

A,B—调速阀

在液压系统中,由一个油源向多个液压缸供油时,可节省液压元件和电动机,合理利用功率。但各执行元件间会因回路中的压力、流量的相互影响在动作上受到牵制,可通过压力、流量和行程控制来满足实现多个执行元件预定动作的要求。

三、多缸工作控制回路

(一)顺序动作回路

顺序动作回路用来使多个执行元件严格按照预定顺序依次动作。按控制方式的不同,可分为行程控制、压力控制和时间控制三种。

1. 行程控制顺序动作回路

行程控制是利用执行元件到达一定位置时发出信号来控制执行元件的先后动作顺序,是用行程开关控制的顺序回路。

如图6-77所示,按启动按钮,电磁铁1Y得电,缸1活塞先向右运动,当活塞杆上的挡块压下行程开关2S后,使2Y得电,缸2活塞才向右运动,直到压下3S,使1Y失电,缸1活塞向左退回,然后压下行程开关 1S,使 2Y 失电,缸 2 活塞再退回。调整挡块位置可调整液压缸的行程,通过电控系统可任意地改变动作顺序,方便灵活,应用广泛。

2. 压力控制顺序动作回路

压力控制是利用液压系统工作过程中的压力变化来使执行元件按顺序先后动作,分为:

(1)用顺序阀控制的顺序动作回路(前面控制元件顺序阀的应用里已有介绍)。

(2)压力继电器控制的顺序动作回路。

图 6-78 为机床夹紧、进给系统。其动作顺序是:先将工件夹紧,然后动力滑台进行切削加工。工作时,压力油经减压阀、单向阀、换向阀进入夹紧缸有杆腔,活塞向左运动,将工件夹紧。液压缸有杆腔的压力升高,当油压超过压力继电器的调定压力时,压力继电器发出电信号,使电磁铁 2Y 通电,动力滑台液压缸向左完成进给动作。由于压力继电器的作用,使得夹紧与进给严格地按顺序进行。压力控制的顺序动作回路中,顺序阀或压力继电器的调定压力必须大于前一动作执行元件的最高工作压力的 10%~15%,否则在管路中的压力冲击或波动下会造成误动作,引起事故。

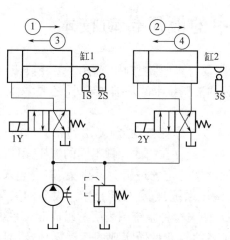

图 6-77　用行程开关控制的顺序回路
①,②,③,④—活塞

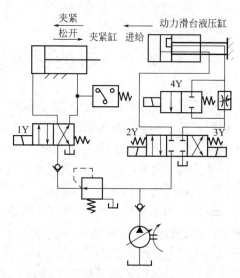

图 6-78　压力继电器控制的顺序回路

(二)互锁回路

1. 并联互锁回路

如图 6-79 所示,在缸 2 作往复运动时,缸 1 必须停止运动,称为互锁,是一种安全措施。这种互锁主要依靠液动二位二通阀 4 来保证。当电磁阀 5 处于中位,缸 2 不动时,阀 4 则处于图示位置,压力油通过阀 4 使缸 1 运动。当阀 5 处于左位或右位时,缸 2 运动,缸 2 进油管中的压力油通过单向阀作用于液动阀 4 的右端,使缸 1 的供油通道被切断,这时即使切换电磁阀 3,缸 1 也不能动作。

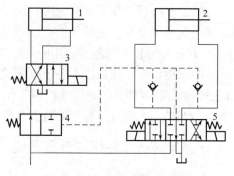

图 6-79　并联互锁回路
1,2—缸;3,5—电磁阀;4—液动二位二通阀

2. 串联互锁回路

如图 6-80 所示,3 个要求以一定顺序动作的油缸 1、2 和 3 借助于 O 形机能换向阀构成了串联互锁回路。其中缸 2 和缸 3 分别用于开启或关闭两扇门,缸 1 则用于把门夹紧或松开。回路中,只有当换向阀 4 切换到左位,缸 1 处于松开(门)的位置时,缸 2 才可能动作;只有当换向阀 4 和 5 都切换到左位,缸 3 才可能动作。因此,即使操作人员弄错顺序,也不会因误操作而发生事故。

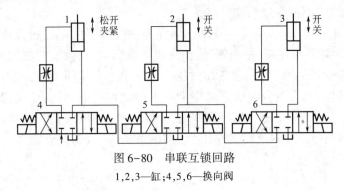

图 6-80 串联互锁回路
1,2,3—缸;4,5,6—换向阀

任务七 石油钻采设备中的液压传动技术

液压技术应用非常广泛,在石油钻采设备中的驱动、传动与控制中均有许多经典应用示例。但要看懂这些液压系统图,除了要掌握前面所述的液压技术的基础知识外,还要学会一套分析和阅读复杂液压系统图的方法。

其实任何一台液压设备,要实现特定的运动循环或工作任务,必须要用到相应的执行元件,因此,不管液压系统简单、复杂与否,都是将包含执行元件在内的各种不同的液压元件组合成一个或多个相应的基本回路,再将这些基本液压回路按一定的逻辑关系拼集、汇合起来,形成一个网络,就构成了液压传动与控制系统,简称为液压系统,也称液压技术。设备的液压系统图是用规定的图形符号表达出的液压系统工作原理图。这种系统图表明了组成液压系统的所有液压元件及它们之间相互连接的情况,也表明了各执行元件所实现的运动循环及循环的控制方式等,从而表明了整个液压系统的工作原理。

由此,可以大致可按以下步骤来分析和阅读较复杂的液压系统图:

(1)了解设备的功用及对液压系统动作和性能的要求。

(2)初步分析液压系统图,并按执行元件数将其分解为若干个子系统。

(3)对每个子系统进行分析:分析组成子系统的基本回路及各液压元件的作用;按执行元件的工作循环分析实现佩步动作的进油和回油路线。

(4)根据设备液压系统中各子系统之间的顺序、同步、互锁、防干扰或联动等要求分析它们之间的联系,弄懂整个液压系统的工作原理。

(5)归纳出设备液压系统的特点和使设备正常工作的要领,加深对整个液压系统的理解。

一、50t 液压修井机的液压系统

图 6-81 为 50t 液压修井机的液压系统原理图。该系统为闭式系统,由五组液动机并联,采用恒功率容积调速回路。现将它的系统组成和原理分析如下:

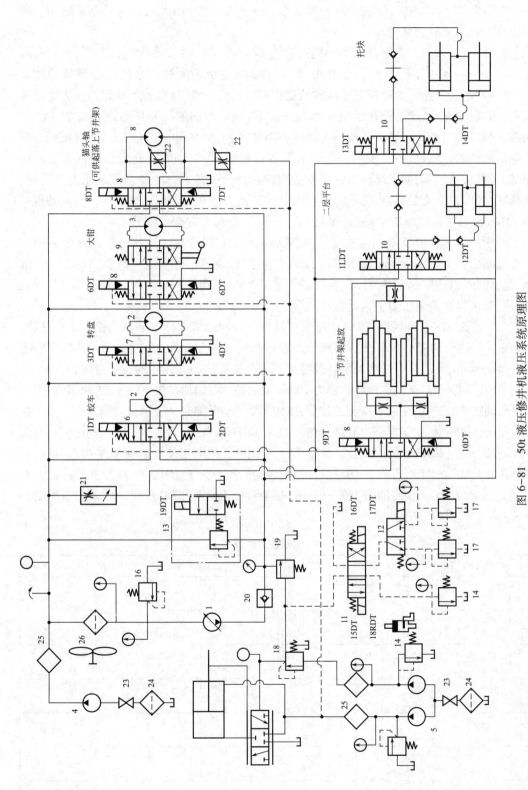

图 6-81　50t 液压修井机液压系统原理图

1—轴向柱塞泵；2，3—油马达；4—齿轮泵；5—双联叶片泵；6，7，8—电液换向阀；9—手动换向阀；10，11，12—电磁换向阀；13—电控制荷溢流阀；14，15，16，17—溢流阀；18—减压阀；19—恒功率阀；20—单向阀；21—调速阀；22—节流阀；23—截止阀；24，25—滤清器；26—冷却器

（1）动力泵组：该系统由四个油泵组成泵组，其中主泵为 ZB740 变量轴向柱塞泵；补油泵为 CB-B25 型齿轮泵，供闭式系统补油用；两个 YB-6/25×63 型叶片泵，作为控制系统用。四个油泵由柴油机通过分动箱带动。

（2）ZB740 变量轴向柱塞泵的恒功率调速系统：它是由 ZB740 变量轴向柱塞泵、恒功率阀和减压阀组成。一台叶片泵的控制压力油，输给 ZB740 变量轴向柱塞泵的行程调节器放大级，另一台叶片泵的控制压力油经减压阀输给行程调节器的初级，这条控制油路的压力由减压阀来调节，而减压阀则通过遥控孔由恒功率阀来调节，恒功率阀的控制压力则来自 ZB740 变量轴向柱塞泵的排出管路。当主系统的工作压力降低时，恒功率阀的节流口开大，减压阀的控制压力降低而使其开口也开大，于是行程调节器的行程加大，使 ZB740 变量轴向柱塞泵的油缸摆角加大，即流量加大，使系统压力和流量的乘积保持为一常数。同样当系统压力升高时，泵的摆角减小，即泵的流量会自动减小。这样，就保证动力经常保持恒功率消耗。但液动机只有两台 ZM40 油马达需要恒功率调速，而其余则不需要，如起升井架液缸。

为了同用一台 ZB740 变量轴向柱塞泵，在减压阀控制口的旁路上连接三位四通电磁换向阀 11，当此阀处于中位时，减压阀遥控口与油箱连通，可以在控制台上用手调节 ZB740 变量轴向柱塞泵的流量，以适应起升井架不同速度的要求。当换向阀居左位时，减压阀遥控口与溢流阀 14 连通，泵可以在调定压力下进行恒功率调节。

（3）工作系统：在 ZB740 变量轴向柱塞泵的排出管和回油管之间并联两台 ZM40 油马达，两台 ZM40 油马达分别带动绞车、转盘、液动油管钳和猫头轴。此外还并联三对油缸，分别用于下节井架的起放、控制二层平台的翻转及操纵固定井架托块。其具体的操作过程如下：

① 下节井架的起立：柴油机转数调定为 1000r/min，各油泵输油。按电钮令 12DT 吸合，主泵为二层平台油缸右腔充油，使它处于回缩位置，以防起立下节井架时二层平台自动落下。由电磁铁工作表看出（表 6-5），由于电路上联锁，这时 16DT、17DT 吸合，控制油路中减压阀遥控口与溢流阀 17 的右阀相连，减压阀的出口压力由溢流阀 17 调定。按电钮使电磁铁 9DT 吸合，这时由表 6-5 中看出 16DT、17DT 吸合而 12DT 放松，控制油初始压力为 1.2MPa，流量为 30L/min，井架下节起立，过 90°后逐渐关小回油路上的调速阀，对准销孔关死调速阀，并使 9DT 放松，插销钉，固定下节井架，井架起立完毕。

表 6-5　电磁铁工作表

设备状态		1DT	2DT	3DT	4DT	5DT	6DT	7DT	8DT	9DT	10DT	11DT	12DT	13DT	14DT	15DT	16DT	17DT	18DT	19DT
绞车	正	+	−	−	−	−	−	−	−	−	−	−	−	−	−	+	−	−	−	−
	反	−	+	−	−	−	−	−	−	−	−	−	−	−	−	+	−	−	−	−
转盘	正	−	−	+	−	−	−	−	−	−	−	−	−	−	−	+	−	−	−	−
	反	−	−	−	+	−	−	−	−	−	−	−	−	−	−	+	−	−	−	−
大钳	松	−	−	−	−	+	−	−	−	−	−	−	−	−	−	−	+	−	−	−
	紧	−	−	−	−	−	+	−	−	−	−	−	−	−	−	−	+	−	−	−
上节井架	升	−	−	−	−	−	−	+	−	−	−	−	−	−	−	−	+	−	−	−
	降	−	−	−	−	−	−	−	+	−	−	−	−	−	−	−	+	−	−	−
下节井架	起	−	−	−	−	−	−	−	−	+	−	−	−	−	−	−	+	+	−	−
	放	−	−	−	−	−	−	−	−	−	+	−	−	−	−	−	+	+	−	−
二层平台	收	−	−	−	−	−	−	−	−	−	−	+	−	−	−	−	+	+	−	−
	放	−	−	−	−	−	−	−	−	−	−	−	+	−	−	−	+	+	−	−
托块	锁	−	−	−	−	−	−	−	−	−	−	−	−	+	−	−	+	+	−	−
	开	−	−	−	−	−	−	−	−	−	−	−	−	−	+	−	+	+	−	−

② 起升上节井架:令 7DT 吸合,关闭两个节流阀,猫头轴小滚筒旋转,起升上节井架,此时 16DT 吸合,控制油路压力由左面溢流阀 17 调定,其调定压力为 1.8MPa,ZB740 变量轴向柱塞泵流量为 80L/min。起升到超过托块固定位置后,碰行程开关使 7DT 放松,上节井架停止在某一位置,然后使 13DT 吸合,托块油缸伸出,使托块处于锁紧位置,后 13DT 放松,打开上节流阀,上节井架靠自重下降,油马达处于制动工况,其速度大小由节流阀控制。打开下节流阀可向系统补油。上节井架坐到托块上,关死节流阀,上节井架起升完毕。

③ 放下二层平台:使 11DT 吸合,二层平台下放,转过一定角度后,使主油泵卸荷,关小调速阀,二层平台靠自重下放,下放速度由调速阀控制。

④ 绞车工作:使 1DT 吸合,绞车正转。这时 15DT 吸合,控制油路压力由恒功率阀调定。转盘和油管大钳的工作及修井工作结束后,二层平台的收回、下放井架等操作过程可自己分析。该系统除了靠油箱散热外,还装设了风冷却器,改善散热条件,防止油温过高。为了保持油液清洁,装设了细滤清器;为了保证液压系统正常工作,装设了各种压力表、温度计、放气阀等。

二、YQ1-10000 液动大钳

YQ1-10000 液动大钳是兰州石油机械研究所研究试制成功的,其液压传动方式如图 6-82 所示。主油泵采用的是 ZDB725 轴向柱塞泵,灌注泵是齿轮泵,液马达采用的是 1JMD-63 大扭矩低速马达,换向阀采用的是电液换向阀,带动 ZDB725 轴向柱塞泵的是一台 75kW 的交流电动机,带动灌注泵的是一台 4.7kW 的交流电动机,一般适用于有电网的地区。其控制方法为电液和气路的集中控制。

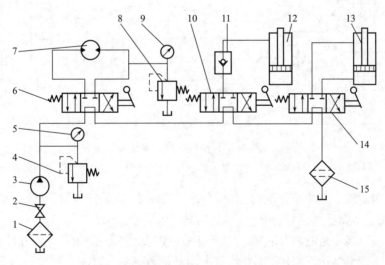

图 6-82　YQ1-10000 液动大钳液压系统图

1—粗过滤器;2—闸阀;3—ZDB725 轴向柱塞泵;4—溢流阀;5,9—抗震压力表;6—手动换向阀;7—1JMD-63 液马达;
8—溢流阀;10—手动换向阀;11—单向阀;12—提升液缸;13—崩口液缸;14—手动液缸;15—精滤器

三、石油钻机液压系统

由于一般石油钻机都具有中等以上的功率,并且绞车、转盘负荷变化大,要求转速变化范围也大,因此主液压系统往往采用容积调速的闭式系统,其特点是效率高、调速范围大。虽然与阀控液压系统相比,响应速度较差,但对石油钻机来说却能满足要求。

图 6-83 所示,为一种石油钻机的主液压系统。所谓主液压系统是指绞车、转盘的驱动系统,这是石油钻机中最主要的系统。从图 6-83 可见,这是个容积调速闭式系统,动力源是由柴油机驱动的三台油泵。一台主泵是变量轴向柱塞泵,负责向工作机构提供压力油。另外两台泵(4号泵和 5 号泵)是系统的辅泵。4 号泵是闭式系统的补油泵,5 号泵是主油泵变量控制机构的操纵泵,是给伺服变量机构的随动油缸提供能源的。两台辅泵一般采用小功率的齿轮泵或叶片泵。工作机构是三台低速大功率径向柱塞油马达。其中一台是转盘马达,两台是绞车马达。两台绞车马达中,通过液控二位四通阀 6 的控制,可以一台工作,一台浮功(如图 6-83 所示阀 6 的导通位置),如阀 6 移到左位导通情况,则两台油马达并联工作。

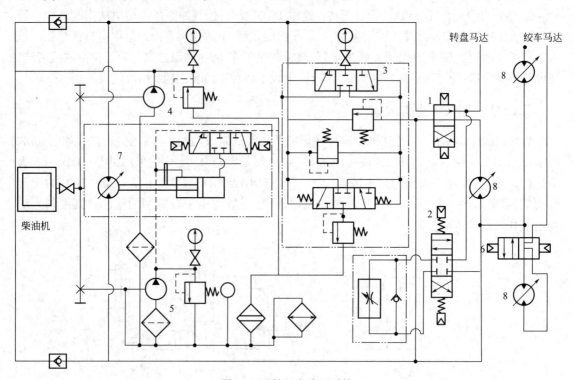

图 6-83　钻机主液压系统

1,6—二位四通阀;2—三位四通阀;3—组合压力控制阀;4—补油泵;5—操作泵;7—主油泵;8—油马达

液控二位四通阀 1 是功率分配阀,当阀 1 处于图 6-83 所示位置时,则绞车马达工作,转盘马达不动,如阀 1 移到导通位置,则转盘马达运转,绞车马达不动。

液控三位四通阀 2 是液阻并联阀。它可以根据需要,将由单向阀和可调节流阀组成的单向液阻器并联到绞车马达回路中去,当外载带动马达旋转时(如钻柱下放),液阻器可限制马达转速,即限制钻柱下放速度,起到限制刹车的作用。

图 6-83 中双点画线框内部的 3 是组合压力控制阀,由双向溢流安全阀和双向补油压力调节溢流阀组成。

对该系统所具有的工作性能可作如下分析:

(1)起升钻柱。

主油泵上油口排油,阀 1 处于图 6-83 所示位置,绞车马达驱动绞车正转,起升钻柱。钻柱轻时可用一台油马达工作,另一台浮动。钻柱重时,操纵阀 6 使两台绞车马达并车。起升速度可通过操作台上一个手动组合气阀调节主油泵的油量来实现。很显然,如果主油泵采用恒功率控制,则绞车马达也是恒功率输出,也就是起升速度随负载增加而自动降低,维持起升恒功率。这时如调节油马达每转排量,则可实现低转数下的高扭矩,可在大范围内实现恒功率起升。起升钻柱时,转盘马达进出口均为低压,转盘不转。一般情况下绞车不需反转,因此起升时,主油泵只是正向排油。

(2)下放钻柱。

下放钻柱是靠钻柱自重自行下落,带动绞车反转。此时主油泵排量调至零,下放速度视钻柱重量而定,重量轻时,使阀2处于上位,油马达进出油口经单向阀沟通,用绞车上的机械刹车控制速度和悬吊。重量大时,为防止下放速度过快,可使阀2处于下位,使油马达进出油口经单向节流液阻器,辅助机械刹车一起工作。

(3)钻进工作。

钻进时要求转盘正转,绞车马达浮动,靠钻柱重力用机械刹车控制钻压。此时阀1处于下位,主油泵出油口排油,转盘马达正转。而绞车马达进、出口都处于低压,处于浮动状态。这时如果使油泵或油马达中的任意一个实行定压控制,则转盘为恒扭矩输出,在此条件下,再改变另一个的每转排量(或流量),则可改变恒扭矩下的输出转数(马达定压控制时,增加泵每转排量,则转数增加;泵定压控制时,增加马达每转排量,则转数减少)。

(4)事故处理。

处理井内事故时,要求转盘、绞车均可正、反向低速运转,这可通过调节主油泵排量和排油方向来实现。

项目三　钻机气控技术

【项目导读】　气控技术是一项利用空气作为工作介质来实现传动与控制的实用技术。它与液压传动一样都是属于流体技术,由于空气具有极大的可压缩性,难以实现大功率、大扭矩的精确传动。这项技术多用于对目标的远程控制或中小功率的传动,也广泛用于石油钻采设备中。

【学习目标】　了解掌握气动控制系统的组成、工作原理与工作特点;了解掌握气控技术在石油钻采设备中的应用及维护与保养。

任务一　气动控制系统的组成原理与特点

一、气动控制系统的组成

气动控制是当今石油钻机广泛采用的控制方式之一。尤其是在一柴油机作为动力的石油钻机上几乎全部采用以气动控制为主的控制方式。

气动控制在石油钻机控制系统中的主要作用如下:

(1)对整体起升的井架在起升时缓冲的控制,放落时推开井架的控制;

(2)对动力的启动、调速、并车、停车的控制;

(3)对钻井绞车、钻井泵、转盘等启动与停止的控制;

(4)对钻井绞车滚筒和转盘的转速及旋转方向的控制；

(5)对钻井绞车滚筒制动与放松的控制；

(6)对钻井绞车猫头摘挂的控制；

(7)对动力大钳、动力卡瓦等井口操作机械的控制；

(8)对辅助装置如空气压缩机、发电机以及钻井液搅拌器的控制。

要实现对目标的控制，气动控制技术有一个完整的系统，如图 6-84 所示。

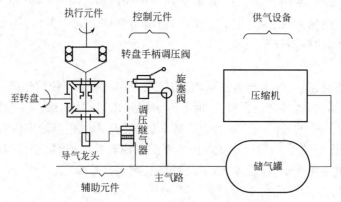

图 6-84　气动控制系统组成示意图

由图 6-84 可知，气动控制系统主要由如下四部分组成：

(1)供气设备：是获得压缩空气的装置。主体是空气压缩机(包括储气罐、空气净化装置)。它将原动机(电动机、内燃机等)的机械能转变为气体的压力能。

(2)执行元件：是以压缩空气为工作介质产生机械运动，并将气体的压力能变为机械能的能量转换装置。执行元件包括气缸、摆动气缸、气马达以及气动摩擦离合器等。

(3)控制元件：用来控制压缩空气的压力、流量和流动方向，以便使执行元件完成预定运动规律的元件。如各种压力控制阀、流量控制阀、方向控制阀等。

(4)辅助元件：使压缩空气净化、消声及元件间连接等所需的装置。如防凝器、低压警报器、旋转接头(导气龙头)和管件等。

二、气动控制系统的工作原理

气动控制系统与液压传动系统组成很相似，都是由四部分组成，即供气设备(动力元件)、执行元件、控制元件和辅助元件，且它们的工作原理也很相近：都是利用流体(前者利用空气，后者利用液体)作为工作介质来传递压力(前者是气体压力、后者是液体压力)，使执行元件(前者是气马达或气缸，后者是液马达或液缸)发生动作来完成某一工作指令或任务，并且都是在闭式系统中完成的，系统都需要有良好的密封性能。

它们的差异如下：

(1)气控系统中的工作介质空气可以压缩，液压系统中的工作介质液体几乎不可压缩，所以后者应用领域要比前者广泛得多。

(2)气控系统中的工作介质空气完成任务后直接排空，而液压系统中的工作介质液体完任务后仍回收循环使用。

(3)系统中的各类元件的功能对应相似，但各类元件的结构对应相差很大。

任务二　供气设备

供气设备作为气控系统的动力源,它为系统提供清洁、干燥且具有一定压力和流量的压缩气体,以满足各种使用场合对压缩气体质量的要求。供气设备一般包括产生压缩气体的发生装置(如空气压缩机)、储气罐和压缩空气的净化装置三部分。

一、空气压缩机

空气压缩机是将机械能转换为气体压力能的装置(简称空压机,俗称气泵)。它种类很多,按工作原理的不同分为容积式和速度式两大类。容积式压缩机是通过运动部件的位移,周期性地改变密封的工作容积来提高气体压力的,包括活塞式、膜片式和螺杆式等。速度式压缩机是通过改变气体的速度,提高气体动能,然后将动能转化为压力能,来提高气体压力,包括离心式、轴流式和混流式等。这里仅以活塞式空气压缩机为例来介绍它的类型、基本结构和工作原理。

(一)活塞式空气压缩机的类型

(1)按气缸在空间的位置可分为立式、卧式、角式三大类,如图6-85所示。

(2)按传动机构的特点可分为有十字头的与无十字头的两种。

立式压缩机的气缸是垂直布置的,主要用于中小排量与级数不太多的机型,如图6-85(a)所示。某些小型立式压缩机通常是无十字头的。

卧式压缩机的气缸是水平布置的,主要有如下类型:

(1)一般卧式,其特点是气缸都在曲轴的一侧,多用于小型高压机型。

(2)对称平衡型,其特点是气缸分布在曲轴两侧,相对两列气缸的曲拐错角为180°。其中,电动机位于机身一侧者,称为M型,而电动机位于两列机身之间者,称为H型,如图6-85(e)所示。对称平衡型适用于大型压缩机。

角式压缩机的特点是在同一曲拐上装有几个连杆,与每个连杆相应的气缸中心线间具有一定的夹角。它包括如下类型:

(1)V型活塞式压缩机,如图6-85(b)所示;

(2)W型活塞式压缩机,如图6-85(c)所示;

(3)L型活塞式压缩机,如图6-85(d)所示。

活塞式压缩机的总体结构还可按冷却方式的不同分为风冷式和水冷式;按安装方式的不同分为固定式和移动式等。

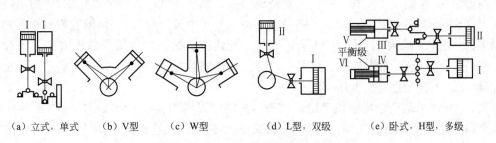

(a)立式,单式　　(b)V型　　(c)W型　　(d)L型,双级　　(e)卧式,H型,多级

图6-85　活塞式压缩机不同结构机型简图

(二)活塞往复式空气压缩机的工作原理

1. 单级活塞往复式压缩机的工作过程

活塞往复式压缩机是用改变气体容积的方法来提高气体压力的设备。图 6-86 所示为单级风冷活塞式压缩机的结构图,其工作原理如图 6-87 所示。曲柄 8 做回转运动,通过连杆 7 和活塞杆 4 带动气缸活塞 3 做往复直线运动。当活塞 3 向右运动时,气缸内工作室容积增大而形成局部真空,吸气阀 9 打开,外界空气在大气压力作用下由吸气阀 9 进入气缸腔内,此过程称为吸气过程;当活塞 3 向左运动时,吸气阀 9 关闭,随着活塞的左移,气缸工作室容积减小,缸内空气受到压缩而使压力升高,在压力达到足够高时,排气阀 1 被打开,压缩空气进入排气管内,再进入储气筒,此时即为排气过程。当活塞到达左死点时排气过程结束,继而又重复吸气过程。如此循环,使压缩气体不断进入储气筒。图 6-87 示为单缸活塞式空气压缩机,大多数空气压缩机是多缸多活塞式的组合。

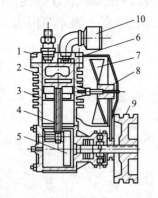

图 6-86　单级风冷活塞式压缩机

1—排气阀;2—活塞;3—散热片;4—连杆;
5—曲柄轮;6—进气阀;7—风扇;8—圆皮带;
9—皮带轮;10—气体滤清器

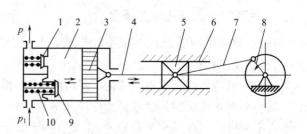

图 6-87　单级风冷活塞式空气压缩机的工作原理示意图

1—排气阀;2—气缸;3—活塞;4—活塞杆;5,6—十字头与滑道;
7—连杆;8—曲柄;9—吸气阀;10—弹簧

2. 多级往复式压缩机的工作原理

为了制取较高压力的压缩气,常采用多级压缩的方法。多级压缩有利于降低排气温度、节省功率、降低气体对活塞的作用力、提高容积效率。多级压缩机的工作原理是把气体的压缩过程分为两个或两个以上的阶段,在几个气缸里依次进行压缩,使压力逐渐上升。当气体在第一级气缸里被压缩到一定压力后,就送入一个专设的级间冷却器,把热量充分地传给冷却水,然后再送入第二级气缸里继续压缩。图 6-88 所示为两级压缩机简图,气体首先进入空气滤清器 1 滤掉尘土,避免尘土粘在气缸内壁上造成磨损。然后在低压气缸 2 里压缩,压力由进气压力 p_1 升高到冷却器内的压力 p_2(图 6-89)。在冷却器 4 中被冷却后,气体温度恢复到最初的进气温度,容积从 V_2 减为 V_2',接着进入高压气缸 5 继续被压缩到最后所需的压力 p_3。这样低压气缸和高压气缸是在不同的压力范围内工作的,气体的容积相差很大,所以它们的尺寸也不一样,高压气缸的直径总要比低压气缸小些。

图 6-89 所示是两级压缩机理论示功图。由图可以看出,面积 1—2—2′—3′—4—5—1 代表整个设备每个循环所消耗的压气功。如果不采用两级压气和级间冷却的措施,而气体从 p_1 一次压到 p_3,则所消耗的功由面积 1—2—3—4—5—1 所代表,该面积显然比面积 1—2—2′—

3′—4—5—1多出了面积2—3—3′—2′—2,这便是由于级间冷却所省掉的功。不难看出,如果压气级数无限增多,图6-89所示的压气过程就趋近于一个理论上的最节省压气功的定温过程。多级压缩机不仅能节省压缩机所消耗的功,而且由于级间冷却的结果,出口空气温度不会太高,气缸里的润滑油不会因温度太高而碳化变质。

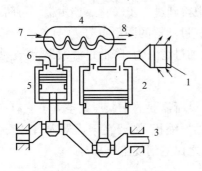

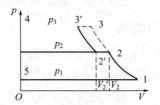

图6-88 两级压缩机简图　　　　　　　图6-89　两级压缩机理论示功图

1—空气滤清器;2—低压气缸;3—曲轴;4—冷却器;5—高压气缸;
6—高压空气出口;7—冷却水入口;8—冷却水出口

多级压缩机适用于生产高压的压缩气体。不过,级数太多也有不利的一面,因为级数越多,结构越复杂,从而使压缩机的制造成本增加,使用和维修也更加困难。所以常用的压缩机以两级和三级居多。压缩机的级数 i 是由总压力比 p_2/p_1 决定的,一般在表6-6所列的范围内。

表6-6　压缩机的级数

p_2/p_1	2~10	10~50	50~100	100~300
i	1~2	2~3	3~4	4~5

二、空气净化装置

在气压传动中使用的低压空气压缩机多采用油润滑,由于它排出的压缩空气温度一般在140~170℃之间,使空气中的水分和部分润滑油变成气态,再与吸入的灰尘混合,便形成了水汽、油雾和灰尘等的混合气体。如果将含有这些杂质的压缩空气直接输送给气动设备使用,就会给整个系统带来不良影响。因此,在气压传动系统中,设置除水、除油、除尘和干燥等气源净化装置对保证气动系统的正常工作是十分必要的。在某些特殊场合下,压缩空气还需经过多次净化后才能使用。常用净化装置有冷却器、空气过滤器、空气干燥器、除油器和分水排水器、油雾器。

(一)冷却器

冷却器的作用是将空气压缩机排出的气体由140~170℃降至40~50℃,使压缩空气中的油雾和水汽迅速达到饱和,大部分析出并凝结成水滴和油滴,以便经油水分离器排出。冷却器按冷却方式不同分水冷式和风冷式两种。为提高降温效果,安装时要注意冷却水和压缩空气的流动方向。另外,冷却器属于主管道净化装置,应符合压力容器安全规则的要求。

(二)空气过滤器

空气过滤器的作用是滤除压缩空气中所含的液态水滴、油滴、固体粉尘颗粒及其他杂质。

过滤器一般由壳体和滤芯组成。按滤芯采用的材料不同可分纸质、织物、陶瓷、泡沫塑料和金属等形式。常用的是纸质式和金属式。

图6-90(a)所示为空气过滤器结构原理图。空气进入过滤器后,由于旋风叶片1的导向作用而产生强烈的旋转,混在气流中的大颗粒杂质(如水滴、油滴)和粉尘颗粒在离心力作用下被分离出来,沉到杯底,空气在通过滤芯2的过程中得到进一步净化。挡水板4可防止气流的漩涡卷起存水杯中的积水。图6-90(b)所示为空气过滤器的图形符号。

过滤器使用中要定期清洗和更换滤芯,否则将增加过滤阻力,降低过滤效果,甚至堵塞。

(三)空气干燥器

空气干燥器的作用是降低空气的湿度,为系统提供所需要的干燥压缩空气。它有冷冻式、无热再生式和加热再生式等形式。如果使用的是有油压缩机,则要在干燥器入口处安装储油器,使进入干燥器的压缩空气的油雾质量与空气质量之比达到规定要求。

(四)除油器与分水排水器

除油器和分水排水器的作用是滤除压缩空气里的油分和水分,并及时排除。

(五)油雾器

油雾器的作用是将润滑油雾化后喷入压缩空气管道的空气流中,随空气进入系统中润滑相对运动零件的表面。它有油雾型和微雾型两种,图6-91(a)所示为油雾型固定节流式油雾器结构原理图,图6-91(b)所示为油雾器图形符号。

在气源压力大于0.1MPa时,油雾器允许在不关闭气路的情况下加油,供油量随气流大小而变化。油杯和视油帽采用透明材料制成,便于观察。油雾器要有良好的密封性、耐压性和滴油量调节性能。使用时应合理地调节起雾流量等参数,使达到最佳润滑效果。

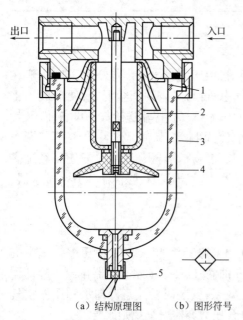

（a）结构原理图　　（b）图形符号

图6-90　空气过滤器结构及图形符号

1—旋风叶片;2—滤芯;3—存水杯;

4—挡水板;5—排水阀

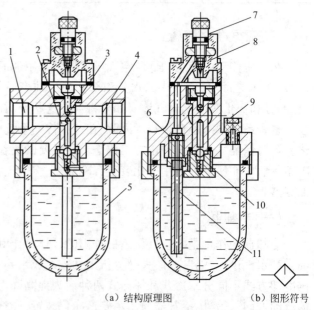

（a）结构原理图　　　　（b）图形符号

图6-91　油雾器

1—气流入口;2,3—小孔;4—出口;5—储油杯;6—单向阀;

7—节流阀;8—视油帽;9—旋塞;10—截止阀;11—吸油管

任务三 执行元件

执行元件的作用是将压缩空气的压力能转换为机械能,驱动工作部件工作。这里主要介绍钻机中常用的气缸、气动马达和气动摩擦离合器。

一、气缸

(一)气缸类型

气缸是输出往复直线运动或摆动运动的执行元件,在气动系统中应用广、品种多。按作用方式分,有单作用式和双作用式;按结构形式分,有活塞式、柱塞式、叶片式、薄膜式;按功能分,有普通气缸和特殊气缸(如冲击式、回转式和气—液阻尼式)。

图6-92所示为单作用式气缸的结构原理图。其特点是压缩空气都在气缸的一端进入并推动活塞(或柱塞)运动,而活塞或柱塞的返回要借助于其他外力,如弹簧力、重力等。单作用式气缸多用于短行程及对活塞杆推力、速度要求不高的场合。

(二)薄膜式气缸

图6-93所示为薄膜式气缸的结构原理图。薄膜式气缸是一种利用压缩空气,通过膜片的变形来推动活塞杆做直线运动的气缸。它由缸体、膜片、膜盘和活塞杆等主要零件组成。薄膜式气缸的膜片可以做成盘形膜片和平膜片两种形式。膜片材料为夹织物橡胶、钢片或磷青铜片。常用厚度为5~6mm的夹织物橡胶制作膜片,金属膜片只用于行程较小的薄膜式气缸中。

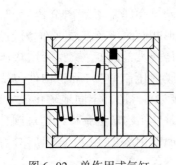

图6-92 单作用式气缸

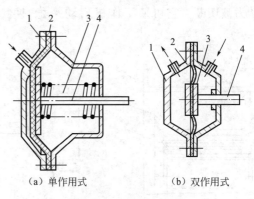

(a)单作用式　　　　(b)双作用式

图6-93 薄膜式气缸

1—缸体;2—膜片;3—膜盘;4—活塞杆

(三)回转式气缸

图6-94所示为回转式气缸的结构原理图。回转式气缸由导气头体、缸体、活塞、活塞杆等组成。这种气缸的缸体连同缸盖及导气芯可被携带回转,活塞及活塞杆只能做往复直线运动,导气头体外接管路,固定不动。

二、气动马达

气动马达是输出旋转运动机械能的执行元件。它有多种类型,按工作原理可分为容积式和涡轮式,容积式较常用。按结构可分为齿轮式、叶片式、活塞式、螺杆式和膜片式。

图 6-95(a)所示为叶片式气动马达的结构原理图。压缩空气由 A 孔输入,小部分经定子两端密封盖的槽进入叶片底部,将叶片推出,使叶片贴紧在定子内壁上;大部分压缩空气进入相应的密封空间而作用在两个叶片上,由于两叶片长度不等,就产生了转矩差,使叶片和转子按逆时针方向旋转;做功后的气体由定子上的 C 孔和 B 孔排出,若改变压缩空气的输入方向(即压缩空气由 B 孔进入,A 孔和 C 孔排出),则可改变转子的转向。

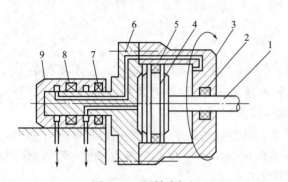

图 6-94 回转式气缸

1—活塞杆;2,5—密封装置;3—缸体;4—活塞;
6—缸盖及导气芯;7,8—轴承;9—导气头体

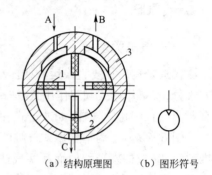

（a）结构原理图   （b）图形符号

图 6-95 叶片式气动马达

1—叶片;2—转子;3—定子;A,B,C—气孔

三、气动摩擦离合器

气动摩擦离合器(气胎离合器)在挂合时用于传递转矩,摘开时可使主动件与被动件分离,动力被切断。它可使工作机启动平稳,换挡方便,并有过载保护作用。结构如图 6-96 所示。

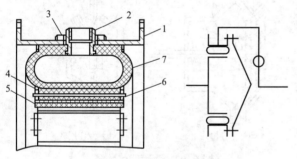

图 6-96 气动摩擦离合器

1—钢轮缘;2—管接头;3—螺母;4—金属衬瓦;
5—摩擦片;6—圆柱销;7—气胎

气胎离合器是柔性离合器,气胎是一个椭圆形断面的环形多层夹布橡胶胎。由于它要传递大的转矩,橡胶胎用热压硫化法在压膜内压制,它的所有构件包括钢轮缘、管接头与气胎都牢固地硫化成一体,成为一个整体结构。金属衬瓦通过圆柱销固定在气胎的内表面上,圆柱销成对地用铁丝缠在一起。

当气胎充气后,气胎沿直径方向向内膨胀,于是摩擦片抱紧摩擦轮。

气胎离合器的规格有多种,以 500mm×125mm 气胎离合器为例,500 表示气胎摩擦片内圆名义直径为 500mm,125 则表示摩擦片的名义宽度为 125mm。双 500mm×125mm 则表示此离合器有两个气胎,称为双气胎离合器。

(一)通风型气胎离合器

钻机用通风型气胎离合器是在一般气胎离合器的基础上发展起来的。其隔热和通风散热性能好,气胎本身在工作时不承受扭矩。特点是挂合平稳、摘开迅速、摩擦片厚、寿命长、易损件少、更换易损件方便、经济性好。其局部剖视如图 6-97 所示。

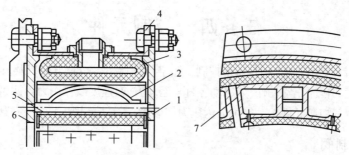

图 6-97　通风型气胎离合器

1—摩擦片;2—板簧;3—气胎;4—钢圈;5—承扭杆;6—挡板;7—扇形体

通常,造成气胎离合器损坏的原因是工作过程中离合器摩擦片的打滑及半打滑而产生大量的热,使得气胎被烧坏,橡胶老化而损坏。

通风型气胎离合器的主要特点是:在产生热量的工作面(摩擦轮和摩擦片接触表面),即在每一块摩擦片上面都装有一套散热装置。这套装置主要包括扇形体、承扭杆、板簧和挡板等几个部分。扇形体是一个关键的零件,它是一个扇形轻合金铸件,气胎靠它与摩擦片分隔开,摩擦片直接固定在它的下面,而板簧以一定的预压紧力压在承扭杆的上面,并一同装在扇形体中间的导向槽中。承扭杆是一根截面呈长方形的杆,它伸出扇形体外的两端并做成圆柱销的形状,插入挡板相应的销孔中,挡板则用螺钉固定在离合器的钢圈上。

挂合离合器时,气胎在充气后不断沿其直径方向膨胀,推动扇形体,板簧在扇形体内被进一步压缩,而扇形体沿其本身的导向槽相对于固定在挡板上的承扭杆向轴心移动,使摩擦片逐渐抱紧摩擦轮。这样,离合器主动部分所接受的旋转运动和扭矩就直接通过钢圈、挡板、承扭杆经扇形体、摩擦片传到摩擦轮上而不经过气胎。摘开通风型离合器时,随着气胎的放气过程,摩擦片在离心力、气胎的弹性和板簧的弹力作用下迅速脱离摩擦轮,减少了打滑时间,从而减少了摩擦热。

(二)气动盘式摩擦离合器

如图 6-98 所示,气动盘式摩擦离合器具有耗气量小、传递转矩大的特点,在国外钻机应用较多。主动链轮旋转后,带动连接盘和内齿圈旋转,摩擦盘通过外齿和内齿圈相啮合,这时被动轴不旋转,它们之间由轴承分开。当压缩空气经过导气龙头、快速放气阀,进入胶皮隔膜左端时,胶皮膜向右膨胀推动齿盘与摩擦盘压紧,齿盘被带动旋转,而齿盘通过内齿与被动盘上的外齿相啮合,被动轴被带动旋转。胶皮隔膜左端的压缩空气放空后,胶皮隔膜复原,摩擦盘与齿盘在弹簧作用下复位,则主动链轮与被动链轮之间的动力又被切断。

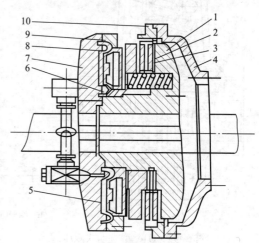

图 6-98　气动盘式摩擦离合器

1—主动盘;2—摩擦盘;3—齿盘;4—连接盘;
5—胶皮隔膜;6—中间压圈;7—隔膜固定盘;
8—推盘;9—外压圈;10—内齿圈

任务四　控制元件

气控系统中,控制元件的作用是用来控制压缩空气的压力、流量、方向以及发出信号,以确保气动执行元件按规定的程序正常动作,如启动、停止、运动方向、速度及作用力等,以满足气控机械设备对各工况的要求。气控制元件按功能可分为压力控制阀、流量控制阀、方方控制阀三大类。

一、压力控制阀

压力控制阀分为减压阀、溢流阀、顺序阀和调压继气器。它们有一个共同特点,都是利用压缩空气作用在阀芯上的力和弹簧力相平衡的原理来实现各自的控制功能。

(一)减压阀

减压阀又称调压阀,它的作用是将出口压力调节在比入口压力低的调定值上,并使这个压力保持稳定。减压阀有直动式和先导式之分;按其操作方式又有手柄式、凸轮式、手轮式、踏板式之分。在钻机中减压阀常用于要求启动平稳、有压力选择的气路上,如转盘的启动、绞车高低速启动、柴油机油门的控制等。

图 6-99 与图 6-100 分别是 QTY 型直动式减压阀和手柄式调压阀的结构图。图 6-101 所示为调压阀的工作原理图。

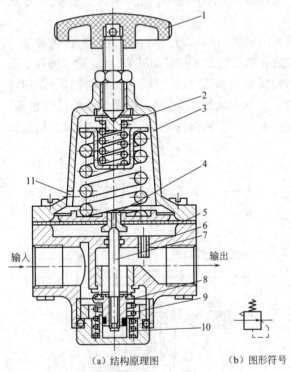

（a）结构原理图　　（b）图形符号

图 6-99　QTY 型直动式减压阀

1—手轮;2,3—调压弹簧;4—溢流口;5—膜片;
6—阀杆;7—阻尼孔道;8—阀座;9—进气阀芯;
10—复位弹簧;11—排气口

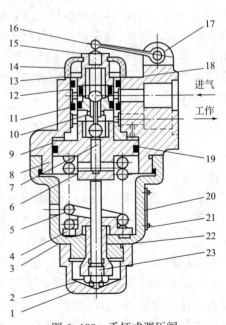

图 6-100　手柄式调压阀

1—护帽;2—六角螺帽;3—盖;4—弹簧座;5—调压弹簧;
6—下阀座;7—铜套;8—主体;9—阀;10—顶杆套弹簧;
11—上阀座;12—导套;13—阀弹簧;14—防尘罩;15—顶柱;
16—顶舌;17—开口销;18,19—O 形圈;20—铭牌;
21—半圆头螺钉;22—调节螺钉套;23—调节螺钉

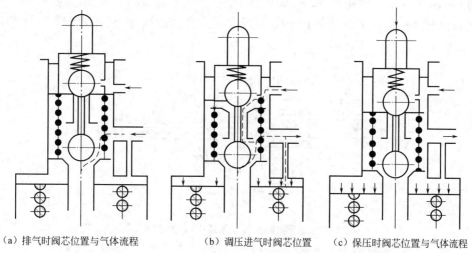

（a）排气时阀芯位置与气体流程　　　（b）调压进气时阀芯位置　　　（c）保压时阀芯位置与气体流程

图 6-101　调压阀的工作原理图

减压阀一个基本特点是,利用作用在阀芯的压缩气体压力与弹簧力相平衡的原理来控制阀芯与阀体减压口(间隙)的大小,来克服外界的影响,控制其出口压力维持稳定,即保证出口压力稳定在调定值。

（二）溢流阀

溢流阀的作用是当系统中的压力超过调定值时,使部分压缩空气从排气口溢出,并在溢流过程中保持系统中的压力基本稳定,从而起过载保护作用(又称为安全阀)。溢流阀也分为直动式和先导式两种。按其结构可分为活塞式、膜片式和球阀式等。图 6-102 所示为直动式溢流阀结构原理图和图形符号。当输入压力超过调定值时,阀芯便在下腔气压力作用下克服上面的弹簧力抬起,阀口开启,使部分气体排出,压力降低,从而起到过载保护作用。调节弹簧的预紧力可改变调定压力的大小。

（三）顺序阀

顺序阀是依靠气路中压力的作用来控制执行机构按顺序动作的压力阀。如图 6-103 所示,它依靠弹簧的预压缩量来控制其开启压力。压力达到某一值时,顶开弹簧,于是 P 口到 A 口才有输出,否则 A 口无输出。A 口接另一个工作压力比顺序阀弹簧调定值还要高的执行元件。

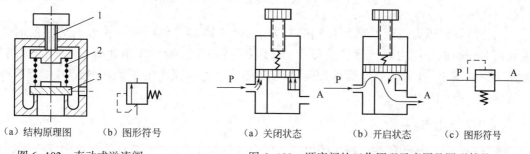

（a）结构原理图　（b）图形符号　　　　（a）关闭状态　　（b）开启状态　　（c）图形符号

图 6-102　直动式溢流阀　　　　　　图 6-103　顺序阀的工作原理示意图及图形符号
1—调节杆;2—弹簧;3—阀芯

图 6-104 所示为石油钻机气动系统中的顺序阀(压力调节阀),它与二位三通气控阀(两用继气器)配合使用,用来控制钻机上空气压缩机离合器的摘挂,从而实现空气压缩机自动启停。

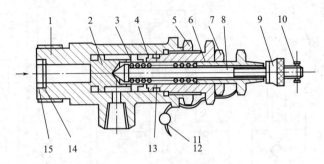

图 6-104　石油钻机气动系统中顺序阀的结构图
1—主体;2—阀;3—弹簧;4—丝套;5—并帽;6—调节套;7—螺母;8—顶杆;9—螺帽;
10—开启销;11—铅封;12—铁丝;13—O 形圈;14—滤网;15—压环

当管路气源中的压缩空气达到最大允许压力时,在空气压力作用下,阀芯离开阀座,并封死丝套的通道,则压缩空气经出口流到控制压缩机工作状态的二位三通气控阀(常开继气器)的控制气室,使常开阀关闭,切断压缩机气胎离合器的气源,摘开压缩机离合器,压缩机停止工作,如图 6-105(b)所示。

当气源管路内气压降到最低允许压力时,在弹簧作用下,阀芯坐到阀座上,气源压缩空气停止流入顺序阀,而出气口与丝套通道接通,即放气通路打开,使常开气控阀无控制气而处于常开状态,气源(即主气路)经二位三通阀向气胎离合器供气,挂合离合器,压缩机工作,如图 6-105(a)所示。

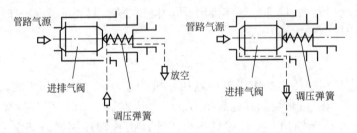

(a) 空气压缩机工作时阀的位置　　　(b) 空气压缩机停车时阀的位置

图 6-105　空气压缩机中顺序阀的工作原理示意图

当管路气源压力逐渐升高而使阀芯打开后,由于阀芯的作用面在打开时比关闭时大,因而阀芯底面的作用力大于弹簧的作用力,要使阀芯关闭,须待作用在阀芯底面的管路气源压力逐渐减小,直到低于弹簧压力时才能实现。上述过程决定了该阀的压力调节范围,一般为 $(2\sim3)\times10^5$ Pa。

(四) 调压继气器

调压继气器的控制气是由调压阀供给的压力可变的压缩空气,来自主气路的定压压缩空气通过调压继气器后,可输出相应的压力可变的压缩空气至执行机构元件。

图 6-106 所示是调压继气器的结构图。它有供气孔 I、送气孔 E 和排气孔 A。

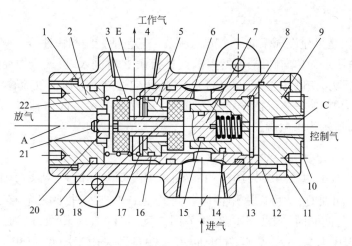

图 6-106　调压继气器

1—主体;2—外阀;3—阀门;4—隔圈;5—内阀;6—平衡套;7—阀芯;8—阀芯座;9—端盖;10—铭牌;

11,14,15,16,19—O形圈;12,22—弹簧;13,17—孔用挡圈;18—垫圈;20—螺母;21—弹簧垫圈

当控制气自控制气孔 C 作用在阀芯表面时,推动阀门向左移动封死排气孔 A。同时,阀芯座在控制气的作用下带动平衡套继续往左移动,使内阀脱离阀门的右阀门,于是主气路的压缩空气则由供气孔 I 经此间隙而流向送气孔 E,送往执行机构。当执行机构的压力上升到某一定值时,平衡套则处于平衡状态。

若控制压力下降,则平衡套向右移,带动内阀右移,进而带动阀门右移,打开排气孔 A、E、A 连通,排出一部分工作气,达到压力较低时的新的平衡,排气孔又关闭。

二、流量控制阀

流量控制阀的作用是通过改变阀的通气面积来调节压缩空气的流量,控制执行元件的运动速度。它主要包括节流阀、单向节流阀、排气节流阀和行程节流阀。图 6-107(a)所示为排气节流阀的结构原理图。由于其他流量控制阀的工作原理与液压流量控制阀相似,不再重复。图 6-107(b)所示为排气节流阀的图形符号。

排气节流阀的节流原理和节流阀一样,也是靠调节流通面积来调节流量的。由于节流口后有消声器件,所以它必须安装在执行元件排气口处,调节排入大气中的流量,这样排气节流阀不仅能调节执行元件的运动速度,还可以起降低排气噪声的作用。从图 6-107(a)可以看出,气流从 A 口进入阀内,由节流口节流后经由消声材料制成的消声套排出。调节手轮,即可调节通过的流量。

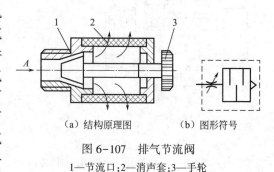

（a）结构原理图　　（b）图形符号

图 6-107　排气节流阀

1—节流口;2—消声套;3—手轮

三、方向控制阀

方向控制阀的作用是控制压缩空气的流动方向和气流的通断。方向控制阀种类很多,也有与液压方向阀相似的多种分类方法,不再重复。

(一) 单向阀

单向阀的作用是只允许气流向一个方向流动。它包括梭阀和快速排气阀等。

图 6-108(a) 所示为单向阀结构原理图,当气流由 P 口进入时,气压力克服弹簧力和阀芯与阀体之间的摩擦力,使阀芯左移,阀口打开,气流正向通过。为保证气流稳定流动,P 腔与 A 腔应保持一定压力差,使阀芯保持开启状态。当气流反向进入 A 腔时,阀口关闭,气流反向不通。图 6-108(b) 所示为单向阀的图形符号。

1. 梭阀

图 6-109(a) 所示为梭阀结构图。当需要两个输入口 P_1 和 P_2 均能与输出口 A 相通,而又不允许 P_1 与 P_2 相通时,就可以采用梭阀。当气流由 P_1 进入时,阀芯右移,使 P_1 与 A 相通,气流由 A 流出。与此同时,阀芯将 P_2 通路关闭。反之,P_2 与 A 相通,P_1 通路关闭。若 P_1 和 P_2 同时进气,哪端压力高,A 就与哪端相通,另一端自动关闭。图 6-109(b) 所示为梭阀的图形符号。

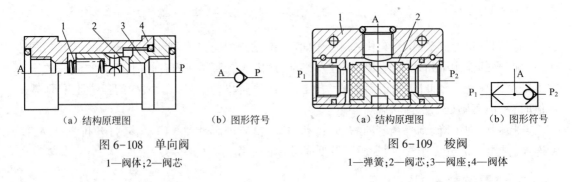

| （a）结构原理图 | （b）图形符号 | | （a）结构原理图 | （b）图形符号 |

图 6-108 单向阀

1—阀体;2—阀芯

图 6-109 梭阀

1—弹簧;2—阀芯;3—阀座;4—阀体

2. 快速排气阀

快速排气阀主要用于迅速排放出气胎、气盘、气缸等执行元件内的压缩空气,提高传动系统的启、停灵敏度,延长摩擦零件的寿命。

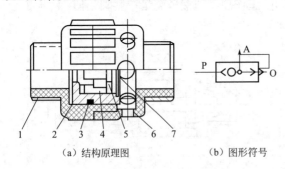

（a）结构原理图　　（b）图形符号

图 6-110 快速排气阀

1—进气外壳;2—导阀;3—O 形圈;4—阀芯;
5—垫圈;6—放气外壳;7—孔用弹簧垫圈

图 6-110 所示为快速排气阀结构图和图形符号。该阀是利用导阀与阀芯在进、放压缩空气的作用下进行工作。

快速排气阀在工作(进气)时,导阀和阀芯由压缩空气推向放气外壳一端,导阀与外壳贴合密封,将进气与放气通道截断,使压缩空气进入执行元件。排气时(即进气中断),在执行元件内压缩空气的作用下,导阀与阀芯被推向进气外壳一端,此时导阀与阀芯将进气通路堵死,放气通路被打开,执行元件内的压缩空气迅速排入大气中。快速排气阀安装在靠近气胎离合器的位置,可以减少离合器的打滑时间。

(二) 换向阀

换向阀的作用是通过改变气流通道,改变气流方向,以改变执行元件运动方向。

1. 二位三通转阀(二通气开关)

二位三通转阀用于控制离合器的进气或放气,从而决定了执行机构的工作与否。

二位三通转阀的结构如图6-111所示,它由主体、滑阀、盖、转轴、手柄等主要零件组成。在主体上有通进气管线的孔 I,有与执行机构管线相连的孔 E,还有与大气相通的孔 A。盖与本体用圆柱头螺钉连接。盖内装有转轴、滑阀、弹簧等零件,转轴的四方端头与手柄套相配合。当手柄转动时,转轴也转动,转轴带动滑阀转动;当手柄处于不同位置时,滑阀也有不同位置,因而可以得到不同工作状态。当进气孔 I 和 E 孔相通时,通大气孔 A 被堵住,这时所控制的离合器处于进气状态。当 E 孔和大气孔 A 相通时,进气孔 I 被堵住,这时离合器处于放气状态。

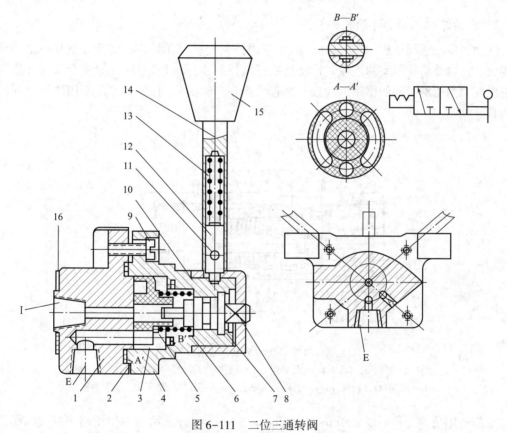

图 6-111 二位三通转阀

1—主体;2—密封圈;3—滑阀;4—盖;5—弹簧垫;6—弹簧;7—孔用弹簧挡圈(ϕ22mm);8—转轴;9—圆柱头螺钉;
10—O 形圈(ϕ16mm×2mm);11—圆柱头螺钉;12—定位销;13—弹簧;14—手柄套;15—手柄;16—铭牌

2. 三位五通转阀(三通气开关)

三通气开关是控制两个相互有连锁关系的气动离合器的,也就是说这两个气动离合器不允许同时进气。三通气开关的结构、原理和二通气开关基本相同,如图6-112所示。所不同的是在主体上它有两个通大气孔 A_1 和 A_2,两个执行机构的送气孔 E_1 和 E_2。利用手柄操作位置的不同,可以得到三个不同的工作状态:一是 I 进气,E_1 通气,E_2 与大气孔 A_2 相通;二是 I 进气,E_2 通气,E_1 与大气孔 A_1 相通;三是 I 孔被堵住,E_1 与 A_1 相通,E_2 与 A_2 相通,均处于放气状态。

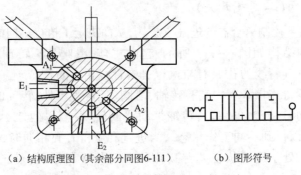

（a）结构原理图（其余部分同图6-111）　　　（b）图形符号

图6-112　三位五通转阀(三通气开关)

3. 气动二位三通阀(两用继气器)

气动二位三通阀结构如图6-113所示,它由控制气室、常闭气室、常开气室和一个活动阀门构成。它主要靠控制室的进放气推动活塞,开启和关闭阀门来完成气胎离合器大气量气缸的进放气。两用继气器的作用原理按气路管线连接方法的不同,分为常闭使用法和常开使用法两种。

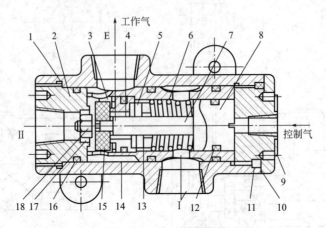

图6-113　气动二位三通阀结构

1—主体;2—外阀;3—阀门;4—孔用挡圈;5—内阀;6—弹簧;7—内套;8—阀芯;9—铭牌;
10—端盖;11,12,14,16—O形圈;13—导套;15—垫圈;17—螺母;18—弹簧垫圈

常闭使用法的工作原理如图6-114所示。图6-114(a)所示为常闭使用法进气时阀门的工作位置;图6-114(b)所示为常闭使用法放气时阀门的工作位置。

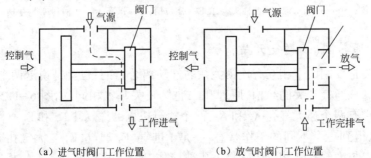

（a）进气时阀门工作位置　　　　　（b）放气时阀门工作位置

图6-114　常闭使用法

当常闭使用时,孔Ⅰ接通供气干线,孔Ⅱ接通大气。当控制气进入继气器室后,推动阀芯压缩弹簧产生移动,使阀门和外阀密封;而内阀和阀门脱开,造成孔Ⅰ和孔E相通,于是干线气进入执行机构。当控制气放空后,则在弹簧的作用下阀门又恢复到原来的位置,执行机构的压缩空气由孔Ⅱ又放入大气。

常开使用法的工作原理如图6-115所示。图6-115(a)所示为进气时阀门的工作位置;图6-123(b)所示为放气时阀门的工作位置。

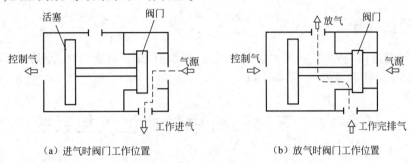

（a）进气时阀门工作位置　　　　　　　　（b）放气时阀门工作位置

图6-115　常开使用法

常开使用时是将常闭使用时的两通道反接,即原孔Ⅰ与孔Ⅱ对换,而将孔Ⅱ接通供气干线,孔Ⅰ接通大气。当无控制气时,在弹簧的作用下,阀门与内阀密封,干线气进入执行机构;当控制气作用以后,阀门和外阀密封,执行机构中的压缩空气经由孔Ⅰ放入大气。它和压力调节阀组成自动压缩机的自动控制系统。

任务五　辅助元件

一、单向导气龙头

单向导气龙头用于连接不转动的供气管线和装有气动摩擦离合器的转动轴头,从而将压缩空气导入气动摩擦离合器。其结构和图形符号如图6-116所示。

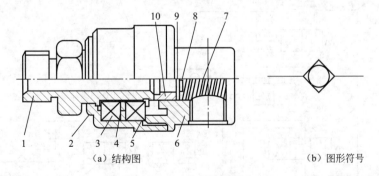

（a）结构图　　　　　　　　　　　　　（b）图形符号

图6-116　单向导气龙头

1—冲管;2—主体;3—轴承;4—隔圈;5—轴用弹簧挡圈;6—盖;7—弹簧;8—压圈;9—O形圈;10—密封圈

单向导气龙头主要由转动部分——冲管、静止部分——外壳和端面密封部分构成。冲管与转动的轴头相连接并随之转动,密封盖在弹簧力的作用下与冲管端面贴合,形成一个相对运动的密封通道。

压缩空气通过导气龙头盖上的孔进入轴中,流经冲管和轴内部通道到达离合器。密封圈、O形圈和压圈用以保证旋转部分和不旋转部分之间的密封。

二、酒精防凝器

此装置用于将酒精蒸气混入压缩空气的水分中,而形成一种混合物,从而使混合物的冰点显著降低,最低可达-68℃,不同比例的乙二醇—水冰点是不同的,可适用于低温区。

三、甘油防凝器

压缩空气经过此装置时,其所含水分与雾化的甘油形成一种混合物,使其冰点降低。混合比例不同,冰点也不同,最低可达-46.5℃。

任务六　石油钻机中的典型气控系统

石油钻机中的气控系统是比较复杂的。但如同液压传动系统一样,也都是由一些简单的基本回路组成的,其读图分析方法也与液压系统类似。这里仅就钻机中的一些典型气控系统加以介绍。

一、绞车滚筒离合器和换挡离合气控回路

图6-117所示为绞车滚筒离合器和换挡离合气控回路。钻机系统的气源由二位三通气控阀9供给。当防碰天车起作用时,由防碰天车来的压缩空气使二位三通气控阀9处于断气位置,整个系统断气,总离合器、滚筒离合器等摘开,起到安全保护作用。

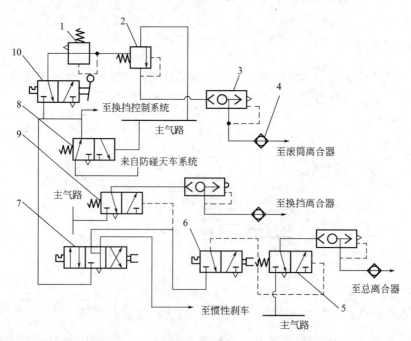

图6-117　绞车滚筒离合器和换挡离合气控回路

1—手柄调压阀;2—调压继动阀;3—快速排气阀;4—单向旋转导气龙头;5,8,9—二位三通气控阀;
6—二位三通转阀;7—三位四通转阀(三通气开关);10—二位三通旋塞阀

正常情况下,压缩空气经二位三通气控制阀9,分为三路:一路去换挡控制系统;一路经三位四通转阀7控制总离合器、换挡离合器、惯性刹车离合器等;一路经二位三通旋塞阀10、手柄调压阀1、调压继动阀等控制滚筒离合器。

三位四通转阀7处于中位时,总离合器、换挡离合器、惯性刹车离合器等均为放气,处于摘开状态,三位四通转阀7处于左位时,二位三通气控阀8有控制气,处于右位时,换挡离合器进气挂合,同时三位四通转阀7向二位三通转阀6供气,阀6处于左位不通,使二位三通气控阀5断气,总离合器摘开。当阀6处于右位向阀5提供控制气时,使阀5处于右位,向总离合器供气,总离合器挂合。阀7处于右位时,总离合器的气路断气,总离合器摘开。同时阀7向惯性刹车离合器供气,起到刹车作用。

二、转盘和钻井泵的气控回路

图6-118所示是转盘的气控回路,当二位三通转阀3处于左位时,调压继动阀无控制气,转盘离合器放气,摘开。当二位三通转阀3处于右位时,有压缩空气输出,经手柄调压阀4,作为控制气向调压继动阀2供气,调压继动阀2向转盘离合器供气,离合器挂合。

如图6-119所示,钻井泵气控系统是由二位三通转阀1和2来控制的。

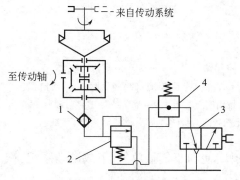

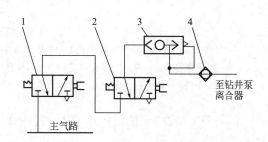

图6-118　转盘气控回路

1—旋转导气龙头;2—调压继动阀;

3—二位三通转阀;4—手柄调压阀

图6-119　钻井泵气控回路

1—司钻台上二位三通转阀;2—钻井泵纵台二位三通转阀;

3—快速排气阀;4—旋转导气接头

三、防碰天车气控回路

图6-120所示为防碰天车气控回路。在游动系统提升过程中,如果因为机械或人为原因超过预先调节好的高度时,由于防碰天车链传动装置的作用,使二位三通机控阀(顶杆阀)12开启,主气路的压缩空气经机控阀12,再经二位三通手动阀(按钮阀)8后,气流分为两路:一路控制二位三通气控阀(常闭)1开启,使主气路中的压缩空气,经梭阀2进入刹车气缸3,刹住旋转的滚筒;另一路进入二位三通气控阀9(常开),切断由主气路来的气。因此,一方面使手柄调压阀10无输出,调压继动阀11无控制气输入而放空,摘开滚筒离合器6;另一方面,为了确保安全可靠,由二位三通气控阀9供气的三位四通阀和二位三通转阀也无压缩空气输出,因此这两个阀控制的总离合器也就摘开。

总之,当防碰天车装置的顶杆阀起作用后,同时有三方面的情况发生,即由于刹车气缸动作而刹车,摘开滚筒离合器和总离合器。

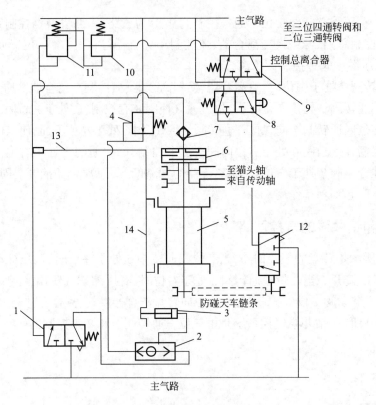

图 6-120 防碰天车气控回路

1—二位三通气控阀(常闭继气器);2—梭阀(换向阀);3—刹车气缸;4—手柄调压阀(司钻阀);5—滚筒;
6—滚筒离合器;7—单向导气旋转接头;8—二位三通手动阀(按钮阀)(常开);9—常开二位三通气控阀;
10—手柄调压阀;11—调压继动阀(调压继气器);12—二位三通机控阀(顶杆阀);13—刹把;14—刹车气缸

待处理完后,按下按钮阀2(即梭阀,或称为换向阀),使刹车气缸放气,下放游动系统,恢复正常工作。

四、空气压缩机自动控制回路

石油钻机气控制系统中有一台自动压缩机,它是由一台普通的空气压缩机配上气控系统,来实现自动停或开。其控制回路如图6-121所示。

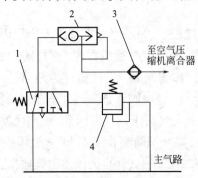

图 6-121 空气压缩机自动控制回路
1—二位三通气控阀;2—快速排气阀;
3—单向旋转导气接头;4—顺序阀

当主气路(储气罐)的压力达到工作所需要的压力时(如 $8×10^5$ Pa),气体压力克服顺序阀的弹簧力将阀芯顶开,同时将丝套的放气孔关闭,顺序阀有控制气输到二位三通气控阀(常开继气器),在控制气作用下,阀1换向,处于右位,关闭主气路与空气压缩机离合器的通道,该离合器放气,空气压缩机停车。当主气路压力降到某一值时(如 $6.5×10^5$ Pa),顺序阀的阀芯在弹簧作用下复位,关闭阀4的通路,阀1因无控制气而开启,阀1向空气压缩机离合器供气,离合器挂合,空气压缩机工作。同时阀4丝套的放气口打开,阀1控制余气由阀4的丝套放气口放空。

五、柴油机油门遥控装置气控回路

司钻集中控制柴油机油门是通过柴油机油门遥控装置气控回路来实现的。设计此气控回路,有利于司钻根据钻井作业需要,及时调节柴油机的转速,改善柴油机的工况,尤其是在起下钻作业中,这种操作对于改善气胎离合器挂合时的工况、提高气胎离合器的使用寿命以及节约燃油,是非常有益的。

图 6-122 所示为柴油机油门遥控装置气控回路。在正常钻进时,开启手柄调压阀 3,可使压缩空气经梭阀、节流阀、旋塞阀进入气缸,使气缸的活塞杆伸出,推动摇臂旋转,又通过连杆机构带动柴油机组的摇臂旋转,使油门加大,提高柴油机的转速,并稳定在预先已调好的某一转速下运转。

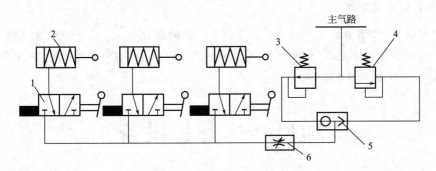

图 6-122　柴油机油门遥控回路

1—二位三通旋塞阀;2—膜片式气缸(增速器,调节器);3—手柄调压阀;4—脚踏调压阀;5—梭阀;6—可调节流阀

在起下钻作业时,首先把阀 3 关闭,利用脚踏调压阀 4,当阀 4 开启时,压缩空气经阀 5、阀 6 及阀 1 缓慢进入气缸中,活塞伸出,使油门加大,柴油机转速升高。当松开阀 4 时,控制气断开,活塞杆恢复原位,柴油机由高速运转降为低速运转。

在上述进气过程中,二位三通旋塞阀应处于开启位置。该阀可设置在柴油机房,在阀 3 或阀 4 开启状态下控制柴油机转速。

模块七　钻机辅助设备

【模块导读】　石油钻机辅助设备包括井控设备、钻机底座和辅助发电设备。井控设备是在地层压力超过钻井液液柱压力时，及时发现溢流，控制井内压力，避免和排除溢流，以及防止井喷和处理井喷失控事故的重要设备，是实施井控工艺技术的保证。钻机底座用以安装钻机井架、绞车、转盘及放置立根和钻井工具，提供钻井作业操作的场所和井口装置的安装空间。辅助发电设备采用柴油发电机组，柴油发电机组放在专用的发电机房内，为井场的电气设备和有关的设施提供交流电源。

【学习目标】　掌握井控基础知识；掌握井控设备的合理使用；了解钻机底座的结构和功能；掌握井控设备安装与使用、检查与维护、故障与排除方法；掌握钻机底座的安装、使用方法；了解发电设备的使用与维护方法。

项目一　井控设备

【项目描述】　井控，即压力控制，是指采取一定的方法控制住地层孔隙压力，基本上保持井内压力平衡。井控作业要从钻井的目的和一口井今后整个生产年限来考虑，既要完整取得地下各种地质资料，又要有利于保护油气层，有利于发现油气田，提高采收率，延长油气井的寿命。为此，人们要依靠良好的井控技术进行近平衡压力钻井。目前的井控技术已从单纯的防喷发展成为保护油气层、防止破坏资源、防止环境污染，已成为高速低成本钻井技术的重要组成部分和实施近平衡压力钻井的重要保证。

【学习目标】　掌握井控基础知识；掌握井控设备安装与使用、检查与维护、故障与排除方法。

任务一　井控基础知识

人们根据井涌的规模和采取的控制方法之不同，把井控作业分为三级，即初级井控、二级井控和三级井控。

初级井控（一级井控）是依靠适当的钻井液密度来控制住地层孔隙压力，防止地层流体侵入井内，井涌为零，自然也无溢流产生。

二级井控是指井内正在使用中的钻井液密度不能控制住地层孔隙压力，因此井内压力失衡，地层流体侵入井内，出现井涌，地面出现溢流，这时要依靠地面设备和适当的井控技术排除气侵钻井液，处理掉井涌，恢复井内压力平衡，使之重新达到初级井控状态。

三级井控是指二级井控失败，井涌量大，失去控制，发生井喷（地面或地下），这时使用适当的技术与设备重新恢复对井的控制，达到初级井控状态。

一般来讲，要力求使一口井经常处于初级井控状态，同时做好一切应急准备，一旦发生井涌和井喷能迅速地做出反应,加以处理,恢复正常钻井作业。

井控技术是实施近平衡钻井和欠平衡钻井作业的关键和保障。随着钻井新技术广泛应用和钻井总体水平的提高,为保证在复杂地层安全优质钻井,必须把井控技术作为研究和发展的重要内容。只有发展油气井的控制技术,提高人们的井控意识、管理水平和技术素质,才能有效地实施近平衡压力、欠平衡压力钻井,最大限度地发现油气层,保护和解放油气层。

一、井控设备的功用

井控设备是指实施油气井压力控制技术所需要的专用设备、管汇、专用工具、仪器和仪表等。

在钻井过程中,通常用钻井静液柱压力对地层压力进行初级控制。但在实际施工中,因各种因素的影响,使井内压力平衡遭到破坏而导致出现溢流,甚至井喷,这时就需要依靠井控设备实施压井作业,重新恢复对油气井的压力控制。有时井口设备严重损坏,油气井失去压力控制,这时就需要采取紧急抢险措施,进行井喷抢险作业。所以,井控设备应具有以下功能:

(1)及时发现溢流。在钻井过程中,能够对地层压力、钻井参数、钻井液量等进行实时监测,以便及时发现溢流显示,尽早采取控制措施。

(2)能够关闭井口,密封钻具内和环空的压力。溢流发生后,能迅速关井,防止发生井喷,并通过建立足够的井口回压,实现对地层压力的二次控制。

(3)可控制井内流体的排放。实施压井作业,向井内泵入钻井液时,能够维持足够的井底压力,重建井内压力平衡。

(4)允许向钻杆内或环空泵入钻井液、压井液或其他流体。

(5)在必要时能将钻具强行下入井中或从井中起出。

(6)井控设备要求操作方便,对操作人员安全,同时灵活可靠。

显然,井控设备是对油气井实施压力控制,对事故进行预防、监测、控制、处理的关键手段,是实施安全钻井的可靠保证,是钻井设备中必不可少的系统装备。

二、井控设备的组成

(1)井口防喷器组:主要有液压防喷器组、手动锁紧装置、套管头、钻井四通、过渡法兰等。

(2)防喷器控制系统:有司钻控制台、远程控制台、辅助遥控台等。

(3)井控管汇:有防喷管线、节流管汇、压井管汇、放喷管线、反循环管线、点火装置等。

(4)钻具内防喷工具:有方钻杆上下旋塞阀、钻具回压阀、投入式止回阀等。

(5)井控仪表:有钻井液返出量、钻井液总量和钻井参数的监测和液面报警仪等。

(6)钻井液加重、除气、灌注设备:有液气分离器、除气器、加重装置、起钻自动灌浆装置等。

(7)井喷失控处理和特殊作业设备:有不压井起下钻加压装置、旋转防喷器、旋转控制头、井下安全阀、灭火设备、切割工具、拆装井口工具等。

三、井控作业基本流程

正常钻井作业时,钻井泵将钻井液从钻井液罐吸出,经地面高压管汇、立管、水龙带、水龙头、方钻杆、钻杆、钻铤、钻头循环到井底。钻井液携带岩屑沿环空上返,到井口后经防溢管出口到振动筛、除气器、除砂器,净化后的钻井液回流到钻井液罐。

发生溢流后关防喷器、关井。当进行压井作业时,钻井泵将钻井液从钻井液罐吸出,经地面高压管汇、立管、水龙带、水龙头、方钻杆、钻杆、钻铤、钻头到井底,替出井内侵入流体,经四通侧孔至节流管汇,通过节流阀调控环空压力。返出的钻井液经回流管线引至钻井液气体分离器,清除侵入的气体后,合格的钻井液引至钻井液罐,清除的气体经排气管线引至安全处燃烧,以防污染。

任务二　井控设备安装与使用、检查与维护、故障与排除

一、防喷器

防喷器是防喷系统中的重要组成部分。通常人们根据防喷器密封元件的结构和工作特点不同,把防喷器分为环形防喷器、闸板防喷器两大类。用环形防喷器封井时,环形胶芯被均匀挤向井眼中心,具有承压高、密封可靠、操作方便、开关迅速等优点,特别适用于密封各种形式和不同尺寸的管柱,也可全封闭井口。闸板防喷器是利用液压将带有橡胶胶芯的两块闸板,从左右两侧推向井眼中心,封闭井口。其优点是开关动作迅速、操作轻便省力、使用安全可靠、维修保养简单方便。

(一)环形防喷器

1. 环形防喷器的类型

目前常用的环形防喷器,按胶芯形状结构不同可分为如下三种类型:
(1)锥形胶芯环形防喷器。
(2)球形胶芯环形防喷器。
(3)组合胶芯环形防喷器。

2. 锥形胶芯环形防喷器

锥形胶芯环形防喷器的结构,如图7-1所示。

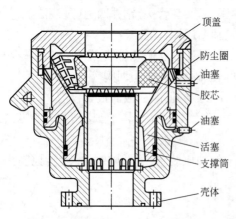

图7-1　锥形胶芯环形防喷器结构图

锥形胶芯环形防喷器的主要部件包括胶芯、活塞、壳体、顶盖和支撑筒。顶盖与壳体用螺纹连接,支撑筒用螺栓固定在壳体下部台阶上,胶芯坐在支撑筒上,活塞上部内腔呈倒截锥形,与锥形胶芯配合,壳体与顶盖间装有防尘圈。防尘圈与活塞凸肩构成的环形空间为上油腔;活塞凸肩与壳体凸肩构成的环形空间为下油腔;两油腔用油管接头与液控系统管路连接。胶芯外形呈截锥形,中部为稍大于其公称通径的垂直通孔,以利于钻具通过。胶芯由沿径向均匀分布的支撑筋和橡胶硫化而成,支撑筋在胶芯中构成刚性骨架,承受径向与轴向负荷,控制胶芯均匀变形。

封井时,活塞在液控压力推动下向上运动,推挤胶芯,胶芯向井眼中心收缩,支撑筋相互靠拢,支撑筋之间的橡胶被挤向井口,形成初步密封。作用在活塞下端面上的井内压力

也推动活塞上行,使胶芯封闭得更紧密,从而提高了胶芯的密封性能。

在井内有钻具的情况下,用切割方法更换胶芯(图7-2),但要求新胶芯的切口平整。更换胶芯的注意事项如下:

(1)打开顶盖时防止掉入杂物。

(2)快刀切胶芯,并用油润滑,切口垂直平整。

(3)将钙基润滑油均匀涂在胶芯外表面上。

(4)安全操作。

(5)不同材料胶芯适用于不同条件。

3. 环形防喷器的工作原理

防喷器关闭的顺序如图7-3所示。

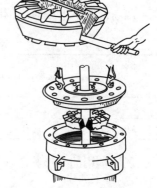

图7-2 切割法更换胶芯

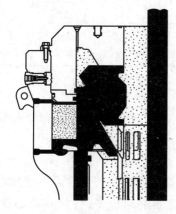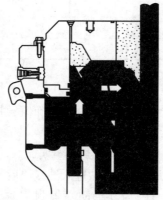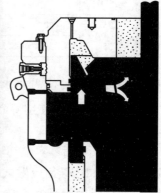

图7-3 环形防喷器关闭过程

关井时,液控系统的压力油进入下油腔,推动活塞迅速上行,胶芯受顶盖限制不能上移,在活塞内锥面作用下,只能向井眼中心挤压,胶芯中的橡胶被挤出,封住环空或井眼。井压作用在活塞底部,推动活塞使密封更加可靠。关井的同时,上油腔液压油通过管路流回油箱。开井时,液控系统的压力油进入上油腔,推动活塞下移,活塞对胶芯的挤压力迅速消失,胶芯依靠自身弹力恢复原状,在重力作用下,回到开启位置,井口全开,同时下油腔的液压油经管路流回油箱。

环形防喷器根据要求一般应在30s内关井。环形防喷器的关井时间取决于油缸体积、活塞行程,活塞行程长,需关井油量多,则关井时间长,反之则短。环形防喷器开井时间应考虑到胶芯在弹力作用下恢复原状的时间,一般按两倍关井时间考虑,关井时间越长,胶芯恢复时间就越长。

4. 环形防喷器的功用

(1)当井内无钻具时,能全封闭井口。

(2)在进行钻井、取心、测井等作业过程中发生井喷时,能封闭方钻杆、钻杆、取心工具、电缆及钢丝绳等与井筒所形成的环形空间。

(3)在减压调压阀控制的情况下,能在封闭状态下通过18°坡度的对焊钻杆接头,强行起下钻具。

5. 环形防喷器的技术规范

现场常用锥形胶芯环形防喷器的技术规范见表7-1。

表7-1 常用锥形胶芯环形防喷器的技术规范

公称通径 mm(in)	最大压力,MPa	关井时耗 s	液控油压 MPa	外形尺寸,mm	
				外径	高度
280(11)	35	<30	8.5~10.5	φ1000	1205
346(13)	21	<30	8.5~10.5	φ1050	1242

现场常用的球形胶芯环形防喷器的技术规范见表7-2。

表7-2 常用的球形胶芯环形防喷器的技术规范

公称通径 mm(in)	最大压力 MPa	关井时耗 s	液控油压 MPa	关闭耗油 L	开启耗油 L	垫环形式	法兰形式	外形尺寸,mm	
								外径	高度
280(11)	35	<30	8.5~10.5	56	72	R54	6B	φ1148	1084
346(13)	35	<30	8.5~10.5	94	69	BX160	6BX	φ1271	1150

6. 环形防喷器的使用要求

为保护胶芯,延长其使用寿命,减少胶芯的磨损,确保封井可靠,必须按下述各项要求操作使用环形防喷器。

(1)在现场不做封零实验,但应按规定做封环空实验。

防喷器在井口安装后应做试压检查,打钻进入油气层后,按规定进行关开井活动检查。在做这些检查时,只做封环空实验。因为环形防喷器封零时胶芯磨损过多,将导致胶芯提前报废。

(2)在封井状态,可慢速上下活动钻具,但不许转动钻具。

环形防喷器在封井工况下,允许钻具上下活动,但活动速度应缓慢,同时降低封井油压,尽可能地减少胶芯磨损。严禁转动钻具,否则钻具与胶芯摩擦发热,撕裂胶芯,导致井口失控。

(3)不许用微开防喷器的办法泄降套管压力。严禁将环形防喷器当作刮泥器使用。

(4)封井强行起下钻作业时,只能通过具有18°坡度的对焊钻杆接头。

5)封井油压不应过大。液控油压最大不允许超过15MPa。通常,液控油压不超过10.5MPa。

环形防喷器胶芯的橡胶是硬橡胶,在活塞的强力挤压下,易老化变脆,弹性减弱,耐磨性降低。活塞对胶芯的挤压作用来自液控系统的压力,因此液控油压应加以限制。

(6)不许长期关井作业。

环形防喷器能适应井口的多种情况,迅速实现关井,却不利于长期关井。因为胶芯在长时间的挤压下,会加速橡胶老化变脆,降低使用寿命。环形防喷器无机械锁紧装置,在封井过程中必须始终保持高压油作用在活塞上,管路长期处于高压工况下,极易憋漏,进而导致井口失控。

(7)胶芯备件妥善保管。

环形防喷器的胶芯与其他橡胶制品一样,尽管放置不用也会逐渐老化,倘若保管不善,也会降低其使用寿命,早期损坏。胶芯应放置在常温(27℃以下)干燥的暗室内,切勿暴露在室外。应经常检查,如发现有变脆、裂纹、弯曲等情况,不可使用。胶芯应远离产生电弧的电气设备,以防臭氧腐蚀。胶芯应单个平放,不应压挤叠堆。每个胶芯都应编号注册,注明出厂日期,按厂家规定有效年限,到期报废。

(8)液压油应按期滤清与更换,保持清洁。

(9)防喷器每次打开后,必须检查是否全开,以防挂坏胶芯。

(二)闸板防喷器

1. 闸板防喷器的类型

闸板防喷器根据所配置的闸板数量有如下类型:

(1)单闸板防喷器:一壳体只有一个闸板室,只能安装一副闸板。

(2)双闸板防喷器:一壳体有两个闸板室,可安装两副闸板。

(3)三闸板防喷器:一壳体有三个闸板室,可安装三副闸板。

2. 闸板防喷器的结构及功能

闸板防喷器主要由壳体、侧门、油缸、活塞与活塞杆、锁紧轴、端盖、闸板等部件组成。闸板防喷器壳体上端的连接有三种方式:螺纹连接、法兰连接、卡箍连接。闸板防喷器壳体下端的连接有三种形式:螺纹连接、法兰连接、卡箍连接。图 7-4 所示为 HydrilV 型闸板防喷器。

图 7-5 所示为结构较为简单的具有矩形闸板室的双闸板防喷器结构图。壳体为合金钢铸造成型,有上下垂直通孔与水平旁侧孔。该闸板防喷器壳体上方以双头螺栓

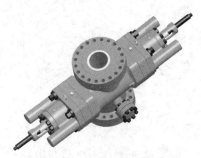

图 7-4　HydrilV 型闸板防喷器

连接环形防喷器或直接连接防溢管,壳体下方以双头螺栓连接四通。壳体内有上下两个闸板室,闸板室在垂直活塞杆的纵向截面呈矩形,容纳扁平的闸板。壳体两侧用螺栓固定四个侧门,侧门由上下铰链座限定其位置。铰链座用螺栓固定在壳体上,当卸掉侧门的紧固螺栓后,侧门可绕各自的上下铰链座旋动 120°。端盖以螺栓固定在侧门凸缘上,将油缸压紧。油缸内的活塞与活塞杆为整体结构。活塞杆前端呈 T 形,与闸板 T 形槽配接,锁紧轴以左旋梯形螺纹连接活塞与活塞杆。锁紧轴外端连接带手轮的操纵杆,操纵杆延伸至井架底座以外。

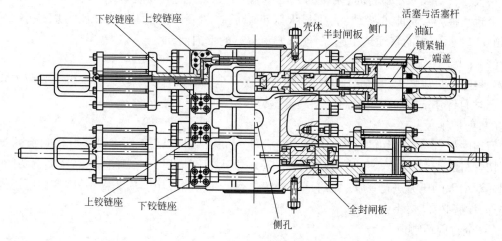

图 7-5　双闸板防喷器结构

壳体上铰链座制有三个导油孔道,向下的孔道经侧门埋藏油路与外露油管通向油缸的关井油腔;水平孔道经外露油管通向与其对称的上铰链座;垂直壳体的孔道经油管接头与控制装置的管路相连或用螺塞堵死。壳体下铰链座也制有三个导油孔道,向上的孔道经侧门埋藏油路通向油缸的开启油腔;水平孔道经外露油管通向与其对称的下铰链座;垂直壳体的孔道经油管接头与控制装置的管路相连或用螺塞堵死。

1)闸板的结构及功能

闸板由闸板体、压块、橡胶胶芯等组成。闸板按上下面是否对称分双面闸板、单面闸板,如图7-6所示。

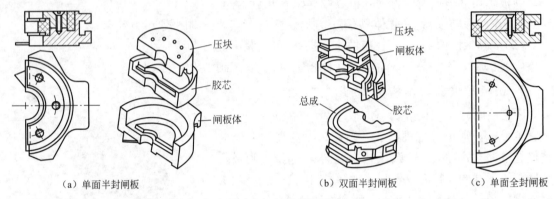

（a）单面半封闸板   （b）双面半封闸板   （c）单面全封闸板

图7-6　闸板的类型

闸板按功能分为半封闸板、全封闸板、剪切闸板、变径闸板。

（1）半封闸板。

半封闸板设计用于封闭管材。闸板有一切口,切口是为了关井并提供良好密封,是有一定直径或管子尺寸的开口。在切口处有自动供给压紧的橡胶,用于密封闸板与管材之间的缝隙。另一种密封是顶部密封,闸板顶部橡胶紧压壳体,以密封环空压力。

多数闸板都有使管子居中的导向部分,闸板切口紧密配合管子和尺寸。虽然闸板能够密封带小锥形的管材,但它将挤压接头或损坏闸板表面。当闸板靠近接头处时应特别小心,尤其是铝质管材,因为它的锥面更大。

闸板与管材尺寸不适合时,闸板的试压不能进行,以防止闸板损坏。

半封闸板中管材能被移动,为了最大限度降低胶芯表面的磨损,关井压力应减小1.4~2.1MPa。半封闸板的移动越小越好,尤其避免突然的反向活动。

（2）全封闸板。

全封闸板是压块上没有管子开口的特殊闸板。全封闸板有一个较大的闸板总成用于井眼无管子时的封井,试压时,全封需达到额定压力。

（3）剪切闸板。

剪切闸板有一个剪切的刀刃,用于切断管件(油管、钻杆、钻铤等),根据剪切闸板的类型和所切管材的类型,必须采用比正常时高的压力或用液压辅助操作。不能用高压突然关闭,必须用逐渐增大的压力进行操作,大约是1.4MPa。试压时,测试压力应非常小,以保护可用的剪切部件,没有必要时,不做试压。

（4）全封剪切闸板。

全封剪切闸板是全封或有封井能力。它在裸眼井管子被切断后封井有优越性,另外它在节省空间方面有优势。

（5）变径闸板。

变径闸板依据不同的类型，可密封几种尺寸的管子和六方钻杆。它也可以作为一种尺寸，并且支持另一种尺寸的防喷器的主闸板。考虑到锥形管串、防喷器的空间问题，变径闸板也有应用。

一种类型的变径闸板，闸板中插入类似环形防喷器的支撑筋的钢块，当闸板关闭时，插入的钢块旋转向内，这样钢块为橡胶密封管子时提供支撑。在标准的疲劳试验中，变径闸板完全可以与半封闸板相媲美，变径闸板可适用于 H_2S 环境。

另一类型的变径闸板包含了几个小的管子切口盘，这样闸板顺着较大的管子向后滑动，直到闸板封住管子。密封元件被放在每两个盘片之间起密封作用。

2）闸板的封井特点

（1）闸板浮动如图 7-7 所示。

闸板总成与壳体放置闸板的体腔有一定的间隙，允许闸板在壳体腔内有上下浮动。闸板顶密封不接触闸板室顶部密封面。在闸板关闭时，闸板室底部高的支撑筋和顶部密封面均有一渐缓的斜坡，能保证在达到密封位置之前，闸板与壳体之间有充分间隙。实现密封时闸板前端橡胶首先接触钻具，在活塞推力下，封紧钻具。当闸板开启时，顶部密封橡胶脱离壳体凸台面，缩回闸板平面内，闸板沿支撑筋斜面退至全开位置。闸板这种浮动特点，既保证了密封可靠，减少橡胶磨损，延长胶芯使用寿命，又减少闸板移动时的摩擦阻力。

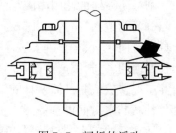

图 7-7 闸板的浮动

（2）闸板自动清砂。

闸板室底部被制成朝井眼倾斜的"漏斗"形，闸板放在高而窄的支撑筋上，使闸板在关闭时，自动清除砂子和淤泥，防止堵塞，减少闸板开关阻力。

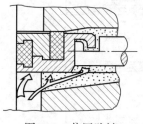

图 7-8 井压助封

（3）井压助封如图 7-8 所示。

① 井压作用在闸板底部，推举闸板，使闸板顶部与壳体凸缘贴紧。这就是井压对闸板顶部的助封作用。显然，井压越高，闸板顶部与壳体的密封越好，当井压很低时，闸板顶部的密封并不十分可靠，可能有井液溢漏。因此，在现场对闸板防喷器进行试压检查时，需进行低压实验，检查闸板顶部与壳体的密封效果。

② 井压也作用在闸板后部，向井眼中心推挤闸板，使前部橡胶紧抱井内管子。这就是井压对闸板前部的助封作用。当闸板关井后，井压越高，对闸板前部的助封作用越强。在闸板关井过程中，由于井压对闸板前部的助封作用，关井液压并不需要太高，油压通常调定为 10.5MPa 就能满足最大井口压力时的关井要求。

③ 井压助封与关井油压相互关系：闸板防喷器关井所需液控油压与所对抗的井压并不相等，而成正比。10.5MPa 液控压力完全能满足关井需要。只有当闸板严重砂阻或被淤泥严重黏结锈死时，才需使用高于 10.5MPa 的液控油压。

（4）闸板自动对中，如图 7-9 所示。

在井内有钻具的情况下使用闸板防喷器关井时，由于钻具通常并不处于井眼中心，常偏于

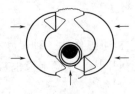

图 7-9　闸板自动
对中示意图

一方,因此钻具有可能被闸板卡住无法实现关井。为解决井内管子居中,闸板压块的前端制有相互突出的导向块与相应的凹槽。当闸板向井眼中心运动时,导向块斜面迫使偏心管子移向井眼中心,顺利实现封井。关井后,导向块进入另一个压块的凹槽内。

3)侧门的结构及功能

闸板防喷器有可绕上下铰链座转动的侧门,平时侧门靠螺栓紧固在壳体上,用来封闭闸板室、安装油缸总成及密封活塞杆,作为传递液压油油路的一部分。侧门一般近似长方形,在安装油缸处铸有加强筋,以增加侧门刚度,侧门与壳体、油缸采用螺钉连接,并有密封槽,螺钉卸下后可很方便打开。当拆换闸板、拆换活塞杆密封填料、检查闸板及清洗闸板时,需打开侧门进行操作。

侧门按开启方式分为铰链支撑旋转侧门、平直移动开关侧门。

4)活塞杆的密封功能

闸板防喷器的侧门内腔与活塞杆之间装有密封装置,以密封环形空间。该密封装置的密封圈分为两组,一组封闭井口高压井液,一组封闭液控高压油。密封圈具有压力自封性能,因而具有方向性,只有正确安装才能起密封作用。两组密封圈的安装方向相反,现场条件下防喷器长期使用,密封圈严重磨损后,可导致密封装置失效。如果在封井工况下密封圈损坏,将给封井工况造成威胁。活塞杆的二次密封装置,就是当上述密封装置(一次密封)失效时,用以紧急补救其密封面设置的。

活塞杆的二次密封装置如图7-10所示。

3. 闸板防喷器的工作原理

1)开关动作原理

当液控系统高压油进入左右液缸关闭腔时,推动活塞带动闸板轴及闸板总成沿闸板室内导向筋限定的轨道分别向井口中心移动,实现封井。当高压油进入左右液缸开启腔时,推动活塞带动闸板轴及左右闸板总成向离开井口中心方向运动,打开井口。闸板开关由液控系统换向阀控制,一般在3~8s即可完成开、关动作。

液压油流动路线如下:

关闭时:液压油经关闭油口—壳体油路—铰链座—侧门油路—液缸油路—缸盖油路—液缸关闭腔。

开启时:液压油经开启油口—壳体油路—铰链座—侧门油路—液缸开启腔。

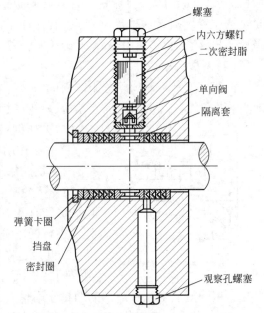

螺塞
内六方螺钉
二次密封脂
单向阀
隔离套
弹簧卡圈
挡盘
密封圈
观察孔螺塞

图 7-10　活塞杆的二次密封装置示意图

2)密封原理

闸板防喷器要有四处密封起作用才能有效封闭井口。这四处密封如下:

(1)闸板前部与管子的密封:闸板前部装有前部橡胶,依靠活塞推力抱紧管子实现密封。当前部橡胶严重磨损或撕裂时,高压钻井液会于此处刺漏而使封井失效。全封闸板则为闸板前部橡胶的相互密封。

(2)闸板顶部与壳体的密封:闸板上平面装有顶部橡胶,在井口高压钻井液作用下,顶部橡胶紧压壳体凸缘,使井液不能从壳体顶部通孔溢出。

(3)侧门与壳体的密封:侧门与壳体的接合面上装有密封圈,侧门紧固螺栓将密封圈压紧,使钻井液不能从该处泄漏。

(4)侧门腔与活塞杆间的密封:侧门腔与活塞杆之间装有密封圈,该密封圈具有液压助封特点,防止高压钻井液与液压油窜漏。一旦高压钻井液冲破密封圈,钻井液将进入油缸与液控管路,使液压油遭到污染,损伤液控阀件。闸板的密封过程分为两步,一是液压油作用下闸板轴,推动闸板前密封胶芯挤压变形密封前部,顶密封胶芯与壳体间过盈压缩(分体式闸板可挤压顶密封向上凸出)密封顶部,从而形成初始密封;二是在井内有压力时,井压从闸板后部推动闸板前密封进一步挤压变形,同时井压从下部推动闸板上浮紧贴壳体上密封面,从而形成可靠的密封。

4. 闸板防喷器的功能

(1)当井内有钻具时,可用与钻具尺寸相应的半封闸板封闭井口环形空间。

(2)当井内无钻具时,可用全封闸板全封井口。

(3)当井内有钻具,需将钻具剪断并全封井口时,可用剪切闸板。剪切钻具,全封井口。

(4)有些闸板防喷器的闸板允许承重,可悬挂钻具。

(5)闸板防喷器壳体上有侧孔,在侧孔上连接管线,可代替节流管汇循环钻井液或放喷。

5. 常用闸板防喷器的技术规范

常用闸板防喷器的技术规范见表 7-3。

表 7-3 常用闸板防喷器的技术规范

垂直通径,mm	230	230	346	180	280
工作压力,MPa	21	35	21	35	35
试验压力,MPa	42	70	42	70	70
液控压力,MPa	8.5~14	8.5~14	8.5~16	8.5~14	8.5~16
油缸直径,mm	180	220	220	180	220
关闭闸板所需油量,L	6.1	9.5	13.3	4.85	11
打开闸板所需油量,L	5.4	8.2	11.7	4.1	9.6
所配闸板尺寸,mm	全封、73、88.9、114.3、127	全封、73、88.9、114.3、127、139.7	全封、73、88.9、114.3、127、177.8、244.5	全封、73、88.9、114.3	全封、73、88.9、114.3
法兰螺栓分布圆直径 mm	φ370	φ394	φ534	φ317	φ482
螺栓数量及尺寸,个-mm	12-M36	12-M42	12-M36	12-M36	12-M48
钢圈槽中径,mm	φ270	φ270	φ381	φ211	φ324
旁通法兰出口通径,mm	φ80	φ80	φ102	φ50	φ80

6. 闸板防喷器的使用及维护

1)更换闸板及注意事项

图 7-11 所示为更换闸板示意图。

(1)检查蓄能器装置上控制该闸板防喷器的换向阀手柄处于中位。

(2)拆下侧门固定螺栓,旋开侧门。

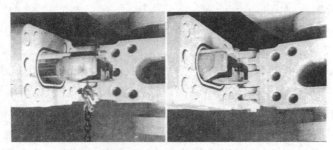

图7-11　更换闸板示意图

（3）液压关井,使闸板从侧门腔内伸出。

（4）拆下旧闸板,装上新闸板,闸板装正、装平。

（5）液压开井,使闸板缩入侧门腔内。

（6）在蓄能器装置上操作,将换向阀手柄扳回中位。

（7）关侧门,上紧固定螺栓。

2）侧门开关注意事项

（1）侧门不应同时打开。

拆换闸板或其他作业时,须将一方侧门操作完毕上紧螺栓后,再在另一方侧门上进行操作。这样,闸板防喷器的质量中心偏斜较小,对井口防喷器组法兰的密封性能影响小,否则将使防喷器组的质量中心沿井架后大门方向严重偏斜,使防喷器的法兰螺栓一方遭受拉伸,从而破坏法兰的连接密封性。

（2）侧门未充分旋开或未用螺栓固定前,都不许进行液压关、开井动作。如进行液压关井动作,由于侧门向外摆动,闸板必将顶撞壳体,造成事故。

（3）转动侧门时,液控压力油应处于泄压状态。

侧门与铰链连接处装有O形型密封圈,转动侧门时,在液控油压的高压条件下,密封圈容易磨损,导致液压油刺漏。为防止密封圈过早损坏,在侧门转动时,管路里的液控油压应泄压。液控压力油泄压的办法是:在蓄能器装置上将控制闸板防喷器的换向阀手柄转至中位,蓄能器装置上换向阀由开位和关位转至中位时,一则可以切断管路油源,二则可以使管路的油压泄压。

（4）侧门打开后,闸板伸出或缩入动作时,侧门上也受液控油压作用,侧门会绕铰链转动,为保证安全作业,应设法将侧门稳固住。

3）活塞杆二次密封的使用要求

在封井工况下,如果观察孔有流体溢出,就表明密封圈已损坏,此时立即拆下六角螺塞,用专用扳手顺时针旋拧孔内螺钉,迫使棒状二次密封脂通过单向阀、隔离套径向孔进入密封圈的环隙,二次密封脂填补空隙后,就可使活塞杆的密封得以补救与恢复。

活塞杆二次密封装置使用的注意事项如下:

（1）预先填放好二次密封脂,专用扳手妥善存放。

（2）闸板防喷器投入使用时,应卸下观察孔螺塞并经常观察是否有钻井液或油液流出。

（3）密封圈失效后压注二次密封脂不可过量,以观察孔不再泄漏为准。二次密封脂的压注量切忌过多。开井后及时打开侧门,对活塞杆与其密封圈进行检修。因二次密封脂摩擦阻力大,而且黏附砂粒,当活塞杆回程时对活塞杆损伤较大。活塞杆二次密封装置的注入孔、观察孔方向在不同的防喷器上布置有所不同。

4)闸板防喷器的关开井操作(以手动闸板锁紧系统为例)

(1)闸板防喷器的关井操作步骤。

① 液压关井:在司钻控制台上操作空气换向阀关井。

② 手动锁紧:顺时针转动两侧锁紧手轮到位后,再逆时针转动两手轮各1/4~1/2圈。

③ 液控压力油泄压:在蓄能器装置上操作换向阀处于中位。

手动锁紧的操作要领是顺旋、到位、回旋。为了确保锁紧轴伸出到位,手轮必须旋够圈数,直到旋不动为止。手轮应旋的圈数,各闸板防喷器是不同的。手轮回旋1/4~1/2圈的目的是使锁紧轴与活塞连接的螺纹间留有适当间隙,既保证螺纹松动不致卡死,又可使下次手动解锁操作省力。液控压力油卸压时,需到蓄能器装置上操作,司钻控制台只能操作关、开井,不能操作液控管路泄压。

(2)闸板防喷器的开井操作步骤。

① 手动解锁:逆时针旋转两侧操纵手轮,使锁紧轴缩回到位,手轮停止转动后,再顺时针旋转两手轮各1/4~1/2圈。

② 液压开井:在司钻控制台上操作空气换向阀进行开井。

③ 液控压力油泄压:在蓄能器装置上操作换向阀使之处于中位。

手动解锁的操作要领是逆旋、到位、回旋。不逆时针旋转手轮就不能使锁紧轴螺纹部位重新回到活塞里去,锁紧杆上凸台未与活塞接触,锁紧轴不到位,液压开井后,闸板不能完全打开,钻井作业时钻具就会碰坏闸板。手轮回旋1/4~1/2圈的目的是使锁紧轴与活塞的螺纹间保留适当间隙,以利于下次手动操作。

(3)闸板防喷器的手动关井操作步骤。

① 操作蓄能器装置上的换向阀处于关位。

② 手动关井:顺时针旋转两侧操纵手轮,将闸板推向井眼中心,手轮被迫停转后再逆时针旋转两手轮各1/4~1/2圈。

③ 操作蓄能器装置上的换向阀处于中位。

手动关井操作的实质即手动锁紧操作,应注意的是手动关井前,在司钻控制台使换向阀处于关位。目的是使开启油缸里的液压油直通油箱,当活塞推动闸板向井眼中心运动时,开井油腔里的液压油就可以流回油箱,而不遏止活塞前进。若换向阀处于中位,那么开井油腔就被换向阀圈闭,活塞就无法运动。若换向阀处于开位,开井油腔就被换向阀与减压阀之间的单向阀限死,活塞也无法运动。手动关井后,应将换向阀手柄扳至中位,抢修液控装置。手动机械锁紧装置只能手动关井,却不能手动开井。

手动关井的操作要领是顺旋、到位、回旋。

7. 闸板防喷器的使用注意事项

(1)半封闸板尺寸应与所用钻杆尺寸相对应。

(2)井中有钻具时切忌用全封闸板封井。

(3)长期封井,用手动锁紧机构锁紧闸板,并将换向阀手柄扳至中位。

(4)长期封井后,开井前应首先将闸板解锁,再液压开井。未解锁不许液压开井。

(5)闸板在手动锁紧或手动解锁操作时,两手轮必须旋转足够的圈数,确保锁紧轴到位。

(6)液压开井后,应到井口检视闸板是否全部打开。

(7)半封闸板封井后,不能转动钻具。

(8)进入油气层后,每次起下钻前应对闸板防喷器开关活动一次。

(9)半封闸板不准在空井条件下试开关。

(10)防喷器处于待命工况时,应卸下活塞杆二次密封装置观察孔螺塞,处于关井工况时应有专人负责注意观察孔是否有溢流情况。

(11)配装有环形防喷器的井口防喷器组,在发生溢流关井时,必须按以下顺序操作:首先利用环形防喷器封井。其目的是防止闸板防喷器封井时损害胶芯。然后,再用闸板防喷器封井。其目的是充分利用闸板防喷器封井可靠、有机械锁紧装置、适于长期封井的特点。最后,及时打开环形防喷器,避免环形防喷器长期封井。

二、四通

钻井四通是一种连接器,有拴装式、法兰式和卡箍式三种形式,安装在防喷器组与套管头之间,或防喷器组之间。两侧孔连接节流、压井管汇,上下通孔用于通过钻具。当关闭防喷器后,可通过这些管汇向井内泵入流体,或在控制下排放井内流体。

钻井四通标准中,至少规定以下内容:有一个或两个直径不小于2in的横向出口;垂直通孔的直径至少要等于内层套管的最大内径(如果要准备通过卡瓦、悬挂器或测试工具,通孔至少要等于最上套管头的最大通孔);其额定工作压力与上部套管头及所用的防喷器压力相同。

三、套管头

套管头是套管与防喷器组合之间的重要连接件,其下端与表层套管相连,上端与防喷器组合连接。套管头的主要作用如下:

(1)通过悬挂器支撑除表层套管外的各层套管重量。

(2)承受防喷器组合的重量。

(3)提高钻井井口装置的稳定性。

(4)为释放可能储积在两层套管间的压力提供出口,或在紧急情况下,可向井内泵入流体。

(5)进行钻采特殊作业。

① 若井未固好,可从侧孔补注水泥。

② 在酸化压裂作业时,可从侧孔打入压力液以平衡油管压力。

项目二 钻机其他辅助设备

【项目描述】 钻机底座用以安装钻机井架、绞车、转盘及放置立根和钻井工具,提供钻井作业操作的场所和井口装置的安装空间。柴油发电机组放在专用的发电机房内,为井场的电气设备和有关的设施提供交流电源。

【学习目标】 熟练掌握钻机底座的安装、起升、拆卸和下放操作;能对发电机房进行安装,合理操作使用发电机组。

任务一　钻机底座

DZ315/9-Sh 底座与 ZJ40/3150DB,钻机配套使用,用以安装钻机井架、绞车、转盘及放置立根和钻井工具,提供钻井作业操作的场所和井口装置的安装空间。

一、主要技术参数

(1)钻台高度:9m(30ft)。

(2)钻台面积:12.5m×12.3m。

(3)转盘梁底面高度:7.7m。

(4)井口中心至滚筒中心线距离:3.76m。

(5)转盘最大载荷:3150kN。

(6)额定立根盒容量(4½in 钻杆、28m 立根):180 柱。

二、底座和主要附件的结构及功能

DZ315/9-Sh 底座(DZ490301-00)主要由底座主体、坡道、斜梯、安全滑道、铺台及栏杆总成、起升装置、导轨总成、液压缓冲装置、调节支座、防喷器移动装置、调节支座、储气罐等组成。

底座采用平行四边形结构的运动原理,从而实现了高台面设备的低位安装。采用绞车动力,利用游车大钩使底座从低位整体起升到工作位置。底座采用了高台面、大空间的结构,满足了深井钻机对井口安装防喷器高度的要求。

(一) 底座主体

底座主体分为上、中、下三层。上层为钻台面部分,用来安装钻台面的设备。上层主要由左、右上座与它们之间的连接构件通过销子连接组成,连接构件主要由立根台、绞车梁和气罐支架等组成。下层为底座基座部分,由左前基座与左后基座、右前基座与右后基座分别用销子连接成左、右两个部分。左、右两个部分之间的连接构件有连接梁、连接架和斜撑等。中间层为支撑部分,位于上、下层之间,起支撑钻台面和起放底座的作用,分别由人字架前腿、人字架后腿、前立柱、后立柱、斜立柱等组成,用销子与上、下层连接。

(二) 坡道

坡道是用于向钻台面拉运钻杆、钻铤、套管、井口工具等设备提供滑行的通道。坡道由坡道体及翻转框组成,坡道体为瓦楞形铺板,利于钻杆在滑行时导向,与钻台面的连接为销子耳板连接,与基础的夹角为 50°。

(三) 斜梯

底座后侧左边、前侧左边及右侧前边各设有一斜梯,梯子两侧均设有栏杆,中间有休息平台。后侧左边斜梯底部设有滚轮,斜梯在底座起升前即可在低位完成安装。底座起升时,斜梯上部随钻台面上升,下部沿地面滚动达到工作位置。

(四) 安全滑道

底座前侧左边设有一安全滑道,当发生险情时能迅速逃离危险地带,实现救生的目的。

(五)铺台及栏杆总成

操作人员可从钻台面沿安全滑道滑下,铺台与立根台、转盘、绞车等上表面平齐,铺台内设有管线槽,整个台面平整、美观、适用。底座钻台面四周空位均设有栏杆。

(六)导轨总成

导轨总成由两根丁字钢导轨、两个与前铺台相连接的连接架组成。

(七)起升装置

整个起升装置由起升平衡器、起升大绳、销轴、别针组成。人字架由前腿及后腿两部分组成,起升大绳的一端固定在人字架后腿上,人字架在整个底座起升的过程中起到支撑的作用。起升大绳外径为67mm,两端装有灌锌的套环。另有参与起升的1组滑轮固定在人字架后腿上;4组滑轮安装在上座中,其中1组为摇头滑轮,另外3组为导向滑轮。上座中的滑轮在底座起升过程中均起到为起升大绳导向的作用。

(八)液压缓冲装置

底座中的液压缓冲装置是配合井架及底座的起升而设的控制系统。在井架及底座起升过程中,将缓冲油缸活塞杆伸出,可使底座及井架平稳就位;在井架及底座下放过程中,将缓冲油缸活塞杆伸出,可使底座及井架利用重力而偏离工作位置,完成井架及底座下放作业。该系统包括操纵箱、油缸及管路附件等。其液压源为钻机所配组合液压站。

(九)调节支座

调节支座用于与井架连接,它由调节座、调节垫板等组成。调节垫板上开有三组U形槽,可以顺利插入调节座与过渡座之间,通过加入不同厚度的调节垫板,来调节井架天车中心与井口中心左右方向的偏差。

(十)液压防喷器移动装置

液压防喷器移动装置主要由左、右防喷器移动装置、液压操纵箱、液压管线、管线吊架等组成,由钻机井口机械化液压站作为动力。通过液压操纵箱的控制,可实现同步起升、下放、前移、后移的动作,以及分别起升、下放和有限分离距离(最大分离距离不大于1m)的前移、后移的动作。在每次安装液压防喷器移动装置前应对其进行保养,每个起吊装置上有6处滑轮润滑点,2处主动轮组齿轮润滑点,各润滑点加注锂基润滑脂。在每次吊装作业前,应检查吊装绳索是否固定、连接可靠,确认连接可靠后方可进行吊装作业。起吊时人员应远离被吊装物,以免发生意外。

(十一)储气罐

储气罐安装在底座后下方,为钻台设备提供气源。

储气罐的技术参数如下:

工作温度:−19~70℃。

最高工作压力:1.2MPa。

工作介质:干燥空气。

三、底座安装

底座安装前对各构件进行检查,受损的构件(如焊缝开裂、材料有裂纹)或锈蚀严重的构件应按有关要求修复合格后才能安装在底座上。各起升滑轮应在其润滑点加注二硫化钼极压锂基润滑脂,滑轮转动应灵活、无卡阻和异常响声。因底座起升力很大,滑轮轴套与轴之间比压也很大,必须注耐极压的润滑脂,才能形成良好的油膜。组装前先清除底座各构件销孔中的油漆等杂物,涂润滑脂,以利于销轴的安装,并防止销轴锈蚀。

（一）底座的低位安装

根据井口中心位置按左、右前基座上井口中心标志位置,先摆放左前基座和右前基座,再安装左后基座和右后基座,安装前立柱。安装左、右人字架,首先将人字架两前腿平放在地面上,再将人字架的左、右后腿的上端与前腿相连,然后把它们整体吊起,分别与左、右前基座相连,井架未起升前将安装台装在人字架前腿上,将人字架前、后腿整体叠放在前基座上。安装左、右上座,首先安装缓冲装置,然后将上座与基座相连,再将前立柱的上端与左、右上座相连,最后将左、右后立柱上端与左、右上座相连。安装斜梯。安装立根台,并与左、右上座相连。安装绞车梁,与左、右上座相连。安装气罐支架,与左、右上座相连(气罐支架与上座连接前,应先将储气罐构件装进气罐支架中)。安装转盘梁及转盘驱动装置,分别与立根台和绞车梁相连。安装前铺台,分别与左、右上座相连。将斜片架的上端分别与立根台和绞车梁相连。安装导轨总成和防喷器移动装置。安装调节支座,与左、右上座中的过渡座连接。安装支房架,分别与左、右上座相连。安装操作台,分别与右上座和转盘梁相连。待绞车、司钻控制房和司钻偏房安装完之后,安装铺台栏杆总成中的部分栏杆,拆下斜梯,安装带滚轮的梯子,至此底座低位安装已经完成。

（二）底座的高位安装

当底座起升到工作位置时,在人字架前腿上端与上座间固定,安装铺台总成中剩余的铺台、安全滑梯、斜梯、旋转斜梯及坡道、栏杆总成中的部分栏杆,至此底座的安装已全部完成。

四、底座起升

待井架起升完成后即可进行底座的起升准备工作。从起升平衡器中拆掉井架起升钢丝绳,将底座起升钢丝绳挂在起升平衡器上。在起升系统的各滑轮内加注二硫化钼极压锂基润滑脂,使新加油从滑轮端溢出为止。检查各个构件的连接是否牢靠,销轴是否穿上别针,紧固件是否拧紧。检查参与起升的各旋转构件有无卡阻现象。检查参与起升的各旋转构件销轴是否涂上润滑脂。

（1）利用绞车的动力将人字架拉起,待人字架起升到工作位置时,在人字架前腿的下端打入销轴并穿上别针。

（2）人字架固定完成后,将连接上座与基座间的销轴退掉,然后利用绞车继续拉动游车大钩,使起升大绳绷紧(指重表约500kN)。因起升底座时井架直立在底座钻台面上,必须控制此时的最大风速小于8.3m/s。

（3）起升底座时,采用绞车最低速挡。

（4）当上座刚离开基座约100mm时,刹车并进行检查。

确认起升钢丝绳穿绳正确无误,且均在滑轮绳槽内。钢丝绳无扭结、断丝、压扁等影响强度的缺陷。起升灌锌的绳头无滑移现象。起升人字架前后腿支脚、支座、起升滑轮等无变形、焊缝开裂等现象。如发现问题,必须及时排除。

（5）在底座起升整个过程中要求起升速度缓慢平稳,而且随时注意指重表变化,如果在起升中间指重表读数突然增加或底座构件出现干涉等异常现象,应停止起升,并将底座放下,仔细检查、排除故障后再起升。

(6)在底座起升过程中，将缓冲油缸活塞杆伸出约600mm，可使底座平稳就位。

(7)当底座起升到工作位置时，在人字架前腿上端与上座间穿入销轴，用别针固定。

五、底座的拆卸与下放

(一)底座拆卸

下放底座前井架应直立在底座上，但应先拆掉安全滑道、斜梯及坡道，并拆掉铺台总成零部件。将起升平衡器挂在大钩上。将人字架前腿上端与左、右上座间的别针和销轴拆掉。

(二)底座下放

利用缓冲油缸将底座推至偏离重心位置，然后靠自重缓慢下放。用绞车刹车和辅助刹车控制底座下放速度，尽可能缓慢、匀速，并注意指重表的变化和底座各构件间有无干涉等异常现象，如发现问题，应将底座起升到工作位置后再排除故障。底座上座下放到低位初始位置后将上座和基座间连接，下放人字架。然后将底座起升钢丝绳从起升平衡器上拆掉，如果要下放井架，应在起升平衡器上挂上井架起升钢丝绳，按井架操作手册的有关要求下放井架。

六、底座的使用

(一)底座在钻井作业时的使用注意事项

在可能的情况下，应避免骤加载荷，防止产生过大的冲击负荷。特别是在较大的转盘载荷情况下，如下技术套管、钻最大井深以及处理井下卡钻等事故，应缓慢加载和卸载，尽量避免突然加载和紧急刹车。在使用钻机绞车进行起升和下放井架和底座的作业中，应使用可达到的最低快绳速度。

(二)承载

底座的使用安全性取决于其基础是否适应于所承受的载荷。环境条件载荷和动载荷应予以考虑。满足基础要求的设计载荷应为井架和底座的重量(包括其上设备重量)、井架和底座的最大钩载、外绷绳载荷产生的力以及钻台上最大的立根排放载荷等项的总和。

钻井时应控制转盘扭矩在额定的范围内，当转盘扭矩超过转盘额定扭矩时，会引起底座震动或损坏相关构件。指重表的波动值表示由于冲击、震动、加速及减速而产生的载荷，操作者应使指重表的读数保持在铭牌上标明的大钩额定载荷范围内。

任务二 辅助发电设备

柴油发电机组放在专用的发电机房内，为井场的电气设备和有关的设施提供交流电源。

一、钻机发电机房的配置

发电机房是为井场提供电力和压缩空气的成套装置。与ZJ40DB钻机配套的成组发电机房由4栋发电机房组成，前3栋发电机房内每栋均安装1台CAT 3512柴油发电机组；在3号发电机房内安装有1台储气罐；在2号发电机房内安装1个钳工台、1台冷启动空压机；在4号发电机房内安装有 1 台 CAT 3406 柴油发电机、2 台空压机、2 台冷凝式干燥机。与 ZJ50DB 钻机配套的发电机房和 ZJ40DB 钻机相同,均为 4 栋,而与 ZJ70DB 钻机配套的发电机房为 5 栋,增加 1 栋 3512B 发电机房。

二、钻机发电机房的主要参数

(一)外形尺寸(长×宽×高)

单栋:10600mm×2900mm×3100mm。

成组:10600nm×11600mm×3100mm。

(二)机房总质量

主发电机组质量:13400kg。

1 号发电机房总质量:29850kg。

2 号发电机房总质量:26150kg。

3 号发电机房总质量:26450kg。

(三)主要配套设备型号

主柴油发电机组:CAT 3512。

辅助柴油发电机组:CAT 3406。

空气压缩机:LS12-50AC。

储气罐:C-2.5/1.0。

冷凝式干燥机:FTH-60F。

冷启动空压机:LD-0.8/10。

三、机房设施及结构特点

(1)发电机房由底座、立柱、房顶、可拆卸活墙、推拉端门、旋转门和排烟系统、管线系统、电照明系统、电缆槽、挂梯等附件组成。

(2)为了方便机组安装和维修,机房的立柱与底座采用螺栓连接形式,立柱与房顶采用焊接形式。

(3)机房底座下部开有排污口,在靠机组水箱一头底座的侧面有接地电缆的连接螺栓,在端面有固定扶梯的插口。

(4)各机房房顶上开有排烟口、加水管口,成组机房配有注入冷却液的漏斗。

(5)管线系统设置在各机房的走道板下面,配置有燃油进油、燃油回油、气路管线。

(6)3 号房内安装的储气罐和 4 号机房内安装的空压机、冷凝式干燥机、冷启动空压机之间的管线应按照气源流程图连接,机房与机房之间的管线均采用可拆卸式软管连接,管线系统按需要配有阀门。

(7)各机房均配有电缆槽,电缆槽架空设置,通过吊架与房顶固定。

(8)机房与机房、机房与变频电控房的房顶上均设计有搭接板;机房端头之间用帆布密封。

四、机房安装

(1)摆放机房的地面应夯实平整。各机房的安装基准面应等高,避免出现因基础处理不好造成基础塌陷或给机房底座增加附加应力的现象。机房基础平面还应高于周围地面,以利于排污。

(2)4栋机房依据井场布置位置并按编号顺序紧靠摆放,机房的端面应对齐。

(3)拆除机房之间的可拆式活墙,使组成的大房子之间连通。拆除的可拆式活墙应妥善堆放保存,以备搬家时重新安装。

(4)搭好房顶之间的搭板,装好端头帆布,使组成的大房子密封良好。

(5)按从下到上的顺序装配伸缩管、扩大管、排烟直管、防雨罩、弯管、消音器、出烟管等。所有连接的法兰面应加装石棉橡胶垫,螺栓连接应均匀拧紧。

(6)将动力电缆、控制电缆、机房电源等缆线与变频电控房和相应接口相连。

(7)每栋发电机房的走道板下面布置管线系统,配置有燃油进油、燃油回油和压缩气路管线,分别为每台柴油发电机组提供燃油和机组启动的压缩空气。用相配软管连通机房之间的油、气管线,并对所有管线进行必要的清洗和密封试验。

(8)连接接地电缆。

(9)在开机前,应检查柴油机组及其他设备的固定螺栓是否有松动并拧紧,以防止设备的震动和窜动。

(10)如需吊离机组,应先拆除排烟管系统,并同时用盖板封堵机组排烟管口,盖上水箱加水口盖;摘掉外接的电、气、油接管及排放冷却液和机油的管接头;拆掉与机组相连接的垂直电缆槽;拆掉可拆卸活墙、推拉端门,放下旋转门;拆掉底座与立柱连接螺栓。在做完上述工作之后,用房顶吊耳吊离房顶和立柱,打开机组周围走道板,松开机组三点固定螺栓,利用机组吊耳吊离机组。

五、发电机组的使用和操作

(一) 启动前的准备

(1)按照柴油机启动操作规程检查柴油机油、水、气路及柴油机各个有关部件;

(2)检查发电机断路器是否处于断开位置;

(3)将柴油机控制按钮中"怠速"按键压下;

(4)将速度调节旋钮及电压调节旋钮处于中间位置;

(5)将柴油机上的超速跳闸机构复位;

(6)检查启动电瓶的电压,不应低于10V;

(7)以上检查无误后,方可启动柴油发电机组。

(二) 启动柴油机

(1)打开压缩空气阀门,操作启动按钮,柴油机在交流电组件控制下自动升速到"怠速"值;

(2)按柴油机制造厂家推荐的暖机时间,维持怠速运行,此时发电机"运行"指示灯微亮;

(3)按下柴油机控制按钮的"运行"按钮,将柴油机转速提升至额定值,发电机"运行"指示灯变亮;

(4)转动电压调节旋钮,从发电机控制柜的电压表上读数.使发电机电压为600V,并将旋钮锁紧;

(5)转动速度调节旋钮,从同步盒上的频率表读数,使发电机频率为50Hz,并将旋钮锁紧。

(三) 发电机组停机

(1) 如需将某一台机组从交流母线断开, 只需按下该机组断路器上的"断开"按钮即可;

(2) 按下柴油机控制按钮中的"怠速"按键;

(3) 按柴油机制造厂家推荐的持续时间, 维持机组怠速运行;

(4) 按下柴油机控制按钮中的"停机"按钮, 柴油发电机组停机。

六、维护及注意事项

(1) 机房的房顶设计有房顶吊耳, 在底座的端头设有自背吊耳, 机房的两侧有整体起吊吊耳。在机房吊装时, 应按吊装铭牌上的示意要求使用吊耳。严禁用房顶吊耳整体起吊。

(2) 如要运输, 应拆除排烟管系统(机组排烟口处应加盖盲板), 卸下挂梯, 封堵好房顶、电缆出口、管线出口等开口。装好可拆卸活墙, 固定好旋转端门, 锁好推拉门, 以保证安全并避免造成超限运输。

(3) 重新组装时, 各门按原位置安装到位, 房顶、底座与立柱连接螺栓应涂上防锈油, 以防止生锈。

(4) 定期检查机组等设备的固定螺栓是否松动, 各用电线路是否连接可靠, 电缆线是否有破损、漏电现象。

(5) 在空旷地区或雷电多发地区, 用户应考虑机房的避雷问题, 以确保人员与设备安全。

模块八　井口工具

【模块导读】　在钻井过程中,为了尽可能高效、便捷、可靠地完成诸如起、下钻具等操作性工作任务,钻机配备了必不可少的井口设备与工具。井口设备与工具大致分为钳类工具、卡类工具及其他类型的工具与设备。随着科学技术的进步,井口起下操作工具正趋于机械化和自动化。

【学习目标】　了解各类井口工具的结构、工作原理;掌握各类井口工具使用及维护方法。

项目一　动力(液压)大钳

【项目描述】　动力大钳依据动力类型可分为气动、液压和电动三大类型。液压大钳是现代钻机普遍配置的井口工具,广泛用于钻修机械设备的上扣和卸扣,是钻机的主要井口工具之一。本项目以液压大钳为主并介绍其他钳类工具。

【学习目标】　了解液压大钳的基本结构;了解液压大钳的工作原理;掌握液压大钳的作用及安装、使用、维护方法;了解其他钳类工具的作用及使用方法。

任务一　液压大钳的结构

液压大钳是现代钻机普遍配置的井口工具。广泛用于钻修机械设备的上扣和卸扣,使井口工作人员从繁重的体力劳动中解放出来,且安全可靠,大大提高了工作效率。图8-1是液压大钳的外形。

图 8-1　液压大钳的外形

液压大钳根据工作对象的不同可分为钻杆钳、套管钳和油管钳。套管钳和油管钳因管子与接箍很少磨损,管径较固定,所需的上卸扣扭矩也小,因此采用的钳口卡紧机构要求较低。

图8-2所示是液压大钳的组合结构图,分为上层主钳和下层背钳,主要包括:主钳体、背钳体、前支柱、背钳挡销、背钳挡板架、转轴、开口齿轮、定位螺钉、六角螺塞、后支柱、尾座、尾绳销、制动弹簧、液压马达、液压马达固定螺钉、箱体、悬吊杆、主钳鄂板架、开口齿轮、复位旋钮、主动挡销、花键盘等。主钳体通过尾座和后支柱以及前支柱将背钳体连为一组合体。

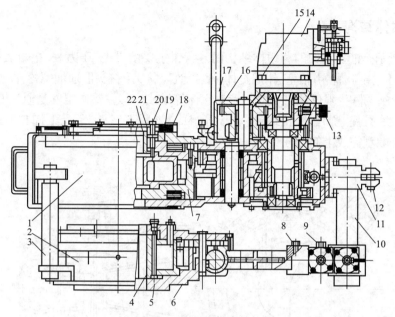

图 8-2 液压大钳的结构

1—主钳体；2—背钳体；3—前支柱；4—背钳挡销；5—背钳挡板架；6—转轴；7—开口齿轮；8—定位螺钉；
9—六角螺塞；10—后支柱；11—尾座；12—尾绳销；13—制动弹簧；14—液压马达；15—液压马达固定螺钉；
16—箱体；17—悬吊杆；18—主钳鄂板架；19—开口齿轮；20—复位旋钮；21—主动挡销；22—花键盘

一、主钳体的结构

图 8-3 所示为液压大钳的主钳体结构俯视图。主钳体主要由安全门、拉簧、前支座、换挡手柄、H 型手动换向阀、过渡连接板、悬吊座、悬吊销轴、顶丝、牙座、螺钉挡销、牙块、鄂板、限位螺钉、手把等组成。主钳体是上扣和卸扣的主动施力机构，液压马达输出的正反旋转扭矩传给开口齿轮，使开口齿轮旋转带动安装于内的夹紧机构动作，夹紧上钻杆旋转，实现其上卸扣功能。

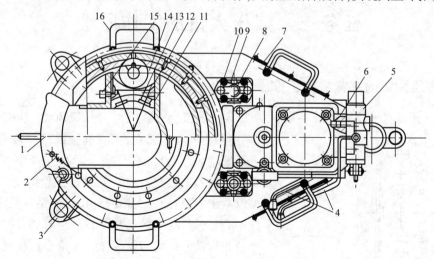

图 8-3 液压大钳的主钳体结构

1—安全门；2—拉簧；3—前支座；4—换挡手柄；5—H 型手动换向阀；6—过渡连接板；7—悬吊座；8—悬吊销轴；
9—顶丝；10—牙座；11—螺钉挡销；12—牙块；13—鄂板；14—限位螺钉；15—限位销；16—手把

二、背钳体结构

图8-4所示是液压大钳的背钳体结构图。背钳主要由手把、压力表、扭矩表接头、快速接头、高压胶管Ⅰ、端盖、背帽、活塞、钳尾缸体、通油管路、接头Ⅰ、接头Ⅱ、通油螺栓、高压胶管Ⅱ、螺钉挡销、牙块、牙座、鄂板、限位螺钉、坡板、背钳主体等组成。其主要作用就是通过安装其内的夹紧机构(由牙块、牙座、鄂板、限位螺钉、坡板等组成)夹紧下钻杆,承受上卸扣时的反扭矩,以便与主钳配合顺利完成上卸扣任务。

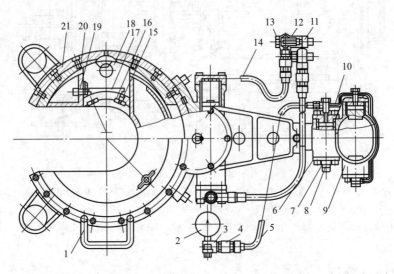

图8-4　液压大钳的背钳体结构

1—手把;2—压力表;3—扭矩表接头;4—快速接头;5—高压胶管Ⅰ;6—端盖;7—背帽;8—活塞;
9—钳尾缸体;10—通油管路;11—接头Ⅰ;12—接头Ⅱ;13—通油螺栓;14—高压胶管Ⅱ;
15—螺钉挡销;16—牙块;17—牙座;18—鄂板;19—限位螺钉;20—坡板;21—背钳主体

任务二　液压大钳的工作原理

一、液压大钳的夹紧机构工作原理

图8-5所示是液压大钳的夹紧机构工作原理图。夹紧机构由开口齿轮(外圈是一圈轮齿,里圈由两段圆弧线、四段椭圆线和一段直线组成)上下滚轮、上下月牙枕牙座、牙块(上下各两块)限位螺钉(图中左右限位挡板)及钻杆托盘构成。由图8-5可以看出,当将液压大钳的开口对准钻杆推出,并让钻杆中心与钻杆托架的半圆圆心重合时,启动油马达,经小齿轮带动开口大齿轮旋转。无论小齿轮是正转还是反转,或是开口大齿轮无论是正转还是反转,都会使上下滚轮同时转动,带动上下牙座(月牙枕)发生对称性的偏转。由于限位螺钉的作用,使上下滚轮不再转动

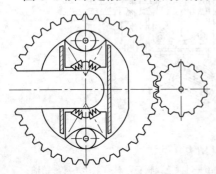

图8-5　液压大钳的夹紧机构工作原理

而被锁住,致使镶嵌于月牙枕上的上下斜对角的牙块产生径向收紧,死死抱住钻柱接箍上方的钻杆随开口齿轮一起旋转,由于此时背钳也已死死抱住钻柱接箍下方的钻杆不动,所以可以使液压大钳能够顺利地完成上扣和卸扣的任务。

二、液压大钳的液压传动与控制系统

液压大钳的传动与控制系统主要由主钳马达、背钳油缸、手动换向阀、快速接头、抗震接头和压力表等组成,如图8-6所示。在此系统中,P 接液压源,O 接油箱;压力表用于指示系统的工作油压;主钳马达是一种双向定量马达,为钳头的正反转提供动力扭矩;背钳油缸是一种双向油缸,可驱动活塞(圆弧形齿条)正反向移动,从而带动背钳夹紧机构抱住钻杆;H 型的手动三位四通换向阀使操作者根据工作进程与需要,可以随意地操作来控制系统的油流方向,进而控制主钳马达和背钳油缸的卸荷(图8-6 所示的位置)、正转、反转、夹紧与松开。

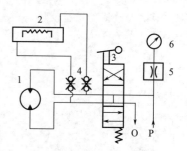

图 8-6 液压大钳的液压传动与控制系统
1—主钳马达;2—背钳油缸;
3—手动换向阀;4—快速接头;
5—抗震接头;6—压力表

任务三 其他钳类工具

根据工作对象的不同,动力大钳可分为钻杆钳、套管钳和油管钳。套管钳和油管钳因管子与接箍很少磨损,管径较固定,所需的上卸扣扭矩也小,因此采用的钳口卡紧机构要求较低。

一、液压套管钳

液压套管钳广泛适用于石油矿场下套管作业中上卸套管或管子的螺纹,具有作业效率高、工作安全可靠等优点,可大大降低工人的劳动强度,提高套管柱螺纹连接质量,确保夹紧可靠。变速机构采用气胎离合器,可实现不停车换挡,效率高。可配备扭矩仪对压力、扭矩、圈数实行计算机监控和管理。根据 SY/T 5074-2012《钻井和修井动力钳、吊铀》规定,套管钳规范如表8-1所示。

表 8-1 套管动力钳基本参数

最大适用管径代号	178	245	340	406	508
适用管径范围 mm(in)	101~178 (4~7)	101~245 (4~9⅝)	140~340 (5½~13⅜)	178~406 (7~16)	245~508 (9⅝~20)
最大扭矩,kN·m	16,20	20,30,35	35,40,50	40,50	50,60,70
液压源额定压力,MPa	12~18				
工作气压,MPa	0.5~0.9				

江苏如石机械有限公司生产的 TQ508-70Y 套管钳,最大扭矩为 70kN·m,属于大管径、高扭矩液压套管钳,其结构如图8-7所示。

TQ508-70Y 套管钳的主要部件包括钳头、传动齿轮壳体、变速机构、液压系统、液压测矩装置等。该液压套管钳由曲轴式径向柱塞液压马达提供动力,经变速机构和传动齿轮传递到钳头的缺口大齿轮,实现钳头夹紧和旋转动作。齿轮变速机构可进行钳头转速的高、低挡变

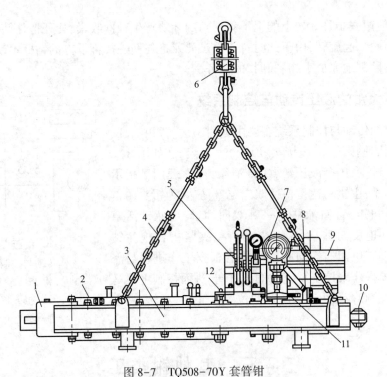

图 8-7　TQ508-70Y 套管钳

1—防护门；2—钳头；3—传动齿轮壳体；4—吊索；5—液压系统；6—吊扭簧；7—扭矩表；8—变速机械；
9—液压马达；10—扭矩拉力缸；11—扭矩传感器接口；12—圈数传感器接口

换,用于套管接头的旋螺纹、紧螺纹(或崩螺纹)。液压系统中的多路换向阀可改变钳头的旋转方向,实现上螺纹和卸螺纹动作的切换。由扭矩拉力缸和扭矩表组成的液压测矩装置,可以测出钳头作业时的扭矩,确保上扣质量。在液压测矩装置上留有扭矩传感器的接口,在传动齿轮壳体的上平面还设有圈数传感器的接口,便于实现计算机管理。

二、吊钳

吊钳又称大钳,是用来拧紧或松开钻杆及套管螺纹的专用工具。根据用途不同,吊钳主要有钻杆吊钳和套管吊钳两种。根据 SY/T 5074—2012 规定,钻井吊钳规范如表 8-2 所示。

表 8-2　吊钳多扣合钳规格

适用管径 in	$2\frac{3}{8} \sim 10\frac{3}{8}$	$13\frac{3}{8} \sim 25\frac{1}{2}$	$3\frac{3}{8} \sim 12\frac{3}{4}$			$3\frac{1}{2} \sim 17$			$4 \sim 12$
适用管径范围,mm	$60 \sim 273$	$340 \sim 648$	$86 \sim 114$	$114 \sim 197$	$197 \sim 324$	$89 \sim 114$	$114 \sim 216$	$216 \sim 432$	$102 \sim 305$
额定扭矩,kN·m	35		55	75	55	55	90	55	135

(一) 吊钳型号表示方法及规格

Q □ - □

额定扭矩,kN·m
适用管径范围,mm
产品代号

(二) 国产 B 型吊钳的结构

B 型吊钳是由吊杆、钳头、钳柄三大部分组成的,如图 8-8 所示。

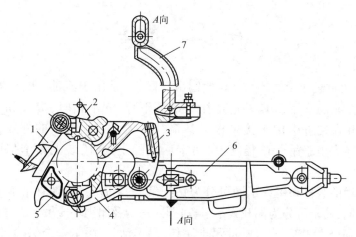

图 8-8　B 型吊钳结构

1—1 号扣合钳;2—2 号(固定)扣合钳;3—3 号长钳;4—4 号短钳;5—5 号扣合钳;6—钳柄;7—吊杆

（1）吊杆:吊杆是用来悬吊大钳和调节大钳平衡的。吊钳的上部有一平衡梁与吊钳绳相连接,下部通过轴销与大钳钳柄相连接,且在下部有一调节螺钉。

（2）钳头:钳头是用来扣合钻具接头或套管接头的。钳头上有 5 个扣合钳,1 号扣合钳(钳框)与 2 号扣合钳(固定钳)、2 号扣合钳与 3 号长钳、3 号长钳与钳柄、钳柄与 4 号短钳、4 号短钳与 5 号扣合钳(钳头)之间分别通过销轴连接在一起。3 号长钳、4 号短钳、2 号扣合钳上分别装有钳牙,且在 1 号扣合钳与 2 号扣合钳的连接处嵌有扣合弹簧。5 号扣合钳有 5 种规格,更换各种不同规格的 5 号扣合钳可以扣合不同的台肩,卡住不同尺寸的管径。

（3）钳柄:钳柄是大钳的主体部分。钳柄的头部连接钳头,稍后连接吊杆,中部有一手柄,尾部有尾桩、尾桩销、方头螺钉,用以穿连钳尾绳和猫头绳。

另外,大钳上备有 5 个黄油嘴,分别润滑 5 个轴销。

吊钳用钢丝绳吊在井架上,为了使工作时吊钳能升降自如,钢丝绳应绕过井架上的小滑车,拉到钻台下面并坠以重物,以平衡吊钳重量。

操作吊钳时,吊钳应打在钻具或套管的接头上。紧螺纹时,外钳在上,内钳在下;卸螺纹时,外钳在下,内钳在上。吊钳打好后,钳口面离内、外螺纹接头的焊缝 3~5mm 为宜。上卸螺纹时,内、外钳的夹角在 45°~90°范围内。

国产 B 型吊钳一般用 35CrMo 铸钢制造。其平均寿命一般为 1~2 年。最容易损坏的是牙板,其次各个钳头也是易损零件。其中 1 号扣合钳、2 号固定扣合钳、4 号短钳等更容易损坏,需不断补充更换。

项目二　卡类工具

【项目描述】　石油矿场钻修机械配备的卡类工具可分为转盘用、大钩用及其他三大类型,或按工作对象可分为管类卡具和杆类卡具两类。本项目以钻井常用的卡类工具为主加以介绍。

【学习目标】　了解钻井常用卡类工具的作用、结构;掌握典型卡类工具的使用与维护、保养方法。

任务一　吊卡

吊卡是井口的重要工具之一，常与大钩吊环配合，是用于石油、天然气开采时进行钻井、完井和修井作业的常用工具。它悬挂于吊环下部，起下钻时，提升和下放钻具，并使钻具坐于转盘，并在钻进中用于接单根。其口径略大于欲提管柱的外径，又小于管柱接头的外径，管柱接头坐于吊卡口径之上，吊卡两边挂上吊环，装上吊卡保险销，进行起下管柱作业。

吊卡按其使用的管柱和用途不同可分为钻杆吊卡、套管吊卡、油管吊卡、抽油杆吊卡等。按其结构形式不同，通常可分为侧开式吊卡、对开式吊卡及闭锁环式吊卡三种形式。

各种吊卡大部分由 3 部分组成，即吊卡主体、吊卡活门、吊卡安全保险机构，它们大都用 35CrMo 钢制成。钻杆及油管吊卡直角台阶表面应进行淬火处理，硬度为 48HRC～58HRC，深度不小于 2mm。

一、侧开式吊卡

我国目前现场普遍采用的是侧开式吊卡，其结构如图 8-9 所示。这主要是由于该种形式吊卡具有体积小、重量轻、结构简单、操作和维护保养方便、使用安全等优点。侧开式吊卡适用于钻杆、套管和油管，能用作双吊卡起下钻，不宜用于带 18° 锥度的钻杆接头。

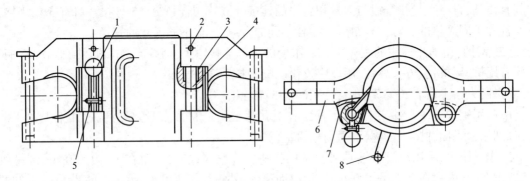

图 8-9　侧开式吊卡

1—锁销手柄；2—螺钉；3—上锁销；4—活页销；5—开口销；6—主体；7—活页；8—手柄

吊卡的主体是由 35CrMo 钢经热处理加工而成。吊卡的两端分别开有挂合吊环的吊卡耳和安全销孔，中部装有锁销及弹簧，锁销上有一个保险阻铁；另外，中部还开有轴销孔及半封的锁销孔。活页（活门）上有两个手柄，即活页手柄和锁销手柄，锁销手柄连接着锁销及弹簧；同时活页上还开有轴销孔，通过轴销与主体连在一起，并由平衡紧定螺钉来固定轴销。侧开式吊卡为了安全起见都装有保险锁紧机构，它利用钻杆或套管的台肩压住保险阻铁，把活页与主体锁住，以保证提升时活页不会脱开。

二、对开式吊卡

对开式吊卡结构如图 8-10 所示，由左主体、右主体、耳环、耳销、锁环等组成，适用于钻杆和套管，开合比较方便，但制造比较复杂，适用于一吊（吊卡）一卡（卡瓦）起下钻，以及钻杆接头下部有 18° 锥度的钻杆。

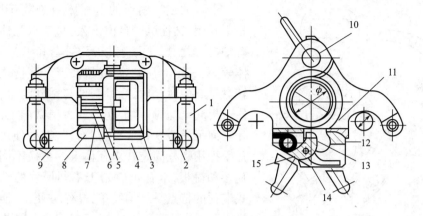

图 8-10　对开式吊卡

1—耳环；2—耳销；3—销板；4—右主体；5—扭力弹簧；6—弹簧座；7—长销；8—锁环；9—左主体；
10—轴销；11—右体销舍；12—锁孔；13—锁销；14—短销；15—销板

三、闭锁环式吊卡

闭锁环式吊卡由主体、安全销、闭锁环、手柄等配件组成，使用中安全销可锁定在开、闭两极限位置处，因此使用中不会自行打开闭锁环而出现意外情况。该吊卡主要零件均采用优质合金钢加工而成。因此，具有尺寸小、重量轻、负荷大等特点，如图 8－11 所示。

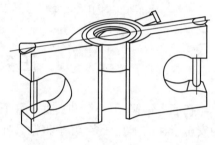

图 8-11　闭锁环式吊卡

吊卡的失效形式主要是上部台肩变形磨损，为了延长其使用寿命，在台肩面上用等离子喷焊一层钴包碳化钨耐磨合金粉，以增加其耐磨性。

任务二　卡瓦

一、功用

卡瓦外形呈圆锥形，可楔落在转盘的内孔里，而卡瓦内壁合围成圆孔，并有许多钢牙，在起下套管或接单根时，可卡住钻杆或套管柱，以防止落入井内。其次，在遇阻卡划眼时将钻具卡紧坐于转盘中，以便传递扭矩，配合吊卡起下钻等作业。

二、分类

卡瓦按作用分为钻杆卡瓦、钻铤卡瓦、套管卡瓦；按结构分为三片式卡瓦、四片式卡瓦，长型卡瓦和短型卡瓦，普通卡瓦和安全卡瓦等。我国现场多采用手动三片式卡瓦。

三、结构

手动三片式卡瓦主要由卡瓦体、卡瓦牙、衬套、压板、手把螺栓、铰链销钉、衬板和卡瓦手把组成，如图 8-12 所示。

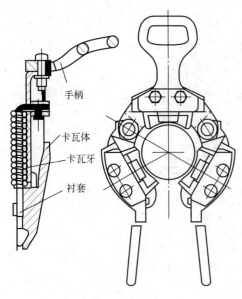

手柄

卡瓦体

卡瓦牙

衬套

图 8-12　三片式卡瓦

卡瓦的三片扇形的卡瓦体用铰链互相铰接，但是不封闭，钻柱可以自由出入；每片卡瓦体内分别开有轴向燕尾槽，并装有压板、衬套和卡瓦牙，卡瓦牙体较薄，一副卡瓦要装 60 块。当卡瓦抱住钻柱坐在转盘补心中时，卡瓦牙紧密地与钻柱吻合，钻柱被卡住。提起卡瓦时，因卡瓦牙的齿稍微向上倾斜，卡瓦牙表面很易脱开钻柱，提起卡瓦，钻柱便可升降。卡瓦手把用螺栓固定在卡瓦体上。更换不同规格的卡瓦牙和衬板，卡瓦可以用于不同尺寸的钻柱。三片式卡瓦的特点是结构简单，操作方便，并能容易地更换卡瓦牙。卡瓦牙的齿小而不连续，因此能减少应力集中，并不会损坏钻柱，同时延长了卡瓦牙的使用寿命，提高了工作效率。

卡瓦的易损件是卡瓦牙，材料一般采用低碳合金钢通过渗碳淬火或氮碳共渗热处理制成。

任务三　安全卡瓦

在起下钻铤、取心筒和大直径管子时配合卡瓦使用，以保证上述作业的安全。这主要是因为安全卡瓦的卡瓦牙多，几乎将钻具外径包合一圈，再通过丝杠的旋紧，包咬效果更佳，因此保证钻具不会溜滑落井。对于外径无台肩的钻具，为防止普通卡瓦因卡瓦牙磨损或其他原因造成卡瓦失灵，通常在卡瓦的上部再卡一个安全卡瓦(距卡瓦 50mm)，以确保安全。

安全卡瓦是由牙板、牙板套、卡瓦牙、手柄、调节丝杠、螺母、轴销、弹簧、插销及连接销所组成，如图 8-13 所示。安全卡瓦由若干节卡瓦体通过销孔穿销连成一体，其两端通过销孔的销

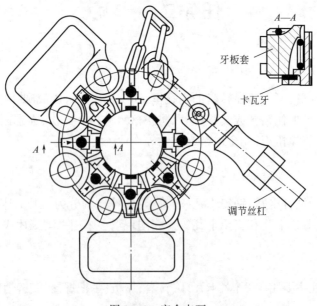

A—A

牙板套

卡瓦牙

调节丝杠

图 8-13　安全卡瓦

柱与丝杠连接成一个可调性卡瓦。一定节数的安全卡瓦只适用于一定尺寸范围内的钻铤及管柱,要适应不同尺寸的钻铤及管柱,就要改变安全卡瓦的节数,被卡物体的外径越大,安全卡瓦的节数越多。

任务四 动力卡瓦

卡瓦是用来把钻柱或套管卡紧在转盘上的工具。为了免除钻井工人在井口来回搬动近100kg重的吊卡或手提卡瓦,以加速起下钻作业,提高工效,可采用动力卡瓦。

动力卡瓦应满足下列要求:

(1)在提升管柱时卡瓦松开并升到一定高度。

(2)能平稳地下放卡瓦并卡紧管柱。

(3)卡瓦能离开井口而不妨碍钻进。

(4)易损件卡瓦牙应便于拆换。

目前矿场上用的动力卡瓦基本上都是用气动和液动的。大体上可分为两种类型:一种是安装在转盘内部的,另一种是安装在转盘外部的。

一、安装在转盘外部的动力卡瓦

图8-14所示为安装在转盘外部动力卡瓦的一种。它通过气缸提放卡瓦并支持在某一位置上。

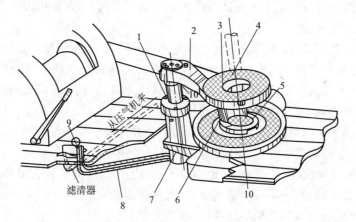

图8-14 装在转盘外的动力卡瓦

1—气缸;2—臂;3—卡瓦提环;4—铰链;5—锥形导轨;6—卡瓦体;7—支架;8—管线;9—脚踏阀;10—缓冲垫

气缸用支架安装在转盘体的侧面,在气缸的顶端装有可转动的臂及卡瓦提环,三片卡瓦牙体用铰链与提环相连。当卡瓦上行提出方补心后,三片卡瓦在自重的作用下自行张开,可以容许管柱从卡瓦中心自由通过。卡瓦下放时,卡瓦体沿装在转盘补心上的锥形导轨下滑收拢而进入转盘内。卡瓦的动作由司钻台旁的脚踏控制阀进行控制。钻进时,卡瓦被提出转盘,打开活门,用人力推转而离开井口。提环通过锥形滚轮与臂相连,因而在卡瓦卡紧管柱状态下允许转盘转动管柱。

二、安装在转盘内部的动力卡瓦

图8-15所示为装在转盘内动力卡瓦的结构示意图。这种卡瓦配有特制的卡瓦座以代替

大方瓦放在转盘内。在卡瓦座的内壁上开出四个斜槽,四片卡瓦体可沿槽升降。卡瓦体沿斜槽下降的同时向中心收拢卡紧钻柱。卡瓦体沿斜槽上升的同时向外分开而允许钻柱从中自由通过。卡瓦体的升降靠气缸经杠杆驱动。卡瓦体与卡瓦导杆的上端用提环连接,卡瓦导杆的上端则固定在圆环上。杠杆的一端带有滚轮并装在圆环的槽形轨道里,杠杆可以带动圆环上下移动,也可允许圆环转动。气缸用支架固定在转盘体上,并用脚踏气阀控制,上述气阀安装在司钻控制台下。卡瓦的尺寸可以根据钻杆的直径进行更换。

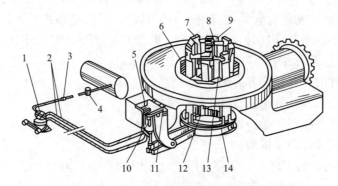

图 8-15　装在转盘内的动力卡瓦示意图
1—气阀;2—气管线;3—滤清器;4—脱湿器;5—气缸;6—壳体;7—卡瓦导杆;8—提环;
9—卡瓦体;10—安全阀;11—支架;12—圆环;13—卡瓦座;14—杠杆

在转盘内需要通过直径大于卡瓦体内径的钻头等工具时,卡瓦座可以从上面提出,卡瓦导杆及圆环可以从下面拿掉。

上述两类卡瓦各有其优缺点,前者可以用在普通的转盘上,便于推广。后者则因为其升降机构在转盘内,使结构紧凑,机件不易损坏。但是他们的共同缺点是都只能用于起下钻操作。当需要钻进时,为了放入小方瓦,需要将动力卡瓦移离井口,这是非常不方便的。

在钻井和修井作业中,使用动力卡瓦,对于加快起下作业减轻体力劳动有明显的优越性。但是卡瓦在超深井条件下使用将受到限制,因为随着井深及管柱重量的增加,使卡瓦卡紧管柱的径向压力增加,往往会使被卡住的那部分管柱产生颈缩现象。

目前,美国的 DEN-CON 公司和 VARCO-BJ 公司生产的动力卡瓦在国外应用较广。他们生产的动力卡瓦放于转盘上,不必改造转盘部件,卡瓦提升机构本身不承受钻柱或套管载荷。需正常钻井时,可将动力卡瓦机构提离井口,非常方便。

DEN-CON 公司生产的气动卡瓦结构和动作都比较简单,重量轻,成本较低。DEN-CON 公司生产的动力卡瓦在我国海洋油田已经引进使用并取得良好的应用效果。

由于油田开发,钻井井深越来越深,对卡瓦工作稳定性要求也相应提高。相对于气压动力,液压动力更稳定,冲击性小,力量更大且能在卡紧管柱状态下提供卸扣扭矩,而且工作噪声小,更环保。

VARCO-BJ 公司生产的液压动力卡瓦可以操作所有类型和尺寸的管子,其中包括钻铤、钻杆、套管和油管等,并且可以同手动卡瓦配套使用,无须使用特殊工具,也没有易松动部件。

国外大多数油田使用机械手、动力卡瓦等设备,生产效果很好,但是这些设备却难以适应国内陆地钻机井口设备和人员的操作现状。另外,由于结构复杂、价格昂贵等原因,难以在国内推广使用。

我国的一些企业和科研机构开发研制了适合自己情况的动力卡瓦,也已取得了不错的经济效益以及社会效益。但国产的动力卡瓦还不够完善，仍存在一些缺陷，如结构复杂、气液路管线繁多、维修不便、工作可靠性差、使用不方便、安全性不高等问题，还有待继续研究和发展。

项目三　其他井口工具设备

【项目描述】　石油矿场钻修机械配备的井口工具设备除钳类与卡类工具外，还有一些其他井口工具设备也要引起足够重视。这里仅对方钻杆旋扣器、动力小绞车加以介绍。

【学习目标】　了解方钻杆旋扣器、动力小绞车的作用、结构及使用方法。

任务一　方钻杆旋扣器

方钻杆旋扣器是在钻井过程中利用风动马达（或电动机）作动力，驱动方钻杆旋转，并与小鼠洞卡紧装置配合使用，从而完成接单根工作的一种专用设备。

方钻杆旋扣器由动力部分、旋扣器和小鼠洞卡紧装置三部分组成。它装于水龙头下方，整体安装时，需在水龙头的两侧焊上吊耳，用16mm钢丝绳与旋扣器连接起来，如图8-16所示。

小鼠洞卡紧装置则固定于转盘旁的小鼠洞管之上，其结构如图8-17所示，是一种借助偏心牙板，在小鼠洞上自动咬住单根的装置。采用这种装置，与旋扣器配合不需要打吊钳就可以拧紧螺纹。

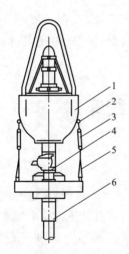

图8-16　方钻杆旋扣器安装示意图

1—水龙头；2—吊耳；3—正反螺栓；4—旋扣器；

5—5/8in钢丝绳；6—方钻杆

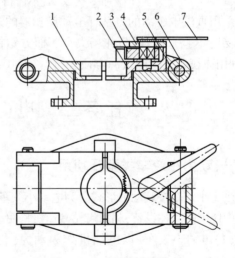

图8-17　小鼠洞卡紧装置

1—支撑板；2—牙板箱；3—偏心牙板；4—牙板销；

5—销子；6—底座；7—手把

方钻杆旋扣器有风动旋扣器（图8-18）和电动旋扣器两种。

风动旋扣器的动力部分是风动马达。风动旋扣器的旋扣器本身由中心管、外壳、大齿圈、中间盘和两副2007152轴承等组成。中心管用203.2mm接头毛坯加工制成，大齿圈可用B_2-300型柴油机的启动齿圈代替。

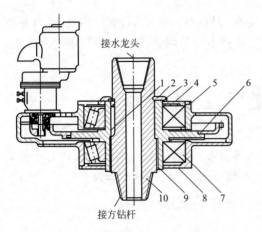

图 8-18　风动旋扣器结构简图

1—键；2—卡环；3—上盖；4—轴承上盖；5—外壳；
6—大齿圈；7—2007152 轴承；8—轴承下盖；
9—中间盘；10—中心管

风动马达的特点是：低转速时空气漏失很大，效率低。因此当内、外螺纹接头的螺纹已对好，但外螺纹接头尚未压住内螺纹接头时，司钻即应打开单向气开关，使方钻杆边旋转边下放。如果在风动马达旋转前，方钻杆放得太低，压得太死，风动马达就不能很好启动，转速就会降低、螺纹就拧不快、拧不紧。

在井深浅于 2000m 的井，可以不用上吊钳紧扣。在井深超过 2000m 后，必须用吊钳紧扣后方可开泵，以防螺纹未拧紧而被刺坏。

电动旋扣器的动力部分是直流电动机，其结构与风动旋扣器基本相同。

接单根时，先将单根放入小鼠洞卡紧装置中，单根上端的内螺纹坐于小鼠洞卡紧装置的支撑板上，搬动卡紧装置的手柄，使偏心牙板咬住单根内螺纹接头。旋扣器的中心管上接水龙头，下接方钻杆。开动风动马达或电动机，齿轮下行与旋扣器的大齿轮啮合，继而驱动大齿轮旋转，并带动方钻杆旋转，这样方钻杆外螺纹就可与钻杆单根的内螺纹旋接。旋扣的反扭矩是通过与水龙头连接的钢丝绳传给水龙头的，并最后由游动系统来承受。使用方钻杆旋扣器可以使接单根的速度提高 2~2.5 倍；减轻劳动强度，操作安全方便；上扣力矩大。采用直流电动机或风动马达都使上扣扭矩在 1.18~1.32kN·m 以上，最大可达 1.78kN·m。因此，上扣做到一次成功，不需再用吊钳紧扣。

采用直流电驱动的方钻杆电动旋扣器的缺点是用电时易产生火花，在钻气井或钻穿高压油气层时不宜采用，以防井场失火。而方钻杆风动旋扣器的缺点是耗气量稍大，但它安全防火，利用原设备产生的气源方便、易行，得到广泛推广。

任务二　电(气)动力小绞车

一、动力小绞车类型及功用

动力小绞车按其动力形式分为电动小绞车和气动小绞车(风动绞车)，是在钻井辅助性操作过程中使用的一种设备，利用齿轮减速机构驱动滚筒将钻铤、钻杆或其他重物拉上或放下钻台。

(1)电动小绞车：以电动机作为动力，利用滚筒的卷扬作用起吊重物和进行其他辅助工作。

(2)气动小绞车：以气动马达作为动力，通过齿轮减速机构驱动滚筒，实现重物的牵引和提升。

二、动力小绞车结构

(一)电动小绞车结构

以胜利Ⅳ型电动小绞车为例，电动小绞车主要是由底座、侧板、支撑轴、电动机、传动系统、制动系统及护罩组成，见图 8-19。

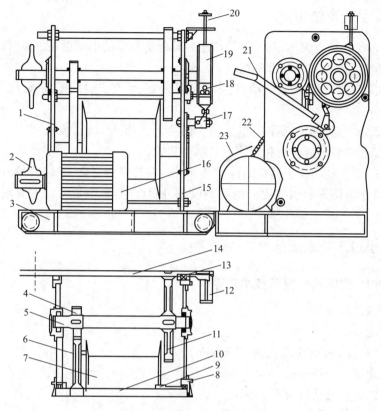

图 8-19　电动小绞车(胜利 IV 型)

1—侧板；2—主动链轮；3—底座；4—二级小齿轮；5—第二轴；6—二级大齿轮；7—滚筒；8—轴承；9—隔套；
10—滚筒轴；11—一级大齿轮；12—刹车毂；13—一级小齿轮；14—第一轴；16—电动机；17—刹车曲轴；
18—刹车固定销；19—刹带；20—刹车吊钩；21—刹把；22—单排链条；23—护罩

(1)电动机是电动小绞车的动力来源,它通过滑轨以及顶丝装在电动小绞车后面的底座上,其上有一主动链轮经单排 25.4mm 链条与被动链轮构成一级传动,被动链轮由键固定在第一轴上。

(2)传动系统由第一轴、第二轴和滚筒轴组成。

第一轴:在轴的两端各装有一副 208 轴承。轴的左边装有隔套及用键固定着的被动链轮,右边用键固定着一级小齿轮;侧板的外面装有刹车轮毂以及并帽。

第二轴:在轴的两端各装有一副 208 轴承。轴的左边装有隔套及用键固定着二级小齿轮,右边用键固定着一级大齿轮;一级大齿轮与一级小齿轮啮合构成二级传动。

滚筒轴:在轴的两端各装有一副 212 轴承。轴的左边用键固定着二级大齿轮,轴的右边装有隔套,中部是起卷扬作用的滚筒;二级大齿轮与二级小齿轮啮合构成三级传动,且二级大齿轮与滚筒用螺钉固定在一起。

(3)制动系统由刹车毂、刹车曲轴、刹带、刹带固定销、刹把及刹带吊钩组成。刹车毂固定在第一轴的左端,刹带死端由刹带固定销固定,刹带活端经刹车曲轴连接着刹把;刹带的吊钩吊在刹带的中间部位,起复位作用。

胜利 IV 型电动小绞车采用带式刹车,使用安全可靠;采用链条和齿轮混合传动,使减速机构变得简单。但下雨天不宜使用,否则有触电的危险。

(二)气动小绞车结构

气动小绞车与电动小绞车一样,都是用于井场辅助起降的小型设备。以 XJFH-2/35 型气动小绞车为例,它主要由如下几部分构成:

(1)动力部分一般是活塞式气动机,主要包括气缸、活塞、连杆、配气阀、配气阀芯、操作手柄及进气口等。

(2)传动部分主要包括传动轴、曲轴、离合器及大、小齿轮等。

(3)卷扬部分主要包括卷筒和卷筒上的制动装置。

XJFH-2/35 型气动小绞车具有结构紧凑、操作方便、安全可靠、维修简单、运转平稳、无级变速等优点,可作为防爆牵引或提升的动力设备,而且没有触电危险。主要缺点是结构较复杂、耗气量大。

三、动力小绞车技术规范

(一)胜利 IV 型电动小绞车技术规范

滚筒直径:220mm;

减速传动比:37.2;

滚筒转数:26.2r/min(电动机为 975r/min);

滚筒起升速度:0.385m/s;

起重量:1500kg(电动机功率 7kW);

短时最大起重量:2250kg。

(二)XJFH-2/35 型气动小绞车技术规范

额定起重量:19.6kN;

最大起重量:24.5kN;

最大起升速度:0.583m/s;

额定功率:13200W;

进气压力:0.6-0.7MPa;

容绳量:250m;

钢丝绳直径:15.5mm;

外形尺寸(长×宽×高):1240mm×590mm×780mm;

总体质量:45kg。

模块九　海洋钻井设备

【模块导读】　海洋石油钻井平台是有别于陆地石油钻井设备的、多学科高新技术综合应用能力更强的高端装备,可分为固定式钻井平台和移动式钻井平台两大类。随着海上石油资源大量开发,海洋石油钻井平台得以大量研发与应用。

【学习目标】　了解海上石油钻井平台的作用、类型、结构与工作原理;了解它们的使用与维护的基本知识与技能。

项目一　固定式钻井平台

【项目描述】　固定式钻井平台是近海石油勘探开发的主要设备,主要有刚性固定平台和柔性固定平台两大类型。

【学习目标】　了解典型固定式钻井平台结构组成、工作原理;了解它们的安装、使用与维护方法。

任务一　海上石油工程基本知识

一、海上石油资源

地球表面的 71% 是海洋。石油资源不仅埋藏在陆地的地层中,而且也埋藏在广阔的水域底下的地层中。据资料分析,海上石油资源占全球石油总资源的 1/3~1/2。近几十年来,世界海上石油勘探和开发的速度很快。我国拥有 14000km 长的海岸线,陆棚宽广,拥有丰富的海洋资源,油气资源沉积盆地约 $70×10^4km^2$,石油资源估计为 $240×10^8t$,天然气资源估计为 $14×10^{12}m^3$,发展海上石油工业有着良好的条件。

二、海上石油工程

(一)海上石油工程问题

海上钻井是海上石油勘探和开发的必要环节。海上钻井工艺与陆地钻井工艺基本相同。海上钻井设备与陆地钻井设备的三大工作系统的组成也大体一致。但由于海洋自然条件不同于陆地,因而海上钻井必须解决如下不同于陆地钻井的一些问题。

(1)需要建造相对稳定的海上井场,即海上钻井平台,以便安装钻机、储备器材和进行钻井施工。

(2)海底井口装置与钻井平台之间需要进行隔离海水作业,引导钻具入井和控制井下情况。

(3)需要进行海上钻井装置的定位。

（4）需要克服潮涌等海洋气候对钻井平台的影响,解决升沉运动的补偿问题。

（5）在海上,金属的腐蚀比陆地上严重得多,需要防止海水和大气腐蚀。

（6）风、浪、冰的影响也强于陆地,需要有效防范。

（二）海上石油钻井平台设备的组成

海洋钻井平台必须满足钻井、作业、生活、安全的基本需求,所以必须在有限的平台上配备尽可能完善的设施。一般海上石油钻井平台由以下设备组成。

1. 动力设备

钻井平台用动力设备主要有柴油机、发电机、电动机等,用来钻井、航行、动力定位、桩腿升降以及锚泊、起重、发电等。

2. 钻井机械设备

这部分与陆地钻机没有什么大的区别,包括绞车、转盘、钻井泵,井架固控设备等。所不同的是为钻井方便,海上钻井机械设备还配备了固井泵、气动下灰装置、水泥搅拌装置和空压机等。

3. 固井设备

成套的固井设备包括柴油动力机组、注水泥机组、控制及计量设备、气动下灰装置、水泥搅拌设备及供水设备。

4. 测井与试油设备

主要包括测井仪、测斜仪、综合录井仪等测井设备和分离器、加热器、试油罐、燃烧器及测量仪表等成套试油设备。

5. 起重与锚泊设备

这是海上钻井平台新增设备。起重设备,主要有甲板上的起重机以及管类器材储存场和其他辅助工作用的起重机;锚泊设备,对钻井平台或钻井船进行抛锚定位,主要有大抓力锚、锚架、绞车、链条、锚缆绳、绞盘或缆桩等。

6. 平台与船体结构

海上钻井平台的功能有如陆地钻机的钻台底座。为适应海上特殊环境工作,平台主要有固定平台和移动平台两大类型。固定平台包括桩柱、桁架结构等;移动平台包括船体、甲板桩脚、沉垫浮箱、支柱桁架等。

7. 其他设备

如潜水作业用设备,直升机等运输设备,救生艇等安全、防火设备,还有吸取海水、供应淡水、海水淡化装置等其他生活辅助设备。

三、海上钻井装置类型

海上钻井装置可分为固定式和移动式两大类型。

固定式钻井平台最大特点就是固定于海底,露出海面,不能移动。通常建在水域不太深的近海,在完井后可用做采油平台。

移动式钻井平台又分为着底式和浮动式;着底式又分为坐底式(沉垫式)和自升式;沉垫式又分为半潜式和钻井船。

还有按钻井工作平台是否与海底有刚性支撑来分,可分为触底式和上浮式两类。触底式钻井平台包括固定式钻井平台和移动式钻井平台中的自升平台;而上浮式钻井平台包括半潜式钻井平台和钻井船。

各类钻井平台的大致结构情况如图9-1所示。

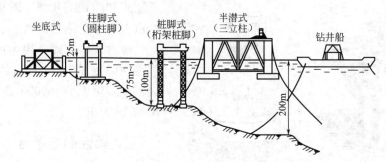

图9-1　各型海上钻井平台适应水深特点示意图

任务二　固定式钻井平台的类型及特点

固定式钻井平台是基于海底架起的一个高出水平面的构筑物,上面铺设平台,用以安置钻井机械设备等。固定式钻井平台上所钻井口数一般较多,少则十几口,多则达80~90口。当平台上的钻井、完井工作结束后,可将其上的钻井机械系统及设备拆除,替换安装相应的采油设备,便将固定式钻井平台改造成了采油平台。固定式钻井平台上的钻机工作环境与陆地上的钻机并没有特别明显的不同。固定式钻井平台可分为桩式结构固定平台、重力式固定平台和柔性固定平台等几种类型。

一、桩式结构固定平台

这种平台是由打入海底的桩来支撑平台的。桩将承受风浪及水流的作用力。桩式结构固定平台常见有群桩式、腿柱式和导管架式三种。而桩结构有木桩、钢桩、混凝土桩三种。前两种存在腐蚀问题,后一种一般预制好后,再在海上打桩,阻力比钢桩大四倍,目前多用钢管柱,即空心管中打入混凝土的结构。图9-2及图9-3所示为群桩式和三腿柱式固定钻井平台。导管架式固定钻井平台应用较广。

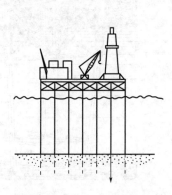

图9-2　群桩式固定钻井平台

图9-3　三腿柱式固定平台

二、重力式固定平台

重力式固定钻井平台多为钢筋混凝土结构，通常由底座、腿柱、钢制甲板及甲板上的组装模块等组成。其腿柱有单腿式、双腿式、三腿式和四腿式几种。图9-4所示为腿柱重力式固定钻井平台。

重力式和桩式结构固定钻井平台又称刚性固定钻井平台，常因受制于建造成本而多应于小于100m深的水域，超过100m深的很少。

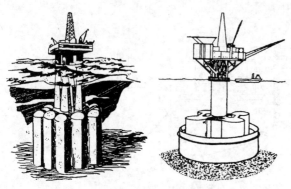

图9-4 腿柱重力式固定钻井平台

三、柔性固定平台

在大于100m以上的水域建造固定平台，常考虑采用柔性固定平台。常见有钢索拉紧的塔式固定平台和张力腿式固定平台。

图9-5所示是一种由钢索拉紧的塔式固定平台。其塔柱为桁架结构，依靠重力坐于海底或依靠支柱加以支撑。桁架塔柱的上端安装作业甲板，塔柱的四周则借助于钢索、重块、锚链及锚组成锚泊系统拉紧而保持直立状态。其特点如下：

（1）小风时，平台存在微幅摆动；大风时，因重块有吸收部分风浪能量的作用而仍可维持平台在许可范围内摆动。

（2）该平台结构简单、构件尺寸小、造价较低，适用于300～600m水深海域。若超过600m水深，则建造成本将大幅提高，并不经济。

图9-6所示为张力腿式固定平台。它是由浮箱、平台甲板、钢索、海底座基（锚碇）等组成。将平台甲板安装于浮箱之上形成浮箱型半潜式平台，再用若干钢索将半潜式平台与海底座基相连并拉紧，使平台的吃水大于它静态平衡时的吃水，也就是说平台所受到的浮力大于其自身的重量，而使钢索受有预张力。设计时，只要垂直向下的干扰力不大于预张紧力，垂直向上的干扰力与预张紧力之和不大于钢索强度，平台就不会发生垂直方向的运动。

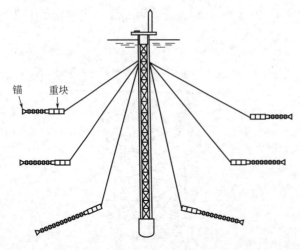

锚　重块

图9-5 钢索拉紧的塔式固定平台

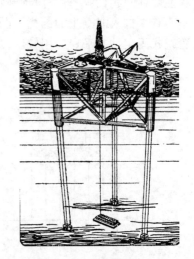

图9-6 张力腿式固定平台

四、导管架式固定平台

导管架式固定平台是桩式固定平台应用最广的一种。其特点在于:在陆地上采取模块化预制;利用现代海上运输设备到指定海域准确安装。与同规模的重力式固定平台相比其重量要轻得多。

导管架式固定平台适用的水深较浅,一般在 20~30m 以内。水深增加时,它的耗钢量大大增加,造价高,不经济。固定式平台不易搬迁,因而不适用于打勘探井。

图 9-7 所示是导管架式固定平台示意图。它是由组装模块、海面上的上部框架、立于海水中的导管架和打入海底的桩基四部分构成。

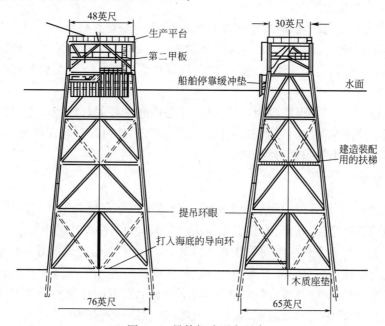

图 9-7　导管架式固定平台

(一) 导管架的结构

导管架是立于海水中的、用于支撑上部框架的支撑结构。

导管架是由不同直径和壁厚的钢管焊接而成的棱台形状的空间桁架结构,其平面有正方形和矩形之分,对于用来构造小型平台(如烽火平台)的导管架的平面常采用三角形。构成导管架的棱边使用比较粗的钢管,称之为主腿柱。各主腿柱的直径一般相同,它们相互之间用水平和倾斜桁材连接。有时为了自浮拖运,导管架的某一侧面的主腿柱的直径格外增粗,以便获得足够大的浮力。

导管架的高度,除了水深因素外,还应考虑导管下端因自重陷入海底的深度(一般约为3~4m)以及导管桩上端伸出水面的高度(此高度要考虑打桩作业和钢桩接长作业时不受上浪影响,并留有适当的裕量)。主腿柱陷入海底一段长度,有利置于柱内的钢桩的保护。

固定平台的寿命常在 15 年以上,一般为 25 年左右。其安全性、可靠性一般选取 50 年或100 年一遇的台风恶浪的自存条件,对导管架及桩基进行静力分析和动力分析。

导管架的使用寿命较长,防腐问题非常重要。海水以下部分采用牺牲阳极法或外加电源法。阳极材料有镁、锌、铅等。飞溅带为导管架受海水腐蚀最为严重的部位,通常对该处另外套一圈钢板来补强,或覆盖蒙乃尔合金保护层,或经严格清锈,涂上底漆,再涂敷环氧沥青。

（二）平台的桩基

桩基是由若干根从导管架的主腿柱内打入海底的桩所组成，桩是将导管架与海底牢固连接的钢质或钢筋混凝土构件，所以主腿柱又称导桩管。桩外径比主腿柱内径要小一些（常取50～100mm），待打桩结束后，在桩与主腿柱之间的环形间隙再填注水泥，以确保导管架与桩一体化，使导管架所受到的载荷能均匀地传递到桩上去，形成导管架固定平台的桩柱。

桩柱是打入海底、支撑平台的构件，除了要承担平台上的钻井生产机械设备、自重等作用力以外，常常还要承担风、浪、流的作用力，以及海水的腐蚀和电化学的腐蚀。尤以海水平面上下桩柱的电化学腐蚀最为严重。

桩打入海底的深度，视外载荷大小和海底土质而定，一般均达数十米。桩上端将导管架的主腿柱露于水面，以便上部框架与之连接。桩的长度有一定规格，打桩时可根据需要实地加长。现大都采用钢桩，利用焊接加长，施工方便，且同样强度条件下重量也较轻。钢桩下端焊有桩靴予以保护。

打桩作业是海上施工中很重要的一环，必须配备性能良好的打桩船。专门供海上作业用的打桩船，有别于港湾作业用的导轨式打桩船。其特点是，动力部分与锤头成为一体，犹如将打夯机安于桩顶，以减小船舶摇摆的影响。

（三）上部框架

上部框架的形式根据平台的用途而定。它一般是用较小直径的钢管焊接成的空间刚架。其下，与导管架的钢桩连接；其上，安置组装模块。上部框架的作用是提供工作、生活所需的甲板面积，并把甲板上的集中载荷传到导管架和桩基去。例如，全搭载型导管架钻井平台的上部框架有两层，上甲板上设有钻井井架、起重机、钻杆排放装置、钻井泵室、钻井液池舱、各种机器设备间、工具室、值班室以及直升机停机坪等；下甲板上设有居住舱室和油井装置等。上下甲板间高度4m，下甲板距离海面高度（也称空气隙）应保证在遇有100年（或50年）一遇的波高情况下，其主梁的下缘离水仍有1.5m的间隙。

（四）组装模块

为了避免海上作业困难，减少天气对施工的影响，争取在有限的时间内完成安装工程，实施组装模块法，能有效地达成上述目的。组装模块用于提供工作与生活用的场地和舱室。它主要由设备舱室、钻杆排放架、居住舱室等模块组成。这些模块是在陆地上预先将某些相关的设备组装成空间单元体，然后再拖运到现场用大型起重船在海上吊装。现在，甲板模块的尺寸和重量有不断增大的趋势，海上起重设备的起重能力也在不断提高，起重船也不断趋向大型化。

（五）平台的材料

对建造导管架式固定平台用的材料性能的基本要求是耐起层撕裂、耐强冲击、高强度、可焊性好、厚壁钢管，有时还要求它能耐低温。

任务三　导管架式固定钻井平台的安装使用

导管式固定钻井平台的建造，分为陆地施工和海上施工两大块。陆地施工主要包括设备制造、模块组构、陆上运输等。海上施工主要包括设备的水上运输、导管架的安装、工作平台的安装、模块组装就位等。下面以导管架式固定钻井平台的海上施工来说明它的安装过程。

一、导管架的装运和进水定位安装

(一)导管架的转运与定位

导管架的装运、定位,是钻井平台安装第一步。对于尺寸不大、重量较轻的导管架常用提升法进行吊运作业,其基本步骤如下:

(1)利用起重船把导管架吊于其上,并运送到安装地点。

(2)再把导管架吊起、定位,安装于指定地点(此时起重船应用精确定位装置或利用导航卫星校正其自身位置,以确保导管架安装位置准确)。

对于尺寸较大、质量较大(如重达46000t)的导管架,常采用下水驳或半潜驳,利用滑入法来运载定位,其方法步骤如下(图9-8):

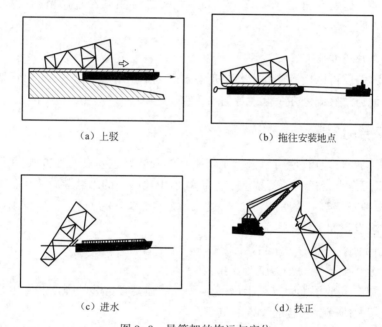

(a)上驳 　　　　　　　　　　　(b)拖往安装地点

(c)进水 　　　　　　　　　　　(d)扶正

图9-8　导管架的拖运与定位

(1)利用陆上工地上的滑道和下水驳上设有的绞车、滑道、固紧桩、摇臂、压载舱、压载泵等设施把导管架拖至下水驳(或半潜驳)上就位。

(2)依靠紧固桩将导管架用绳索拴紧,必要时用撑脚把它临时焊接固定于驳船上。

(3)计算校核此时的驳船的稳定性,并进行适当的压载,确保航行安全。

(4)到达海上工地时,拆除所有导管架上的紧固物件,并将导管架主腿柱的两端用临时盖板加以密封;在滑道上涂上性能良好的润滑剂(如敷涂四氟乙烯),减少导管架滑动时的摩擦力;还可以在导管架上绑设临时浮筒,以增加导管架入水阻力和浮力。

(5)通过调节压载使下水驳具有一定的纵倾,并借助液压千斤顶推动导管架起滑并滑入水中(有时需计算导管架的受力情况及入水时的运动轨迹,防止触底)。

(6)把主腿柱上端的临时盖板打开,向主腿柱内注水,同时用浮吊把导管架的顶部拉住,并校正位置,继续注水使导管架坐落海底,并加以固定。

对于大尺寸、重量太重的导管架,常采用浮运法来拖航定位,其方法步骤如下:

(1)在干坞内完成异型导管架(即在导管架的某一侧面内的主腿柱格外加粗形成浮筒型腿柱)总装,并把导管架两端封闭好。

(2)借助浮力,用拖船把导管架拖到预定位置。

(3)启动自控程序,向浮筒型腿柱以及浮筏和浮球内注水,使导管架自行翻转竖立于海底。

(4)若首次就位不准确,可在卸载后重新浮起,以便必要时调整位置使之准确就位。

这种导管架的翻转、竖立和就位是一次难度大、技术要求高的海上作业。为保证这些作业的顺利完成,在设计阶段应用计算机详细计算和绘制若干不同压载状态下的翻转轨迹,并模拟试验。为便于按程序压载,自下而上向腿柱内注水,浮筒型腿柱内还分隔成若干个水密舱,并将压载控制室安装在导管架的顶端,且在导管架还装有深度传感器,接收指挥船上的遥控指令,启动、关闭进水阀、液位开关以及卸载泵。从图像上可以看到导管架反转的角度,翻转时,拖轮通过定位索来控制导管架的纵荡和横荡。尽管这样,现场仍须周密部署,除指挥船外,还应配有起重船一艘、拖轮 5 艘、工作艇 2 艘。每一位工作人员须经过严格训练和周密分工,了解全盘,明确本人职责。

(二)导管架的安装

导管架定位后,就可以用专用海上打桩船打桩。经调平后,再灌浆,使导管架与桩基形成一个整体,牢固地与海底固定在一起。导管架安装完毕。

二、工作平台的安装

在完成导管架的安装后,便可以进行工作平台的安装。主要有两种方法:吊装和浮装。吊装就是用浮吊将工作平台吊到导管架上。浮装就是用驳船上的吊载装置将工作平台安装到导管架上。它是一种安装施工效率高、施工难度大、技术要求高的安装法,且应用广泛。下面介绍浮装法,其方法步骤如下:

(1)在陆地码头上将建造一平台基础;

(2)在平台基础上放置一平台临时支架;

(3)将工作平台安放于临时支架上(注意:平台基础要有足够的强度和刚度能承受整个工作平台、临时支架及所有要安装的设备的重量);

(4)再在码头上将平台上的设备安装到平台上,并进行调试,形成平台临时体;

(5)利用牵引设备将平台基础及平台等(即平台临时体)整体性地牵引滑移到驳船上(注意:此前须预先计算出平台重心的位置,以便知道预先确定平台牵引到驳船上的位置);

(6)将平台临时体稳妥可靠地固定于驳船上,并对其进行强度校核、稳心计算和适航性计算,以便拖航;

(7)将平台临时体拖运到离永久性的导管架一定距离时,将平台临时体抛锚定位,防止因风、流、浪的作用而致使船撞击导管架;

(8)在低平流时,将驳船及平台临时体拖到精确的定位位置;

(9)平台精确就位后,向驳船舱中压水,使驳船慢慢下沉,直到桩尖进入导管,工作平台平稳坐到永久性的导管架上;

(10)切割临时支架,将它与工作平台完全脱离开,此时加速向驳船压水舱中压水,使临时支架与工作平台相隔一定距离后,再将驳船脱离导管架就位区域。

项目二　移动式钻井平台

移动式钻井平台与固定式钻井平台的最大区别是钻井完钻后,平台是否能不依靠外载工具实现自航或拖航。固定式钻井平台自身是不能实现自航或拖航的,而移动式钻井平台自身是可以实现自航(如钻井船)和拖航的(无须借助驳船等海上运输工具)。

任务一　移动式钻井平台的类型及特点

移动式钻井平台可分为着底式和浮动式两类,而着底式又分为坐底式(沉垫式)和自升式;浮动式可分为半潜式和钻井船。着底式钻井平台的最大特点是,其工作平台离水面有一定的距离,工作时与固定式钻井平台一样,基本上不受海水潮涌波动的直接影响;而浮动式钻井平台因直接浮于海水上,所以海水潮涌波动对工作平台的直接影响特别大,须采取相应的措施予以解决。

一、坐底式钻井平台

坐底式钻井平台是一种具有沉垫浮箱的移动平台。上为工作台,下为沉垫浮箱,中连支撑管柱,总高度要大于工作水深,以确保工作平台离开水面一定高度,免受海水潮涌波动对工作平台的直接影响,如图9-9所示。

(一)沉垫浮箱

沉垫浮箱是确保坐底式钻井平台具有移动性的关键部件。它利用充水排气及排水充气的沉浮原理来控制工作平台的沉降或上升。钻井时,向沉垫中注水,装置下降,沉垫坐在海底。完井后,浮箱中充气排水,装置上升,以便拖航至新井位。沉垫有船舱型及浮筒型两种,均配有供、排水和气的设备。后者制造工艺简单,应用较广。

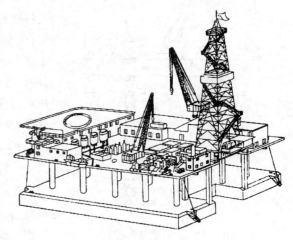

图9-9　坐底式钻井平台

(二)工作平台

工作平台是用来安装钻井机械设备及其他相关设备的,是工作和生活的场所,有正方形、长方形、三角形横截面三种形式。在平台甲板的一边有开口,以便于完井后移运;另一边安置吊梯或起重机,以便从辅助船上搬运器材。

(三)中间支撑

中间支撑是连接工作平台与沉淀浮箱的中间构件,其作用是工作时确保平台离开水面,并将平台上的载荷传递给海底。其结构一般采用金属桁架结构,它的高度随水深而定,约二三十米。

（四）锚定设备

由于坐底式钻井平台与海底不是固定连接,受洋流及淤泥的影响,工作时存在平台漂移的问题,为此,在平台的四角配置了锚定机构,可在工作时采用抛锚措施,加强平台的工作稳定性。

坐底式钻井平台在移运和沉浮过程中,要保持良好的稳定性。当装置坐在海底时,要防止海浪和海流的影响,防止冲走浮筒下面的土壤,避免装置移动或倾倒。为了解决这些问题,可采用砂石加固浮筒下部,用吸泥管清除浮筒下面的软泥,使浮筒沉入海底一定深度,以及采用敞口筒插入海底等方法。

坐底式钻井平台的优点是钻井时固定牢靠,完井时移动灵活,适合在浅海区域打井。但随水深增加,为使装置稳定性好,耗钢量势必很大;由于沉垫浮箱坐在海底,所以要求海底坡度小,否则需将海底进行平整。

二、自升式钻井平台

自升式钻井平台的最大特点是采用船型平台结构,且其桩脚可以升降,便于钻井施工和拖航,见图9-10。当桩脚伸向海底时,平台可以沿桩脚上升到最大潮水位和最大波高以上,可以和固定式钻井平台一样进行钻井作业。钻完井后,下降到水面,借助平台浮力拔出桩脚并向上举升,又可运移到新井位。它优于坐底式钻井平台在于其更能适应较深水域的钻井作业。

自升式钻井平台通常由桩腿(或称腿柱)、工作平台和升降机构三部分组成。按桩腿结构分,有圆筒形桩腿自升式钻井平台和桁架形桩腿自升式钻井平台;桁架桩腿又分三角形、正方形断面的桁架桩腿。工作平台本身就是一个驳船,用来安放机械设备。钻井前,桩脚下降,支在海底,平台被顶起脱离海面,以便进行操作。完井后,平台降至海面,桩脚拔起,驳船浮动,便于拖运。

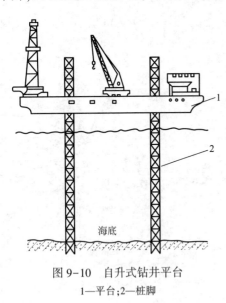

图9-10 自升式钻井平台
1—平台;2—桩脚

（一）平台结构

自升式钻井平台总体上采用船型构造。其水平面形状取决于桩腿数量,常以三腿或四腿为主。当为三腿时,平台水平面为三角形;当为四腿时,平台水平面则大体呈现矩形。平台甲板上通常用来安装钻机及吊车等相关设备,布置工作和生活用的区间以及直升机平台。

主甲板下部为平台本体,一般分为上下两层。下层(底层)一般设置为油水舱,包括燃油舱、滑油舱、钻井用水舱、压载平衡水舱、淡水舱、废油舱等。上层主要用来安装机电设备,主要有电站设备、钻井泵设备及各种辅助设备。

（二）桩腿结构

自升式钻井平台的桩腿以圆柱形、三角形及正方形截面的桁架结构为主。圆柱形桩柱直径达3~4m,顶部壁厚32mm,底部逐步加厚至100mm。桁架形桩腿是用钢管材料焊接而成的空间桁架结构,如三角形截面桁架是由三根管材加拉筋构成,如图9-11所示。

桩腿的着底很重要。整个平台工作时所承受的垂直和水平方向的力均通过桩腿传给海底。桩腿着底取决于桩腿的着底结构,常见有三种形式:定位桩式、孤立沉垫式和整体沉垫式。如图9-12所示,定位桩式结构是一种爪式结构,适用于硬土质海底;孤立沉垫式结构是一种空心锥式结构,适用于软土质海底;而整体沉垫式结构是一种空心箱式结构,适用于腐殖质堆积很厚的软性地基,如图9-13所示。

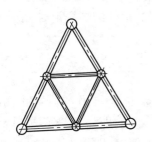
图9-11　三角形桁架桩腿结构

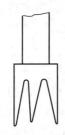
图9-12　定位桩

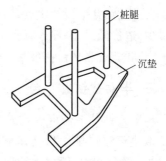
图9-13　整体式沉垫

(三)平台与桩腿的连接结构(平台升降机构)

这种连接结构需具备两个功能:一是将平台的载荷通过连接结构传递给桩腿;二是通过连接结构的工作,实现平台的升降和桩腿的起放。

以圆柱形平台桩腿连接传动为例,来说明平台与桩腿的连接结构及应用。

在圆柱形桩腿上某位置起,沿圆周加工4~6个销孔,并沿圆柱形桩腿轴线方向每隔一定距离(1~3m)开一圈同样的销孔;在圆柱形桩腿上外套有一圈轭部(即圆环),轭部上装有与桩腿上的相对应的销子,销子插入和拔出是由液缸来控制,而轭部也是通过液缸与工作平台相连。如图9-14所示,每个桩腿上都装有两套轭部,分别为主轭、副轭。这样就形成了完整的圆柱形平台与桩腿的连接结构。

从图9-15桩腿提升机构原理图可以看出,主轭(处于外层)与副轭(处于里层)均是通过油缸上与平台相连,下与轭部相连,而他们的轭部销子都可以通过液缸控制实现与桩腿柱的连接与脱开。提升或下放桩腿时,主副轭交替动作。主副轭的行程可以相同,或主轭行程是副轭行程的一倍。

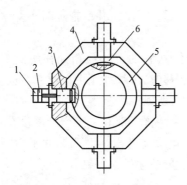
图9-14　轭部销子与桩腿的连接
1—液压缸;2—活塞;3—销钉;
4—轭部;5—桩腿;6—销钉座

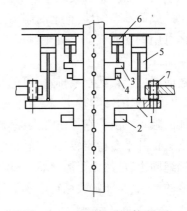
图9-15　桩腿提升机构原理
1—主轭;2—主轭销钉结构;3—副轭;4—副轭销钉结构;
5—主轭液压缸;6—副轭液压缸;7—螺旋千斤顶

对于桁架腿柱式平台的升降,则多采用齿轮齿条传动方式来实现。桩腿一般长度为75~125m。

水深较大时,桩脚可向外张开一定角度,以增加平台的稳定性。桩脚底端可以用垫子将垂直和水平负载传至土壤上,垫子可不插入土壤或插入较浅。为了适应不同坡度的海底,桩脚可以单独升降。

自升式钻井平台的优点是对水深适应性强,可适用于水深100m左右;无桩脚底垫时,用钢量少,造价低;桩脚插入海底时,有良好的抗侧向移动性;在出现的意外的高海浪时,平台可增大空间间隙;当平台在水面上时,能够维修整个船体。

三、半潜式钻井平台

半潜式钻井平台可以看成是沉垫浮箱坐底式钻井平台的用途变异,工作平台离水面的高低取决于浮箱排水量及压载状态。在浅水区,沉垫全部降在海底,即作为坐底式(沉垫式)钻井平台使用;而在水较深时(30~200m),可以在漂浮状态下使用,即作为浮式钻井船,如图9-16和图9-17所示。

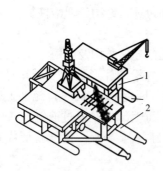

图9-16 半潜式钻井平台
1—立柱;2—浮筒

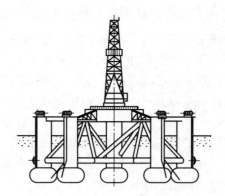

图9-17 五沉箱半潜式钻井平台

半潜式钻井平台由沉垫浮箱(筒)和船体组成。沉垫浮箱常制成船形,内有供沉浮用的压载舱。沉垫的平面形状可成矩形或梯形。前者压载水舱对称,易于控制排、灌水;后者能适应钻井船上的载荷不均匀性,拖运时阻力小,迎浪性能好。

船体可用钢材或钢筋混凝土制成。应有缺口或V字形,以便完井后拖运时不受水下井口装置的阻碍。

通过向沉垫浮箱灌水或排水,可随意升降平台(船体),它的沉垫浮箱处在海面下较深的位置,所以受波浪的影响较小,稳定性比钻井船好。在运移时,沉垫浮箱可浮在水面上,从而减小拖航的阻力。由于它工作时大部分是潜在水面以下,所以称为半潜式。

半潜式钻井平台稳定较好。当沉垫中注水,可使整个装置下部有二三十米浸没在水中,再加上用锚绳固定,虽然处于漂浮状态,但比钻井船稳定,运移灵活。半潜式钻井平台既能满足水深多变的要求,又能解决稳定性和移运性问题,是有发展前途的一种钻井平台。

四、钻井船

它和半潜式钻井平台一样,都是一种浮式海洋钻井设备,20世纪50年代就已经有了。它是将钻井设备、器材及人员均安置在船上的钻井装置，有自航和非自航两种，图9-18所示为浮式钻井船的钻井系统示意图。

（一）钻井船的机构设备组成

钻井系统：包括陆上钻机的起升、旋转、循环三大工作系统。

固井系统：主要包括有水泥泵、真空泵、灰罐、搅拌器等。

测井系统：主要包括电测绞车、显示屏、记录仪等。

试油系统：包括测定槽、火焰燃烧器等。

井口系统：主要包括井口坐底、防喷器等。

定位系统：主要有锚泊定位和动力定位两种。

补偿系统：主要包括球接头、伸缩接头、井架运动补偿器等。

救生系统：主要包括防火救生艇、吊艇架等。

动力系统：主要为柴油发电机组、钻机和钻井泵用的直流电动机及其他用的交流电动机等。

起重系统：用来起吊各种器材物质和补给品的起重机等。

实际上钻井船上配备的设备与钻井平台的配备基本一样。

钻井船漂浮在水上，在风浪和潮流的影响下，必然要发生摇摆、平移和升降，严重时会影响钻井工作的正常进行。钻井船抵抗摇摆的能力称为稳定性；抵抗平移的能力称为系定性。稳定性和系定性是浮式钻井船的重要性能指标。

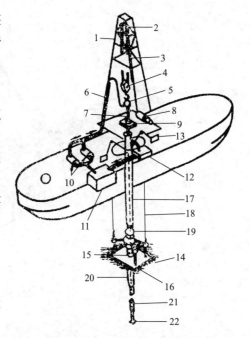

图9-18 浮式钻井船的钻井系统示意图
1—井架；2—天车；3—软管；4—游动滑车；5—转环；
6—标准管件；7—方钻杆；8—绞车；9—转盘；
10—钻井泵；11—钻井液罐；12—振动筛；
13—自动张紧装置；14—海底；15—井口；
16—井底构造；17—立管；18—导索；
19—防喷器；20—隔水套管；
21—钻柱；22—钻头

（二）浮式钻井船的结构

图9-19所示为浮式钻井船的结构图。

为了提高钻井船的稳定性，可适当增加整个装置的重量；增大装置的横向尺寸或采用双体式钻井船；降低装置重心，在下部设置压载舱；液体用容器分装或用隔舱法，避免液体动荡过大而影响装置的稳定性。

钻井船的平移会使钻柱弯曲，甚至折断。为了减少钻井船的平移，应使船头对着风浪的方向抛锚系定，抛锚的数量为6~8个或更多。水深越大，锚缆越长时，系定能力就越小。当水深大于200m时，需用动力定位法。动力定位是将平台的平移转变为电信号，电信号输送到电子计算机中，控制专门的推进器，使装置及时恢复到原来位置，对准海底井口。

浮式钻井船的优点是移运灵活，停泊简单；造价比半潜式低；容易维护；航速高；适用较深的海域，一般可达300m以上。浮式钻井船的缺点是稳定性差，受海上的气象条件的影响大。

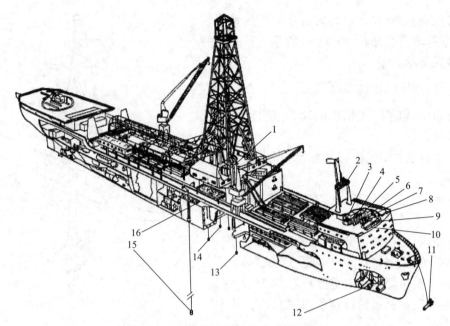

图 9-19　浮式钻井船的钻井系统结构图

1—司钻室;2—风速计;3—充电室;4—数字计算机;5—动力定位柜;6—电源;7—接收器;
8—模拟计算机;9—电罗;10—动力定位台;11—海流计;12—横向推进器;13—水听器;
14—声波发射器;15—钢绳式船位仪重物;16—垂直中心

任务二　海上钻井的特殊问题

海上钻井与陆地钻井不一样,要克服许多特殊性问题,主要有如下问题:

(1)船体或平台的定位问题。

(2)升沉运动补偿问题。

(3)海底井位与钻井船或平台之间的水下装置问题。

(4)防止海水与大气腐蚀问题。

(5)抵御风、波、冰的问题。

一、钻井装置定位问题

漂浮在海面上的钻井船及半潜式的钻井平台受波浪影响摆动是很大的,将极大地影响它们的正常工作。为此海洋工程中采取了锚泊定位和动力定位的方法来保证设备与井口的对正。

(一)锚泊定位

这是一种常规的定位方法,主要是在船体四周的有效位置设置锚定机构(包括锚机、导链轮、锚链或锚缆和锚四大部分),即利用锚链及锚,抓住海底,实现定位,如图9-20所示。锚泊定位一般多用于水深300m以内作业的钻井船。

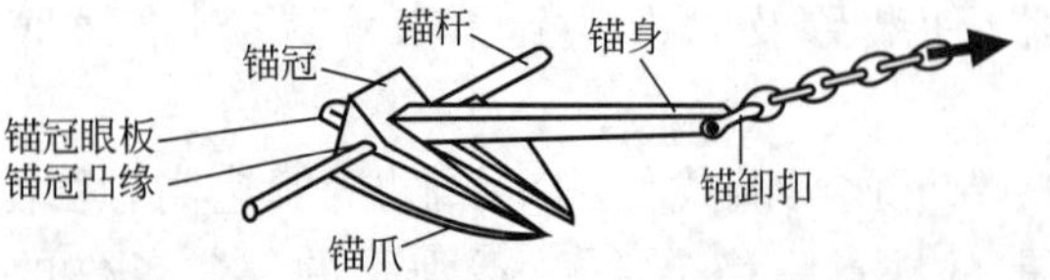

图 9-20　锚结构示意图

锚杆　锚身
锚冠
锚冠眼板
锚冠凸缘
锚卸扣
锚爪

(二) 动力定位

动力定位是目前较先进的一种浮式钻井船定位方法。这种方法直接用推进器来及时调整船位,因此称为动力定位。近年来开始采用自动动力定位等先进技术。

动力定位的原理是依靠测量系统测出船体的深度、方位等数据,连续不断地传送到控制系统,再由控制系统的计算机给出船体定位所需的推力,并发出指令给执行机构(纵向与横向推进器)工作,以确保船体的定位准确。

二、海底井位与钻井船或平台之间的水下装置

海上石油钻井时,钻井船或钻井平台和海底有一段距离,而井位在海底,这就需要在海底井位与海面上钻井船和钻井平台之间装设一套特殊的设备,以适应海上钻井时的波浪、升沉、倾摇等特殊要求,这套特殊装置就是水下设备系统(水下装置)。它主要包括钻井导向装置、海底井口装置(套管头组)、防喷器组、隔水管组、控制系统和其他辅助设备。图9-21所示为钻井导向装置;图9-22所示为隔水管组系统。水下装置的作用如下:

(1)钻井时隔绝海水,防止海水干扰,并形成海底井口至船体间的通路,以便起下钻具和进行钻井液循环。

(2)水下设备可以实现海底井口的控制工作的要求,实现封闭井口、控制井喷、放喷和压井。

(3)适应升沉、漂移和摇摆的工作环境。能上下伸缩,水平倾斜一定角度,适应钻井船在海洋中复杂运动的要求。

(4)承托海底各型套管,并保持密封。

(5)保持船体在升沉状态中各种水下张紧绳的恒定张力。

(6)便于钻井工艺所要求的下入或起出各种水下器具。

(7)连接和脱开井口,给下一步采油打下基础。

(8)当遇紧急情况时,可迅速切断井内钻杆柱,使钻井船或钻井平台能迅速脱离与井口之间的联系,撤离到安全地方。

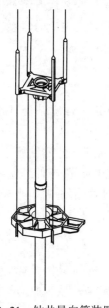

图9-21 钻井导向管装置

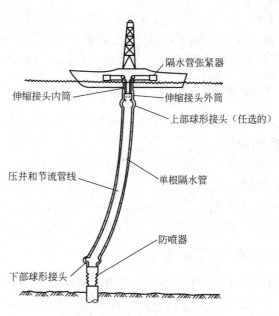

图9-22 隔水管组系统

三、防止海水、大气腐蚀问题

腐蚀问题是一个普遍问题,但作为海洋石油钻井设备,其特点是一部分是处于海水之中,一部分则是处于大气之中,这样更易产生强烈的电化学及化学腐蚀。通常钢材被腐蚀1%,其强度就降低5%~10%,若钢材的两面均被腐蚀5%就不能用了。为此海洋工程中常采取如下防腐措施:

(1)材料防腐法。如采用高合金钢、低合金钢及复合合金钢(如钛合金,铜镍合金,铝、铅、黄铜等合金及铬—铝系、铜—铬系、铬—铝—钼系等添加元素的合金钢)。

(2)结构设计防腐法。即设备的外形常采取流线型设计,且在易腐蚀的部位适当加厚,尽可能采取等强度设计,以及采用不同材料的铆接件与焊接件,以祈求消除有害的阴极接触。

(3)工艺防腐法。如采用外加金属镀层保护法(镀锌、镀铬、镀镍等),采用外加非金属镀层保护法(涂漆、涂沥青、涂高分子化合物、涂水泥、涂搪瓷等),电化学防腐法(如阴极保护法)等。

四、抵御风、波、冰的问题

为消除风、波、冰等自然因素的影响,主要通过在设计中充分考虑风载、波动及冰力的规律及特点而进行特殊设计,并在使用时也充分考虑这些因素影响而采取合理的方法。

任务三　钻井装置升沉运动补偿问题

升沉运动补偿问题是海上石油钻井设备存在的五大特殊问题之一。深海钻井时,常采用半潜式钻井平台或浮式钻井船。它们在波浪作用下,会产生周期性的上下升沉运动,使钻柱做上、下运动,造成井底钻压变化,甚至钻头脱离井底,无法钻进,因而需采取升沉运动的补偿措施以求正常生产。

升沉运动的补偿方法较多,主要有伸缩钻杆补偿法、游动滑车与大钩间装设升沉补偿装置法、天车上装设升沉补偿装置法以及死绳上装设升沉补偿装置法等。另外,也应对联系船体与海底井口装置的隔水管组系统进行升沉补偿。下面仅介绍三种典型补偿装置。

一、钻井船升沉运动的伸缩钻杆补偿法

钻井船升沉运动补偿的目的是确保钻头压在井底上,保持正常钻进。伸缩钻杆补偿法是以往使用的措施之一。

增加伸缩钻杆的办法就是在钻杆柱的钻铤上方加一根可伸缩的钻杆。伸缩钻杆由内、外管组成,沿轴线可做相对运动,行程一般为2m。当船体做上下升沉运动时,由于伸缩钻杆的作用,只有伸缩钻杆以上的钻杆柱随着做上下轴向运动,而伸缩钻杆以下的钻铤则不受影响,使钻压维持一定,同时还避免钻井船上升时提起钻铤、钻井船下沉时压弯钻杆柱的情况。

(一)伸缩钻杆的组成

伸缩钻杆分全平衡式和部分平衡式两种,全平衡式伸缩钻杆的结构如图9-23所示。伸缩钻杆工作时,在内管芯轴和下工具接头间的环形截面上作用有高压钻井液,因而产生张开力。同时,从井筒中返回的钻井液作用在防磨环和短节上,也产生张开力。这样就使伸缩钻杆

自行张开，在这种情况下，指重表不能正确反映伸缩钻杆的工作状态，而且钻压随钻井液的压力而变化，甚至造成伸缩钻杆以上部分受压，因此，必须采取措施平衡此张开力。为此在伸缩钻杆中间设置一个密封的平衡压力缸。它和流经伸缩钻杆内孔的高压钻井液相通，并使高压钻井液在平衡缸中产生的轴向力与张开力完全平衡，所以叫全平衡式。

部分衡式不用平衡压力缸，只是尽量减小内管芯轴尾端壁厚，从而减小它与工具接头间的环形截面积，实现部分地减小钻井液所产生的张开力。

伸缩钻杆的扭矩依靠均布在径向的传扭销来传递。传扭销轴向安装，固定在传递套筒上，可沿内管芯轴的凹槽上下滑动。

为了密封管内外的钻井液以及平衡缸，伸缩钻杆配置有四组密封。每组密封由主密封、挡圈、隔离环组成。主密封的材料系耐高温的合成橡胶，挡圈材料为玻璃纤维，隔离环由含尼龙纤维的橡胶制成，用以阻挡胶硬的固体颗粒。

为了保护伸缩钻杆的外圆不被磨损，在其顶部安装有防磨环，环外圆堆焊硬质合金。多节式伸缩钻杆一般用螺纹连接。

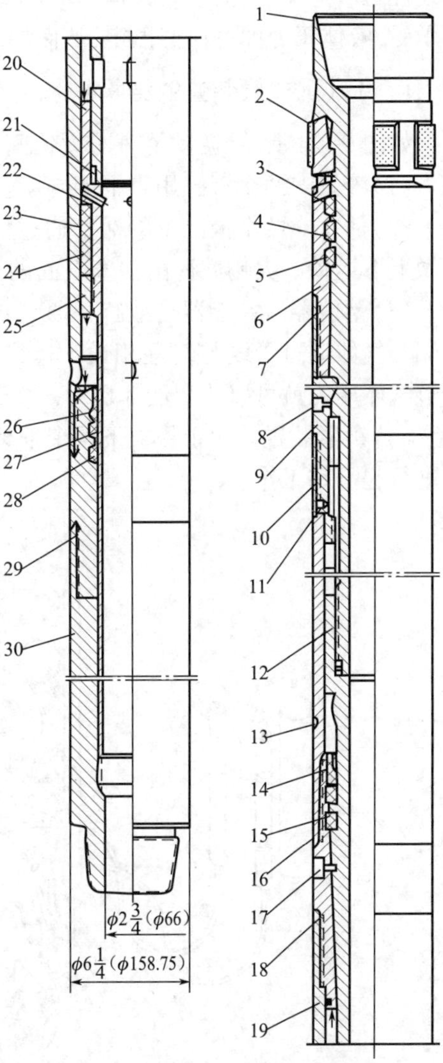

(二) 伸缩钻杆存在的问题

(1) 钻压不能调节。增加伸缩钻杆后，钻压大小取决于伸缩钻杆以下的钻铤部分的重量，因而不能随岩层的变化调节钻压，使钻井速度降低。

(2) 承载条件恶劣。伸缩钻杆既承受钻井液的高压，传递钻杆柱的扭矩，又承受因内外管周期性轴向运动所引起的交变载荷，承载条件十分恶劣。

(3) 操作困难。当不压井钻井关防喷器后，由于伸缩钻杆以上的钻杆柱随船体升沉做周期性上下运动，使防喷器芯子反复摩擦，增加了操作困难。

由于伸缩钻杆存在上述问题，使用受到了限制，目前广泛采用升沉补偿装置。

图 9-23 全平衡式伸缩钻杆

1—芯轴；2—防磨环；3、14、22、26—隔离环；4、15、23、27—挡圈；5、16、24、28—主密封；6—短节；7、21—O 形圈；8、13—油堵；9—传递套筒；10—套筒；11—传扭销；12—内冲管；17—丝堵；18—平衡缸接头；19—平衡缸；20—内周；25—密封锁紧螺母；29—下接头；30—下工具接头

$\phi 2\frac{3}{4}(\phi 66)$

$\phi 6\frac{1}{4}(\phi 158.75)$

二、钻井船升沉运动的游动滑车升沉补偿法

在钻井船或平台上的钻机部件中增设一套升沉补偿装置，以保持整个钻杆柱不随船体的升沉做上下运动。

升沉补偿装置一般采用液压传动。如在游动滑车与大钩间装设双液缸，缸体与游动滑车相连，活塞与大钩相连，如图 9-24 所示。当船体做升沉运动时，游动滑车带动液缸的缸体做

周期性上下运动,而活塞与大钩则保持基本不动。这时,整个钻杆柱的重量由活塞下面的液体所承受,液体压力即可保持恒定,从而控制钻杆柱的拉力大小,调节井底钻压。

(一)升沉补偿装置的结构

如图9-24所示,游动滑车与大钩间装设的升沉补偿装置主要由以下几部分组成:

(1)液缸。两个液缸用上框架与游动滑车相连,随船体升沉做上下运动。

(2)活塞。两个液缸中的活塞通过活塞杆与固定在大钩上的下框架连接,随大钩在液缸中做上下运动。大钩载荷由活塞下面的液体支撑。

(3)蓄能器。蓄能器与液缸相通。蓄能器中有活塞,其下端的液体通过软管进入液缸;其上端的气体通过管线与气罐相通。这样,液缸中液体压力即由蓄能器中的气体压力所决定。调节气体压力就可以改变液体压力。

(4)锁紧装置。用于将上下两个框架锁紧成一体,从而使游动滑车与大钩连接在一起,以便进行起下钻工作。

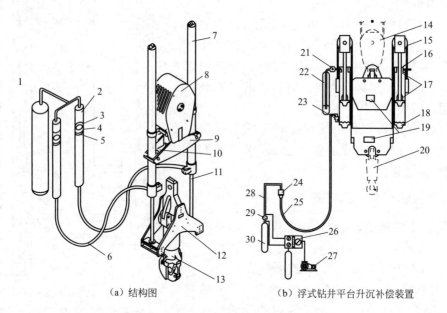

(a)结构图　　　　　　　(b)浮式钻井平台升沉补偿装置

图9-24　游动滑车与大钩间装设的升沉补偿装置

1—气缸;2—蓄能器;3—气体;4—活塞;5—液体;6—软管;7—主液缸;8—游动滑车;9—上框架;10—锁紧装置;11—活塞杆;12—下框架;13—大钩;14—游车;15—链条;16—活塞杆低压密封;17—杆端液垫;18—液垫;19—锁紧杆孔;20—大钩;21—速度限制阀;22—汽油蓄能器;23—空气安全阀;24—空气安全阀;25—空气软管;26—控制盘;27—空气压缩机;28—主管;29—阀汇;30—动力空气储缸

(二)升沉补偿装置的工作原理

在钻进过程中,当船体升高,油缸体也升高,活塞下腔油压有升高趋势,但因油缸下腔有管线与蓄能器相连,升高的压能被蓄能器吸收,活塞杆因钻柱重量和活塞下腔的液压油的支撑力平衡而保持原状不动,则钻头压力维持不变。当船体下沉,油缸体也随之降低,活塞下腔压力有降低之势,此时蓄能器又将吸收的能量释放出来,补充油缸下腔压力不足,保持活塞位置原状不变,钻头压力仍然保持不变,而活塞上腔的有效行程大于船体下沉量,即可保证船体下沉的负荷不能经活塞杆传导给钻杆柱,使钻杆柱免于被压弯。

若要加大或减小钻压,只需控制油缸活塞下腔的油压大小即可。

在起下钻过程中,可通过补偿装置中的锁紧装置将游车和大钩固定为一体,还原为普通的游车大钩。

三、天车上装设的升沉补偿装置

(一)升沉补偿装置的结构

如图9-25所示,天车上装设的升沉补偿装置的结构主要由以下几部分组成。

(1)浮动天车。它通过滚轮在垂直轨道内移动。天车本身除具有普通天车的滑轮结构之外,多装两个辅助滑轮,辅助滑轮的轴与天车轮的轴之间用连杆连接。快绳及死绳分别通过两个辅助滑轮引出。这样,当天车沿着垂直轨道移动时,只是辅助滑轮轴动作,而通过辅助滑轮的钢绳与滑轮间无相对运动,延长了钢绳的寿命。

(2)主气缸。用于支持浮动天车。共有四个,倾斜放置,由钻井船甲板上的空气压缩机供气。它相当于支持浮动天车的大型弹簧。

(3)液缸。共有两个液缸,垂直放置,由甲板上的液压泵供油。它只用作液力缓冲用的安全液缸,以克服大钩载荷的惯性影响。

(4)蓄能器。安装在井架上,有管路与四个气缸相通,用以调节主气缸的气体压力。

其他如压气机、气压表、蓄能器调节阀、液缸调节阀等均装在钻井船的甲板上。

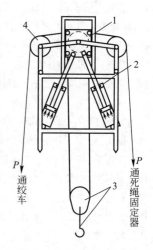

图9-25　天车装设的升沉补偿装置

1—浮动天车;2—补偿缸;
3—游车大钩;4—外支撑轮

(二)工作原理

(1)补偿升沉。由浮动天车来实现补偿。当钻井船上升时,天车相对井架沿轨道向下运动,压缩主气缸中气体。当钻井船下沉时,天车相对井架向上运动,主气缸气体膨胀。这样,主气缸相当于大弹簧,可以补偿升沉。

(2)控制钻压。司钻借助指重表观察井底钻压大小,再根据地层变化,利用钻井船甲板上的调压阀,控制自空气罐至主气罐系统的空气压力,使井底钻压调至合适的值,并保持此值。

(3)自动送进正常钻井时,司钻可以借助天车行程指示器观察天车下行的位移值。当浮动天车下行至最低点时,司钻即放松绞车滚筒上的钢丝绳,待浮动天车上行至最高点后,继续自动进尺。

(4)保证安全。当大钩载荷突然减小时,液缸可支持着钻杆柱重量,并使其减速,防止事故。当主气缸严重漏气时,同时可依据液缸来支持大钩载荷,以保证安全。

(5)可进行绳索作业。当进行测井、试井等绳索作业时,可另加一根传感绳。其一端固定在海底隔水管上,另一端自井架外边引至天车上,经滑轮后再连到滚筒上。这样,就可放松或缠紧传感绳来代替大钩载荷的相应变化,以适应绳索作业时钻井船的升沉。

(6)进行起下钻作业。当起下钻时,可用锁紧装置将浮动天车锁住,使浮动天车不随起下钻而上下滑行。

参 考 文 献

[1] 孙松尧. 钻井机械. 北京:石油工业出版社,2006.
[2] 姚春冬. 石油钻采机械. 北京:石油工业出版社,1994.
[3] 周金葵,李效新. 钻井工程. 北京:石油工业出版社,2007.
[4] 华东石油学院矿机教研室. 石油钻采机械. 北京:石油工业出版社,1986.
[5] 程瑞亮. 钻井机械使用与维护. 北京:石油工业出版社,2015.
[6] 苻明理. 钻井机械. 北京:石油工业出版社,1987.
[7] 王胜利,张志远. 石油钻井安全培训教材. 东营:中国石油大学出版社,2007.
[8] 蒋希文. 钻井事故与复杂问题. 北京:石油工业出版社,2002.
[9] 王明明. 机械安全技术. 北京:化学工业出版社,2004.
[10] 苻良达,张晓东,周思柱. 石油机械现代设计技术与方法. 北京. 石油工业出版社,1992.
[11] 李继志,陈荣振. 石油钻采机械概论. 北京:石油工业出版社,2006.
[12] 石兴春. 钻井监督手册. 北京:中国石化出版社,2008.
[13] 关晓红. 中国石油职工基本知识读本(五)石油. 北京:机械工业出版社,2012.
[14] 崔凯华,等. 井下作业设备. 北京:石油工业出版社,2006.
[15] 王深维. 现代修井工程关键技术实用手册. 北京:石油工业出版社,2007.
[16] 王登文,周长江. 油田生产安全技术. 北京:中国石化出版社,2003.
[17] 秦曾煌. 电工学. 北京:高等教育出版社,2009.
[18] 万邦烈,李继志. 石油矿场水力机械. 北京:石油工业出版社,1990.
[19] 朱新才. 液压传动与气压传动. 北京:冶金工业出版社,2009.
[20] 张桂林,王吉坡. 石油钻井工. 北京:中国石化出版社,2014.
[21] 刘景利,等. 石油钻井技术专业现场实训. 北京:中国石化出版社,2013.
[22] 陈宽主. 近海工程导论. 北京:海洋出版社,1988.